技术技能培训系列教材

电力产业（火电）

火电主控运行值班员

煤机（上册）

国家能源投资集团有限责任公司　组编

中国电力出版社
CHINA ELECTRIC POWER PRESS

内 容 提 要

本系列教材根据国家能源集团火电专业员工培训需求，结合集团各基础单位在役机组，按照人力资源和社会保障部颁发的国家职业技能标准的知识、技能要求，以及国家能源集团发电企业设备标准化管理基本规范及标准要求编写。本系列教材覆盖火电主专业员工培训需求，本系列教材的作者均为长期工作在生产一线的专家、技术人员，具有较好的理论基础、丰富的实践经验。

本教材为《火电主控运行值班员》（煤机），全书内容以操作技能为主，基本训练为重点，着重强调了基本操作技能的通用性和规范性。本教材共十章，以亚临界600MW机组和超超临界1000MW机组为主，并适当增加了部分二次再热机组和循环流化床锅炉的内容，同时兼顾锅炉辅机、汽轮机辅机、电气辅助系统的内容，结合我国现阶段技术发展的实际情况编写，体现新技术、新设备、新工艺、新材料、新经验和新方法，详细讲述了主控运行值班员的岗位概述、岗位安全职责、火力发电厂基础知识、火力发电厂主设备结构及原理、操作规程相关要求、主控作业规程相关要求、故障判断与处理、危险源辨识与防范、应急救援与现场处置、职业危害因素及其防治等内容。

本教材可作为火力发电厂运行值班员初级工、中级工、高级工、技师及高级技师等的岗位培训、技能评价、取证上岗的培训教材，也可供技术人员、管理人员阅读。

图书在版编目（CIP）数据

火电主控运行值班员．煤机/国家能源投资集团有限责任公司组编．--北京：中国电力出版社，2024.12.(2025.1重印)

--（技术技能培训系列教材）．-- ISBN 978-7-5198-9334-7

Ⅰ.TM621.3

中国国家版本馆CIP数据核字第20242BJ100号

出版发行：中国电力出版社
地　　址：北京市东城区北京站西街19号（邮政编码100005）
网　　址：http://www.cepp.sgcc.com.cn
责任编辑：宋红梅　董艳荣
责任校对：黄　蓓　郝军燕　李　楠
装帧设计：张俊霞
责任印制：吴　迪

印　　刷：北京锦鸿盛世印刷科技有限公司
版　　次：2024年12月第一版
印　　次：2025年1月北京第二次印刷
开　　本：787毫米×1092毫米　16开本
印　　张：42.75
字　　数：825千字
印　　数：3301—3800册
定　　价：190.00元（上、下册）

技术技能培训系列教材编委会

电力产业教材编写专业组

《火电主控运行值班员》（煤机）编写组

编写人员（按姓氏笔画排序）
马连洪　王忠宝　冯　刚　刘贤明　杨铁强　吴伟源
岑国晓　何史彬　迟海坤　张孟光　张海富　陈春辉
孟立军　赵秀良　施卫平　贾杰润　柴勇权　徐宁翔
黄　尧　梁瑞庆　韩敦伟　解奎元

序　言

习近平总书记在党的二十大报告中指出，教育、科技、人才是全面建设社会主义现代化国家的基础性、战略性支撑；强调了培养造就更多大师、战略科学家、一流科技领军人才和创新团队、青年科技人才、卓越工程师、大国工匠、高技能人才的重要性。党中央、国务院陆续出台《关于加强新时代高技能人才队伍建设的意见》等系列文件，从培养、使用、评价、激励等多方面部署高技能人才队伍建设，为技术技能人才的成长提供了广阔的舞台。

致天下之治者在人才，成天下之才者在教化。国家能源集团作为大型骨干能源企业，拥有近25万技术技能人才。这些人才是企业推进改革发展的重要基础力量，有力支撑和保障了集团公司在煤炭、电力、化工、运输等产业链业务中取得了全球领先的业绩。为进一步加强技术技能人才队伍建设，集团公司立足自主培养，着力构建技术技能人才培训工作体系，汇集系统内煤炭、电力、化工、运输等领域的专家人才队伍，围绕核心专业和主体工种，按照科学性、全面性、实用性、前沿性、理论性要求，全面开展培训教材的编写开发工作。这套技术技能培训系列教材的编撰和出版，是集团公司广大技术技能人才集体智慧的结晶，是集团公司全面系统进行培训教材开发的成果，将成为弘扬“实干、奉献、创新、争先”企业精神的重要载体和培养新型技术技能人才的重要工具，将全面推动集团公司向世界一流清洁低碳能源科技领军企业的建设。

功以才成，业由才广。在新一轮科技革命和产业变革的背景下，我们正步入一个超越传统工业革命时代的新纪元。集团公司教育培训不再仅仅是广大员工学习的过程，还成为推动创新链、产业链、人才链深度融合，加快培育新质生产力的过程，这将对集团创建世界一流清洁低碳能源科技领军企业和一流国有资本投资公司起到重要作用。谨以此序，向所有参与教材编写的专家和工作人员表示最诚挚的感谢，并向广大读者致以最美好的祝愿。

2024年11月

前　言

近年来，随着我国经济的发展，电力工业取得显著进步，截至2023年底，我国火力发电装机总规模已达12.9亿kW，600MW、1000MW燃煤发电机组已经成为主力机组。当前，我国火力发电技术正向着大机组、高参数、高度自动化方向迅猛发展，新技术、新设备、新工艺、新材料逐年更新，有关生产管理、质量监督和专业技术发展也是日新月异。现代火力发电厂对员工知识的深度与广度，对运用技能的熟练程度，对变革创新的能力，对掌握新技术、新设备、新工艺的能力，以及对多种岗位工作的适应能力、协作能力、综合能力等提出了更高、更新的要求。

我国是世界上少数几个以煤为主要能源的国家之一，在经济高速发展的同时，也承受着巨大的资源和环境压力。当前我国燃煤电厂烟气超低排放改造工作已全面开展并逐渐进入尾声，烟气污染物控制也已由粗放型的工程减排逐步过渡至精细化的管理减排。随着能源结构的不断调整和优化，火力发电厂作为我国能源供应的重要支柱，其运行的安全性、经济性和环保性越来越受到关注。为确保火电机组的安全、稳定、经济运行，提高生产运行人员技术素质和管理水平，适应员工培训工作的需要，特编写电力产业技术技能培训系列教材。

本教材为《火电主控运行值班员》（煤机），主要包括以下几个部分。

火力发电厂主控运行基础知识：介绍火力发电厂主控运行的基本概念、系统构成和工作原理等；锅炉运行与控制：详细介绍锅炉的启动、停止、运行调节等操作，以及锅炉安全保护系统的使用和维护；汽轮机运行与控制：介绍汽轮机的启动、停止、正常运行和异常处理等操作，以及汽轮机安全保护系统的使用和维护；发电机组控制与调节：介绍发电机组的并网、有功功率和无功功率的调节、异常处理等操作；辅助系统控制：介绍锅炉、汽轮机、电气辅助系统等的控制原理和操作方法；主控运行操作规程与事故处理：介绍主控运行的操作规程、安全注意事项以及常见事故的预防和处理方法。

在编写本教材的过程中，我们得到了许多专家和学者的支持和帮助，在此表示衷心的感谢。同时，我们也希望学员们通过学习本教材，能够提高专业素质，为保障火力发电厂的安全稳定运行做出更大的贡献。

编写组

2024年6月

目　录

（上册）

（下册）

第一章　岗位概述

第一节　主控运行值班员岗位概述

一、职业定义

主控运行值班员负责操作、监视、控制锅炉、汽轮机、发电机及其辅助设备的集控系统以及就地设备系统的运行。

二、职业能力特征

具有领会、理解、应用集控运行规程、电业安全工作规程、运行措施、岗位责任制等文件的能力；具有应用正确、清晰、精炼的行业特征术语进行联系、汇报、交流的表达能力；能正确计算机组及辅助设备的经济运行指标；能熟练、准确、稳定地完成机组及辅助设备的启动、停止操作及定期切换试验；具有维护机组及辅助设备日常运行的能力；能迅速准确发现、分析、判断、处理机组及辅助设备的各种故障，并能正确实施预防措施；具有一定的组织协调能力。

三、岗位概述

在国家安全生产法律法规、上级公司安全生产管理制度和公司运行管理相关标准规范的规定下，主控运行值班员负责主控及相关公用系统的安全稳定经济运行，是主控运行操作的直接责任人，不断提高机组安全经济环保运行水平，确保本值安全、环保、生产、经济等各项指标任务顺利完成，其工作任务是：

(1) 当班期间，值长全面负责主控所管辖设备安全、经济运行和文明生产，是当班期间主控运行的第一责任人。

(2) 当班期间，负责主控设备、系统的运行方式、启停、调整和事故处理。指挥并协同操作人员检查主控运行的各种参数并及时分析、调整。作业前必须对操作项目进行安全性分析。

(3) 认真监视并及时统计主控经济指标数据、环保指标数据并及时报送，严格控制环保事件的发生。

(4) 对主控所辖设备及系统的重要操作和其他工作应如实记录。

(5) 严格检查督促主控人员遵守规章制度和上级指令，遵守劳动纪律。

第二节　主控运行值班员岗位任职条件

一、身体素质要求

身体健康，视觉、色觉、听觉正常；有良好的空间感和形体知觉；手指、手臂、腿脚灵活、动作协调；矫正视力1.0以上，无色盲；无冠心病、心律失常（频发性心室早搏、病窦）；无传染性疾病；没有妨碍本岗位工作的疾病。

二、基本知识及技能

（1）掌握工程热力学、流体力学、传热学、材料力学、计算机应用学、自动控制理论、电工基础、电机学、继电保护、汽轮机原理、锅炉原理、发电机原理等基础知识。

（2）掌握汽轮发电机组主要设备及主要辅机的结构及工作原理。

（3）掌握汽轮发电机组主要设备及主要辅机的各种自动装置、热工保护和测量仪表的作用、工作原理、定值参数及试验方法。

（4）掌握电厂燃料、化学、除尘除灰除渣、脱硫脱硝和脱碳等基础知识。

（5）掌握电厂主要生产过程，燃料生产和运输流程，化学制水、制氢和水处理等工艺流程、生产过程及工作原理。

（6）掌握电厂消防、环保、职业健康等相关知识。

（7）掌握计算机分散控制系统的组成、功能及工作原理。

（8）其他与本岗位有关的基础知识。

三、专业知识及技能

（1）熟知并执行《电力安全工作规程》《防止电力生产事故的二十五项重点要求》《继电保护运行规程》、本厂的《集控运行规程》《热力系统图》《电气一次接线图》。

（2）熟知主机、辅机设备参数的正常运行范围、联锁保护定值，熟悉自动控制、继电保护装置的原理和逻辑。

（3）熟知全厂锅炉、汽轮机、电气系统，具备机组启动和停止，机组运行调整，机组运行状态监视和分析，设备事故处理，机组运行经济性分析和计算等相关技能。

（4）能够辨识生产现场的危险点，能进行紧急救护，能使用安全用具和检测仪器、仪表。

（5）熟悉生产现场自动消防设施，会报火警、能扑救初期火灾。

（6）能够正确使用各种试验的仪器、仪表，能够正确使用各类安全工器具。

（7）熟知机组的防腐、防冻保养技术和寿命管理。

（8）熟悉相关的技术标准、管理标准、规章制度。

（9）熟悉计算机应用知识、企业管理系统软件（System Applications and Products，SAP）管理系统操作方法和生产信息系统（Plant Information System，PI）系统监测功能。

（10）了解电力调度的相关知识。

四、其他相关知识及技能

（1）熟知电厂运行系统和事故、障碍、异常的判断处理，有较强的指挥协调能力、应变能力、沟通能力，有独立应对突发事件的能力，处事沉着冷静。

（2）有敏锐的分析判断能力，能精确地分析推断事故缘由，并实行有效措施解除事故或防止事故扩大，能解决当值设备运行中出现的问题。

（3）掌握一定的安全防护、消防、急救、职业危害防治等知识。

（4）熟悉国家有关法律、法规、厂规和本部门管理制度。

（5）熟悉公司安健环管理的内容及有关制度要求。

（6）掌握《职业病防治法》《安全生产法》《火电厂大气污染物排放标准》（GB 13223）《电业安全工作规程》《电力设备典型消防规程》（DL 5027）《压力容器安全操作规程》以及《特种设备安全监察条例》等法律法规及行业标准的相关要求。

第二章　岗位安全职责

第一节　主控运行值班员岗位安全生产责任

（1）严格执行安全生产责任制，遵守安全工作规程、运行规程和劳动纪律，严格执行公司、部门安全生产规定，对本人的工作行为负责。

（2）主动接受安全生产教育和培训计划。

（3）实施岗位安全检查，及时发现、消除不安全因素。

（4）熟悉本岗位事故应急处理方法。

（5）参加定期的安全活动，接受各级领导的安全检查和监督。

（6）了解岗位存在的风险，正确使用劳动保护用品。

（7）及时、如实报告不安全情况。

（8）对本岗位安全生产责任制与岗位实际不符的，向值长或部门分管领导反映，及时修改。

（9）对违反安全生产责任制造成的事故负直接责任。

第二节　主控运行值班员岗位安全工作标准

（1）遵守各项安全工作规定、规程、制度和劳动纪律，认真执行两票三制等安全生产管理制度，依法依规开展安全生产工作。

（2）按照安全文明生产标准化规范要求维护好集控室的文明生产秩序。

（3）参加安全生产隐患排查、季节性安全生产的检查、迎峰度夏及防汛抗台专项检查等各类安全检查，消除生产安全事故隐患。

（4）参加每轮值的班组安全活动，学习各类事故通报、上级安全文件、安全生产法律法规，开展各类风险辨识工作，主动参与本班组安全生产上存在问题的分析等，提高自身的安全意识及风险管控能力。

（5）认真履行交接班制度的相关规定，参加班前会、班后会，汇报所掌握的设备运行状况，认真听取并落实值长交代的工作任务、交代的作业风险及控制措施等内容，保持良好的精神面貌、工作状态。

（6）主动接受安全生产教育和培训，掌握本岗位作所需的安全生产知识，不断提高安全生产技能。

（7）该机组、系统发生事故及异常时，在值长的指挥下进行相关处理工作。事后及时收集事件的原始资料，参加事件调查分析。

（8）参加公司、部门组织的应急预案演练，反事故演习，急救和消防知识培训，掌握触电现场紧急救护法，会正确使用消防设施和火险报警，提高事故处理和应急能力。

（9）掌握该机组、系统的危险薄弱点，并提出相应的运行方式调整建议。

（10）制止任何违章作业行为，拒绝接受和执行违章命令和违章指挥。

（11）按要求做好工器具的正确使用和保管，正确佩戴劳动保护用品。

第三节 主控运行值班员岗位安全责任标准履职清单

主控值班员岗位安全责任标准履职清单见表2-1。

表2-1 主控值班员岗位安全责任标准履职清单

序号	履职周期	安全责任内容	履职形式	完成期限
1	每年	协助值长完成本班组的班组建设工作，对其相应的工作承担直接责任	协助值长完成本班组的班组建设相关工作	按实际要求
2	每轮值	参加班组安全日活动	根据排班要求，参加班组安全日活动	按实际要求
3	日常	协助值长完成所辖设备和系统的启动、监视、调整、停运、事故处理、试验、定期切换等工作，确保机组设备安全、稳定、经济运行，对本岗位的操作准确性承担直接责任	负责机组运行期间的监盘工作，严密监视机组运行参数，在偏离正常值的情况下做出适当调整，并对其正确性负责；在值长的领导下，负责机组启停、监盘和调整操作，检查指导巡操员的现场工作，并对其准确性和正确性负责，如遇环保数据异常应及时发现及汇报；就机组运行过程中的异常现象做出分析，并对其承担主要责任；就操作中的细节做出分析并提出合理化建议，并对其承担主要责任	持续
4		遵守制度规定，严格执行运行规程、两票三制，办理工作票、操作票、风险预控票。对本岗位的制度执行承担直接责任	按照工作票制度完成对工作票的许可、延期和终结，并对其承担主要责任；按照操作票制度完成操作任务，并对其承担主要责任；在值长监护下进行重要设备的操作	持续
5		负责进行机组的定期试验以及巡回检查制度的执行，对其相应操作的正确性负直接责任	安排巡检员做好巡检工作，并指明要检查的要点，并对其承担主要责任；负责进行机组的定期试验以及相关操作，并对各项操作、定期试验承担直接责任；严格执行巡回检查制度，并对其执行情况承担直接责任	持续

第三章　火力发电厂基础知识

第一节　火力发电厂主要生产过程

发电厂是特殊的二次能源加工厂，它是将一次能源（如煤、天然气、石油、核能、风能、太阳能以及水力能等）转换为二次能源——电能，供我们使用。火力发电厂是利用燃料的化学能转化为电能。截至2023年底，在我国发电结构中，火力发电目前仍占据较大比重，但风电和光伏发电的占比正在逐步提升。

一、火力发电厂主要设备

（一）锅炉

锅炉是指利用燃料的燃烧热能或其他热能加热给水（或其他工质）以生产规定参数和品质的蒸汽、热水（或其他工质、或其他工质蒸汽）的机械设备。用以发电的锅炉称电站锅炉或电厂锅炉。

在电站锅炉中，通常将化石燃料（煤、石油、天然气等）燃烧释放出来的热能，通过受热面的金属壁面传给水，把水加热成具有一定压力和温度的蒸汽；蒸汽再驱动汽轮机，把热能转变为机械能；汽轮机带动发电机，将机械能转变为电能供给用户。电站锅炉中的“锅”指的是工质流经的各个受热面，包括省煤器、水冷壁、过热器及再热器等以及通流分离器件如联箱、汽水分离器等；“炉”指的是燃料的燃烧场所以及烟气通道，包括炉膛、水平烟道及尾部烟道等。

（二）汽轮机

具有一定压力、温度的蒸汽，进入汽轮机，经过喷嘴并在喷嘴内膨胀获得很高的速度。高速流动的蒸汽流经汽轮机转子的动叶片做功，当动叶片为反动式时，蒸汽在动叶中发生膨胀产生的反动力也使动叶片做功，动叶带动汽轮机转子按一定的速度均匀转动。汽轮机按热力特性分为凝汽式和背压式两种类型，在有热负荷的地区应尽可能采用供热式机组，以提高机组的综合效率，供热式机组的综合效率高达60％～80％，凝汽式机组的综合效率在45％左右。

（三）汽轮发电机

以汽轮机为原动机的三相交流发电机，是一种将机械能转化为电能的设备。它由发电机本体、励磁系统、冷却系统三部分组成。发电机的工作原理是基于电磁感应现象。旋转的转子在磁场中转动产生感应电动势，将机械能转化为电能。发电机的输出电压可以通过调节磁场的强弱来实现。

二、火力发电厂生产流程

火力发电厂的生产流程主要涉及三大系统，分别是燃烧系统、汽水系统和电气系统。燃烧系统由锅炉燃料加工部分、炉膛燃烧部分和燃烧后除灰部分组成；汽水系统由锅炉、汽轮机、凝汽器、给水泵及辅机管道组成；电气系统由发电机、升压变压器、高压配电装置、厂用变压器、厂用配电装置、电动机、电气二次设备等组成。火力发电厂生产流程图如图 3-1 所示。

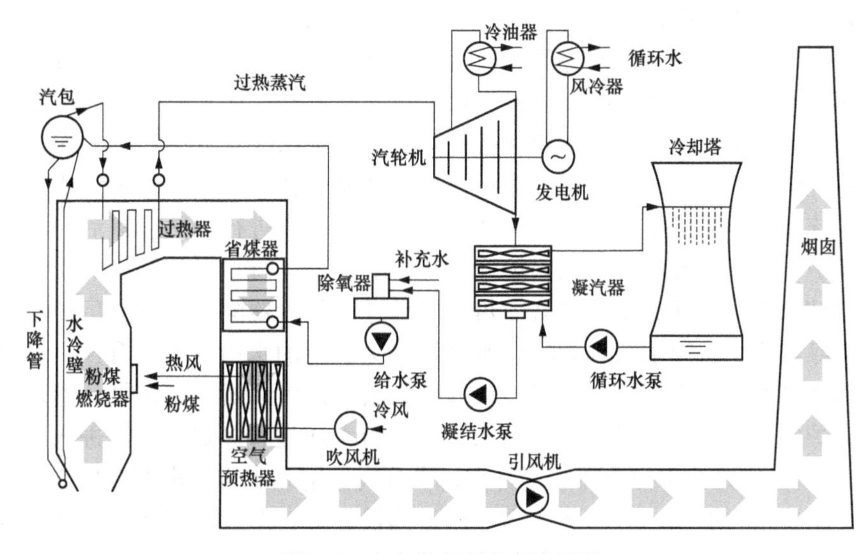

图 3-1　火力发电厂生产流程图

（一）燃烧系统

燃烧系统由燃料加工部分、锅炉燃烧部分、风烟系统和除灰部分组成。燃料加工简单地讲也就是将原煤从煤场经过输煤皮带先输送到碎煤机、筛煤机进行粗加工并且将其中的木块、铁件等杂物分离出来，然后进入原煤仓储存。原煤仓的煤由给煤机按负荷要求不断地送入到磨煤机，磨煤机碾磨分离后，把符合锅炉燃烧的煤粉由热风混合送入锅炉喷燃器中，在炉膛进行燃烧释放能量。燃料在锅炉中的燃烧过程较为复杂，它要求按照设计参数，按一定的调整方式、一定的热风温度、一定比例的风粉配合，使煤粉在炉膛内得到充分燃烧。煤粉在燃烧后产生的灰粉，一部分随炉膛尾气进入除尘设备，另一部分颗粒较大的不可燃物在重力作用下落入炉膛底部由除渣设备将其排走。另外，磨煤机中不能碾磨的煤矸石经排矸设备分离排出。实际上，锅炉燃烧系统是一个庞大而复杂的系统，辅机设备的复杂程度也是可想而知的，尤其随着大型机组的发展，整个生产过程更复杂，这就要求提高自动化水平，采取集中控制方法以提高锅炉运行的自动化程度。

（二）汽水系统

汽水系统由锅炉、汽轮机、凝汽器、除氧器和给水泵等组成。它包括汽水循环、化学水处理和冷却水系统等，其生产流程是用水把燃料燃烧产生的热量转变成蒸汽的内能，蒸汽推动汽轮机把内能转变为机械能，做功后的乏汽凝结成水。水是一种能量转换物质，普通水是不能直接进入锅炉使用的，因为水中含有固体杂质以及 Ca^{2+}、Mg^{2+}、Fe^{3+}、Cu^{2+} 等碱离子和 Cl^{-}、$SO_4{}^{2-}$ 等酸根离子，加热后产生的沉淀物会腐蚀和损坏锅炉管道和汽轮机通流部分，从而降低设备的使用寿命。所以水必须经过专门的化学水处理后才能使用。

化学补给水先混凝澄清预处理后，再反渗透深度处理，此后经过一级除盐将大部分阴阳离子除掉，再经过二级除盐处理，使水质达到锅炉使用要求的除盐水。经过化学水处理后的除盐水由补水泵送入凝汽器，作为汽水系统的水。因为正常运行中排污、冲洗和泄漏会产生汽水损失，所以汽水系统要不断补充除盐水。化学处理后的除盐水需进行加热除氧后允许进入锅炉，以防止氧化而腐蚀锅炉管道和影响正常运行。凝汽器内的凝结水由凝结水泵，经过低压加热器加热，然后进入除氧器除氧。发电厂把凝汽器至除氧器之间的系统称为凝结水系统。除氧后的水由给水泵升压，经过高压加热器进一步加热，达到锅炉需要的给水温度后送至省煤器。给水泵至锅炉省煤器之间的系统称为给水系统。给水通过省煤器加热，进入汽包（直流锅炉则是汽水分离器）进行汽、水分离。饱和水与给水混合后继续在锅炉水冷壁中加热。饱和蒸汽则进入过热器加热，形成一定压力和温度的主蒸汽，通过主蒸汽管道、主汽门进入汽轮机膨胀做功，做功后的蒸汽排入凝汽器凝结成水。凝结水与化学除盐补给水混合后，在汽水系统中循环使用。为了提高汽水循环的热效率，一般采用从汽轮机的中间级抽出部分做了功的蒸汽加热（即高、低压加热器）给水，以提高热效率。在大型的超高压、亚临界、超临界机组中还采用蒸汽再热循环，把在汽轮机高压缸全部做过功的蒸汽送到锅炉再热器加热、升温后，再送到汽轮机的中、低压缸继续做功，大大提高了机组效率。

为了保证蒸汽在汽轮机中理想焓降，使进入汽轮机的蒸汽膨胀到尽可能低的冷端压力，提高循环热效率，在汽轮机排汽口建立和保持一定的真空，发电厂必须设有凝汽器冷却系统。

（三）电气系统

电气系统由发电机、升压变压器、高压配电装置、厂用变压器、厂用配电装置、电动机、电气二次设备等组成。发电机发出的电能绝大部分通过升压变压器和配电装置源源不断地输入电网，小部分通过厂用变压器供发电厂连续运行的厂用电。厂用配电装置由断路器、隔离开关、自动开关、接触器、熔断器、母线和必要的辅助设备如避雷器、电压互感器、电流互感器等构成，其作用是接受和分配电能。电动机是厂用附属设备的拖动设备、原动机，主要包括交流电动机和直流电动机两种，交流电动机又分为三相鼠笼式、绕线式两种。电气二次设备是对一次设备进行控制、测量、监视，以及在发生故障时能迅速切除故障的继电保护装置。

第二节　机组及系统设备简介

随着国民经济的发展和对能源需求的增长，采用大容量发电机组具有以下优点。

（1）降低发电厂单位造价，节省投资。

（2）降低发电厂运行费用，提高经济效益。

（3）加快电力建设速度，适应快速增长的负荷要求。

（4）可减少装机数，便于管理。

因此，优先采用大型发电机组已成为发展趋势。在单机容量增加的同时，为了提高循环热效率，大机组均采用高参数。基于高参数大容量发电机组的特点，出现了采用单元制系统的单元发电机组，又称单元机组。每台锅炉直接向所配合的一台汽轮机供汽，汽轮机驱动发电机所发出的电功率直接经一台升压变压器送往电力系统，这样组成了炉—机—电纵向联系的独立单元。各单元之间除了公用系统外，无其他横向联系。各单元所需新蒸汽的辅机设备均用支管与各单元的蒸汽总管相连，各单元所需厂用电取自本单元发电机电压母线，这种系统称为单元制系统。

母管制主要有集中母管制、切换母管制 2 种方式。①集中母管制：发电厂所有锅炉的蒸汽引至一根蒸汽母管，再由母管分别引导汽轮机和其他用汽处，这种系统称为集中母管制系统。只有在锅炉和汽轮机容量、台数不配合的情况下，才采用这种系统。我国单机容量为 6MW 以下机组的电厂和热电厂，其主蒸汽系统常采用单母管制。②切换母管制：每台锅炉与其相应的汽轮机组成一根单元，个单元之间设有联络母管。优点：既有足够的可靠性，又有一定的灵活性，并可以充分利用锅炉的富裕容量，还可以进行各炉之间的最有利的负荷分配。缺点：管道长、阀门多、投资增加。适合于参数不太高，机炉容量不完全配合，以及装有备用锅炉的电厂。

单元制系统最简单，管道最短，发电机电压母线最短，管道附件最少，发电机电压回路的开关电器也最少，投资最为节省，系统本身事故的可能性也最少，操作方便，适用于炉、机、电集中控制。因此，新建发电厂装设单机容量为 200MW 及以上发电机组时，一般采用机、炉、电单元制系统，并采用集中控制方式。对于采用再热式发电机组的发电厂，各再热式发电机组的再热蒸汽参数因受负荷影响不可能一致，无法并列运行，因而再热式发电机组必须要采用单元制系统。

单元制系统的缺点是其中任一主要设备发生故障时，整个单元都要被迫停止运行，而相邻单元之间又不能互相支援，机炉之间也不能切换运行，所以灵活性比起母管制系统要差；系统频率变化时，汽轮机调速汽门开度随之改变，单元机组没有母管的蒸汽容积可以利用，而锅炉热惯性又大，必然引起汽轮机入口蒸汽压力的波动，因此，单元机组对负荷变化的适应性较差。

单元机组的系统，包括汽水系统、风烟系统和电气系统。但由于单元机组容量大、参数高，往往系统复杂而庞大，并且辅机设备容量大。同时，设备的设计、制造方面采用了许多新工艺、新技术，在单元机组的运行维护方面也有许多新的问题。

一、单元机组锅炉制粉系统及设备

锅炉制粉系统可分为直吹式和中间储仓式两种。

（一）直吹式制粉系统

直吹式制粉系统中，磨煤机磨制好的煤粉全部直接送入锅炉燃烧室燃烧。磨煤机的制粉量要随锅炉负荷变化而变化。若采用筒形球磨机，低负荷下运行时，制粉系统很不经济，因此直吹式制粉系统一般配低速、中速、高速磨煤机。

（二）中间储仓式制粉系统

中间储仓式制粉系统中，由磨煤机磨制出来的煤粉空气混合物经粗粉分离器后，不直接送入锅炉燃烧室燃烧，先经旋风分离器将煤粉从煤粉空气混合物中分离出来，储存在煤粉仓内或者经螺旋输粉机送入邻炉。锅炉需要的煤粉量由给粉机调节送入燃烧室燃烧。磨煤机可以按其本身的最佳工况运行而不受锅炉负荷的影响，提高了制粉系统的经济性。由于配置了钢球磨煤机，因此其制粉系统对煤种、煤质的适应性好。

磨煤机按其部件工作转速，可分为如下三种。

（1）低速磨煤机。转速为15～25r/min，如筒式钢球磨煤机，其筒体的圆周速度为2.5～3m/s。

（2）中速磨煤机。转速为50～300r/min，如中速平盘磨煤机、中速钢球磨煤机、中速碗式磨煤机，其磨盘圆周速度为3～4m/s。

（3）高速磨煤机。转速为750～1500r/min，如锤击磨煤机、风扇磨煤机等，击锤和冲击板的圆周速度为50～80m/s。

二、单元机组锅炉风烟系统及设备

（一）风烟系统

为了使燃料在炉内的燃烧正常进行，必须向炉膛内送入燃料燃烧所需要的空气，并随时排出燃烧后所生成的烟气。为满足上述要求，大中型锅炉均采用平衡通风系统。用送风机克服空气侧的空气预热器、风道和燃烧器的流动阻力，用引风机克服烟气侧的过热器、再热器、省煤器、空气预热器、除尘器等的流动阻力，并在炉膛到引风机之间的整段烟道中维持负压。

空气预热器是利用锅炉尾部烟气的热量加热燃烧所用空气的一种对流式热交换器。空气预热器按传热方式的不同可分为传热式和再生式（又称蓄热式或回转式）两种。再生式空气预热器比传热式空气预热器节约钢材30%～40%，结构紧凑，质量轻，便于锅炉尾部受热面布置。因此，大容量单元机组广泛采用再生式空气预热器。

风机主要有引风机、送风机及一次风机。引风机主要将燃烧后的烟气抽出炉膛；送风机主要为锅炉提供燃烧所需的空气，还作为周界风、分离型燃尽风（SOFA）等；一次风机是干燥并输送煤粉进入炉膛，其中分两路，经过空气预热器加热的称为热一次风，不经过空气预热器的称为冷一次风。

（二）选择性催化还原（Selective Catalytic Reduction，SCR）系统

SCR系统包括催化剂反应室、氨气（储存）制备系统、氨喷射系统及相关的测试控制系统。SCR工艺的核心装置是脱硝反应器，在燃煤锅炉中，烟气中的含尘量很高，一般采用垂直气流方式。按照催化剂反应器在烟气除尘器之前或之后安装，可分为“高飞灰”或“低飞灰”脱硝，采用高尘布置时，SCR反应器布置在省煤器和空气预热器之间。优点是烟气温度高，满足了催化剂反应要求；缺点是烟气中飞灰含量高，对催化剂防磨损、堵塞及钝化性能要求更高。对于低尘布置，SCR布置在烟气脱硫系统和烟囱之间。烟气中的飞灰含量大幅降低，但为了满足温度要求，需要安装烟气加热系统，系统复杂，运行费用增加，故一般选择高尘布置方式。

三、单元机组锅炉汽水系统及设备

汽包锅炉汽水系统主要由省煤器、汽包、下降管、锅水循环泵、水冷壁、过热器等设备组成。它的任务是使水吸热，成为具有一定参数的过热蒸汽。具体过程是锅炉给水由给水泵送入省煤器，吸收尾部烟道中烟气的热量后送入汽包；汽包内的水经炉墙外的下降管、锅水循环泵到水冷壁，吸收炉内高温烟气的热量，使部分水蒸发，形成汽水混合物向上流回汽包，汽包内的汽水分离器将水和汽分离开，水回到汽包下部的水空间，而饱和蒸汽进入过热器，继续吸收烟气的热量成为合格的过热蒸汽，最后送入汽轮机。

直流锅炉汽水流程：锅炉给水由给水泵送入省煤器，再进入水冷壁，吸收炉内高温烟气的热量，使全部水蒸发为微过热蒸汽，微过热蒸汽进入汽水分离器，再进入过热器，继续吸收烟气的热量成为合格的过热蒸汽，进入汽轮机高压缸。高压缸排汽进入锅炉再热器，吸收热量后进入汽轮机中压缸。

随着蒸汽参数的提高，给水加热到饱和温度所需要的液体热将增加，导致省煤器的受热面增加；由于高压蒸汽的比热增大以及蒸汽温度提高，

所以蒸汽过热需要的热量增加，导致过热器受热面增加；由于汽化潜热随压力的升高而降低，蒸发所需的吸热量减少，所以导致蒸发受热面减少。这就意味着随着蒸汽参数的提高，锅炉机组的省煤器、过热器的受热面相应增加，而蒸发受热面（水冷壁）则可相应减少。为此，在高压、超高压和亚临界压力锅炉中，其炉膛内除布置水冷壁外，往往还要布置另一部分辐射式或屏式过热器受热面。总之，由于蒸汽参数不同，锅炉各部分受热面的大小、占总受热面积的比例及其布置情况都会随之发生变化。

四、单元机组给水系统

给水系统主要由除氧器、给水泵、高压加热器以及除氧器出口到锅炉入口这一段锅炉供水管道组成。

（一）锅炉给水泵的作用及基本工作原理

锅炉给水泵的作用是将除氧器给水箱中的水抽出提高压力后，经高压加热器送至锅炉，以维持锅炉的正常运行。同时，给水泵除了直接向锅炉供水外，还要抽出一部分水用于锅炉过热器、再热器和高压旁路等设备的减温功能。

锅炉给水泵采用离心泵，主要由叶轮、泵壳、管路和滤网等组成。在启动前，先在泵内充满水，当叶轮高速旋转时，泵内的水受到叶轮的推压也跟着旋转，叶轮内的水在离心力的作用下获得能量并将水从叶轮中心向外围甩出流进泵壳。于是叶轮中心压力降低，这个压力低于进水管内压力，水在压差作用下由进水管流进叶轮，这样水泵就可以不断吸水和供水，即水在叶轮里高速旋转获得动能。当水流出壳体时，又将动能变为压力能，因此离心泵不但能连续不断地输送液体，并能得到很高的压力。

（二）锅炉给水泵的配置

锅炉给水泵的驱动方式有两种，用汽轮机驱动的给水泵称为汽动给水泵，用电动机驱动的给水泵称为电动给水泵，这两种给水泵各有其优缺点。电动给水泵设备简单，运行可靠，但消耗厂用电量大，效率低；汽动给水泵汽水管道复杂，启动时间长，投资高，但汽动给水泵调节性能好，较采用液力耦合器、节流调节的电动给水泵更为经济，克服了电动给水泵的一些缺点。因此，单元机组给水系统在装设两台以上锅炉给水泵时，一般都采用汽动给水泵作为经常运行泵，电动给水泵作为机组启停或事故备用泵。

锅炉给水泵容量选择要通过经济分析，常见的有下面几种方案。

（1）装设一台全容量的汽动给水泵和一台半容量的电动给水泵。当汽动给水泵发生故障时，备用电动给水泵投运，机组可带一半负荷运行。

（2）采用两台半容量的汽动给水泵和一台 1/4 容量的电动给水泵，电动给水泵设计成定速泵，既作启动泵，又作备用泵。

（3）采用一台全容量的汽动给水泵和两台半容量的电动给水泵。电动给水泵为变速泵，用于机组启停过程及汽动给水泵的备用泵。当汽动给水泵故障时，启动两台电动给水泵则机组可以满负荷运行。

(4) 采用两台全容量电动给水泵，一台运行，一台备用。因为这种容量配置方式的厂用电消耗量大、不经济，所以一般很少采用。

五、单元机组抽汽回热系统

抽汽回热系统是利用从汽轮机某中间级后抽出部分蒸汽来加热锅炉给水，提高给水温度，减少给水在锅炉中的吸热量；同时可使抽汽不在凝汽器中冷却放热，减少了凝汽器排汽的冷源损失，提高了单元机组的热经济性，同时还可以减小低压缸末级叶片的尺寸，给汽轮机设计制造带来了方便。

（一）给水回热级数

大型汽轮机组随着参数的提高，都采用多级抽汽回热循环，一般回热级数为 6～7 级，超高参数单元机组回热级数不超过 8～9 级，二次再热机组甚至可达到 10 级。回热循环的热经济性随着回热级数的增加而提高，但增加回热级数必然带来系统复杂的问题，而且设备投资费用显著增加，况且当回热级数超过一定限度时，回热循环的热经济性会随着级数的增加而递减，因此回热级数的选取要经过认真的综合技术经济比较。

（二）抽汽回热系统的布置

抽汽回热系统主要是由高压加热器、除氧器、低压加热器、疏水泵等设备组成。其中，加热器可分为表面式加热器和混合式加热器两种。加热蒸汽和被加热水直接混合的加热器为混合式加热器；加热蒸汽和被加热水不直接接触，其换热通过金属面进行的加热器为表面式加热器。不同形式的加热器影响抽汽回热系统的布置方式，在抽汽回热系统的布置上力求系统简单，操作方便可靠，在保证安全的前提下尽量提高循环热效率。

大容量单元机组的给水回热系统中，除氧器采用混合式加热方式，高压加热器和低压加热器均为表面式加热器。从凝汽器出口到除氧器之间布置低压加热器，给水泵和省煤器之间布置高压加热器。

表面式加热器按其安装方式可分为立式和卧式两种布置形式。加热器立式布置的占地面积少，尤其是同层布置的加热器，安装管道方便。但通过理论分析和实践证明，卧式布置的加热器的结构设计方便，热量传递效果好，疏水水位比较稳定，大容量单元机组将广泛采用这种布置方式。

抽汽回热系统的疏水采用逐级自流的方法。高压加热器的疏水逐级自流到除氧器，低压加热器的疏水逐级自流到最末级（或次末级）加热器的疏水扩容器内，然后用疏水泵将疏水送到该加热器出口处的主凝结水管道。为了减少疏水逐级自流排挤低压抽汽所引起的附加冷源损失，又在各低压加热器疏水出口处设置疏水冷却器。

（三）旁路系统

机组一般均设有高、低压两级串联旁路系统（不同机组型号有差别）。

即由锅炉来的新蒸汽经高压旁路减温减压后进入锅炉再热器，由再热器来的再热蒸汽经低压旁路减温减压后进入凝汽器。高压旁路系统装置由高压旁路阀（高压旁路阀含减温器）、喷水调节阀、喷水隔离阀等组成，低压旁路系统装置由低压旁路阀（低压旁路阀含减温器）、喷水调节阀、喷水隔离阀等组成。

六、单元机组闭式冷却水系统及设备

闭式冷却水系统除供给机组回转设备轴承冷却水外，还供给发电机氢气冷却器、励磁机空气冷却器、发电机密封油冷却器等设备的冷却用水。当然不同形式的单元机组因设计方案的不同，以上设备所用的冷却水也不完全是闭式冷却水。

闭式冷却水系统为闭式循环系统，系统补充水有除盐水、凝结水、软化水等。用除盐水作为补充水的闭式冷却水系统干净、污染小，而用软化水作为补充水的闭式冷却水系统容易受污染，对设备的腐蚀比较严重。

闭式冷却水系统主要是由闭式冷却水泵、闭式冷却水池、闭式冷却水冷却器、高位水箱（缓冲箱）、砂滤器等组成。

七、单元机组循环水系统及设备

单元机组循环水系统是冷却汽轮机凝汽器排汽的冷水系统。该系统除了提供汽轮机凝汽器的冷却用水外，还可以提供闭式冷却水冷却器等设备的冷却用水及化学水处理、锅炉冲灰的水源。

根据火力发电厂所在地的供水条件，循环水系统可分为开式循环水系统、闭式循环水系统以及开式、闭式混合使用的循环水系统三种。开式循环水系统是指从江、河汲取的冷却水经循环水泵升压后进入凝汽器等冷却水用户，冷却水回水再排放到江、河中，冷却水不重复使用的循环水系统。闭式循环水系统是冷却水经循环泵升压后进入凝汽器，经冷却汽轮机排汽后送往冷却塔，在冷却塔内冷却后再重新送回循环水泵的入口，冷却水经循环泵、升压泵再次送入凝汽器，这样循环水往复使用。

八、单元机组电气系统及设备

随着电网及单元机组容量的不断增大，在大中型发电厂中广泛采用的是发电机-变压器组单元接线，这种接线的优点是可以减少所用的电气设备数量，简化配电装置结构和降低建造费用；其缺点是当单元接线中任一设备故障或检修时，整个单元机组必须停运。厂用电源取自发电机出口，其优点是当主变压器高压断路器以外发生故障时，单元机组可以带厂用电运行，不会造成厂用电失电，厂用电源电压较稳定。另外，由于继电保护和自动装置的不断改进和完善，使发电机和电力系统网络故障对厂用电的影响降低到了最低程度。因此，大型单元机组广泛采用本机自带厂用电的方式。

发电厂设备用电通过变压器及配电装置供给。系统分中压厂用电系统和低压厂用电系统、保安系统、直流系统等。保安系统设有柴油发电机作为全厂失电后的交流保安电源。直流系统包括 220V 系统、110V 系统、48V 系统和 24V 系统，用作整台单元机组的保护、控制、调节和信号的电源。因此，要保证单元机组的稳定运行，必须保证厂用电供电可靠；另外，厂用电还应设比较可靠的备用电源。

电气系统的主要设备包括同步发电机、变压器、断路器、隔离开关。

九、单元机组凝汽系统及设备

单元机组凝汽系统是由凝汽器、循环水泵、凝结水泵、抽气设备等设备组成。它们以凝汽器为主，共同完成如下任务：在汽轮机低压缸排汽口建立并保持高度真空，提高汽轮机效率；把汽轮机的乏汽凝结成水并除去凝结水中的氧气和其他不凝结气体。

汽轮机凝汽系统的工作过程为从汽轮机低压缸末级排出的蒸汽进入凝汽器后，在凝汽器中凝结成水，由凝结水泵将凝结水抽出最后作为锅炉给水；循环水泵使循环水连续流过凝汽器，吸收并带走汽轮机排汽放出的热量；抽气器（泵）是将真空系统漏入的空气以及凝汽器的未凝结蒸汽排出而维持凝汽器的真空。

十、发电机氢水油系统

发电机是把机械能转变为电能的设备。在能量转换过程中，同时产生各种损耗，这些损耗不但会使发电机输出功率减少，而且会使发电机发热。当发电机有热量产生时，其各部分的温度将升高，发电机各部件的温度比环境温度升高的度数叫作部件的温升。因为发电机内部的热量主要是绕组铜损耗、铁芯铁损耗产生的，所以温升也主要出现在绕组和铁芯上。因为发电机温升过高时，将使发电机的绝缘迅速老化，其机械强度和绝缘性能降低，寿命大大缩短，严重时会将发电机烧毁，所以发热问题直接关系着发电机的寿命和运行可靠性。另外，从制造角度考虑，如果不提高发电机的冷却效果，随着大容量单元机组的发展，将造成材料的巨大浪费，同时也将造成加工和运输上的困难。

从目前来看，发电机的冷却方式有表面冷却和内部冷却两种。冷却介质不通过导体内部，而是间接通过绕组绝缘，铁芯机壳的表面将热量带走的方式称为表面冷却，简称为外冷。当冷却介质通入空心导体内部，使冷却介质直接和导体接触把热量带走的方式称为内部冷却（简称内冷）。目前大中型单元机组大多采用内冷方式，冷却介质为氢气和水。大容量火力发电机普遍采用氢气作为冷却介质，氢气易燃易爆，为防止发电机内的氢气从转轴处向外泄漏，发电机都配备密封油系统。

密封油系统向发电机密封瓦提供润滑以防止密封瓦磨损，且使油压高于发电机内氢压一定数值，以防发电机内氢气沿转轴与密封瓦间隙向外泄漏，同时尽可能地减少发电机内部的空气和水汽。

十一、单元机组润滑油系统

（一）润滑油系统的作用

（1）供给汽轮机单元机组各轴承润滑油，同时带走轴承产生的热量。

（2）在润滑油循环的过程中，将油管道及轴承中的杂质带走。

（3）在汽轮机盘车及低转速时供给顶轴油。

（4）为发电机提供密封油。

（二）润滑油系统的形式及组成

在现代火力发电机组汽轮机中，由于控制要求的提高，调节及保安系统采用了独立的高压抗燃油系统，因此汽轮机的润滑油系统也就成了独立的油系统。大容量汽轮机的润滑油系统有两种较为典型的形式：一种是通过射油器为系统供油的润滑油系统；另一种是通过涡轮泵为系统供油的润滑油系统。这两种形式的润滑油系统的组成形式基本相同。

十二、单元机组燃油系统及等离子系统

（一）燃油系统

发电厂燃油系统可分为卸油系统、供油系统和锅炉房油系统三个部分，其作用是供锅炉启动、停止和助燃用油。

1. 卸油系统

卸油系统设备主要包括喷射式除气器（油气分离器）、真空泵、桥式卸油杆、卸油泵、污油泵、燃油输送管道和加热装置，其作用是将轻油从油罐车输送到储油罐。

2. 供油系统

供油系统是指油从油罐经过滤器、供油泵、加热器送往锅炉房的油管路系统。

供油系统的作用是将轻油从储油罐输送到油枪。供油系统中装有蒸汽管路，其用途是加热、伴热和吹扫。蒸汽加热用于油罐加热；蒸汽伴热用于管路长、散热大的地方，以防管道中的油因散热而黏度加大；蒸汽吹扫用于全部油管路，以确保系统启动、运行和停运时的安全。

3. 锅炉房油系统

锅炉房油系统比较简单，主要是两个管路。一个是锅炉房内从供油母管到油枪的供油配油管路，另一个是用来加热、清洗管路的蒸汽管路。

（二）燃油、微油及等离子系统

燃油系统是锅炉正常运行主要保证，主要应用于锅炉点火以及事故状态或低负荷下锅炉的稳燃，一旦给煤机断煤，严重影响锅炉负荷及炉膛的正常燃烧，这时燃油系统能够快速投入运行，保证锅炉正常燃烧，使锅炉

的燃烧得到稳定，确保机组安全稳定运行。

炉前油系统的主要配置包括燃油流量测量装置、进油调节阀、进油跳闸阀、油泄漏试验阀、校验阀、油角阀、回油跳闸阀，以及火焰检测器、安全阀、手动阀、管路、滤网、温度、压力的测点等常规配置。

等离子燃烧器借助等离子发生器的电弧来点燃煤粉的煤粉燃烧器，它在煤粉进入燃烧器的初始阶段就用等离子弧将煤粉点燃，并将火焰在燃烧器内逐级放大，属内燃型燃烧器，可在炉膛内无火焰状态下直接点燃煤粉，从而实现锅炉的无油启动和无油低负荷稳燃。

十三、单元机组疏放水系统

发电厂的疏放水系统是全面性热力系统中不可缺少的一个组成部分，疏水的来源有以下几个方面。

（1）蒸汽经过较冷的管段、部件或长期停滞在某管段或部件而产生的凝结水。

（2）冷态蒸汽管道暖管时的凝结水。

（3）蒸汽带水或减温减压喷水过量等。

若蒸汽管道中积有凝结水，运行时会引起水击，使管道或设备发生振动，严重时使管道破裂或损伤设备。若水进入汽轮机，还会引起通流部分的损坏，为此，必须及时地将疏水排放掉。一般将收集和疏泄全厂疏水的管路系统及其设备称为发电厂的疏水系统。

发电厂的汽水管道、加热器、锅炉汽包等设备，在检修时其中的凝结水需排放；除氧器锅炉汽包及各种水箱、加热器要有溢流设备。这些溢、放水的管路系统及设备构成了发电厂的放水系统。

第三节　机组与电力系统简介

一、机组介绍

火力发电厂的主要设备有锅炉、汽轮机、发电机及其辅助设备，由原来各自分散的操作运行方式转变为单元集中控制运行方式，组成发电机组，其组成设备和系统之间联系密切，生产的连续性强，要求值班人员把整套发电机组视为一个统一的对象来对待，形成了机、电、炉等新的生产体系。

发电机组必须有相应的自动化水平的要求，热工自动控制系统及保护连锁系统已成为发电机组不可缺少的组成部分。特别是计算机在电厂自动化领域中的应用，更大大地提高了火力发电厂的自动化水平。

二、发电机组主控运行特点

随着生产发展的需要和对大型发电机组认识上的不断深入，从生产工艺、管理上讲，主控运行特点主要体现在以下几方面。

（1）大型发电机组自动化程度高，各专业交叉结合、联系紧密，没有明显的分界线。

（2）保证大型发电机组安全、经济、稳定运行，必须打破专业界线，统一协调指挥，要求主控值班员为精通各专业的全能值班员。

（3）国内投产的200MW、300MW、600MW、1000MW火力发电机组更新了传统的生产操作手段，打破了原常规仪表参数局部孤立和无过程跟踪状态显示操作的习惯，建立了全过程、多参数和综合操作的新概念，向操作集中、智能、程序化，以及操作的精确性、稳定性、安全性、预见性和优化性方面迈出了一步。这些发电机组辅机庞大，系统复杂，运行维护要求严谨。

（4）随着国家新能源的大力发展，上网的新能源已占到了全网容量的半壁江山，要求火电机组适应新形势的发展。火电机组的智能化已有一定的提升，以此来适应系统深度调峰、经济运行以及低碳目标。

三、发电机组和电力系统

动力系统中输送和分配电能及改变电能参数（如电压、频率）的设备，称为电力网。其包括各种输电线路、变电站的配电装置、变压器、换流器、变频器等设备。

发电机和用电部门的电气设备以及将它们联系起来的电力网统称为电力系统。电力系统是动力系统的核心。发电机组的出现，使电力系统单机容量日益增大，由于发电机组距负荷中心较远，出现了远距离超高压输电线路将远方大型发电机组与负荷中心联系起来，使电力系统的规模不断扩大。为提高安全性和经济性，各地方电力系统逐渐用高压输电网络互相连接在一起，形成了电力系统。电力系统进一步互相结合，形成了跨地区全国统一电力系统，甚至成为跨国电力系统。

电力系统的出现，提高了供电的可靠性，一路电源故障，可以由其他电源回路继续供电，一个地区故障可以由其他地区支援。

发电机组电力系统也出现了一些矛盾，如电力系统稳定问题显得更加重要，电网之间的联系加强后，互相影响增大，系统瓦解故障概率大。

四、电力系统的电压和电网结构

（一）电力系统的电压

电力系统的电压分成很多等级。一个电力系统应采用哪些电压等级比较合适，是个复杂的技术经济问题。其影响因素有送电容量、距离、运行方式、动力资源分布、电源及工业布局以及发展远景等。

我国现行的额定电压标准为3kV、6kV、10kV、35kV、60kV、110kV、220kV、330kV、500kV、1000kV。

一般来说，10kV 及以下称为低压电网（注意：这里的定义与安全电压等级的定义不同）35～110kV 称为高压电网；220～750kV 称为超高压电网；1000kV 及以上称为特高压电网。±800kV 以下的直流电压等级称为高压直流；±800kV 及以上的直流电压称为特高压直流。输送功率和输送距离增加，要求的电压就增高。根据经验确定的，与各额定电压等级相适应的输送功率和输送距离见表 3-1。

表 3-1　与各额定电压等级相适应的输送功率和输送距离

额定电压（kV）	输送功率（kW）	输送距离（km）
3	100～1000	1～3
6	100～1200	4～15
10	200～2000	6～20
35	2000～10000	20～50
60	3500～30000	30～100
110	10000～50000	50～150
220	100000～500000	100～300
330	200000～800000	200～600
500	1000000～1500000	250～850
800	2000000～2500000	500～1000

（二）电网结构

电网按其功能分为输电网和配电网两部分。输电网由输电线、系统联络线以及大型变电站组成，是电源与配电网之间的中间环节。配电网起分配电力到各配电变电站再向用户供电的作用。

电网接线方式，即电网结构是否合理，直接影响电力系统的运行。对于一般低压和高压电网，它必须满足以下要求。

(1) 运行的可靠性：电网结构应保证对用户供电的可靠性。如对第一类负荷必须有两个独立电源供电。对第二类负荷是否需要备用电源，应看该用户对国民经济的重要程度，经技术经济比较确定。

(2) 运行的稳定性：电网运行方式改变后，必须保证各条输出线路的稳定性，否则会产生电网不稳，甚至解列运行。

(3) 运行的灵活性。电网结构必须能适应各种可能的运行方式，要考虑正常运行方式及事故运行方式。

(4) 运行的经济性：电网的接线应考虑送电过程中电能损失尽量小，运行费用低。

(5) 操作安全性：电网结构必须保证所有运行方式下及进行检修时运行操作人员安全。

(6) 保证各种运行方式下的电能质量：电网接线大致可分为无备用和有备用两类。无备用接线包括放射式、干线式、链式网络，如图 3-2 所示。

有备用接线包括放射式、干线式、链式以及环式和两端供电网络，如图 3-3 所示。

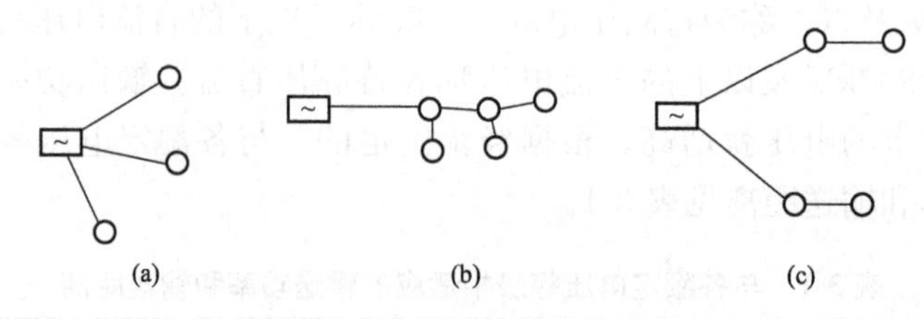

图 3-2 电网无备用接线方式

（a）放射式；（b）干线式；（c）链式

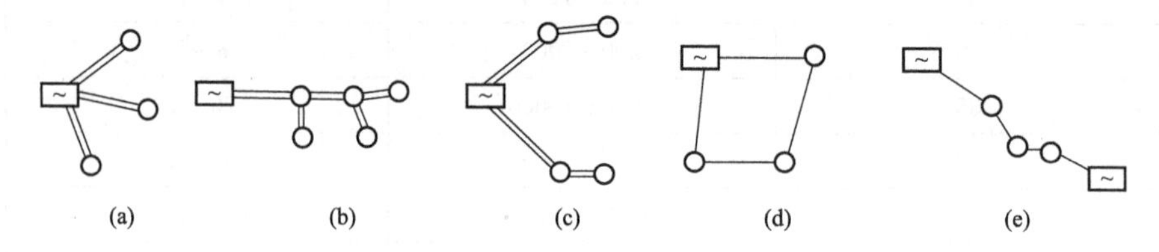

图 3-3 电网有备用接线方式

（a）放射式；（b）干线式；（c）链式；（d）环式；（e）两端供电网络

无备用接线的优点在于简单、经济、运行方便，主要缺点是供电可靠性差。但因为架空线路已广泛采用自动重合闸装置，而自动重合闸的成功率又很高，使无备用接线的供电可靠性得到提高，所以这种接线方式适应于两点负荷。

在有备用接线中，双回路的放射式、干线式、链式接线不常用。其优点是供电可靠性和电压质量高，缺点是投资高。如双回路放射式接线对每一负荷都以两回路供电，每回路的负荷不大，而往往为避免发生电晕等原因，不得不选用大于这些负荷所需的导线截面积，浪费有色金属。干线式或链式接线所需开关电器很多。有备用接线的环式接线有与上列接线方式相同的供电可靠性，但却更经济。但缺点是运行调度复杂，且故障断开某一回路后，用户处的电压质量明显恶化。

有备用接线中的两端供电网络为最常见，采用的条件是要有两个或两个以上的独立电源。

电力系统的主要网络简称主网，它主要是指输电网络，是电力系统中最高电压线的电网，起电力系统骨架的作用，所以又简称网架。

第四章　火力发电厂主设备结构及原理

第一节　锅炉结构及原理

一、锅炉的工作原理

燃料的燃烧过程在炉膛内进行，形成“炉”的概念；蒸汽或水在水冷壁、受热面等内部吸热，形成“锅”的概念。炉膛、燃烧器、汽包（或汽水分离器）、水冷壁、对流受热面、钢架和炉墙等组成锅炉的主要部件，称为锅炉本体。锅炉的其他重要辅助装置如给煤机、磨煤机、送风机、引风机、一次风机、密封风机、除渣设备等称为锅炉辅机。

二、锅炉的分类及技术特点

锅炉的分类可以按循环方式、燃烧方式、排渣方式、运行方式以及燃料、蒸汽参数、布置形式、通风方式等进行分类，其中按循环方式和蒸汽参数分类最为常见。

（一）按循环方式分类

按照循环方式分可分为自然循环锅炉、控制循环锅炉和直流锅炉。

1. 自然循环锅炉

给水经给水泵升压后进入省煤器，受热后进入蒸发系统。蒸发系统包括汽包、下降管、水冷壁以及相应的联箱等。因为给水在不受热的下降管中工质则全部为水，在水冷壁中吸收汽化潜热，部分水会变为蒸汽，所以水冷壁中的工质为汽水混合物。由于水的密度要大于汽水混合物的密度，所以在下降管和水冷壁之间就会产生压力差，在压力差的推动下，给水和汽水混合物在蒸发系统中循环流动。这种循环流动是由于水冷壁的受热而形成，没有借助其他的能量消耗，所以称为自然循环。在自然循环中，每千克水每循环一次只有一部分转变为蒸汽，或者说每千克水要循环几次才能完全汽化，循环水量大于生成的蒸汽量。单位时间内的循环水量同生成蒸汽量之比称为循环倍率。自然循环锅炉的循环倍率为4～30。

2. 控制循环锅炉

在循环回路中加装循环水泵，就可以增加工质的流动推动力，形成控制循环锅炉。在控制循环锅炉中，循环流动压头要比自然循环时增强很多，可以比较自由地布置水冷壁蒸发面，蒸发面可以垂直布置也可以水平布置，其中的汽水混合物既可以向上也可以向下流动，因此可以更好地适应锅炉结构的要求。控制循环锅炉的循环倍率为3～10。

自然循环锅炉和控制循环锅炉的共同特点是都有汽包。汽包将省煤器、蒸发部分和过热器分隔开，并使蒸发部分形成密闭的循环回路。汽包内的大容积能保证汽和水的良好分离。但是汽包锅炉只适用于亚临界的锅炉。

3. 直流锅炉

直流锅炉不设汽包，工质一次通过蒸发部分，即循环倍率为1。直流锅炉的另一特点是在省煤器、蒸发部分和过热器之间没有固定不变的分界点，水在受热蒸发面中全部转变为蒸汽，沿工质整个行程的流动阻力均由给水泵来克服。如果在直流锅炉的启动回路中加入循环泵，则可以形成复合循环锅炉。即在低负荷或者本生负荷以下运行时，由于经过蒸发面的工质不能全部转变为蒸汽，所以在锅炉的汽水分离器中会有饱和水分离出来，分离出来的水经过循环泵再输送至省煤器的入口，这时流经蒸发部分的工质流量超过流出的蒸汽量，即循环倍率大于1。当锅炉负荷超过本生点以上或在高负荷运行时，由蒸发部分出来的是微过热蒸汽，这时循环泵停运，锅炉按照纯直流方式工作。

（二）按蒸汽参数分类

按蒸汽参数分可分为低压锅炉、中压锅炉、高压锅炉、超高压锅炉、亚临界压力锅炉、超临界压力锅炉和超超临界压力锅炉，见表4-1。

表4-1 锅炉按照蒸汽压力进行分类表 MPa

序号	锅炉分类	出口蒸汽压力
1	低压锅炉	≤2.45
2	中压锅炉	2.94～4.90
3	高压锅炉	7.8～10.8
4	超高压锅炉	11.8～14.7
5	亚临界压力锅炉	15.7～19.6
6	超临界压力锅炉	＞22.12
7	超超临界压力锅炉	＞27

（三）按燃烧方式分类

按燃烧方式分可分为层式燃烧锅炉、悬浮燃烧锅炉、旋风燃烧锅炉、循环流化床锅炉。其中悬浮燃烧锅炉常见的火焰型式有切向、墙式及对冲、U型、W型等。以下主要对悬浮燃烧方式进行简单介绍。

1. 切向燃烧方式

切向燃烧方式是煤粉气流从布置在炉膛四角（六角，八角）的直流式燃烧器喷入炉膛燃烧的方式。一、二次风口一般为间隔布置，各风口的几何中心线都分别与中央的一个或几个假想圆相切。切向燃烧的特点是靠各角来的风粉混合物协同动作，在炉内形成一个强旋流火球进行充分燃烧。煤粉的着火和切向燃烧方式要求炉膛截面接近正方形，煤粉着火和燃烧稳定性是靠点火三角区和上游邻角过来的高温火焰的对流传热支持。火焰的形状不仅与燃烧器布置、参数有关，还与炉膛形状及假想切圆直径有关。假想切圆直径大，有利于着火稳定性，但容易使煤粉气流刷墙造成炉壁结渣；切圆直径小，有助于减轻结渣，但邻角点燃作用延迟。切向燃烧炉内旋转的火炬有利于煤粉的燃烬；但是炉膛出口的残余旋流易引起烟温偏差、流量偏差，对过热器、再热器管工作不利。

2. 对冲燃烧方式

将一定数量的旋流燃烧器布置在两面相对的炉墙上，形成对冲火焰的燃烧方式。旋流式燃烧器主要靠自身形成的回流卷吸燃烧室内高温烟气来加热点燃煤粉，因此形成基本独立的火炬。对冲布置的火炬在燃烧室中心相遇对冲，然后转弯向上。

与燃烧器前墙布置方式相比，前后墙对冲布置时，炉内火焰充满情况较好，火焰在炉膛中部对冲有利于增强扰动。旋流式燃烧器前后墙对冲布置和直流式燃烧器切向布置相比，其主要优点是上部炉膛宽度方向上的烟气温度和速度分布比较均匀，使过热蒸汽温度偏差较小，并可降低整个过热器和再热器的金属最高点温度。

另外，墙式对冲燃烧方式以烟气挡板改变流经低温过热器及低温再热器的烟气量，从而调节再热蒸汽温度。墙式对冲燃烧方式比四角燃烧炉多以摆动燃烧器角度的方式有效，运行中再热器可不投减温水，使循环热效率不会因喷入减温水而降低。但通过锅炉实际的运行情况来看，目前国内三大动力厂生产的墙式对冲式锅炉很难实现不投再热减温水，需要做进一步的探讨、研究。

3. W 型火焰燃烧方式

将直流或弱旋流式燃烧器布置在燃烧室前后墙炉拱上，使火焰开始向下，再折回向上，在炉内形成 W 型火焰的燃烧方式。由于炉膛温度水平高，W 型火焰燃烧方式 NO_x 生成量较高。为了提高着火稳定性，减少 NO_x 生成量，新设计的锅炉常将部分二次风分别由前后墙引入，并用垂直下行一、二次风动量与近似水平对冲的部分二次风和（或）三次风的动量比来调节 W 型火焰的形状。根据燃用煤质的不同，W 型火焰燃烧室四周敷设适量的卫燃带，用以提高火焰温度和燃尽度。

W 型火焰燃烧方式相对于前几种燃烧方式而言，下炉膛的截面积偏大，且四周敷设卫燃带，可使煤粉火焰具有较高温度，而又不易冲墙，从而可以减少炉膛结渣。但由于炉膛截面积大，形状复杂，锅炉本体造价大致要增加 15%～25%。另外，形成和控制 W 型火焰使其充满整个炉膛，要求成熟的设计经验和较高的运行水平。W 型火焰燃烧方式对难燃的贫煤及无烟煤在燃烧稳定性上优于切向和墙式燃烧方式。

（四）按锅炉燃烧室、对流烟道间的相互布置方式分类

按锅炉燃烧室、对流烟道间的相互布置方式可分为 Π 型（倒 U 型）、塔型、半塔型（改良型）、T 型、箱型、Γ 型（倒 L 型）、U 型等多种型式。

1. Π型锅炉

在燃用煤粉的自然循环锅炉、强制循环锅炉和直流锅炉中，广泛采用Π型布置方式，它包含由水冷壁蒸发受热面组成的炉膛、布置对流受热面的水平烟道以及尾部竖直烟道三个主要部分。

Π型布置锅炉的特点如下。

(1) 锅炉的排烟口在下部，大而重的转动机械可以布置在地面上，便于检修中吊装运输。

(2) 由于在水平烟道内可以布置较多的对流受热面，故锅炉的厂房高度较低。

(3) 水平烟道内空间较大，可以灵活布置各种对流受热面，便于检修与维护。

(4) 尾部竖直烟道内也可以布置较多的对流受热面，锅炉的结构紧凑。

(5) 锅炉的钢架结构复杂，由于存在水平烟道，烟道内烟气流动需要转弯，造成飞灰浓度不均匀，影响传热效果，同时使对流受热面局部磨损严重。

2. 塔式锅炉

塔式锅炉炉膛的上方是烟道，受热面全部布置在对流烟道内。塔型布置锅炉的特点如下。

(1) 占地面积小。

(2) 取消了不易布置受热面的转向室，烟气一直向上，减轻了受热面的磨损。

(3) 对流受热面可以全部水平布置，易于疏水，减少了受热面管内腐蚀。

(4) 锅炉的厂房较高，连接过热器、省煤器等受热面的管道较长。

(5) 塔式布置常用于亚临界及以上压力的低循环倍率锅炉和直流锅炉。对自然循环汽包炉或控制循环汽包炉，因其汽包笨重，给塔式布置带来极大困难，故仅用于较小容量、较低参数锅炉。

3. T型锅炉

T型锅炉可解决Π型锅炉和塔式锅炉尾部受热面布置的缺点，减少了尾部烟道的深度和过渡烟道的高度。但该炉型比Π型炉占地更大，管道连接复杂，金属耗量也大，故只有当燃烧劣质煤，需要布置很多对流受热面时或当塔式锅炉的容量受到限制（≥1000MW机组）时才考虑采用。

4. Γ型锅炉

Γ型布置取消了水平烟道，是Π型布置的一种改进。Γ型布置锅炉的特点如下。

(1) 由于取消了水平烟道，锅炉的结构更加紧凑，占地面积小，节省钢材。

(2) 因为锅炉的结构紧凑，检修空间较小，所以安装、检修不方便。

三、锅炉系统设备组成

（一）锅炉本体设备及功能

锅炉本体设备由“锅”和“炉”两大部分构成。其各部分的主要功能如下。

（1）炉膛：是一个由水冷壁围成供燃料燃烧的空间，燃料在该空间内呈悬浮状燃烧，炉膛外侧的水冷壁用保温材料进行保温。

（2）燃烧器：位于炉膛墙壁上，其作用是把燃料和空气以一定速度喷入炉内，使其在炉内能进行良好的混合，以保证燃料适时、稳定地着火并迅速接近完全地燃烧。

（3）空气预热器：位于锅炉尾部烟道中，其作用是利用烟气余热来加热空气，空气经预热后再送入炉膛和燃料制备系统，对于燃料的燃烧、制备和输送都是有利的。

（4）省煤器：位于锅炉尾部垂直烟道中，利用排烟余热加热给水，降低排烟温度，提高锅炉效率，节约燃料。

（5）下降管：是水冷壁或汽包的供水管，其作用是把省煤器中的水引入下联箱再分配到各水冷壁管。

（6）水冷壁：位于炉膛四周，即由水冷壁围成炉膛，其主要任务是吸收炉内燃料燃烧释放出的辐射热，使水冷壁管内的水受热蒸发，它是锅炉的主要蒸发受热面。

（7）过热器：主要布置在锅炉的水平烟道和尾部垂直烟道中，其作用是利用锅炉内的高温烟气将汽包来的饱和蒸汽加热成为具有一定温度的过热蒸汽。

（8）再热器：主要布置在锅炉的水平烟道和尾部垂直烟道中，其作用是利用锅炉内的高温烟气将汽轮机中作过部分功的蒸汽再次进行加热升温，然后再送往汽轮机中继续做功。

（9）汽（水）联箱与导管：是直径较粗的管子，用以联络上述汽水系统的主要部件，并起到汇集、混合、分配工质的作用。

（10）汽包：锅炉中用于进行蒸汽净化、组成水循环回路和汽水分离的筒形压力容器。超临界直流锅炉以汽水分离器代替此设备，不具备蒸汽净化作用。

此外，锅炉本体设备还有炉墙和构架。炉墙是用于构成封闭的炉膛和烟道，以保证锅炉的燃烧过程和传热过程正常进行。构架是用来支承或悬吊汽包、锅炉受热面、炉墙等全部锅炉构件。

（二）上锅1000MW一次再热超超临界塔式锅炉结构及特点

上海锅炉厂有限公司（简称上锅）1000MW机组塔式锅炉为超超临界参数变压运行螺旋管圈直流炉，采用一次再热、单炉膛单切圆燃烧、平衡通风、露天布置、固态排渣、全钢构架、全悬吊结构塔式布置，由上海锅炉厂有限公司引进 Alstom-Power 公司 Boiler Gmbh 的技术生产，锅炉型号为 SG3091/27.46-M541，其中 SG 表示上海锅炉厂，3091 表示该锅炉 BMCR 工况额定蒸汽流量，单位：t/h。27.46 表示该锅炉额定工况蒸汽压力，单位是 MPa。锅炉最低直流负荷为 30%BMCR，本体系统配 30%BMCR 容量的启动循环泵。锅炉不投油最低稳燃负荷为 25%BMCR。

锅炉主要由以下设备组成：汽水分离器、省煤器、汽水分离器疏水箱、二级过热器、三级过热器、一级过热器、垂直水冷壁、螺旋水冷壁、燃烧器、锅水循环泵、原煤斗、给煤机、冷灰斗、捞渣机（或干渣机）、磨煤机、磨煤机密封风机、低温再热器、高温再热器、脱硝装置、空气预热器、一次风机、送风机、引风机。

锅炉炉膛宽度为 21.48m，深度为 21.48m，水冷壁下集箱标高为 4.2m，上端面标高为 127.78m。锅炉炉前沿宽度方向垂直布置 6 只汽水分离器，汽水分离器外径为 0.61m，壁厚为 0.08m，每个分离器筒身上方布置 1 根内径为 0.24m 和 4 根外径为 0.2191m 的管接头，其进出口分别与汽水分离器和一级过热器相连。当机组启动，锅炉负荷小于最低直流负荷 30%BMCR 时，蒸发受热面出口的介质经分离器前的分配器后进入分离器进行汽水分离，蒸汽通过分离器上部管接头进入两个分配器后进入一级过热器，而不饱和水则通过每个分离器筒身下方 1 根内径 0.24m 的连接管进入下方 1 只疏水箱中，疏水箱直径为 0.61m，壁厚为 0.08m，疏水箱设有水位控制。疏水箱下方 1 根外径为 0.57m 疏水管引至一个连接件。通过连接件一路疏水至锅水再循环系统，另一路接至大气扩容器中。炉膛由膜式水冷壁组成，水冷壁采用螺旋管加垂直管的布置方式。从炉膛冷灰斗进口到标高 72.98m 处炉膛四周采用螺旋水冷壁，管子规格为 ϕ38.1mm，节距为 53mm。在螺旋水冷壁上方为垂直水冷壁，螺旋水冷壁与垂直水冷壁采用中间联箱连接过渡，垂直水冷壁分为 2 部分，首先选用管子规格为 ϕ38.1mm，节距为 60mm，在标高 88.88m 处，两根垂直管合并成一根垂直管，管子规格为 ϕ44.5mm，节距为 120mm。

炉膛上部依次分别布置有一级过热器、三级过热器、二级再热器、二级过热器、一级再热器、省煤器。锅炉燃烧系统按照中速磨煤机正压直吹系统设计，配备 6 台磨煤机，正常运行中运行 5 台磨煤机可以带到 BMCR，每根磨煤机引出 4 根煤粉管道到炉膛四角，炉外安装煤粉分配装置，每根管道分配成两根管道分别与两个一次风喷嘴相连，共计 48 个直流式燃烧器分 12 层布置于炉膛下部四角（每两个煤粉喷嘴为一层），在炉膛中呈四角切圆方式燃烧。紧挨顶层燃烧器设置有紧凑型燃尽风（CCOFA）和分离燃尽风（SOFA），每个角 6 个喷嘴，采用 TFS 分级燃烧技术，减少 NO_x 的排放。在每层燃烧器的两个喷嘴之间设置有油枪，燃用 0 号柴油，设计容量为 25%BMCR，在启动阶段和低负荷稳燃时使用。锅炉设置有膨胀中心及零位保证系统，炉墙为轻型结构带梯形金属外护板，屋顶为轻型金属屋顶。B磨煤机对应的燃烧器采取微油点火，在启动阶段和低负荷稳燃时，也可以投入微油点火系统，减少燃油的耗量。过热器采用三级布置，在每两级过热器之间设置喷水减温，主蒸汽温度主要靠煤水比和减温水控制。再热器两级布置，再热蒸汽温度主要采用燃烧器摆角调节，在再热器入口和两级再热器布置危急减温水。在ECO出口设置脱硝装置，脱硝采用选择性触媒SCR脱硝技术，反应剂采用尿素水解系统产生的氨气，反应后生成对大气无害的氮气和水汽。尾部烟道下方设置两台三分仓回转容克式空气预热器，两台空气预热器转向相反，转子直径为16.421m，空气预热器采用2段设计，没有中间段，低温段采用抗腐蚀大波纹搪瓷板，可以防止脱硝生成的NH_4HSO_4黏结。锅炉排渣系统采用机械出渣方式，底渣直接进入捞渣机水封内，水封可以冷却、裂化底渣，同时可以保证炉膛的负压。

（三）上锅1000MW超超临界二次再热机组锅炉结构及特点

上锅1000MW超超临界二次再热机组锅炉为超超临界变压运行螺旋管圈直流锅炉，型号为SG-2747/33.07-M7051，单炉膛塔式布置形式、二次再热、四角切圆燃烧、平衡通风、固态排渣、全钢悬吊构造、露天布置。设计煤种为神华混煤。制粉系统采用中速磨煤机正压直吹式制粉系统，每台锅炉配置6台中速磨煤机，BMCR工况时，5台运行、1台备用。炉后尾部烟道出口设置SCR脱硝反应装置，SCR下方布置两台四分仓回转式空气预热器。点火方式采用双层等离子点火。锅炉本体吹灰器为蒸汽吹灰器，脱硝装置为声波吹灰器，空气预热器为双介质吹灰器。每台机组配置一套高、中、低压三级串联旁路系统。高压旁路系统容量为100%BMCR，既作为主汽压力调节阀，同时具有压力跟踪溢流和超压保护功能，取代过热器安全阀。中压旁路容量最大容量满足启动最大容量加减温水量，低压旁路最大容量满足中压旁路最大容量加减温水量。一、二次再热器采用100%容量安全门设计。再热器安全门型式为弹簧式安全门。锅炉启动系统设置了启动循环泵。

（四）哈锅1000MW超超临界二次再热锅炉结构及特点

为获得更高的发电效率，火电机组在提高机组蒸汽温度的同时主蒸汽压力也提高到27MPa以上，压力的提高不仅关系到材料强度及结构设计，而且由于汽轮机低压末几级排汽湿度大的原因，压力提高到某一等级后，必须采用更高的再热蒸汽温度或二次再热循环，在相同主蒸汽与再热蒸汽参数条件下，二次再热机组的热效率比一次再热机组提高1.5%～2%，二氧化碳减排约3.6%，但二次再热会使机组结构、调控和操作运行更加复杂，汽轮机需增加一级超高压缸和相应的控制机构，热力系统也更加复杂。二次再热机组相比一次再热机组过热蒸汽吸热比例相对减小，再热蒸汽吸热比例有所增大。

二次再热机组常规系统流程：从锅炉过热器出来的主蒸汽为汽轮机超高压缸提供驱动蒸汽，蒸汽做功后经一次再热蒸汽冷段管道进入锅炉一次再热器，再热后的蒸汽经热一次再热蒸汽管进入高压缸继续做功，高压缸排汽再经过二次再热蒸汽冷段管道进入锅炉二次再热器，二次再热后的蒸汽经二次再热蒸汽热段管道进入中压缸，为汽轮机中低压缸提供驱动蒸汽。

哈锅 1000MW 超超临界二次再热锅炉为超超临界变压运行螺旋管圈+垂直管圈直流锅炉，单炉膛、二次再热、采用双切圆燃烧方式、平衡通风、固态排渣、全钢悬吊结构、露天布置、Π 型锅炉。燃烧器为 M-PM 型低 NO_x 燃烧器，每台磨煤机供一层共 8 只燃烧器。采用八角反向双切圆燃烧方式的摆动燃烧器。燃烧器区域共设六层一次风口及两个烟气再循环喷口、六层燃尽风风室、三层油风室、十八层二次风室，主燃烧器采用传统大风箱结构，由隔板将大风箱分隔成若干风室，在各风室的出口处布置数量不等的燃烧器喷嘴。二次风喷嘴可作上、下各摆动 30°，一次风喷嘴可作上、下各摆动 20°，以此来改变燃烧中心区的位置，调节炉膛内各辐射受热面的吸热量，从而调节再热蒸汽温度。分离型燃尽风室（SOFA）布置在炉膛前、后墙的主燃烧器上方，可以分别进行上下、左右摆动，调节燃烧中心在炉膛中的形态，并用于调节由于切圆燃烧而产生的炉膛出口处的烟温偏差。在距上层煤粉喷嘴中心线上方 7.2m 处布置有三层 LSOFA 燃尽风喷嘴、12.455m 处布置有三层 HSOFA 燃尽风喷嘴，它的作用是补充燃料后期燃烧所需要的空气，同时实现分级燃烧达到降低炉内温度水平，抑制 NO_x 的生成，燃尽风燃烧器与煤粉燃烧器一起构成低 NO_x 燃烧系统。燃烧器采用单元制配风，整个燃烧器同水冷壁固定连接，并随水冷壁一起向下膨胀。

锅炉采用螺旋管圈+垂直管圈水冷壁系统，具有较强的负荷波动和煤质变化适应性。每根水冷壁管子沿炉膛周界均匀通过高热负荷区和低热负荷区域，使得下炉膛水冷壁出口工质温度更加均匀。锅炉采用较高的质量流速，能保证锅炉在变压运行的四个阶段即超临界直流、近临界直流、亚临界直流和启动阶段均能有效地控制水冷壁金属壁温、控制高干度蒸干（DRO）、防止低干度高热负荷区的膜态沸腾（DNB）以充分保证水动力的稳定性，由于装设有水冷壁中间混合集箱，可有效控制水冷壁下炉膛的温度偏差和流量偏差，使得上炉膛出口工质温度更加均匀。整个水冷壁系统采用 15CrMoG 和 12Cr1MoVG 钢材。

锅炉省煤器分为两级布置，分别布置于尾部烟道中（低温再热器下部）、脱硝 SCR 出口。来自给水泵的主给水首先被送入 SCR 下方一级省煤器入口集箱，经过一级 H 型鳍片省煤器加热后通过两级省煤器连接管进入布置于尾部烟道的二级省煤器，经过布置在前、后烟道内的 H 型鳍片省煤器吸热后进入二级省煤器出口集箱。尾部烟道内前竖井省煤器向上形成三排吊挂管，后竖井省煤器向上形成两排吊挂管，悬挂前后竖井中所有对流受热面，之后汇集在锅炉顶棚之上的吊挂管出口集箱。由吊挂管出口集箱引出 2 根连接管将省煤器出口工质向下引至水冷壁入口集箱上方的两只分配器内，再由分配管分别将工质送入水冷壁前墙入口集箱和水冷壁后墙入口集箱。进入水冷壁的工质沿炉膛向上依次经过冷灰斗、下炉膛螺旋管圈水冷壁系统，通过布置于炉膛中部的中间混合过渡集箱混合后再进入上炉膛前、后、左、右共四面墙垂直管圈水冷壁系统，前墙水冷壁和两侧水冷壁上集箱出口的工质进入顶棚入口混合器，再进入顶棚管入口集箱经顶棚管进入布置于后竖井烟道外部的顶棚管出口集箱；进入上炉膛后墙水冷壁的工质，经折焰角和水平烟道底部墙后进入后墙水冷壁出口集箱，再通过流量分配管将后墙水冷壁出口集箱工质分别送往后墙水冷壁吊挂管和水平烟道两侧墙管，由后墙水冷壁吊挂管出口集箱和水平烟道两侧墙出口集箱引出的工质送往顶棚管出口集箱。在顶棚管出口集箱分成两路，一路由顶棚管出口集箱引出两根大直径连接管将工质送往布置在尾部竖井烟道下部的两只汇集集箱，再通过连接管将工质送往前、后、两侧包墙及中间分隔墙。所有包墙管上集箱出口的工质通过连接管引至后包墙管出口集箱，然后通过连接管引至布置于锅炉后部的两只汽水分离器，由分离器顶部引出的蒸汽送往分隔屏过热器进口集箱，进入过热器系统；由顶棚管出口集箱引出的另一路工质分两路直接引至分离器入口连接管，分别在两路连接管道上设置有电动闸阀，在临界压力以上将该阀门开启，减小包墙系统的阻力。当锅炉由湿态运行转入干态运行后，启动系统进入干态运行模式，此时汽水分离器内全部为过热蒸汽，只起到蒸汽汇合集箱的作用。

过热器系统按蒸汽流程分为分隔屏过热器、后屏过热器、末级过热器三级。采用煤水比进行调温，其中分隔屏布置在炉膛上部，为全辐射受热面，后屏过热器布置在分隔屏过热器后，也为全辐射受热面，末级过热器布置在折焰角上方，采用顺流布置，为半辐射半对流受热面。每两级过热器之间均布置有减温器，过热器系统总共设置两级（四点）减温器以保证在所有负荷变化范围内满足蒸汽温度控制要求。三级过热器均采用三通引入、三通引出的方式布置。

再热器分成一次再热器系统和二次再热器系统，一、二次再热器又各自分为低温再热器和高温再热器两级。再热器为纯对流受热面，一次高温再热器和二次高温再热器布置在中烟温区的水平烟道，一次低温再热器和二次低温再热器分别布置于尾部竖井的前后烟道。

一次再热器系统流程：一次再热器冷段管道→一次低温再热器入口联箱→水平一次低温再热器蛇形管→立式一次低温再热器蛇形管→一次低温再热器出口联箱→一次低温再热器出口连接管→一次再热器事故喷水减温器→一次高温再热器入口连接管→一次高温再热器入口联箱→一次高温再热器蛇形管→一次高温再热器出口联箱→一次再热器热段管道。一次低温再热器及一次高温再热器之间设有事故喷水减温器，在正常运行时通过再循环烟气流量及尾部烟气调节挡板调节再热蒸汽温度，只有在事故工况下采用事故喷水减温器，同时燃烧器摆动对蒸汽温度调节也有一定的作用。

两级再热器均采用端部引入、端部引出的方式，减少蒸汽偏差。锅炉吹灰汽源引出位置布置在一次低温再热器入口管道。

二次再热器系统流程：二次再热器系统流程与一次再热器系统流程相同，即二次再热器冷段管道→二次低温再热器入口联箱→水平二次低温再热器蛇形管→立式二次低温再热器蛇形管→二次低温再热器出口联箱→二次低温再热器出口连接管→二次再热器事故喷水减温器→二次高温再热器入口连接管→二次高温再热器入口联箱→二次高温再热器蛇形管→二次高温再热器出口联箱→二次再热器热段管道。二次低温再热器及二次高温再热器之间也设有事故喷水减温器，在正常运行时通过再循环烟气流量及尾部烟气调节挡板调节再热蒸汽温度，只有在事故工况下采用事故喷水减温器。同时燃烧器摆动对蒸汽温度调节也有一定的作用。两级再热器均采用端部引入、端部引出的连接方式，减少蒸汽偏差。

（五）东锅二次再热机组炉型特性

炉型一：Π 型炉，尾部三烟道平行烟气挡板调节再热蒸汽温度。

锅炉使用单炉膛，固态排渣。水冷壁主要使用螺旋盘绕提高加垂直管屏的构造，保证均衡空气流通，使用钢材构造，基本上是悬吊构造。尾部烟道利用包墙划分成各个块，然后在上面都会设置一次以及二次低温再热器管组以及低温过热器。再热蒸汽温度利用尾部三烟道平行烟气挡板开展相应的调整。

炉型二：Π 型炉，尾部双烟道，使用烟气再循环＋烟气挡板调节再热蒸汽温度。

锅炉使用Π 型划分，单炉膛，固态排放，前后墙对冲燃烧，水冷壁使用螺旋盘绕提升以及垂直管的构造，尾部带有两个烟道，保持良好的空气流通，基本上都是钢材构造、全悬吊构造。一、二次再热器都是两级设置，上述不同的再热器按照次序排列在相同烟道中，上述再热器主要位于后竖井前、后烟道中。再热器就是单纯的对流吸热分布。产生的蒸汽温度利用相应的挡板＋烟气再循环进行合理的调整。

炉型三：双Π 型炉，墙式双切圆燃烧，燃烧器摆动调节再热蒸汽温度。

锅炉使用双Π 型分布，单炉膛，固态排放，墙式双切圆燃烧，水冷壁采取螺旋提高以及垂直管屏内部结构，烟道划分成两个部分，保持空气的顺畅流通，使用钢材制造，全部是悬吊构造。过热器受热面划分成两个部分，然后一次位于左右两边，最后合并之后利用主蒸汽管道引导汽轮机超高压缸，一次与二次再热划分成三级分布，低温与中温两个再热器分别位于左右，高温再热器左右一次交叠分布。

（六）循环流化床锅炉的结构及特点

循环流化床锅炉的燃烧过程是鼓泡流化床或湍流床和气力输送叠加的燃烧技术，处于鼓泡床和气力输送燃烧之间。如图 4-1 所示，循环流化床锅炉是在炉膛里把燃料控制在特殊的流化状态下燃烧产生蒸汽的设备。在这里，细小的固体颗粒在一定速度下被输送进入并通过炉膛，离开炉膛的颗粒绝大部分由气固分离器捕获，在距离布风板一定高度重新送回炉膛，形成足够流量的固体颗粒循环，保证一致的炉膛温度。一次燃烧空气通过炉膛底部的布风板进入炉膛。二次风在炉膛下部一定高度进入炉膛。在炉膛里燃料燃烧放热，燃烧生成的热量被炉膛里设置的受热面冷却吸收，其余部分被尾部设置的对流受热面吸收。循环流化床锅炉建立了一个特殊的流化状态，颗粒在一个比临界速度大的速度下流化，这一流化速度与循环量、固体颗粒性能、固体颗粒的体积、设备的几何尺寸等有关。

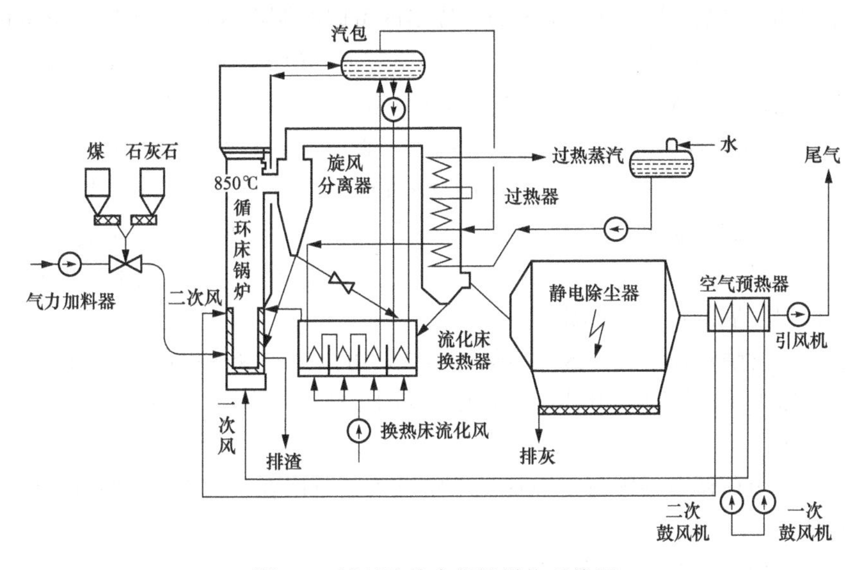

图 4-1　循环流化床锅炉燃烧系统图

循环流化床锅炉由两部分组成。第一部分为主循环回路，包括炉膛、气固分离器、固体颗粒回送装置、外部热交换器。这些部件组合在一起在燃料燃烧时形成一个固体颗粒循环回路。循环流化床锅炉的炉膛通常是由水冷壁管构成。随着炉型的差异而采用不同形式的分离器，有紧凑型的、高温或中温绝热型、高温冷却型等。通常外置换热器用于较大容量（>200MW）时。第二部分是循环流化床锅炉尾部烟道，在这里，烟气余热被再热器、过热器、省煤器、空气预热器吸收。

燃料通常加入炉膛下部密相区中，有时送入循环回路随高温颗粒一起进入炉膛。石灰石多采用气力输送通过二次风口送入炉膛，为简化系统也可采用简单的随燃料同时加入的方法。燃料进入炉膛和床料混合被加热着火燃烧。石灰石被加热分解，与 H_2S、SO_x 等反应固硫。

循环流化床锅炉的炉膛里固体颗粒的粒径主要在 100～300μm 范围内，包括外加床料，如沙子或外加灰、少量的细粉燃料、新添入的和已经失效的脱硫剂、煤里自身的灰分等。

燃料颗粒的大小以及燃料本身的成灰特性对循环流化床锅炉的性能极

为重要，特别是燃用低灰分的煤时，若石灰石添加量以及燃料本身的灰分不足以满足物料平衡的要求时，需采用外加床料的方法。

循环流化床锅炉的优点如下。

（1）燃料适应性广。它几乎可以燃烧一切种类的燃料并达到很高的燃烧效率。其中包括高灰分、高水分、低热值、低灰熔点的劣质燃料，如泥煤、褐煤、油页岩、炉渣、木屑、洗煤厂的煤泥、洗矸、煤矿的煤矸石等，以及难于点燃和燃尽的低挥发分燃料，如贫煤、无烟煤、石油焦等。

（2）能够在燃烧过程中有效地控制 NO_x 和 SO_2 的产生和排放，是一种“清洁”的燃烧方式。流化床内的燃烧温度可以控制在800～950℃的范围内而保证稳定和高效燃烧，同时抑制了热反应型 NO_x 的形成，如果同时采用分级燃烧方式送入二次风，又可控制燃料型 NO_x 的产生，在一般情况下其 NO_x 的生成量仅为煤粉燃烧的1/4～1/3。此外，在燃烧过程中直接向床内加入石灰石或白云石，可以脱去在燃烧过程中生成的 SO_2，根据煤中含硫量的大小决定石灰石量，可达到90%的脱硫效率。因此，循环流化床燃烧是一种最经济有效的低污染燃烧技术，这也是它在世界范围内受到重视，得到很快发展的最根本的原因。

（3）燃烧热强度大，床内传热能力强，可以节省受热面的金属消耗。循环流化床炉膛内气固两相混合物对水冷壁的传热系数在50～450W/(m^2·K)的范围内。

（4）负荷调节性能好，负荷调节幅度大，可以在100%～30%范围内稳定燃烧。

（5）由于燃烧温度低，灰渣不会软化和黏结，燃烧的腐蚀作用也比常规锅炉小。此外，低温燃烧所产生的灰渣，具有较好的活性，可以用作制造水泥的接合料或其他建筑材料的原料，有利于灰渣的综合利用。

循环流化床燃烧技术是清洁煤燃烧技术之一。特别是燃用高灰分低挥发分或高硫分等其他燃烧设备难以适应的劣质燃料方面，以及低负荷要求较高的调峰电厂和负荷波动较大的自备电站中，循环流化床锅炉是最佳选择。

第二节 汽轮机结构及原理

一、汽轮机的工作原理

汽轮机设备是火力发电厂的三大主要设备之一，以级为基本做功单元。

（1）级的定义：由定子和转子组成的完成热能向机械能转换基本做功单元。在结构上它是由静叶（喷嘴）和对应的动叶所组成。一列固定的喷嘴和与它配合的动叶片构成了汽轮机的基本做功单元，称为汽轮机的级。蒸汽在喷嘴中膨胀，蒸汽所含热能转变为汽流的动能。汽流通过动叶时，蒸汽推动叶片旋转做功，动能转变为机械能，如图 4-2 所示。

（2）冲动力的定义：根据力学知识，当一运动物体碰到另一个静止的物体或者运动速度低于它的物体时，就会受到阻碍而改变其速度的大小或方向，同时给阻碍它的物体一个反作用力。冲动作用特点：蒸汽仅把从喷嘴中获得的动能转变为机械功，蒸汽在动叶通道中不膨胀，动叶通道不收缩，如图 4-3 所示。喷嘴出口处：蒸汽以相对速度 w_1 进入动叶通道，由于受到动叶的阻碍，汽流方向不断改变，最后以相对速度 w_2 流出动叶通道，在流道中蒸汽对动叶产生一个轮周方向的冲动力 F_i，该力对动叶做功使动叶转动。

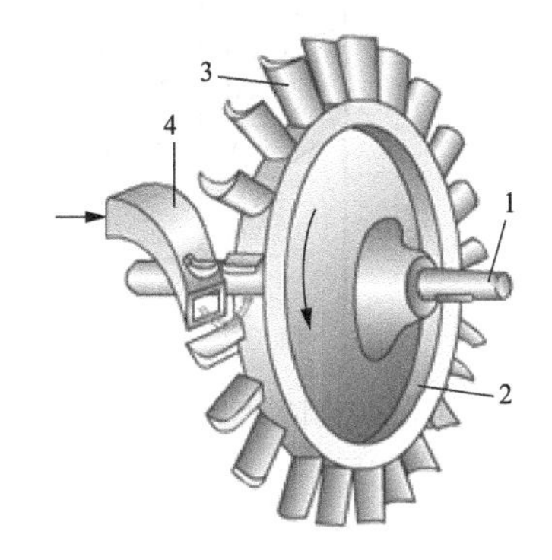

图 4-2　简易汽轮机示意图

1—转轴；2—叶轮；3—动叶片；4—喷嘴

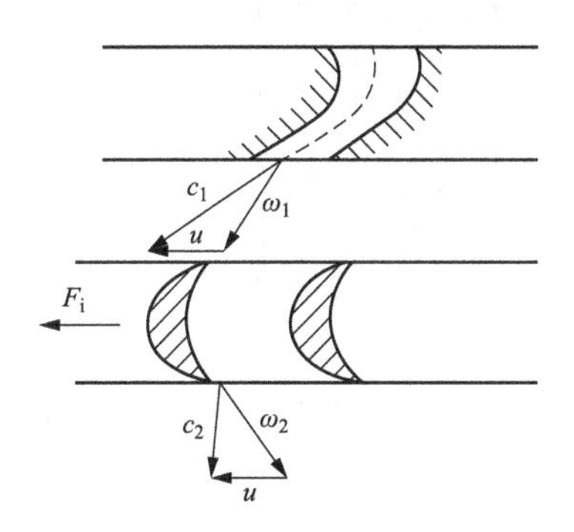

图 4-3　冲动作用原理示意图

（3）反动力定义：蒸汽在动叶汽道内膨胀时对动叶的作用力。根据动量守恒定律，当气体从容器中加速流出时，要对容器产生一个与流动方向相反的力。反动作用基本特点：蒸汽在动叶流道中不仅要改变方向，而且还要膨胀加速，从结构上看动叶通道是逐渐收缩的。

蒸汽流经级时先在喷嘴中膨胀，压力降低，速度增加。蒸汽在动叶中：一方面，通过速度方向的改变，产生冲动力 F_i；另一方面，继续膨胀，压力降低，所产生的焓降转化为动能造成动叶出口的相对速度 w_2 大于进口相对速度 w_1，使汽流产生了作用于动叶上的与汽流方向相反的反动力 F_r。在蒸汽的冲动力和反动力合力作用下推动动叶旋转做功，如图 4-4 所示。

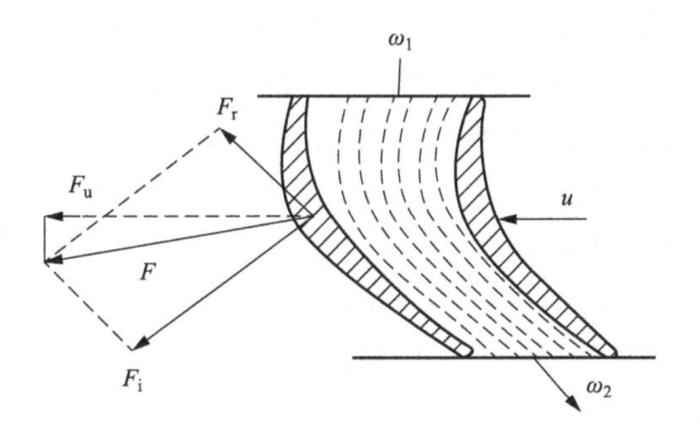

图 4-4　反动作用原理示意图

现代汽轮机的级中冲动力和反动力通常是同时起作用的，在这两个力的合力作用下使转子转动。这两个力的作用效果是不同的，冲动力的做功能力较大，而反动级的流动效率较高。图 4-5 表示蒸汽流经各种级时其压力和速度的变化情况。

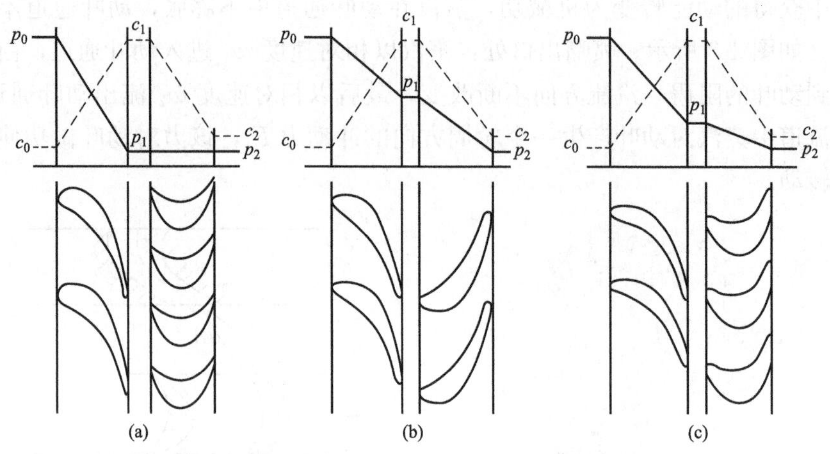

图 4-5 蒸汽流经各种级时其压力和速度的变化情况

（a）纯冲动级；（b）反动级；（c）带反动度的冲动级

二、汽轮机的分类及技术特点

（一）按工作原理分类

现代火力发电厂采用的都是由不同级顺序串联构成的多级汽轮机。在功能上，它完成将蒸汽热能转变为机械能的能量转换。蒸汽在汽轮机级中以不同方式进行能量转换，构成了不同工作原理的汽轮机。

（1）冲动式汽轮机：主要由冲动级组成，蒸汽主要在喷嘴叶栅（或静叶栅）中膨胀，在动叶栅中没有或者只有少量膨胀。

（2）反动式汽轮机：主要由反动级组成，蒸汽同时在喷嘴叶栅（或静叶栅）和动叶栅中进行膨胀，且膨胀程度相同。

（3）冲动式汽轮机和反动式汽轮机在电厂中都获得了广泛应用。这两种类型汽轮机的差异不仅表现在工作原理上，而且还表现在结构上，冲动式汽轮机为隔板型，反动式汽轮机为转鼓型（或筒型）。隔板型汽轮机动叶叶片嵌装在叶轮的轮缘上，喷嘴装在隔板上，隔板的外缘嵌入隔板套或汽缸内壁的相应槽道内。转鼓型汽轮机动叶叶片直接嵌装在转子的外缘上，隔板为单只静叶环结构，它装在汽缸内壁或静叶持环的相应槽道内。

（二）按热力特性分类

（1）凝汽式汽轮机：蒸汽在汽轮机中膨胀做功后，进入高度真空状态下的凝汽器，排汽压力低于大气压力，因此具有良好的热力性能，是最为常用的一种汽轮机。

（2）背压式汽轮机：它既提供动力驱动发电机或其他机械，又提供生产或生活用热，具有较高的热能利用率。其排汽压力高于大气压力，直接用于供热，无凝汽器。当排汽作为其他中、低压汽轮机的工作蒸汽时，称为前置式汽轮机。

（3）调整抽汽式汽轮机：从汽轮机中间某几级后抽出一定参数、一定流量的蒸汽（在规定的压力下）对外供热，其排汽仍排入凝汽器。根据供热需要，有一次调整抽汽和二次调整抽汽之分。

（4）中间再热式汽轮机：新蒸汽在汽轮机的高压缸内膨胀做功后进入锅炉再热器，再次加热后返回汽轮机的中、低压缸继续做功。

（5）饱和蒸汽汽轮机：是以饱和状态或近饱和状态的蒸汽作为新蒸汽的汽轮机（该汽轮机用于核电站）。

（三）按进入汽轮机的新蒸汽压力分类

（1）低压汽轮机：新蒸汽压力小于1.5MPa。

（2）中压汽轮机：新蒸汽压力为2.0～4.0MPa。

（3）高压汽轮机：新蒸汽压力为6.0～10.0MPa。

（4）超高压汽轮机：新蒸汽压力为12.0～14.02MPa。

（5）亚临界压力汽轮机：新蒸汽压力为16.0～18.0MPa。

（6）超临界压力汽轮机：新蒸汽压力为22.0～24.0MPa。

（7）超超临界压力汽轮机：新蒸汽压力大于25.0MPa。

（四）按汽轮机结构特点分类

（1）按机组转轴数目分类可分为单轴和双轴汽轮机、多轴汽轮机。对于单轴和双轴汽轮机，所有汽缸都连在一起并在一条直线上，只带动一个发电机；多轴汽轮机是由若干个（通常是2个）平行排列的单轴汽轮机所组成的机组，这些单轴汽轮机具有统一的热力过程，轴数与发电机数相同。

（2）按汽缸数目分类可分为单缸、双缸和多缸汽轮机。

（3）按汽流方向分类可分为轴流式、辐流式、周流式汽轮机。

（4）按级数分，有单级汽轮机和多级汽轮机。

三、汽轮机系统设备组成

（一）汽轮机本体设备及功能

汽轮机的设备一般由汽轮机本体及附属系统、汽轮机调节控制系统、汽轮机辅助系统组成。

汽轮机本体一般包括汽缸模块、阀门模块、轴承座模块和盘车装置。汽缸包括高压缸模块、中压缸模块、低压缸模块。汽缸定子部件有外缸、内缸、持环、隔板、隔热罩、汽封环；汽缸转子部件有转子、动叶、汽封齿、平衡活塞。调节阀门的主要作用是在正常运行下的进汽量调节；危急情况下自动关闭，切断进入汽轮机的主蒸汽通道，使机组停止运行以防止产生过大的超速或避免某些不良的后果。所谓危急情况包括危急遮断器脱扣、机组振动的振幅超过极限值、轴承乌金温度过高、轴向位移超过极限等。

汽轮机附属系统一般包括汽轮机油系统、汽封系统及疏水系统。

汽轮机控制系统包括 DEH 系统（数字电液控制系统）、TSI 系统（汽轮机安全监视系统）和 ETS 系统（汽轮机跳闸保护系统）。

汽轮机辅助系统主要包括凝结水系统、给水系统、高低压加热器及除氧器、循环水系统、闭式冷却水系统等。

（二）上汽 1000MW 超超临界一次再热汽轮机结构特点

上汽 1000MW 汽轮机型号为 N1000/26.25/600/600，为超超临界、一次中间再热、四缸四排汽、单轴、双背压、八级回热抽汽、凝汽式汽轮机。主要技术参数为 26.25MPa/600℃/600℃，采用双背压凝汽器，汽轮机 THA 工况下平均背压为 5.88kPa，工作转速为 3000r/min，从汽轮机向发电机看旋转方向为顺时针，最大允许系统周波摆动为 47.5～51.5Hz，从汽轮机向发电机看，润滑油管路为右侧布置。汽轮机采用液压马达盘车装置。

该机组采用一只高压缸、一只中压缸和两只低压缸串联布置。汽轮机 4 根转子分别由 5 只径向轴承来支承，除高压转子由两只径向轴承支承外，其余三根转子，即中压转子和两根低压转子均只由一只径向轴承支承。这种支承方式不仅结构比较紧凑，主要还在于减少基础变形对于轴承荷载和轴系对中的影响，使得汽轮机转子能平稳运行。这五只轴承分别位于五个轴承座内。

整个高压缸定子部件和整个中压缸定子部件由它们外缸上的猫爪支承在汽缸前后的两个轴承座上。而低压部分定子部件的支撑方式较为独特，其外缸直接支撑于与它焊在一起的凝汽器颈部，与汽轮机基座没有任何关联，内缸等其他定子部件则通过低压内缸上伸出外缸的猫爪支撑于其前后的轴承座上，与低压外缸也不存在任何支撑关系，因此，低压内、外缸在受热膨胀或变形时不会对彼此造成影响。

五只轴承座均浇灌在汽轮机基座上，在机组从冷态到运行时与基座不发生相对滑动。所有轴承座与汽缸猫爪之间的滑动支承面均采用灌有石墨的低摩擦合金滑块。它的优点是具有良好的摩擦性能，不需要另注油脂润滑，有利于机组膨胀畅顺。

在低压端部汽封、中低压连通管低压进汽口以及低压内缸猫爪等低压内、外缸接合处均设有大量的波纹管进行弹性连接，以吸收这些连接处内、外缸间的热位移。

在 2 号轴承座内装有径向推力联合轴承。因此，整个轴系是以此为死点向两头膨胀；而高压缸和中压缸的猫爪在 2 号轴承座处也是固定的，因此 2 号轴承座也是整个定子滑销系统的死点。高压缸受热后以 2 号轴承座为死点向机头方向膨胀。中压外缸与低压内缸间用推拉杆在猫爪处连接，汽缸受热后也会朝电机方向上顺推膨胀，因此，转子与定子部件在机组启停时其膨胀或收缩的方向能始终保持一致，这就确保了机组在各种工况下通流部分动静之间的差胀比较小，有利于机组快速启动。

高、中压外缸两侧各布置有由一个主汽门和一个调节汽门组成的联合汽门，其结构及布置风格也是与众不同的，在阀门与汽缸之间没有蒸汽管道，主调节汽门采用大型罩螺母与高压缸连接，再热调节汽门采用法兰螺栓与中压缸连接，这种连接方式结构紧凑、损失小、附加推力小。

由于该机组采用全周进汽滑压运行＋补汽阀的配置模式，在主汽门后设有一个补汽阀，该补汽阀相当于第三个主调节汽门；该阀门吊装运转层平台以下高压缸的区域，通过两根导汽管将蒸汽从主汽门后导入补汽阀内，再通过另两根导汽管将蒸汽从补汽阀后导入高压缸的相应接口上。

高压缸采用双层缸设计。外缸为独特的桶形设计，由垂直中分面分为左右两半缸。内缸为垂直纵向平中分面结构。各级静叶直接装在内缸上，转子采用无中心孔整锻转子，在进汽侧设有平衡活塞用于平衡转子的轴向推力。高压缸结构非常紧凑，在工厂经总装后整体发运到现场，现场直接吊装，不需要在现场装配。

圆筒形高压缸在轴向上根据蒸汽温度区域分为进汽缸和排汽缸两段，以紧凑的轴向法兰连接，可承受更高的压力和温度，有极高的承压能力。无中分面的圆筒形高压缸有极高的承压能力，汽缸应力小。高压内缸由中分面设置于垂直方向将汽缸分为左右两半，采用高温螺栓进行连接，螺栓不需要承受内缸本身的重量，因此其螺栓应力也较小，安全可靠性好。

补汽阀蒸汽从高压第五级后引入高压缸。同时，采用将高压第四级后540℃左右的蒸汽漏入内、外缸的夹层，再通过夹层漏入平衡活塞前的方法；而平衡活塞前的蒸汽一路经平衡活塞向后泄漏至与高压排汽缸相通腔室，一路则经过前部汽封向前流动与第一级静叶后泄漏过来的蒸汽混合后经过内缸的内部流道接入高压第五级后补汽处。经过内部流道的这一布置，使第一级后泄漏过来的高温蒸汽只经过小直径的转子表面，同时大尺寸的外缸进汽端和转子平衡活塞表面的工作温度只有540℃左右，降低了结构的应力水平，延长其工作寿命。

机组设有两套主汽门调节汽门组件，主汽门和主调节汽门为一拖一形式，共用一个阀壳布置在机组的两侧。主调节汽门通过大型螺母与汽缸直接连接，无导汽管。主蒸汽通过主蒸汽进口进入主汽门和主调节汽门，主调节汽门内部通过进汽插管和高压内缸相连，主蒸汽通过进汽插管直接进入高压内缸，不设常规机组的导汽管。阀壳与高压外缸通过大型螺母连接。

主汽门是一个内部带有预启阀的单阀座式提升阀。蒸汽经由主蒸汽进口进入装有永久滤网的阀壳内，阀门滤网采用环形波纹钢板缠绕形式，滤网的网孔直径相当小（仅1.6mm），刚性较好，滤网面积与阀门喉部面积比约为7：1，即使有部分堵塞也不影响机组的正常运行。主汽门打开时，阀杆带动预启阀先行开启，从而减少打开主汽门阀碟所需要的提升力，以使主汽门阀碟可以顺利打开。主汽门由独立的油动机开启，由弹簧力关闭，安全可靠性好。

主调阀也为单阀座式提升阀，在阀碟上设有平衡孔以减小机组运行时打开调节汽门所需的提升力。和主汽门相同，主调节汽门也由独立的油动机开启，由弹簧力关闭。

中压缸采用双流程和双层缸设计，内外缸均在水平中分面上分为上、下两半，采用法兰螺栓进行连接。可以采用厂内总装出厂的先进技术。各级静叶直接装于内缸上，蒸汽从中压缸中部通过进汽插管直接进入中压内缸，流经对称布置的双分流叶片通道至汽缸的两端，然后经内外缸夹层汇集到中压缸上半中部的中压排汽口，经中低压连通管流向低压缸。因此中压高温进汽仅局限于内缸的进汽部分。整个中压外缸处在小于 300℃排汽温度中，压力也只有 0.6MPa 左右，汽缸应力较小，安全可靠性好。由于通流部分采用双分流布置，转子推力基本能够左右平衡。

中压阀门和高压部分相同，中压缸也有两个再热主汽门与再热调节汽门的组件，分别布置在中压缸两侧。每个组件包括一个再热主汽门和一个再热调节汽门，它们的阀壳组焊为一体。再热蒸汽通过再热蒸汽进口进入再热主汽门和再热调节汽门，中压调节汽门通过再热进汽插管和中压缸相连，再热蒸汽通过进汽插管直接进入中压内缸。中压调节汽门与中压缸间采用法兰螺栓连接，阀门采用非常简洁的弹性支架直接支撑在汽轮机基座上，对汽缸附加作用力小，同时有利于大修时拆装。再热主汽门与主汽门、中压调节汽门与主调节汽门在内部结构及调节控制方式基本相同。

低压缸为双流、双层缸结构。来自中压缸的蒸汽通过汽缸顶部的中低压连通管接口进入低压缸中部，再流经双分流低压通流叶片至两端排汽导流环，蒸汽经排汽导流环后汇入低压外缸底部进入凝汽器。内、外缸均由钢板拼焊而成，均在水平中分面分开成上下半，采用中分面法兰螺栓进行连接。低压外缸下半由两个端板、两个侧板和一个下半钢架组成。低压外缸采用现场拼焊，直接坐落于凝汽器上，外缸与轴承座、内缸和基础分离，不参与机组的滑销系统。外缸和内缸之间的相对膨胀通过在内缸猫爪处的汽缸补偿器、端部汽封处的轴封补偿器以及中低压连通管处的波纹管进行补偿。低压内缸通过其前后各两个猫爪，搭在前后两个轴承座上，支撑整个内缸及其内部定子部件的重量，并以推拉装置与中压外缸相连，保障汽缸间的顺推膨胀，以保证动静间隙。在低压内缸下半底部两端的中间位置处各伸出一只横向销，插入从该区域从汽轮机基座上伸入的销槽内，用于限制低压内缸的横向移动。

机组设有一只中低压连通管，连通管将中压与两只低压缸连接起来。中压缸排汽通过连通管进入两只低压内缸，通过双流的低压缸做功后向下进入凝汽器。

该机组盘车设备安装于前轴承座前，采用液压马达这一独特的驱动方式进行驱动，液压马达由 5 个伸缩油缸及 1 根偏心轴组成，工作原理：需要盘车时，顶轴油的电磁阀打开，借助于在伸缩油缸中的压力油柱，把压力传递给液压马达的输出偏心轴，使液压马达伸出轴通过中间传动轴带动转子转动，其安全可靠性及自动化程度均非常高。盘车工作油源来自顶轴油，压力约为14.5MPa。盘车装置是自动啮合型的，能使汽轮发电机组转子从静止状态转动起来，盘车转速约为60r/min。盘车装置配有超速离合器，能做到在汽轮机冲转达到一定转速后自动退出，并能在停机时自动投入。盘车装置与顶轴油系统、发电机密封油系统间设联锁。

（三）上汽1000MW超超临界二次再热机组汽轮机结构及特点

上汽1000MW超超临界二次再热机组汽轮机型号为上汽N1000-31/600/620/620的超超临界、二次再热、单轴、五缸四排汽、双背压凝汽式汽轮机。从汽轮机向发电机看，汽轮机转子为顺时针转向。汽轮机的整个通流部分由五个汽缸组成，即一个超高压缸、一个双流高压缸、一个双流中压缸和两个双流低压缸。共设87级，均为反动级。其中超高压缸有15级，高压缸有2×13级，中压缸有2×13级，低压缸有2×2×5级。汽轮机设置两个超高压、两个高压及两个中压联合汽门。主汽门和调节汽门放置在共用的门体内，并具有各自的执行机构。联合汽门均布置在汽缸两侧，机组不设调节级，切向全周进汽方式，采用定—滑运行的方式，40%负荷以下为定压运行，40%～100%负荷下滑压运行。控制系统提供超高/高/中压缸联合启动、高/中压缸联合启动两种启动方式。

汽轮机抽汽系统采用“四高五低一除氧”十级非调整回热抽汽，一、二、三、四级抽汽分别供给四级双列50%容量、卧式、双流程高压加热器。六、七、八、九、十级抽汽分别供给五台全容量低压加热器。五级抽汽给除氧器、给水泵汽轮机提供汽源。一级抽汽从汽轮机超高压排汽止回门后引出，二级抽汽自高压缸引出，三级抽汽从汽轮机高压缸排汽支管道止回门后引出。四、五、六、七级抽汽自汽轮机中压缸引出。八、九、十级抽汽自汽轮机低压缸引出。二、四级抽汽管路上设置外置蒸汽冷却器，充分利用这两级抽汽的过热度，提高给水温度，降低机组热耗。

主蒸汽系统为4-2布置型式，从锅炉联箱4根管道接出，合并为2根管道，进入汽轮机超高压缸的2个主汽门。再热蒸汽系统分为一次再热和二次再热两个系统。一次高温再热为4-2布置型式，从锅炉联箱4根管道接出，合并为2根管道，进入汽轮机高压缸的2个一次再热主汽门。一次低温再热器为2-1-2布置型式，从超高压缸2个排汽口接出2根一次低温再热管道后在汽轮机机头处合并成一根母管送至锅炉，在炉前平台分成2根管道分别接入锅炉两侧联箱接口。二次低温再热为2-2布置型式，从高压缸2个排汽口接出2根二次低温再热管道后分别送至锅炉两侧联箱。主蒸汽，一、二次高低温再热蒸汽管道均设有疏水管道及疏水门，以保证启动暖管及故障情况及时排除管道中的冷凝水，防止汽轮机进水事故发生。

每台机组配置一套高、中、低压三级串联旁路系统。高压旁路系统容量为100%BMCR，中压旁路最大容量满足启动最大容量加减温水量，低压旁路最大容量满足中压旁路最大容量加减温水量。

（四）哈汽1000MW二次再热汽轮机结构及特点

哈尔滨汽轮机厂有限公司（简称哈汽）设计制造N1000-31.9/600/620/620型超超临界、二次中间再热、单轴、五缸四排汽、双背压、十级回热抽汽、凝汽式汽轮机。机组采用哈汽最新技术，通过优化通流结构、提高阀门性能、改进超高压、高压进汽型式等方面设计而成。

汽轮机由一个单流超高压缸、一个单流高压缸、一个双分流中压缸和两个相同的双分流低压缸组成，各汽缸串联布置，这样设置的通流形式既能提高各缸的效率，又能有效缩短机组轴向尺寸、控制末级叶片长度和减小转子轴向推力。超高压主汽调节联合阀布置在超高压缸两侧，其中一组阀门与汽缸上半水平刚性连接，一组与汽缸下半水平刚性连接，这种设置与超高压的切向蜗壳进汽方式相对应；阀门与汽缸采用可拆卸的法兰和插管连接结构，并由弹性支架浮动支撑在汽缸两侧的基础上。高压主汽调节联合阀布置在高压缸两侧，其中一组阀门与汽缸上半水平刚性连接，一组与汽缸下半水平刚性连接，这种设置与高压的切向蜗壳进汽方式相对应；阀门与汽缸采用可拆卸的法兰和插管连接结构，并由弹性支架浮动支撑在汽缸两侧的基础上。中压主汽调节联合阀对称布置在中压缸两侧，与中压缸下半刚性焊接，并由阀门与基础侧壁间的弹簧支架承担阀门重量的一部分。这样的阀门布置更为紧凑，并有利于改善机组的进汽性能。所有汽缸均采用了内、外双层缸结构，超高、高、中压缸采用双层缸结构可以改善汽缸的应力分布，提高机组对负荷变化的适应性；低压缸采用双层缸结构可以减小外缸的热膨胀量，并有利于排汽的径向扩压。汽轮机各汽缸均设计为水平中分面结构，超高压、高压内缸采用红套环密封技术用以保证处于最高压力区域的汽缸无泄漏（由于结构限制和提高密封性的考虑，超高压、高压进汽腔室采用螺栓连接的法兰密封结构），其余所有汽缸均采用传统的螺栓连接的法兰密封结构来保证这些汽缸的现场维修更简单。超高压、高、中压缸通过外缸下半伸出的猫爪支撑在轴承箱的猫爪支撑板上，两个低压缸利用外缸下半的“裙板”坐落在基础台板上，这种支撑方式是与本机的滑销系统相匹配的。

汽轮机的所有转子全部为整锻式转子，各段之间均采用刚性半部联轴器对接，由液压螺栓连接两两转子间的半部联轴器并形成整个轴系。轴系采用8个支持轴承支撑，这些支持轴承均安装在与汽缸分开的独立轴承箱内并直接坐落在基础横梁上，这样布置使所有转子都具有最稳定的支撑系统，确保轴系的稳定运行和动静的完美对中；推力联合支撑轴承（转子的膨胀死点）位于超高压缸和高压缸之间的2号轴承箱内，这种布置使超高压和高压的轴向间隙相对较小，有利于超高、高压通流的高效和安全设计。

主要技术参数为31.9MPa(a)/600℃/620℃/620℃，采用双背压凝汽器，在设计气象条件及主汽轮机 THA 设计工况下，汽轮机平均背压为 5.0kPa，工作转速为 3000r/min，从汽轮机向发电机看旋转方向为顺时针，最大允许系统周波摆动为 46.5～51.5Hz；从汽轮机向发电机看，润滑油管路为右侧布置。

额定功率（铭牌功率 TRL）下参数：额定功率为 1000MW；额定主汽门前压力为 31.9MPa；额定主汽门前温度为 600℃；额定一次再热汽阀前温度为 620℃；额定二次再热汽阀前温度为 620℃。

最大连续功率（TMCR）下参数：功率为 1034.6MW；主汽门前压力为 31.9MPa；主汽门前温度为 600℃；额定一次再热汽阀前温度为 620℃；额定二次再热汽阀前温度为 620℃。

阀门全开（VWO）功率下参数：功率为 1067.573MW；主汽门前压力为 31.881MPa；主汽门前温度为 600℃；额定一次再热汽阀前温度为 620℃；额定二次再热汽阀前温度为 620℃。

（五）东汽 1000MW 二次再热超超临界汽轮机结构及特点

机组总体结构采用超高压、高压合缸对置，双流中压缸，A、B 低压缸。4 只中压主汽调节阀，2 只高压主汽调节阀，2 只超高压主汽调节阀。下面进行二次再热机组设计特点介绍。

采用二次再热技术，增加一个汽缸，超高压、高压合缸布置；中压缸进汽压力低至 3.5MPa，容积流量变大；提高主蒸汽压力 31MPa；主汽阀压力升高，材料选用 CB2；超高压缸压力提高；再热温度提高到 620℃，再热阀门材料为 CB2；高、中压内缸材料为 CB2，转子采用 FB2 锻件、高温叶片和隔板设计。

具有成熟的辅助系统。润滑油与顶轴油系统：轴承数目与大小不变，总用油量基本不变，油系统借用常规 1000MW 机组，低压模块不变，低压顶轴油系统成熟。采用主油泵-油涡轮供油系统，噪声小、效率高、厂用电少、节能环保。采用集装油箱、套装油管路，高度集成，现场施工量小、简化布置。辅助油泵、事故油泵和压力低模块联控备用，多重保护，系统安全性高。

超超临界二次再热机组在热力系统上采取大量优化措施：

（1）采用前置式烟气换热器：给水温度提高——省煤器出口温度高——预热器进口温度高——预热器出口（排烟）温度高——锅炉效率低。

（2）前置式烟气换热器布置在省煤器与预热器之间，降低预热器进口温度，从而降低排烟温度。前置式烟气换热器增加了汽轮机热耗率约 12kJ/kWh，但可以提高锅炉效率 1%，综合降低煤耗率 1.5～2.0g/kWh。

（3）机组结构优化。配汽方式：采用全周进汽，节流调节，首级采用压力级，效率高于原调节级。

（4）中低压分缸压力降低：中压加级，焓降增大，用高效中压长叶片取代低压短叶片。提高低压缸的经济性。降低低压进汽温度和压力，减少进排汽温差和压差，避免低压缸变形引起内漏，提高低压缸可靠性和经济性。

（5）采用更先进的末级长叶片：采用更先进的 1200mm 末级长叶片，提高机组低压效率。优化改型低压缸，使其具有更佳气动特性。

（6）采用先进的通流设计技术。

1）先进的全三元通流设计技术：采用多目标全三元及完整级次通流设计技术，首级压力级，有利通流精确设计。

2）通流级次设计：优化通流级焓降分配，使叶片级的速比进一步靠近最佳速比，提高各级效率，满足通流设计规范，透平级采用先进涡流型设计。

3）采用先进的气动分析技术：采用先进的 CFD 分析技术对进排汽及低压缸进行分析，利用先进的汽封设计、分析、多级透平试验技术。

（7）机组全周进汽，因此超高压阀组由母型机的 4 个变为 2 个，结构简化，气动优化，阀损更小。

（8）进汽结构：原型采用双个对置调节级，并采用回流结构，形成扰流，高压缸效率低。二次再热无调节级，采用高效的压力级，优化高压缸通流，提高高压缸效率。

（9）先进的汽轮机通流优化技术。采用全三元弯曲导叶，全新可控涡高负荷动叶开发的全新三元级具有以下特点：后加载层流静叶与全三元弯曲技术使得级端损更低；全新可控涡高负荷动叶使得叶高分布反动度更合理，提高根部反动度、降低顶部反动度使得根部效率高而顶部漏气损失小；速比更靠近最佳速比；相对传统级设计可使缸效率提高约 1.2%。

四、汽轮机调节系统

（一）调节系统的任务

汽轮机调节系统的任务，一方面是要供给电力用户足够的、合格的电力，根据用户的需要及时调节汽轮机的功率；另一方面是保证汽轮机的转速始终维持在额定转速左右，从而把发电频率维持在规定的范围内。以上两项任务并不是孤立的，而是有机地联系在一起的。其中，发电电压除了与汽轮机转速有关外，还可以通过对励磁机的调整来进行调节，而发电频率则直接取决于汽轮机的转速，转速越高发电频率就越高；反之，则越低。因此，汽轮机必须具备调速系统，以保证汽轮发电机组根据电力用户的要求，供给所需要的电量，并保证电网频率稳定在一定范围之内。

对于具有 p 对磁极，工作转速为 $n=3000$r/min 的发电机组，其发电频率按式（4-1）计算，即

$$f=\frac{n}{60}p \tag{4-1}$$

在额定转速下运行时，发电频率是 50Hz。GB/T 15945—2008《电能质

量 电力系统频率偏差》规定：电力系统正常运行条件下频率偏差限值为±0.2Hz，即转速的波动不允许超过±12r/min。

维持汽轮机稳定运转，一方面是为了满足电力用户的要求，同时也是发电厂自身的需要。汽轮机和发电机工作时，都在高速下运转，汽轮机的叶轮、叶片和发电机转子都承受着很大的离心力，而且离心力的大小和转速的平方成正比，转速增加，将会使这些部件的离心力急剧增加，当转速过大时，就会使这些部件破坏，甚至造成重大事故。

为了保证汽轮机安全运行，除了调速系统外，还具有各种保护设备，如超速保护、轴向位移保护等，这些保护设备都能使运行中的汽轮发电机组在遇到危险工况时自动停止运转，以避免大的事故发生。

（二）调节系统的基本原理

汽轮发电机组在运行中其转子上受到的力矩有三个：一是蒸汽做功产生的主动力矩；二是发电机的电磁阻力矩；三是各种摩擦引起的摩擦力矩。在稳定工况下，这三种力矩的代数之和必然为零。

在机组结构已定时，主动力矩与汽轮机的输出功率成正比，与转速成反比；摩擦阻力矩是转速的二次函数；在其他条件不变的情况下，电磁阻力矩与发电机输出电流成正比，是转速的函数（转速升高，磁场密度增大，电磁阻力矩增大）。其中，摩擦力矩与蒸汽产生的主动力矩、发电机的电磁阻力矩相比非常小，常常可以忽略不计。在运行中只要主动力矩和电磁阻力矩不平衡，转子就会产生角加速度，使汽轮发电机转子升速或降速。

当功率平衡（外界用电量保持不变）时，转速维持恒定。当用户耗电量减少时，阻力矩相应减少，如果主动力矩仍保持不变，则主动力矩与阻力矩之差大于零，即转子的角速度增加（汽轮机转速升高），发电频率也随之增加；反之，当用户耗电量增加时，转子的角速度将减小（汽轮机转速降低），发电频率降低。

由此可见，汽轮机转速的变化与汽轮机的输入、输出功率不平衡有着极其密切的关系，只要维持汽轮机输入、输出功率平衡，就能保持其转速的稳定。汽轮机的调节系统就是根据这个基本原理设计而成的，它能够感受汽轮机转速的变化，并根据这个转速变化来控制调节阀的开度，使汽轮机的输入和输出功率重新平衡，并使转速保持在规定的范围内，从而使汽轮发电机组的发电频率保持在规定的范围内。因此，汽轮机调速系统的主要任务就是调节汽轮机的转速。

（三）调速系统的组成

汽轮机调速系统通常由转速感受机构、传动放大机构、执行（配汽）机构和反馈装置组成。

（1）转速感受机构：转速感受机构的作用就是测量汽轮机转速的变化，并将其转变成其他物理量输送给传动放大机构。组成转速感受机构的元件按其原理可分为机械式、液压式和电子式三大类。

（2）传动放大机构：传动放大机构的作用是接受转速感受机构送来的信号，并将其进行放大后输送到执行机构，同时发出反馈信号。组成传动放大机构的元件型式较多，按其作用可分为信号放大和功率放大两大类；按其工作原理可分为断流式和贯流式（又称节流式）两大类。通常情况下，整个传动放大机构是由作为前级传动放大的节流传动放大装置和最终提升调节汽门的断流传动放大装置两部分组成。

（3）执行（配汽）机构：执行（配汽）机构的作用是接受放大后的调节信号，调节汽轮机的进汽量，即改变汽轮机的功率。组成执行机构的元件主要是调节汽阀和油动机。油动机因有提升力大、动作快、体积小等特点，是现代大型汽轮机调节系统中带动调节汽阀的唯一执行机构。油动机主要有旋转式、双侧进油往复式和单侧进油往复式几种。

（4）反馈装置：设置反馈装置使调速系统构成了闭环控制，目的是保持调节系统的稳定性。调节系统必须设有反馈装置，使某一机构的输出信号对输入信号进行反向调节，这样才能使调节过程稳定。组成反馈装置的元件有杠杆反馈、窗口反馈和弹簧反馈等。反馈一般有动态反馈和静态反馈两种。

（四）汽轮机调节系统的特性

1. 调节系统静态特性

（1）调节系统静态特性的概念。汽轮机的调节系统，虽形式多样，但都有一个共同的特性，就是当汽轮机负荷增加而转速降低时，由于调节系统作用的结果，增加了汽轮机的进汽量，使汽轮机的输入和输出功率重新平衡，并使汽轮机在新的稳定转速下旋转，但此时的新稳定转速比负荷增加以前的稳定转速要低；反之，如果汽轮机负荷降低，调节系统调节后新的稳定转速要比负荷降低前的稳定转速高。也就是说，汽轮机的负荷不同对应的稳定转速就不同。

把稳定状态下，整个调节系统的输入信号、汽轮机的转速与输出信号、汽轮机的功率（或流量）的关系称为调节系统的静态特性，其关系曲线称为调节系统的静态特性曲线。

在调速系统中，每一机构都有一个输入信号和一个输出信号，当输入信号变化时，输出信号也相应地作有规律的变化，并且最终达到一个新的稳定状态。如果抛开由一个稳定状态变化到另一个稳定状态的中间过程，只考虑各个稳定状态下输入信号和输出信号之间的关系，则称为该机构的静态特性，而这个输入信号与输出信号之间的关系曲线，则称为该机构的静态特性曲线。

并列在电网中的机组，其转速决定于电网的频率而不能随意改变，因而调节系统的静态特性曲线一般是通过试验方法求得的，不能直接获得。通过试验分别测出转速感受机构、传动放大机构和执行机构的静态特性曲线后，即可通过四象限图（或称调节系统四方图）间接得出调节系统的静态特性曲线，见图 4-6。

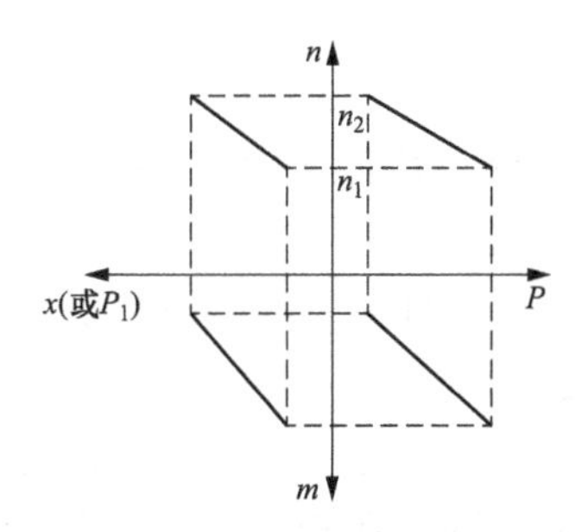

图 4-6　调节系统四方图

（2）速度不等率的定义。由图 4-6 可以看出，汽轮机调节系统产生的控制作用不能使汽轮机的转速维持在一个恒定的值上，在稳定状态下，汽轮机的转速和汽轮机的功率具有一定的对应关系。设汽轮机在空载时的转速为 n_1，额定功率时的转速为 n_2，汽轮机额定转速为 n_0，则将用 n_1 和 n_2 的差值与 n_0 之比来表征汽轮机转速与功率的对应关系称为速度不等率 δ（也称速度变动率、不均匀度等）。根据定义速度不等率可按式（4-2）计算，即

$$\delta = \frac{n_1 - n_2}{n_0} \times 100\% \tag{4-2}$$

速度不等率 δ 是衡量调节系统静态品质的一个重要指标，它反映了汽轮机由于负荷变化所引起转速变化的大小。速度不等率越小说明在一定负荷变化下转速变化越大，反映在静态特性曲线上，曲线越陡；反之，静态特性曲线越平。

对不同的汽轮机，要求有不同的速度变动率。对带尖峰负荷的机组，要求其静态特性曲线平一些，即速度变动率应小一些，以使机组能承担较大的负荷变动。但速度变动率过小时，机组进汽量的变化相应很大，机组内部各部件的受力、温度应力等的变化也将很大，有可能损坏部件。极端情况是 $\delta=0$，这时当外界负荷变化，电网频率改变时，机组运行将不稳定，从额定负荷到空负荷，或从空负荷到额定负荷，产生负荷晃动，机组无法运行。因此，一般取 $\delta=3\%\sim6\%$。

速度不等率的大小对并列运行机组的负荷分配、甩负荷时转速的最大飞升值以及调节系统的稳定性等都有影响。

（3）速度不等率对一次调频的影响。汽轮发电机组在电网中并列运行，当外界负荷发生变化时，将使电网频率发生变化，从而引起电网中各机组均自动地按其静态特性承担一定的负荷变化，以减少电网频率改变的过程，称为一次调频。

在一次调频过程中，各台机组所自动承担的变化负荷的相对值（即占电网总容量的百分数）与该机的额定功率和速度不等率有关。并列运行机

组当外界负荷变化时，速度不等率越大，机组额定功率越小，分配给该机组的变化负荷量就越小；反之，则越大。因此，带基本负荷的机组，其速度不等率应选大一些，使电网频率变化时负荷变化较小，即减小其参加一次调频的作用。而带尖峰负荷的调频机组，速度不等率应选小一些。

当汽轮机参与电网一次调频时，通常设定δ在4.5%～5.5%之间。一般希望将δ设计成连续可调，即视运行情况可进行调整。在机组处于空负荷区段以及额定负荷区段，δ取大一些；在中间负荷区段，δ可取相对小一些。在空负荷区段速度变动率取大一些，目的是为了提高机组在空负荷时的稳定性，以便机组顺利并网；在额定负荷区段，速度变动率取大一些，可使机组在经济负荷运行时稳定性较好。然而δ也不能太大，以免动态过程发生严重超速。从静态特性看，如果机组从满负荷慢慢降至空负荷，汽轮机的转速将由额定转速n_0升至$(1+\delta)\times n_0$，如果机组突然从电网中解列出来，甩掉全负荷，那么仅靠转速升高来导致阀门关小是不够的，因为在阀门关闭过程中蒸汽仍将进入汽轮机，再加上原来储蓄在汽轮机内蒸汽的能量，就会导致汽轮机转速大大超过空负荷稳定转速$(1+\delta)\times n_0$。且δ越大，超速就越严重。

当电网频率变化时，从一次调频观点看，电网中各机组就参与增减负荷。但从经济运行考虑，对于大容量的高效机组仍希望运行在其最大连续出力的运行点上（即经济负荷点），要求频率变化对运行点的影响尽量小，这就要有较大的转速不等率δ。因为随着电网容量的不断扩大，单机功率的大小也是相对变化的，所以要求汽轮机调节系统具有在运行中可以调整的转速不等率。如图4-7所示，在一定范围内，如功率在（±3%～±30%）P_0（参考功率）、频率在±0.05～±0.20Hz范围内变化，在P_0附近的局部转速不等率可调到10%，甚至∞，这时，频率的变化就不影响功率了。相反地，当转速不等率减小后，在频率的微小变化也将造成功率较大幅度的变化，这在很大程度上阻止了频率的释化，也就是说，减小转速不等率对稳定电网频率有明显的效果。

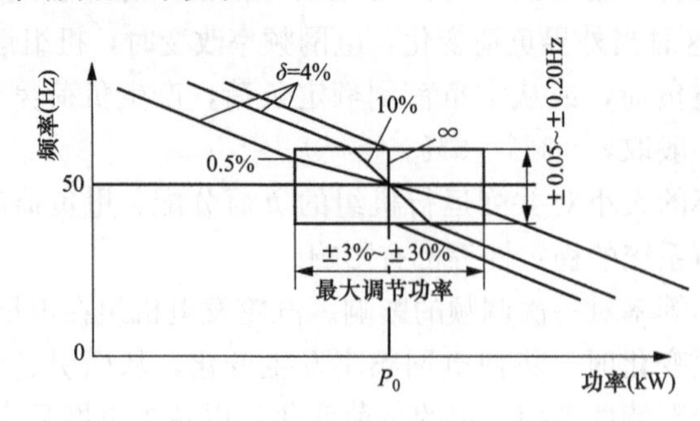

图4-7　具有可调转速不等率的静态特性曲线图

（4）迟缓率。由调节系统的静态特性的内容可知：一个转速应该只对应着一个稳定功率，或者说一定的功率应该只对应着一个稳定转速，但在实际运行中并不是这样，在单机运行时，机组功率取决于外界负荷保持不变时而对应的转速发生摆动，这就是调节系统的迟缓现象。由于迟缓现象的存在，使调节系统在转速上升和转速下降时的静态特性曲线不再是同一条，而是近于平行的两条曲线，见图 4-8。

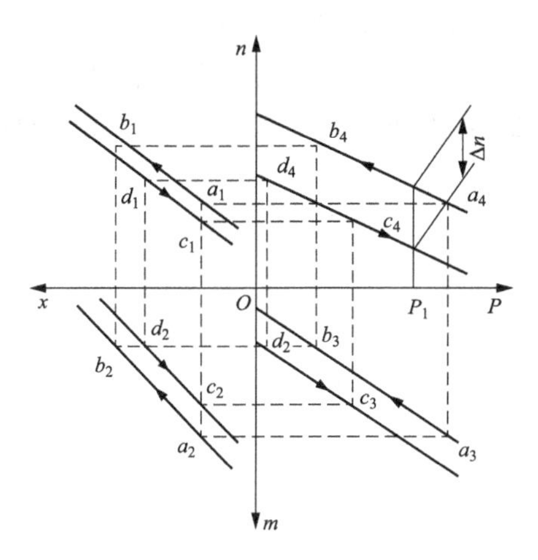

图 4-8　考虑迟缓现象后的静态特性图

由于迟缓现象的存在，转速上升过程的特性曲线 ab 与转速下降过程的特性曲线 cd，在同一功率下的转速差 Δn 与额定转速 n_0 之比的百分数称为调节系统的迟缓率或不灵敏度，用 ε 表示，可按式（4-3）计算，即

$$\varepsilon=\frac{\Delta n}{n_0}\times 100\% \tag{4-3}$$

迟缓率对汽轮机的正常运行是十分不利的，因为它延长了汽轮机从负荷发生变化到调节阀开始动作的时间，造成了汽轮机不能及时适应外界负荷改变的不良现象。

汽轮机单机运行时，机组发出的功率决定于外界电负荷，因此，迟缓率的存在将会引起机组转速的自振，引起调节系统晃动，使调节过渡恶化，还会使汽轮机在突然甩负荷后，转速上升过高，从而引起超速保护装置动作，这也是汽轮机正常运行所不允许的。因此，希望迟缓率 ε 越小越好。国际电工委员会建议大功率汽轮机调节系统的迟缓率小于或等于 0.06%。同时，为了使电网随机频率偏差能保持在较小的允许的范围内，如 0.08% 以内，利用汽轮机来平滑电网频率的随机偏差，曾提出迟缓率应取为 0.02%，这就要求采用高精度的电液调节系统。

由汽轮机调节系统的静态特性曲线可以看出，汽轮机的功率和转速本来是单值对应的关系，但由于调节系统存在迟缓现象，就使调节系统存在一个不灵敏区，在这个不灵敏区内调节系统没有调节作用，上述功率和转速的单值对应关系就遭到了破坏，它所产生的后果随机组的运行方式不同而不同。当机组孤立运行时，由于汽轮机的功率只取决于外界负荷，不能任意变动，则单值对应关系的破坏反映在转速上，即机组的转速在不灵敏区内任意摆动，见图 4-9（a），其自发摆动的范围（相对值）即为ε。当机组并列在电网中运行时，由于转速决定于电网频率，不能随意变动，这种单值对应关系的破坏则反映在功率上，造成功率可在一定范围内自发摆动，见图 4-9（b），其自发摆动范围与迟缓率和速度变动率的大小有关。当机组转速变化 $\delta\times n_0$ 时，对应的功率变化为额定功率 P_n；当转速变化 $\varepsilon\times n_0$ 时，对应的功率变化为 ΔP，见图 4-10，根据相似三角形对应边成比例的关系可得

$$\frac{\varepsilon\times n_0}{\delta\times n_0}=\frac{\Delta P}{P_n} \tag{4-4}$$

则

$$\Delta P=\frac{\varepsilon}{\delta}\times P_n \tag{4-5}$$

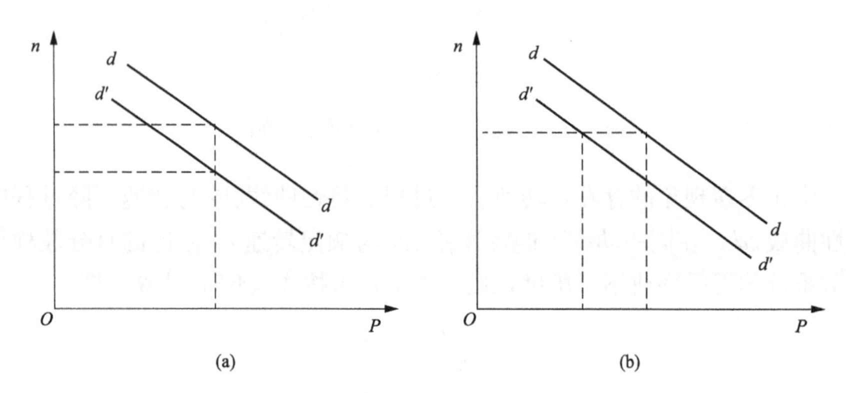

图 4-9 迟缓率对运行机组的影响示意图

（a）孤网运行迟缓率对机组转速的影响；（b）并网运行迟缓率对机组功率的影响

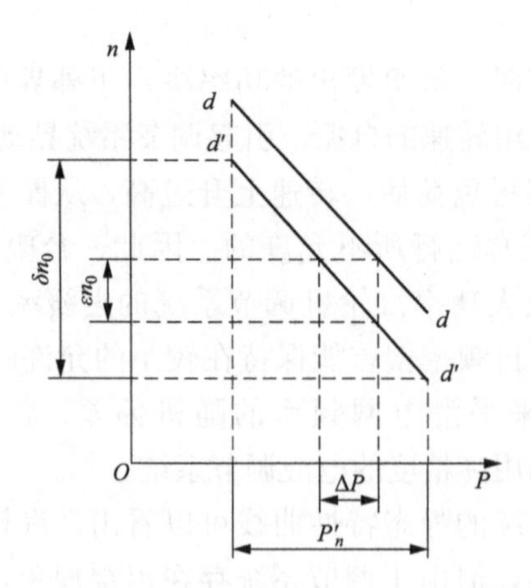

图 4-10 速度不等率和迟缓率对功率自发变化的影响示意图

迟缓率是调节系统最重要的指标之一，过大的迟缓率会使调节系统不能正常工作。无论在设计、运行及检修工作中，都应设法把它减小到最低

限度。由于整个调节系统的迟缓率是由各个组成元件的迟缓率积累而成的，所以要减小调节系统的迟缓率就应该尽量设法提高每个元件的灵敏度。在运行中，还要注意对油质的监视，以防止因油质恶化而引起的卡涩。

调速系统形式的不同，其能达到的转速控制精度也不相同，而且随着技术水平的提高，对系统迟缓率的要求也不断提高，通常对迟缓率的要求如下。

1）高压抗燃油纯电调系统：$\varepsilon \leqslant 0.067\%$。

2）低压汽轮机油纯电调系统：$\varepsilon \leqslant 0.1\%$。

3）机械/液压调速系统：$\varepsilon \leqslant 0.3\%$。

4）给水泵调速系统：$\varepsilon \leqslant 0.1\%$。

（5）同步器。由调节系统静态特性曲线可以看出，当不考虑迟缓率影响时，汽轮机的每一个负荷都对应着一个确定的转速。这样，对孤立运行机组，它的转速就随负荷的变化而变化，也就是说发电频率将随负荷变化而变化，使供电质量无法保证。对并网运行的机组，它的转速取决于电网频率，当电网频率不变时，机组只能带一个与该转速相对应的固定负荷，而不能随用户用电量的变化而变化，这样的调节系统是不能满足要求的。因此，调节系统中都设有专门的机构—同步器，它既能在转速不变的情况下改变机组的负荷，又能在负荷不变的情况下改变机组的转速。

同步器的作用：从图 4-11 上看，只要能将静态特性曲线平行移动，就能解决上述问题。例如，当机组孤立运行时，其转速是由外界负荷决定的，见图 4-11（a），在负荷 P_1 下汽轮机的转速为 n_0，当负荷改变至 P_2 时，汽轮机的转速就变为了 n_1。如果需要在负荷 P_2 下运行，而转速仍维持 n_0，则只需将静态特性曲线向下平移即可。对并网运行机组，如图 4-11（b）所示，转速由电网频率决定基本保持不变，如果将静态特性曲线向上平移则可以增大汽轮机所带的负荷。利用同步器平移调节系统的静态特性曲线，可以人为改变孤立运行机组的转速；而机组在并网运行时，则可以人为地改变其负荷。

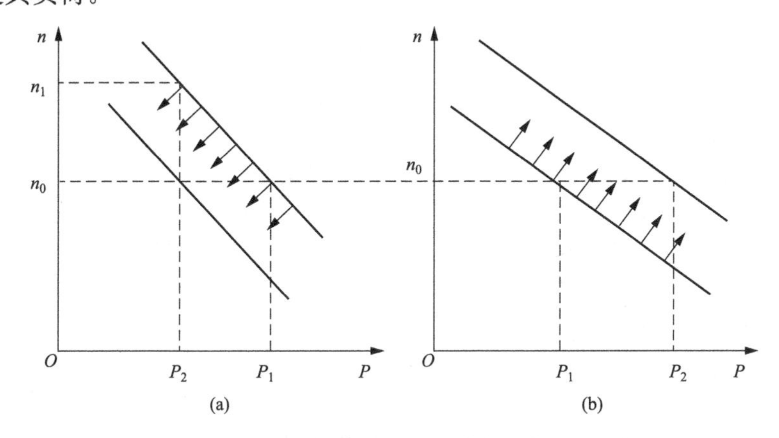

图 4-11　同步器平移静态特性曲线的作用示意图

（a）机组孤立运行时平移静态特性曲线；（b）机组并网运行时平移静态特性曲线

同步器的工作原理：由图 4-6 得知，调节系统的静态特性曲线是根据转速感受机构、传动放大机构、执行机构的静态特性曲线，经过投影作图获得的。因此，只要移动此三条特性曲线中的任一条曲线，都可达到移动调节系统静态特性曲线的目的。由于上述三条曲线基本上呈线性，所以，它们的输入和输出的关系都可写成 $y=ax+b$ 的形式，改变 b 值，即可达到平移曲线的目的，这就是同步器的基本工作原理（改变 a 值，能够改变特性曲线的斜率，即能够改变调节系统的速度变动率）。

同步器对电网进行二次调频：必须指出，上述的一次调频只能缓和电网频率的改变程度，不能维持电网频率不变，这时就需要用同步器增、减某些机组的功率，以恢复电网频率，这一过程称为二次调频。只有经过二次调频后，才能精确地使电网频率保持恒定值。由于有了一次调频的存在，二次调频的负担就大大减轻了。

利用同步器能平移调节系统静态特性曲线的作用，可以顺利实现二次调频。如图 4-12 所示，并网运行的两台机组，在额定转速下根据静态特性曲线的分配，1 号机的负荷为 P_1，2 号机的负荷为 P_2，假定某一瞬间电网负荷增加 ΔP，使电网频率下降，机组转速同时下降 Δn，两台机组各自按照自己的静态特性曲线自动承担一部分变化负荷，1 号机负荷增加 ΔP_1，2 号机负荷增加 ΔP_2，其总和等于电网负荷的增加量 ΔP，即 $\Delta P=\Delta P_1+\Delta P_2$，达到负荷平衡后，电网频率也就稳定下来，这是一次调频的过程。这时如果操作 1 号机的同步器，使 1 号机的静态特性曲线由 aa 上移到 $a'a'$，则在转速 n_1 下，1 号机增发了功率 $\Delta P_1'$，使总功率（$P_1+\Delta P_1+\Delta P_1'+P_2+\Delta P_2$）大于总负荷（$P_1+P_2+\Delta P_1+\Delta P_2$），于是电网频率升高。随着电网频率升高，1 号机按 $a'a'$ 静态特性曲线减负荷，2 号机按其自身静态特性曲线减负荷。当转速升高到 n_0 时，2 号机负荷恢复到一次调频前的数值 P_2，1 号机则承担了全部的变化负荷 $\Delta P=\Delta P_1+\Delta P_2$，总功率与外界负荷重新平衡，电网频率稳定在转速 n_0 所对应的数值上，这是二次调频。

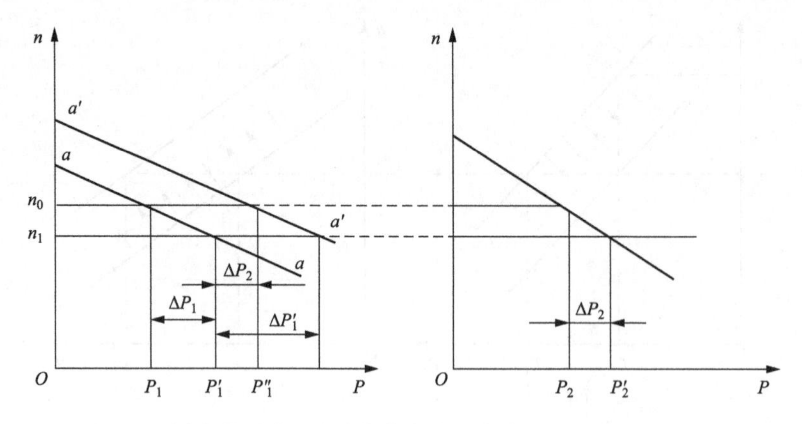

图 4-12　同步器平移调节系统静态特性曲线实现二次调频示意图

二次调频就是在电网频率不符合要求时，操作电网中某些机组的同步器，以增加或减少它们的功率，使电网频率恢复正常的过程。

同步器的调节范围：是指操作同步器能使调节系统静态特性曲线平行移动的范围。在调节系统中设置同步器的目的之一就是为了调整并网机组的功率，所以静态特性曲线的移动范围应该满足机组顺利地加载到满负荷和减载到零负荷的要求，不仅在正常频率和额定参数时满足，而且在电网频率和蒸汽参数在允许范围内变化情况下也能满足。

在电网频率为 50Hz 和额定蒸汽参数时，要使机组功率能够从零负荷增加到满负荷，或从满负荷降到零负荷，同步器移动静态特性曲线的范围至少要达到图 4-13 中的 a、b 范围，也就是在机组空载时，操作同步器能使机组转速变化的范围至少为 δn_0。

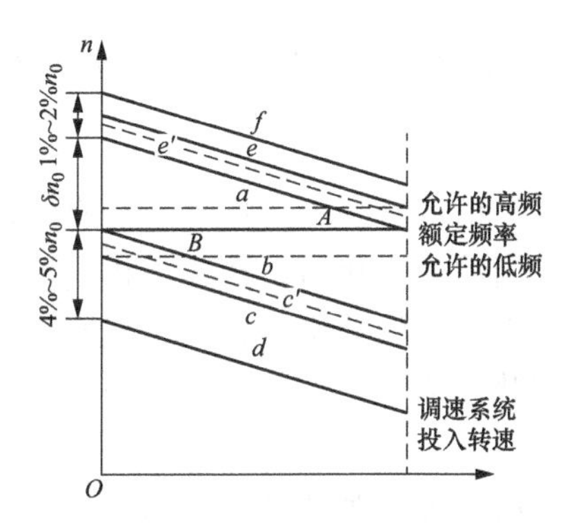

图 4-13　同步器的工作范围示意图

当电网频率升高时，由图 4-13 可知，转速线与 a 线相交在功率小于 P_0 的 A 点，机组不能带上满负荷。在电网频率降低时，转速线与 b 线相交在功率大于零负荷的 B 点，机组无法减负荷到零。因此，在考虑电网频率在允许的范围内变化时，静态特性曲线平移的范围应扩大到 c、e 线之间。

静态特性曲线平移的范围还要适应新蒸汽参数和背压在允许范围内变化的要求。当新蒸汽参数提高或背压降低时，在同一个阀门开度（亦是同一个油动机行程）的条件下，由于机组的进汽量和蒸汽的理想焓降都变大，机组的功率相应增大，反映在调节系统四方图上，第四象限执行机构的静态特性曲线上移（见图 4-14），调节系统的静态特性曲线也随之上移。如果此时恰好又处在低频率下运行，则从 c 线上移后的静态特性（见图 4-13 中的虚线 c'）又和转速线在大于零负荷处相交，使机组不能减负荷到零。同理，在新蒸汽参数降低或背压升高和高频率同时出现时，从 e 线下移的静态特性曲线（见图 4-13 中的虚线 e'）将与转速线在小于 P_0 的范围内相交，机组无法带上满负荷。因此，在同时考虑蒸汽参数和电网频率变化时，调节系统的静态特性曲线的平移范围应扩大到图 4-13 中的 f、d 之间的范围。一般 f 线确定的零负荷转速比额定转速高出 6%～7%；d 线确定的零负荷转速比额定转速低4%～5%。同步器在结构上应保证在操作时能使静态特性曲线顺利地在 d 线到 f 线之间移动。

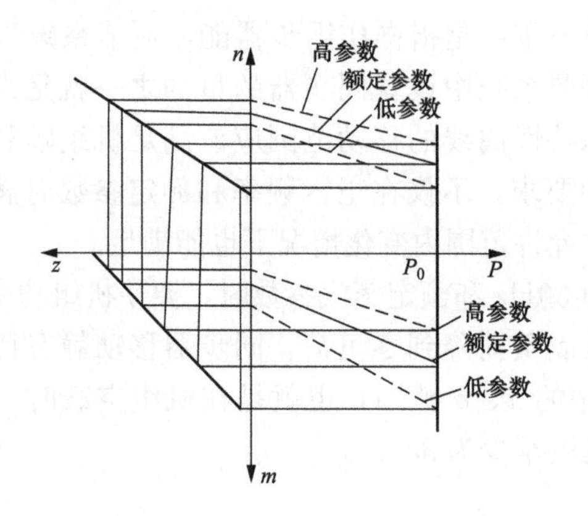

图4-14 蒸汽参数改变时对静态特性的影响示意图

2. 调节系统的动态特性

调节系统静态特性是稳定状态下的特性。在静态特性曲线上，功率和转速呈单值对应关系，当功率变化时，转速也相应地发生变化，它与过渡过程和时间无关。至于当汽轮机功率变化时，汽轮机转速如何从一个稳定状态过渡到另一个稳定状态或者能不能过渡到另一个稳定状态，就属于动态问题。

调节系统从一个稳定状态过渡到另一个稳定状态过程中的特性称为调节系统的动态特性。研究调节系统动态特性的目的是掌握动态过程中各参数（如功率、转速、调节阀开度和控制油压等）随时间的变化规律并判断调节系统是否稳定，评定调节系统调节品质以及分析影响动态特性的主要因素，以便提出改进调节系统动态品质的措施。

调节系统的动态特性指标有稳定性、超调量和过渡过程时间。

（1）稳定性。图4-15所示为汽轮机甩全负荷时，转速（称为被调量）的几种不同的过渡过程。图4-15中1、2、3三条过渡线，汽轮机转速都随着时间 t 的延长最终趋近于静态特性所决定的零负荷转速 n_0，这样的过程称为稳定的过程，能完成这样过程的调节系统称为动态稳定的调节系统。

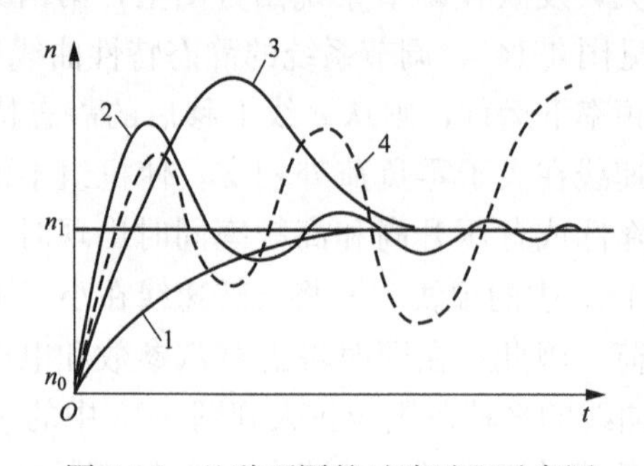

图4-15 几种不同的过渡过程示意图

曲线 4 的被调量随时间延长变化越来越大，这种系统称为动态不稳定的系统。从普遍意义上讲就是：一个运行中的汽轮机的调节系统，当外界负荷、蒸汽参数等发生变化时，它的输出量（功率或转速）就发生变化，如果上述干扰所引起的输出量的变化随着时间的推移而能稳定在某一个定值（见图 4-15 中的 1、2、3 三条曲线）上，则这个调节系统就是动态稳定的。

汽轮机的调节系统必须是动态稳定的，只有动态稳定，才能使调节系统从一个稳定状态过渡到另一个稳定状态，才能使汽轮机功率与转速保持单值对应的关系，而且要求过渡过程中被调量的振荡次数不能太多，一般不超过 3～5 次。

（2）超调量。图 4-16 所示为汽轮机甩全负荷时转速的过渡过程曲线，在过渡过程中的最大转速与最后的稳定转速之差称为转速超调量，用 Δn_{max} 表示。甩负荷后，汽轮机的最高转速 $n_{max}=\Delta n_{max}+(1+\delta)\times n_0$，式中 $(1+\delta)\times n_0$ 为机组的最后稳定转速，它取决于 δ 的大小。由图 4-17 可见，在同类型的调节系统中，速度不等率越大，超调量（相对值）越小，其稳定性就越好。该图是某一调节系统只改变 δ 值通过计算得出的。但应注意：速度不等率越大，甩负荷后机组所达到的最高转速 n_{max} 就越高。为了保证甩负荷时不致引起超速保护装置动作，速度不等率不应太大。综合考虑，大部分机组调节系统的速度不等率在 3%～6%的范围内。

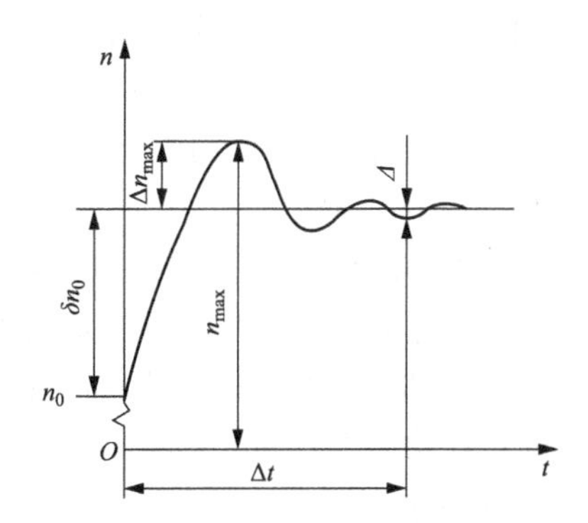

图 4-16　汽轮机甩全负荷时转速的过渡过程示意图

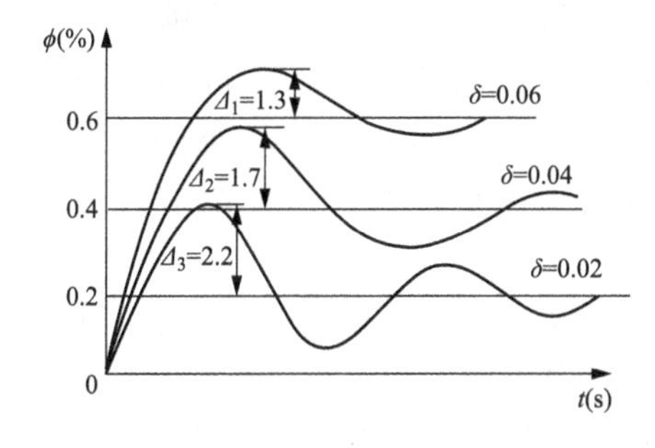

图 4-17　速度不等率对过渡过程的影响示意图

（3）过渡过程时间。调节系统受到扰动后，从调节过程开始到被调量与新的稳定值的偏差 Δ 小于允许值时的最短时间，称为过渡过程时间，图 4-16 中的 Δt 为机组甩全负荷时的过渡过程时间。过渡过程时间越短，系统的稳定性越好。由于被调参数绝对稳定在某一数值上是不可能的，也是没有必要的，所以在汽轮机调节系统中 Δ 一般取 5%，即转速的摆动范围只要不大于 $5\%\delta n_0$，被调参数就算稳定了。

随着科学技术的不断发展，作为发电设备的汽轮机组，越来越向大容量、高参数方向发展，以便获得尽量高的热效率，降低制造、安装和运行成本。这样设备更加复杂了，特别是在变工况过程中，需要综合控制的因素更多了，单纯液压调节系统已很难满足要求。随着计算机技术的发展，其综合计算的能力是显而易见的，在其可靠性得到显著提高后，现已广泛地用到了电厂各种设备的监视和控制系统中。汽轮机控制系统也不例外，由纯液压调节系统发展为电液并存式调节系统，并已在国内外许多电厂得到了很好应用。

3. 再热器对调节特性的影响

对于一次中间再热机组，再热器是串接在高、中压缸间的中间容积。由于此巨大的中间容积存在，当外界负荷增加、机组转速降低，要求增加机组的负荷时，调节系统开大高压缸调节阀，此时，高压缸的进汽量增加，其功率也随之增加；而中低压缸的功率，则是随着再热器内蒸汽压力的逐渐升高而增加。同时，由于再热蒸汽压力的升高，高压缸前后的压差将逐渐减小，其功率略有下降。因此，汽轮机的总功率，不是随调节阀的开大立即增加到外界负荷所要求的数值，而是缓慢地增加到外界负荷要求的数值，导致机组调节时，功率变化“滞后”。

另外，为了保证再热温度符合要求，锅炉过热器和再热器的蒸汽流量必须近似保持一定比例，故再热机组只能采用单元制连接，而使主蒸汽系统的蓄热能力相对减小，而锅炉燃烧调节过程时间较长，更加大功率变化的“滞后”。再热机组调节时功率变化的“滞后”，降低了机组对外界负荷变化的适应性，造成电网频率波动。

为了克服机组功率变化的“滞后”，再热机组的调节，必须采取适当的校正方法，以提高机组对负荷变化的适应能力。其次，在机组甩负荷或跳闸时，即使高压调节汽门快速关闭，再热器内贮存的蒸汽量，也能使汽轮机超速 40%～50%。因此，再热机组必须设置高压调节汽门和中压调节汽门，以便在机组甩负荷时，两种调节汽门同时关闭，以确保机组的安全。

增加中压调节汽门后，由于节流损失，机组运行的经济性将有所降低。为了减少机组在运行时中压调节汽门的节流损失，通常在机组负荷高于某一设定值时，中压调节汽门处于全开状态，机组的负荷仅由高压调节汽门来控制；负荷在低于某一设定值时，中压调节汽门才参与控制。

4. 汽轮机运行对调节系统性能的要求

调节系统应能保证机组并网前平稳升速至 3000r/min，并能顺利并网；即在机组启动升速过程中，能手动向调节系统输入信号，控制进汽阀门开度，平稳改变转速。

机组并网后，蒸汽参数在允许范围内，调节系统应能使机组在零负荷至满负荷之间任意工况稳定运行；即机组在并网运行时，能手动向调节系统输入信号，任意改变机组功率，维持电网供电频率在允许范围内。

在电网频率变化时，调节系统能自动改变机组功率，与外界负荷的变化相适应；在电网频率不变时，能维持机组功率不变，具有抗内扰性能。

当负荷变化时，调节系统应能保证机组从一个稳定工况过渡到另一个稳定工况，而不发生较大的和长时间的负荷摆动。对于大型机组，由于输出功率很大，而其转子的转动惯量相对较小，在力矩不平衡时，加速度相对较大。在调节系统迟缓率和中间蒸汽容积的影响下，机组功率变化滞后。若不采取相应措施，会造成调节阀过调和功率波动。抑制功率波动的有效方法是采用电液调节系统，尽可能减小系统的迟缓率，并对调节信号进行动态校正和实现机炉协调控制。

当机组甩全负荷时，调节系统应使机组能维持空转（遮断保护不动作）。超速遮断保护的动作转速为 3300r/min。

随着电网容量的不断扩大，单机功率的大小也是相对变化的，所以要求汽轮机调节系统具有在运行中可以调整的转速不等率。减小转速不等率对稳定电网频率有明显的效果。

汽轮机调节系统的另一个重要特性是，当系统发生故障时，能够快速地降负荷（即快关功能），防止负荷不平衡造成转速过大飞升。

由于从故障发生到处理故障的时间随着电网容量的扩大要求越来越短，所以必须迅速发出控制信号，希望至少在比 0.3s 短的时间内发出。信号的来源主要有以下三种。

（1）不平衡测量（机组）功率—（电网）负荷。这种方法通常是测取发电机负荷（或三相电流）与汽轮机的功率作比较，以判别是系统暂时故障还是油开关跳闸甩负荷故障，从而发出相应指令，或只关中压调节阀，或同时关高、中压调节阀，并令功率给定值为零。在判别信号时，不仅测取信号的绝对误差值，而且对信号误差的变化率也进行鉴别。当两个条件同时满足时，就通过与门发出相应指令。这种方法较实用，已得到广泛应用。

（2）直接测量功角方法有延迟，易受干扰。

（3）测量加速度方法技术要求高，尚未广泛应用。

5. 大型中间再热汽轮机组的调节特点（以一次再热为例）

（1）影响大功率再热机组动态超速的主要因素。即使调节阀关闭，残留在汽轮机内的蒸汽容积对汽轮机超速的影响也是很大的。机组从电网中解列出来，在调节阀关闭的过程中，由继续流入的蒸汽流量引起的转子超速份量和残留在各段蒸汽容积中的蒸汽所做的功，这两因素引起的转子超速份量基本上是各自一半。由此可见，要降低动态超速，一方面要加快调节系统的快速性，这包括要缩短自甩负荷信号开始到调节阀开始关闭的延迟时间，以及调节阀油动机从额定负荷位置关到空载位置的时间，另一方面要减小蒸汽容积的时间常数。

（2）高、中压调节阀的匹配关系及旁路装置。中间再热汽轮机由于单机功率大，一般均为电力系统的主力机组，所以要求有较高的经济性。为减小中压调节阀的节流损失，希望它在较大的负荷范围内保持全开状态。当甩负荷时又要求中压调节阀与高压调节阀同时参与调节，迅速关下，以维持汽轮机空转。这样，势必有一从全开位置转向关下的转折点，一般取额定功率的30%左右这一点，如图4-18所示。此时，高、中压调节阀同时开启，并同时控制空载转速。当功率为30%P_0时，中压调节阀已全开，高压调节阀约为30%开度。

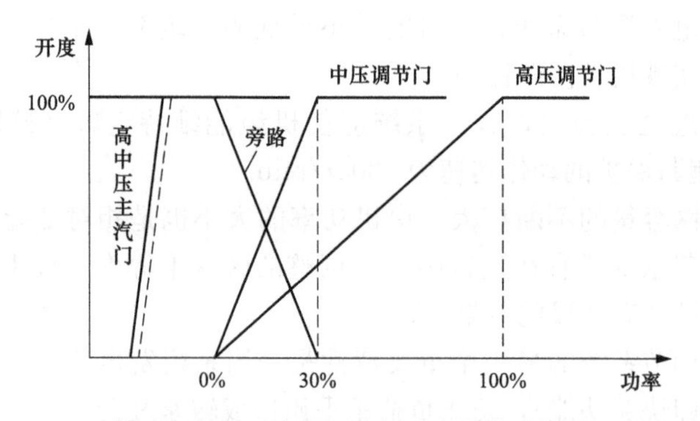

图4-18 高、中压调节阀开启顺序示意图

在功率从30%增加到100%的过程中，中压调节阀一直全开，由高压调节阀来调节功率。为了解决汽轮机空转流量和锅炉最低负荷之间的矛盾，并且为了保护中间再热器，需要设置旁路系统。

旁路系统设计的原则如下。

1）甩负荷及低负荷时冷却再热器，起着避免干烧的保护作用。

2）协调汽轮机空载与锅炉最低负荷之间的流量匹配关系。

3）启动、甩负荷和停机时，回收汽水损失。

4）有利和方便机组启动。

5）提高机组负荷适应性和运行方式的灵活性。

6）减少高压安全阀的动作次数。

7）减温减压设备要可靠，控制要方便。

一般常用的旁路系统有高/低压两级旁路系统和一级大旁路系统两种基本形式，其他型式的旁路都是在基本型式的基础上再进行组合。

采用高/低压两级旁路系统时，由于保护再热器的需要，当机组在低负荷（如低于30%额定负荷）运行时，随着中压调节阀的关小，应将高/低压旁路都开启，以维持锅炉的最低负荷为30%。这样，锅炉就有一部分蒸汽流量经高压旁路减温减压后进入再热器，起到冷却再热器的作用，然后由再热器出来后再进入二级减温减压，即低压旁路减温减压器，最后排向凝汽器。当机组负荷继续下降时，高/低压旁路就进一步打开；到空载时，汽轮机就只有空载流量流过，而锅炉仍维持最低负荷蒸发量，多余的蒸汽通过旁路进入凝汽器。由于中间再热器有（冷却）蒸汽流量通过，并且中压调节阀前蒸汽有一定压力，所以控制空载转速时，就一定要高、中压调节阀同时调节。

采用一级大旁路时，机组的空载转速由高压调节阀控制。

中压调节阀的快关功能：当电网发生故障时，由稳定控制装置计算、判定后，发出“快关”指令，中压调节阀在约0.2s内快速关闭。当全关状态维持一定时间（闷缸时间可调）后，重新开启。高压调节阀的动作视电网故障的严重程度而定，或不动（EVA方式），或关至50%额定负荷所对应的位置（FCP方式），或关至带厂用电运行（FCB方式）。

五、液压调速系统及设备

（一）调速系统

汽轮机组调节及保安系统的最终动作效果，是使汽轮机汽阀（主汽阀、调节阀以及旁路阀等）在开启（或开度增大）和关闭（或开度关小）之间变化。

在正常的调节过程中，阀门的开启或关闭是比较平缓的。但当发生危急情况时，为了保证机组的安全，则要求阀门迅速完成目标动作，特别是需要阀门快速关闭时，执行机构应能保证既快速又可靠地完成阀门关闭动作。所以调节、保安系统由调节、保安、快关三大部分（回路）组成。

汽轮机通常设置主汽阀、调节阀。每只阀门都配置有各自独立的液压控制机构，它根据DEH装置发出的阀位指令，对阀门进行相应的控制。DEH装置的阀位指令、油动机的行程和调节阀的开度都是一一对应的。

通常情况下机组启动时，由高压调节阀控制升速，采用全周进汽（FA）方式，以减小热应力和热变形，带、升负荷过程采用滑参数方式。

此外，调节系统的“快关”（或称“快控”）功能也是必不可少的。

电液调速系统主要是由电液转换器（又称电液伺服阀）、测速装置、滑阀、油动机及弹簧操纵座等组成。

电液转换器是将DEH发来的电信号控制指令转换为液压信号的转换、放大部件，它是电液调节系统中的一个关键部件。在电液调节系统中，电气调节装置将转速、功率、阀位等信号进行各种运算后输出电流或电压信号，无论是静态的线速度、精度、灵敏度，还是动态响应等指标，都达到较高的水平，因此，电液转换器就应尽快、不失真地完成这一任务。为此，要求电液转换器也具有高的精度、线速度、灵敏度。其次，为了达到这些要求，电液转换器在结构上要采取相应的措施，比一般的液压元件有更高的要求。如在动圈式的电液转换器中，电流输入信号所产生的电磁力是很小的，只有0.98N左右，不足以作为直接输出信号，而需要采用多级放大的结构。同时，为了提高灵敏度，电液转换器的液压放大部分（跟随滑阀）在结构上采取了自定中心的措施。此外，还必须把电信号与液压信号两部分加以隔离。

电液转换器的分类主要有以下几种。

（1）从电磁部分的结构来分，有动圈式和动铁式。

（2）从电磁部分的励磁方式来分，有永磁式和外激式。

（3）从液压部分的结构来分，有断流式和继流式，或者分为滑阀式和蝶阀式。

（4）从工质来分，有汽轮机油和抗燃油。

（二）汽轮机调节控制用油技术要求

随着机组功率和蒸汽参数的不断提高，调节系统的调节汽门提升力越来越大，提高油动机的油压是解决调节汽门提升力增大的一个途径。但油压的提高容易造成油的泄漏，普通汽轮机油的燃点低，容易造成火灾。抗燃油的自燃点较高，通常大于700℃。这样，即使它落在炽热高温蒸汽管道表面也不会燃烧起来，抗燃油还具有火焰不能维持及传播的可能性。从而大大减小了火灾对电厂的威胁。因此，现代大型机组的控制油以抗燃油代替普通汽轮机油已成为汽轮机发展的必然趋势。

高压抗燃油系统的工质是三芳基磷酸酯型的合成油，具有良好的抗燃性能和稳定性，因而在事故情况下若有高压动力油泄漏到高温部件上时，发生火灾的可能性大大降低。但也有它的缺点，如有一定的毒性，价格昂贵，黏温特性差（即温度对黏性的影响大）。因此，一般将调节系统与润滑系统分成两个独立的系统。调节系统用高压抗燃油，润滑系统用普通汽轮机油。

高压控制油系统的主要任务是为液压控制系统提供在稳态及瞬态工况下所需的具有合适油温并符合清洁度要求的高压驱动油源。由于供油压力高，一般采用电动柱塞油泵。

第三节　发电机结构及原理

一、发电机的工作原理

发电机是利用电磁感应原理将机械能转变为电能的机械设备。它由水轮机、汽轮机、柴油机或其他动力机械驱动，将水流、汽流、燃料燃烧或原子核裂变产生的能量转化为机械能传给发电机，再由发电机转换为电能。

图 4-19 所示为同步发电机的工作原理图。在同步发电机的定子铁芯内，对称地放着 A—X、B—Y、C—Z 三相绕组。所谓对称三相绕组，就是每相绕组匝数相等、三相绕组的轴线在空间互差 120°电角度。在同步电机的转子上装有励磁绕组，励磁绕组中通入励磁电流后，产生转子磁通，当转子以逆时针方向旋转时，转子磁通将依次切割定子 A、B、C 三相绕组，在三相绕组中会感应出对称的三相电动势。对确定的定子绕组而言，假若转子开始以 N 极磁通切割导体，那么转过 180°电角度后又会以 S 极切割导体，因此，定子绕组中的感应电动势是交变的，其频率取决于发电机的磁极对数和转子转速。

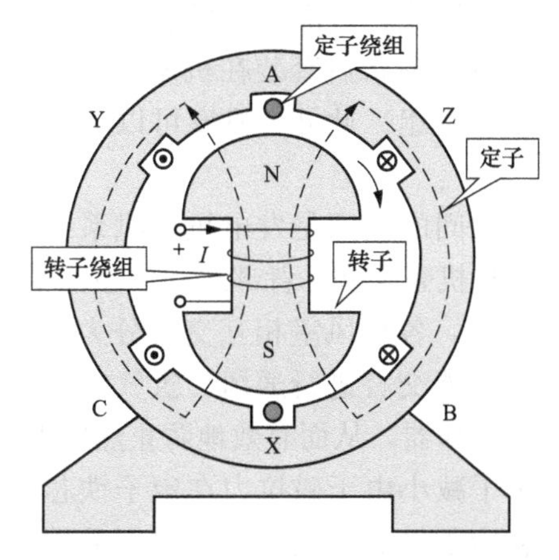

图 4-19　同步发电机的工作原理图

二、发电机的分类

（1）根据工作原理不同，发电机可分为直流发电机、交流发电机。

（2）交流发电机又分为同步发电机、异步发电机、单相发电机、三相发电机。

（3）根据驱动装置不同，发电机可分为汽轮发电机、水轮发电机、风力发电机、柴油发电机等。

（4）根据转子结构不同，发电机又分为隐极式和凸极式发电机。

（5）根据冷却方式不同，发电机又分为空冷、氢冷、水氢氢、双水冷发电机。

三、发电机的型号及意义

发电机的型号表示该发电机的类型和特点。我国发电机的型号现行标注采用汉语拼音法。几种常用符号的意义：T（位于第一字）—同步；Q（位于第一或第二字）—汽轮机；Q（位于第三字）—氢冷；F—发电机；N—氢内冷；S 或 SS—水冷。

例如：TQN 表示氢内冷同步汽轮发电机；QSF 表示双水内冷同步发电

机；QFQS 表示定子绕组、转子绕组氢内冷、铁芯氢冷的汽轮同步发电机。QFSN-660-2 型则表示定子绕组水冷、转子绕组氢内冷、铁芯氢冷的汽轮同步发电机，额定功率为 660MW，2 为生产的序列号。

四、发电机本体结构及功能

汽轮发电机结构主要由机座、定子铁芯、定子绕组、发电机转子、端盖及轴承、冷却器及外罩、出线盒、引出线及瓷套端子、集电环及隔声罩刷架装配等部件组成。

（一）机座

发电机定子机座为整体式，由优质钢板装焊制成。机座外皮在圆周方向采用整张钢板经辊压成圆桶状后套装在机座骨架上，它的作用主要是支持和固定定子铁芯和定子绕组。此外，机座可以防止氢气泄漏和承受住氢气的爆炸力。

在机壳和定子铁芯之间的空间是发电机通风系统的一部分。由于发电机定子采用径向通风，将机壳和铁芯背部之间的空间沿轴向分隔成若干段，每段形成一个环形小风室，各小风室相互交替分为进风区和出风区。这些小室用管子相互连通，并能交替进行通风。氢气交替地通过铁芯的外侧和内侧，再集中起来通过冷却器，从而有效地防止热应力和局部过热。

定子隔板结构：为了减小由于磁拉力在定子铁芯中产生的倍频振动对基础的影响，发电机在定子铁芯与定子机座之间采用了弹性支撑的隔振结构。隔振结构是在出风区内定子铁芯与定子机座之间设置切向弹簧板。定子铁芯经夹紧环与弹簧板的一端相连接，弹簧板的另一端与机座隔板相连接弹簧板分布在夹环的两侧和底部，底部弹簧板用来保持铁芯的稳定，并在事故状态下分担电磁力矩。发电机采用的隔振结构在强度上能承受至少 20 倍额定转矩的突然短路扭矩。

定子机座的两侧设可拆卸的吊攀和供装配测量元件接线端子板的法兰。机座的汽、励两端顶部设有装配冷却器外罩的法兰，机座的励端底部设有装配出线盒的法兰，机座的汽端底部设有供定子铁路运输用的底座，机座的顶部设有人孔，底部设有清理、探测和连接氢、二氧化碳及水控制系统的法兰接口。

发电机定子冷却水汇流管的进水、出水法兰均设在机座的侧面顶部，可保证在断水事故状态下定子绕组内仍能充满水。汇流管的排污出口法兰设在机座两端的底部。定子机座两侧沿轴向设有通长的底脚，在底脚上设有轴向定位键槽，用以装配机座与座板间的轴向固定键。定子机座的底脚具有足够的强度，以能支撑整个发电机的重量和承受突然短路时产生的扭矩。

（二）定子铁芯

定子铁芯是构成发电机磁路和固定定子绕组的重要部件。为了减少铁芯的磁滞和涡流损耗，发电机定子铁芯常采用磁导率较高、损耗小、厚度为0.35～0.5mm的优质冷轧钢片叠装而成。每层硅钢片由数张扇形片组成一个圆形，每张硅钢片组成一个圆形，每张扇形片都涂了耐高温的无机绝缘漆。

定子铁芯的叠装结构与其通风方式有关。采用轴向分段径向通风时，中段每段厚度30～50mm，端部厚度小一些；定子铁芯沿轴向分段，铁芯段间设置径向通风道，为减少端部漏磁损耗和降低边段铁芯温升，边段铁芯设计成沿径向呈阶梯形状并粘接成整体，且在其齿部开槽，同时，边段铁芯的厚度比正常段薄。定子铁芯沿全长分成与机座相对应的风区，冷热风区相间隔。为防止风区间串风，在铁芯背部与机坐风区隔板之间设置挡风板。

定子铁芯采用圆形定位螺杆、夹紧环、绝缘穿心螺杆、端部无磁性齿压板和分块压板的紧固结构。定子铁芯端部设有用硅钢板冲制的扇形片叠装成内圆表面呈阶梯多齿状的磁屏蔽，可有效地将定子端部漏磁分流，以减小端部发热，保证发电机在各种工况下可靠地运行。

整个定子铁芯通过外圆侧的许多定位筋及两端的压指和压圈或压板固定、压紧，再将铁芯和机座连接成一个整体。为了使铁芯轭部和齿部受压均匀和减少压板厚度，铁芯除固定在定位筋上外，在铁芯内还穿有轴向拉紧螺杆，再用螺母紧固在压板上。由于穿心螺杆位于旋转磁场中，各螺杆内会感生电动势，因此必须防止穿心螺杆间短路形成短路电流，这就要求穿心螺杆和铁芯互相绝缘，所有穿心螺杆端头之间也不得有电的联系。

在端部压圈的外部加一个铜环即电屏蔽环，当定子漏磁通在铜环中变化时，铜环内感应出电动势，产生涡流，这个涡流的方向即阻止漏磁通在其中通过。采用这种结构后，端压圈的发热是减少了，但这个电屏蔽环的温度仍很高。这时发电机的附加损耗并不一定能减少，只不过是把过热的部位往外移动罢了。采用这种结构以后，压圈和压指也采用无磁性钢，但定子铁芯端部靠转子处仍有垂直于铁芯的磁通进来，那里仍然较热。为了限制由这个磁通产生在硅钢片上的涡流，在定子铁芯端部各阶梯段的扇形叠片的小齿上开有1～2个2～3mm宽的小槽，以增大电阻值减小涡流。

采用上述电屏蔽的方法仍然是消极的阻挡的办法，为了更有效地解决定子端部发热，可采用磁屏蔽的办法。

磁屏蔽的方法就是在定子铁芯的外面，仍然用导磁较好的硅钢片做成锥面，这样使大部分端部来的漏磁通转变为与定子轴线垂直的径向磁通，这样就减少了端部损耗，温度也可以降低。

磁屏蔽区是由与有效铁芯一样的硅钢片叠制而成的，它可以采用同样的冲片，实际上分组地把内圆齿部剪去一部分就可以了。磁屏蔽区最外部的硅钢片内径与槽底圆的直径差基本相等。这样最外端虽然还可能有漏磁通，但由于离线圈端部比较远其数值也就小很多，作用也不大。

在实际应用中，制造厂还采取以下措施降低端部发热。

（1）把定子端部的铁芯做成阶梯状，用逐步扩大气隙以增大磁阻的办法来减少轴向进入定子边段铁芯的漏磁通。

（2）铁芯端部的齿压板及其外侧的压圈或压板采用电阻系数低的非磁性钢，利用其中涡流的反磁作用，以削弱进入端部铁芯的漏磁通。

（3）铁芯压紧不用整体压圈而用分块铜质压板（铁芯不但要定位筋，还要用穿心螺杆锁紧），这种压板本身也起电屏蔽作用，分块后也可减少自身发热。有的还在分块压板靠铁芯侧再加电屏蔽层。

（4）转子绕组端部的护环采用非磁性的锰铬合金制成，利用其反磁作用，减少转子端部漏磁对定子铁芯端部的影响。

（5）在冷却风系统中，加强对端部的冷却。

（三）定子绕组

发电机的定子绕组由嵌在定子铁芯槽内的许多线圈按一定规律连接而成。每个线圈用铜线制造成型后包以绝缘，一个线圈分为直线部分和两个端接部分。直线部分放在槽内，是能切割磁力线而感应电势的，因而也叫作“有效边”；在铁芯槽外部连接两直线部分不切割磁力线的部分称为线圈的端接部分，简称端部。

大型汽轮发电机由于有效边之间跨距大，为了嵌线方便，将一个线圈分为两半，嵌入槽中后再将端部焊接起来，这种线圈叫作“半组式”线圈。绕组每匝线圈的端部都向铁芯外圆侧倾斜，按渐开线的形式展开。端部绕组向外的倾斜角为15°～30°，形似花篮，故称篮型绕组。

发电机定子绕组线棒采用聚酯玻璃丝包绝缘实心扁铜线和空心裸铜线组合而成。发电机定子线棒的空心、实心导线的组合比为1/2。为了抑制趋表效应，使每根导体内电流均匀，减少直线及端部的横向漏磁通在各股导线产生环流及附加损耗，线棒各股线（包括空心线）要进行换位。发电机的定子线棒一般采用直线部分进行540°编织换位。

定子绕组绝缘包括股间绝缘、排间绝缘、换位部位的加强绝缘和线棒的主绝缘。

主绝缘是指定子导体和铁芯间的绝缘，也称对地绝缘或线棒绝缘。主绝缘是线棒各种绝缘中最重要的一种绝缘，它是最容易受到磨损、碰伤、老化和电腐蚀及化学腐蚀的部分。主绝缘在结构上可分为两种：一种是烘卷式，另一种是连续式。如果把绕组的槽内部分先进行绝缘，然后再把端接部分绝缘，则为套管式绝缘（烘卷式）；如果把整个线圈用窄云母带交叠缠绕，则为连续式绝缘。大容量发电机多采用连续式绝缘。

发电机定子绕组的绝缘材料，采用以玻璃布为补强材料的、环氧树脂为黏合剂或浸渍剂的粉云母带，最高允许温度为130℃。其优点是耐潮性高、老化慢，电气、机械及热性能良好，但耐磨和抗电腐蚀能力较差。

线棒的制作一般是将编织换位后的线棒垫好排间绝缘和换位绝缘，刷或浸B级黏合胶，再用云母粉、石英粉和F级胶配成的填料填平换位导线处和各股线间间隙，热压胶化成一整体，端部再成型胶化。然后，用玻璃布为底的环氧树脂粉云母带胶带，沿同一方向包绕，每包一层表面需刷一次漆，直至包绕到绝缘要求的层数，再热压成型，最后喷涂防油、防潮漆及分段涂刷各种不同电阻率的半导体防晕漆。涂了半导体漆后，可以防止线棒表面处于槽口和铁芯通风槽处的电场突变。

发电机运行时，定子线棒的槽内部分受到各种交变电磁力的作用。上下层线棒之间的相互作用和定子铁芯的影响所产生的径向力起主要作用。短路时每厘米线棒上所受的电磁力可达几百公斤，线棒若不压紧就会在槽内出现双倍频率的径向振动。线棒电流与励磁磁通的相互作用还会产生一个与转子旋转方向相同的切向力，使线棒压向槽壁。如果出现振动，就会使线棒与槽壁发生摩擦。不仅会使绝缘磨损，而且还会使绝缘产生积累变形、股线疲劳，导致绕组寿命降低。

大容量发电机在固定线棒的槽部时，在槽底、上下线棒间及槽楔下，垫以半导体漆环氧玻璃布层压板或酚醛层压板或垫以半导体适形材料制成的垫条；槽侧面用半导体弹性波纹板楔紧，也有用半导体斜面对头楔代替弹性波纹板的；在槽口处再用一对斜楔楔紧。对槽底、线棒间和楔下垫以加热后可固化的云母垫条或半导体适形材料，下好线后，先对其进行加热加压固化，使线棒和槽紧密贴合，然后在槽口打入斜面对头楔。发电机定子端部绕组采用刚-柔绑扎固定结构，使发电机定子端部绕组固定良好。

发电机内设有进水母管和出水母管。按每匝线圈进出水方式及两半匝线棒的水流方向，定子绕组的水路连接可分两种形式：串联双流水路和并联单流水路。

定子进出水汇流管均用不锈钢管制成。汇流管的进口位置设在机座励端顶部的侧面，出口位置设在基座汽端顶部的侧面。进出水汇流管之间通过设在机座外顶部的连通管连通，使之排气通畅，保证绕组在运行时充满水及水系统发生故障时不失水。在总进出水口设有与外部供水管连接的法兰。定子绕组汇流管及出线盒内的小汇流管均设有对地绝缘，并在接线端子板上设有可测量各汇流管对地绝缘电阻的端子，这些端子在运行时应接地。

因为在水内冷的定子绕组中既通水又通电，所以绕组端部的结构与空冷、氢冷的定子绕组有所不同。它必须有一个可靠的水电接头，使定子绕组按电路接通，又让水方便地引入和排出。因此水电接头是水冷发电机中关键的部件。绕组鼻端上下层两线棒间的水电连接必须十分可靠，若发生渗水或漏水，则会严重影响发电机安全可靠运行，甚至造成重大事故。

线棒的空、实心股线均用中频加热钎焊在两端的接头水盒内，而在水盒上的水盒盖则焊有反磁不锈钢水接头，用作冷却水进出线棒内水支路的接口。套在线棒上或汇流管上水接头的四氟乙烯绝缘引水管，都用引进型卡箍将水管卡紧。上下层线棒的电连接由上下水盒盖夹紧多股实心铜线，用中频加热软钎焊而成，并逐只进行超声波焊透程度的检查，这样就形成上下层线棒水电的连接结构，如图 4-20 所示，采用中频接热钎焊接头水盒的工艺和卡箍箍紧水管的结构，进一步提高了定子绕组水路的气密性。水电接头的绝缘采用绝缘盒做外套，盒内塞满绝缘填料，并采用电位外移法逐一检验绝缘盒外的表面电压，保证水电接头的绝缘强度。

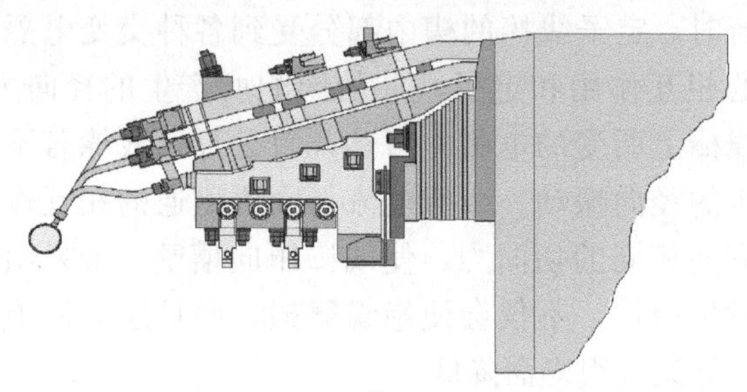

图 4-20 定子绕组水电接头图

（四）发电机转子

发电机转子由转子铁芯、转子绕组、转子槽楔、护环、中心环、风扇环、联轴器、风扇叶和转子的阻尼装置、端盖与轴承、冷却器及其外罩、出线盒、引出线及瓷套端子、集电环及隔声罩刷架装配等构成。

汽轮发电机的转速是很高的，达 3000r/min，当转子直径为 1m 时，转子圆周的线速度就达到 170m/s，相应的离心力就十分巨大。因此，汽轮发电机的转子一般采用隐极式，而转子的直径由于受到离心力的影响，有一定限度。为了增大容量，就只能增加转子的长度，于是转子就形成了一个细长的圆柱体。当然转子的长度同样也受到转子的刚度和振动等影响的限制。因此，现代汽轮发电机要向大容量发展的主要困难之一，就是受到转子材料的强度和刚度的制约。

1. 转子铁芯

发电机转子铁芯既要有良好的导磁性能，又要具有足够的机械强度，是发电机的最关键部件之一，一般由整块钢锭锻制而成，材料采用高机械性能和导磁性能良好的 26Cr2Ni4MoV 合金钢。

转子轴中心沿轴方向有一个对穿的中心孔，精度达 D7，这是为了研究转子中心部分的材料结晶情况以及消除中心部分由于锻冶不够而在运转时产生的危险应力。

在铁芯上开有两组对称的辐射式槽，槽与槽之间的部分叫做齿，这些槽不是均匀分布的，有两个齿特别宽，称为大齿，其余的称为小齿。开槽的目的主要是安放线圈，为了尽量增加铜线截面，嵌线槽采用开口半梯形槽。

在转轴本体大齿中心沿轴向均布地开了多个横向月形槽，又在励端轴柄的小齿中心线上开有两条均衡槽，以均衡磁极中心线位置的两条磁极引线槽。这些都是为了均匀转轴上正交两轴线的刚度，从而降低倍频振动幅度。在大齿上开有阻尼槽，使发电机在不平衡负载时可以减少在横向槽边缘处的阻尼电流和由此引起的在尖角处的温度急剧升高，有效地提高了发电机承受负序的能力。为削弱运行时在近磁极中心的气隙磁通和转子轭部磁通局部饱和，改善磁场波形，在靠近大齿的两个嵌线槽分别采用了不等间距分布，而 1 号线圈的 4 个嵌线槽还同时采用了浅槽。还开有小齿导风槽、供探伤用的半圆弧槽、供平衡用的平衡螺钉孔等。转轴用来固定转子绕组及电气连接件、护环、中心环、风扇、联轴器等部件。

2. 转子绕组

转子线圈由冷拉含银无氧铜线加工而成，因此既抗蠕变，又防氢脆。每一极有 8 组转子线圈，每匝线圈由上下两根铜线组成。其中 1 号线圈 6 匝，2～8 号各为 8 匝，每圈导线由直线、弯角和端部圆弧组成。直线部分有 8 种规格，端部有 12 种规格，共有 20 种规格。这些零件都是采用精密加工成形的舌榫接头用中频钎焊拼接而成型，在出厂前还要测转子绕组在不同转速下的交流阻抗以检查转子有无匝间短路，以保证质量。加工过程中又用塞棒检查风道的深度，以防缺孔或堵孔。嵌线以后还要按国标规定的方法在套护环前和超速后各进行一次通风道检验，以检验转子通风道有无堵塞现象，防止运行中发生热不平衡事故。

转子本体采用了气隙取气斜流通风方式。线圈在槽内的直线部分沿轴向分成十多个进、出风区相间的区段，在宽度方向各为两排反方向斜流的径向风孔，是用铣刀加工而成的。在转子线圈的槽楔上加工形成风斗，风斗有两种形式：在进风区的为吸风风斗，在出风区的为甩风风斗。来自定子铁芯径向风道的氢气，被转子进风区的风斗从气隙吸入转子线圈中两条反向的斜流风道（称为一斗两路），再从线圈底部进入左右两条对称的斜流风路出来，相遇于一个甩风风斗后被甩出槽楔，排入气隙的转子出风区，再进入定子铁芯的径向风道，这样就形成了与定子相对应的进、出风区相间的气隙取气斜流通风系统。国内实践证明气隙取气斜流通风的转子绕组在槽内的温度分布较均匀，平均温度与最高温度都较低。特别适用于大容量、长转子的发电机通风系统。

端部线圈为轴向氢内冷，由两根冷拉成型的 Π 形铜线上下对叠而成，中间形成冷却风道，迎风侧开有进风孔，为了降低端部绕组的最高温度采用缩短风路的办法，将冷氢从迎风侧吸入风道后分成两路；其中一路沿轴向流向槽部的斜向出风道，再从槽楔经过甩风风斗排入边端出风区气隙；另一路沿端部横向弧形风道流向磁极中心，从极心圆弧段上侧面的出风孔排入端部的低压热风区，然后从大齿两端的月牙形通风槽甩入边端出风区的气隙。这种端部两路通风结构有效地降低了端部大号线圈的最高温度，使整个转子绕组温差较小而且温度较低。

发电机转子线圈每匝由上下两根含银铜线组成，每个风区设置两排相互交叉的径向斜流通风孔，用铣刀加工而成。加工后再倒角去毛刺，这样铜线腰圆孔光洁、平滑，加工后粘制匝间绝缘，根据铜线孔的尺寸再开匝间绝缘孔，并且在转子清洁房内进行下线。转子绕组中采用中间铣孔的斜流通风结构，转子槽楔为风斗式，结构上为一斗两路通风。由定子冷风区打入的氢气在进风区，经伸入气隙的转子槽楔风斗，进入转子线圈的进风侧通风孔，斜向至底匝导线后转向，经出风侧通风孔再进入出风区的槽楔风斗，返向到气隙，经由定子热风区排出，完成转子绕组直线部分的冷却循环。

转子绕组在槽内的对地绝缘为高强度复合箔热压成型槽衬。匝间绝缘为按国外引进技术生产的特殊带状玻璃布板，粘贴在每匝导线的底部。护环下的绝缘由绝缘漆浸渍的玻璃布卷成的绝缘玻璃布筒加工而成。在转子铜线与槽绝缘、护环绝缘和楔下垫条之间均各压粘有聚四氟乙烯滑移层，使铜线在离心力高压下能自由热胀冷缩，避免永久性残余变形，以适应调峰运行工况的需要。

转子绕组的电气连接件的设计充分考虑了减少循环应力以及密封可靠性的要求。

转子绕组的极间连接线由弯成两半圆的对扣凹形导线构成。两半圆之间的连接由高强度含银铜箔构成柔性连接，这种结构有利于转子两极的重量均衡，具有良好的变形能力，从而减少应力。

转子磁极引线由开有凹槽的两半J型导线和Ω型的柔性连接线组成。引线的一端通过含银铜片组成Ω型柔性连接线与转子励端一号线圈底匝相连接，另一端与径向导电螺杆相连接。引线放置在线圈端部下的引线槽内，用槽楔和压板加以固定。引线采用柔性连接，使其具有良好的热变形能力和抗弯能力。

轴向导电杆、径向导电螺杆采用了高强度的锆铜合金等材料，使其能承受结构件离心力所产生的高应力。导电螺钉外表面热滚包环氧玻璃布绝缘，导电螺钉与转轴之间的密封采用人字形特制橡胶密封圈压紧螺帽结构，密封效果良好，可经受1.4MPa气密试验。轴向导电杆在励端轴端处形成L型由含银铜片钎焊接成的柔性连接板，与无刷励磁机转子L型引线构成电气连接。在导电杆中部分段也采用柔性连接结构，以吸收由于温度变化引起的变形，保护密封，在其L型端面连接螺孔内设置不锈钢衬圈，以防止损伤基本金属。

3. 转子槽楔、护环、中心环、风扇环、联轴器、风扇叶

转子槽楔由铝合金制成，在径向开通风道，并在顶部加工成风斗形。具有气隙取气进、出风斗的作用，槽楔上的风斗结合楔下垫条中特殊风孔型式形成一斗两路，并具有两路流量均匀分配的通风方式。护环下端头槽楔则由铍钴锆铜合金制成。

转子线圈端部由护环支撑，护环是一个厚壁金属圆通筒，用来保护转子绕组的端部，使其紧密地压在护环和转轴之间，不会因离心力而甩出。而中心环则用来支持护环，并阻止转子绕组端部沿轴向移动。

由于转子高速旋转时，端部线圈的离心力全部作用在护环上，所以护环应具有特别好的机械性能，同时为了减少端部的发热，护环还具有不导磁的特性。护环的材料采用具有良好的耐应力、腐蚀能力的18Mn18Cr整体锻制的高强度反磁合金钢。

护环和转子之间的连接方式采用护环与转子轴脱空悬挂。为了避免护环的轴向移动，护环与本体间要用齿搭接。使运行中转子轴的挠度不会影响到护环。大型的汽轮发电机都采用这种方式。

中心环对护环起着与转轴同心的作用，当转子旋转时，轴的挠度不会使护环受到交变应力作用而损伤。中心环还有防止转子线圈端部轴向位移的作用。

风扇环为合金钢锻件，风扇有轴流式、离心式两种基本形式。轴流式风扇风压低、风量大、效率高，但制造工艺要求高，一般用于大型的汽轮发电机中；离心式风扇风压高、风量小、效率低，但加工方便，一般用于小型发电机中。采用轴流式风扇时，风扇叶片为铝合金锻件，单级螺桨式风扇对称布置在转子两端，向定子铁芯背部及转子护环内部送风。

转子汽、励两端轴头处各设有与汽轮机和集电环装配的小轴连接的联轴器。联轴器由高强度铬镍钼钒合金锻钢制成。联轴器与转轴间采用过盈配合。为防止联轴器与转轴之间发生相对转动，在联轴器和转轴配合处配装了轴向均布的轴向圆锥形定位键。因此，联轴器在具有足够强度和刚度的同时，又能传递最严重工况下的转矩。联轴器上设有轴向均布的用于连接的销孔和用于转子动平衡的平衡螺钉孔。

4. 转子的阻尼装置

转子本体大齿上月牙槽边缘处的负序涡流发热的温度最高，而发电机负序能力的大小主要取决于这个部位的温升。为了解决负序电流在转子表面发热的问题，提高发电机承受不平衡负荷的能力，在大齿上开了阻尼槽。

在发电机转子本体大齿部分每极开有3个阻尼槽，两个大齿共有6个阻尼槽。槽内设置导电率高、耐高温、强度高的阻尼铜条，避免在横向槽周围形成过热点。同时，转子线圈槽楔采用了对感应电流屏蔽效果良好的铝合金，并在各段槽楔间采用连接块搭接，使感应电流能顺利通过各段槽楔间的接缝处，防止了在槽楔接缝处的齿部形成过热点。此外，与护环接触的端头槽楔采用热态导电性能良好的铍铜合金，使护环能与端头槽楔接触良好，并通过端头槽楔将各阻尼铜条、各线圈槽内槽楔并联在一起，形成了可靠的笼式转子阻尼系统。

（五）端盖与轴承

发电机的轴承与密封支座都装在端盖上，这样可以缩短转轴长度并具有良好的支承刚度，由于轴承中心线距机座端面较近，使端盖在支承重量和承受机内氢压时变形最小，以保证可靠的气密性。

端盖与机座、出线盒和氢冷却器外罩一起组成“耐爆”压力容器。端盖为厚钢板拼焊而成，为气密性焊缝，焊后就要进行焊缝的气密性试验和退火处理，并要承受水压试验的考验。对每台端盖及其各种管道和消泡箱都要做气密试验以确保发电机整机的气密性能指标。上、下半端盖的合缝面的密封及端盖与机座把合面密封均采用密封槽填充密封胶的结构。为提高端盖合缝面连接刚度，端盖合缝面采用双排连接螺钉。

发电机的轴承为分块式可倾瓦轴承，其上半部为圆柱瓦，下半部轴瓦则为两块纯铜瓦基体的可倾瓦，其抗油膜扰动能力强，具有良好的运行稳定性。分块瓦下有瓦托（倾斜式轴瓦托块），瓦块与瓦托的支承点在45°的中心线上作为轴瓦的摆动支点。轴瓦与其定位销均与下半轴承座绝缘；上半轴瓦与端盖之间也加设轴承绝缘顶块。在冷态时上半轴瓦与绝缘顶块间留有0.125～0.38mm间隙，为轴瓦热态膨胀留有余地。下瓦的两块可倾瓦都设有供启动用的对地绝缘的高压进油管及顶轴油楔，以降低盘车启动功率和防止在低速盘车启动时在轴颈处造成条状痕迹。为防止轴电流，除轴瓦对端盖绝缘外，密封支座和端盖之间，端盖与轴承外挡油盖之间都设有绝缘；外挡油盖上的油封环用超高分子聚乙烯制成，可避免在轴上磨出沟槽，同时也具有绝缘性能。发电机的励端端盖轴承、油密封及挡油盖均为双重绝缘，即上半轴瓦顶部绝缘轴承顶块及下办轴承座的绝缘轴承座块和轴承外挡油盖均为双层式绝缘结构，并在密封支座与端盖之间增设一个对地绝缘的中间环，这样就加强了励端转轴对机座端盖的绝缘，又便于在运行过程中对转轴和轴承与油密封的绝缘电阻进行监测，有利于防止轴电流损伤转轴、轴承和密封瓦等。

单流环式密封瓦系统结构如图4-21所示，密封油系统主要是在系统中设置一套真空净油设备（由真空泵、再循环油泵和真空油箱组成）。密封油由汽轮机润滑油系统套装管直接供油，油已经过冷却，故不需要设置密封油冷却器。密封油中空气和水分由真空净油装置分离并排出，因而发电机内氢气露点容易控制在－5℃以下，氢气纯度也得以保证。

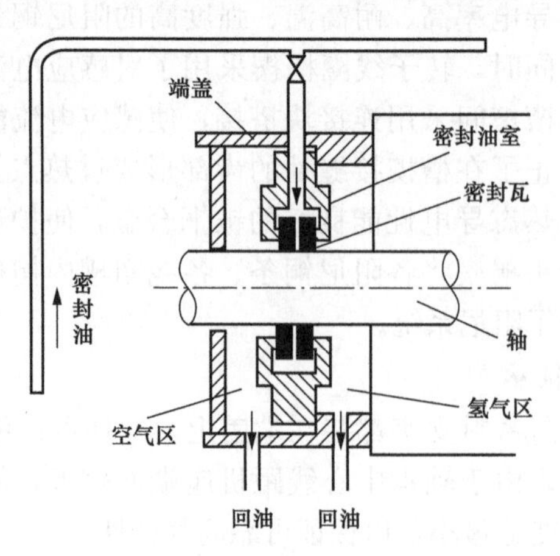

图4-21　单流环式密封油瓦系统结构图

单流环式密封油系统只需一路进油，即油泵从真空油箱中吸油，加压后经过过滤器、压差调节阀调节油压后，进入密封瓦，回油仍分空侧和氢侧。空侧回油与轴承回油混合后流入空气抽出槽，氢侧回油先流至扩大槽进行油氢分离，再流至浮子油箱（浮子油箱主要是自动控制排油速度）。然后，氢侧回油也流入空气抽出槽（空气抽出槽相当于隔氢装置），空气抽出槽中的油最终回至汽轮机主油箱，故单流环式密封油系统是一个开式系统。

（六）冷却器及其外罩

发电机在定子机座汽、励两端顶部分别横向布置了一组冷却器。冷却器由热传递效果好的绕片式（或穿片式）镍铜（或钛）冷却水管和两端的水箱组成。其功能是通过冷却水管内水的循环带走发电机内的氢气传递到冷却水管上的热量，使发电机内的氢气保持规定的温度。每组冷却器由两个冷却器组成。每个冷却器有各自独立的水路。当停运一个冷却器时，须限制负载运行。

冷却器外罩由优质钢板焊接而成，具有足够的强度及气密性。罩内设有通风需要的风道和对冷却器位置进行调节并固定用的装置。冷却器外罩整体通过法兰与定子机座把合连接。

（七）出线盒、引出线及瓷套端子

发电机的出线盒设置在定子机座励端底部。出线盒由无磁性钢板焊接而成，其形状呈圆筒形，并具有足够的强度及气密性。出线盒采用法兰与机座把合。

发电机共有 6 个出线瓷套端子。其中 3 个设在出线盒底部垂直位置，为主出线端子；另 3 个设在出线盒的斜向位置，为中性点出线端子。发电机出线端子上设置有套管式电流互感器，每个端子上套有 4 只，并采用无磁性紧固件固定在出线盒上。主出线端子通过设在其上的矩形接线端子（金具）与封闭母线柔性连接，中性点出线端子则通过母线板连接后封闭在中性点罩壳内并接地，连接用母线板也为水冷。发电机的中性点罩壳为铝合金板焊接结构，它与基础的连接处设有绝缘措施。

（八）集电环及隔声罩刷架装配

集电环装配由装配在小轴上的集电环、集电环下绝缘套筒、风扇、导电螺钉和导电杆等组成，并通过小轴端部联轴器与发电机转子连接。小轴采用高强度的铬镍铝钒整体合金锻钢制成，轴上设有装配导电杆的中心孔，并在端部设有与发电机转子连接的联轴器。集电环采用 50Mn 锻钢制成，其外圆表面设有螺旋散热沟，轴向沿圆周分布有斜向通风孔。风扇为离心式，风扇座环采用铬镍钼合金锻钢制成，风叶采用硬铝合金制成，铆接在风扇座环上。导电螺钉和导电杆采用锆铜锻件制成，每个集电环的两侧各设置 1 个导电螺钉，集电环通过两侧的导电螺钉与中心孔内的导电杆相连，而导电杆在中心孔内一直延伸到小轴联轴器端面，并与发电机励端联轴器端面处的导电杆把合连接，从而构成励磁电路。集电环下绝缘套筒和导电杆绝缘套筒，以及填充用的绝缘垫块均为F级绝缘材料。

隔声罩刷架装配由装配在底架上的隔声罩、构成风路的隔板、刷架、组合式刷盒、导电板（引线铜排）、末端抑振轴承等组成。底架由优质钢板焊接加工而成，放置在基础预埋的座板上，通过基础螺杆固定在基础上，底架内隔有进出风路及设有导电板（引线铜排），底架底面上设有与基础风洞相接的进出风和连接导电板（引线铜排）用的接口。隔声罩采用玻璃钢制品，装配在底架上，罩内用隔板隔成进出风区，隔声罩与小轴的接触处设有气封环，以防止灰尘。为方便维修工作，隔声罩内空间设计得较为宽敞，留有检修通道，而且隔声罩两侧设4个检修门，门上设有观察窗。刷架由隔板、导电板、组合式刷盒构成。每个刷盒内含4个牌号为NC634的电刷，每个集电环轴向布置2个刷盒，圆周分布8处，即每个集电环上共计设置64个电刷。刷盒为装卡式，可带电插拔，便于检查和更换电刷。刷盒上设有恒压弹簧，可径向压紧电刷，使电刷与集电环保持恒定压力接触。

集电环及隔声罩刷架装配除采用在集电环表面车螺旋散热沟、集电环轴向钻斜向通风孔并在2个集电环中间加风扇，密闭循环通风冷却外，还通过控制集电环外径（为ϕ380mm）使线速度（为59.69m/s）减小，并远离电刷所能承受的70m/s极限，使摩擦损耗产生的发热大幅度减小，使电刷运行更安全，通过控制电刷的电流密度（8.06A/cm^2）在8～9A/cm^{2}最佳运行范围，改进恒压弹簧和恒压弹簧与电刷的压点，以及电刷与集电环接触角度等，可确保集电环安全稳定运行。为防止集电环装配与发电机转子连接后形成的悬臂端在运行时摇摆引起振动过大，在集电环装配末端设有1个小直径的座式轴承，起支稳作用。座式轴承由轴承座、轴承上盖、轴瓦和挡油盖等组成，装配在隔声罩内的底架上。轴承座、轴承上盖采用优质钢板焊接加工形成，轴承座两侧均设有进出油管接口，轴承上盖上设有测轴承座振动用的平台和安装测轴振拾振器的接口。挡油盖采用铸铝件，其与轴接触处采用迷宫加挡油梳齿的封油结构，轴瓦采用椭圆式，其上设有测温元件。

上汽1000MW汽轮发电机型号为THDF-125/67。发电机的定子绕组采用水直接冷却，转子绕组、相连接线和出线套管均采用氢气直接冷却。发电机其他部件的损耗，如铁芯损耗、风摩损耗以及杂散损耗所产生的热量，均由氢气带走。发电机机座能承受较高压力，且为气密型，在汽端和励端均安装有端盖。氢冷却器垂直布置在汽轮机端的冷却器室内。发电机由下列部件组成：定子机座、定子铁芯和定子绕组、氢气冷却器、端盖、转子转轴、转子绕组、转子护环、励磁连接线。发电机内部产生的热耗，通过氢气和一次水传递到二次冷却介质（如闭式冷却水）。发电机采用直接冷却，冷却介质直接吸收热量。这将大大降低相邻部件之间的温差及其导致的热膨胀差异，从而能够使各部件，尤其是铜线、绝缘材料、转子和通过转子汽端的一台多级轴流式风扇，氢气在发电机内部封闭循环。风扇从气隙和铁芯抽出热气体，将其送入冷却器。在各冷却器的出口，气体被分成多个风路。

第四节　热工自动化控制系统

一、分散控制系统（DCS）

机组控制系统设计遵循先进、可靠、安全、经济、适用、开放的原则。系统控制器采用DCS、计算机系统，能实现锅炉及辅机的热工控制、电气检测、联锁保护、自动调节及控制等，实现锅炉房生产过程控制自动化。

目前国产主流的DCS厂家有国能智深、北京和利时、南京科远、浙江中控、上海新华、上海自仪等。DCS控制系统包括单元机组DCS控制系统、公用系统DCS控制系统。锅炉吹灰控制、烟气脱硝控制（SCR）、给水泵汽轮机控制（MEH、METS）、旁路系统控制（BPC）等均纳入单元机组DCS控制。

（一）分散控制系统构成

分散控制系统（DCS）由分散处理站、人机接口装置和通信系统等构成。系统易于组态、使用和扩展。系统具有完备的自诊断功能，能诊断至模块级。系统的软硬件在功能上尽可能地分散，系统内任一组件发生故障，不会影响整个系统的功能。处理器模件采取1∶1冗余配置，以增强控制系统的可靠性。分散控制系统的主要子系统包括数据采集系统（DAS）、模拟量控制系统（MCS）、顺序控制系统（SCS）、锅炉安全监控系统（FSSS）。

分散控制系统各子系统之间的重要保护信号采用硬接线直接通过I/O通道传递。监视和控制系统的信息，在充分考虑测量元件和I/O通道的冗余措施后，可信息共享。机组保护联锁及控制逻辑均在分散控制系统中实现。对于公用部分的监控，设有公用网。公用DCS与机组DCS之间通过网桥实现隔离，保持单元机组与公用DCS系统间的相对独立性。在两台机组DCS中均可对公用DCS监控，同时具有相互闭锁功能，确保任何时候仅有一台机组DCS能发出有效操作指令。

炉膛安全监控系统（Furnace Safeguard Supervisory System，FSSS）包括燃烧器控制系统及燃料安全系统，它是现代大型火力发电机组的锅炉必须具备的一种监控系统。它能在锅炉正常工作和启停等各种运行方式下，连续地密切监视燃烧系统的大量参数与状态，不断地进行逻辑判断和运算，必要时发出运作指令，通过各种联锁装置使燃烧设备中的有关部件（如磨煤机组、点火器组、燃烧器组等）严格按照既定的合理程序完成必要的操作，或对异常工况和未遂性事故做出快速反应和处理。防止炉膛的任何部位积聚燃料与空气的混合物，防止锅炉发生爆燃而损坏设备，以保证操作人员和锅炉燃烧系统的安全，锅炉炉膛安全监控系统（FSSS）是监控系统，是安全装置，是安全联锁功能级别中的最高等级。FSSS公用逻辑包括油系统泄漏试验、炉膛吹扫、主燃料跳闸（Main Fuel Trip，MFT）及首出记忆、油燃料跳闸（OIL FUEL TRIP，OFT）及首出记忆、点火条件、点火能量判断。

（1）油系统泄漏试验。锅炉点火采用两种方式，第一种方式：采用微油直接点燃煤粉；第二种方式：采用大油枪点燃煤粉。为防止供油管路泄漏（包括漏入炉膛），燃油系统泄漏试验是针对进油气动快关阀以及单个油角阀的密闭性所做的试验。燃油泄漏试验在没有旁路的情况下，操作员在CRT上点击“启动”按钮，发出启动燃油泄漏试验指令，程序将按照预先设计的试验过程执行。在确定不必要进行燃油泄漏试验的情况下，也可予以旁路。燃油泄漏试验成功是炉膛吹扫条件之一。

（2）炉膛吹扫。锅炉点火前，必须进行炉膛吹扫，这是锅炉防爆规程中基本的防爆保护措施。在锅炉的炉膛、烟道和通风管道中积聚了一定数量的可燃混合物突然同时被点燃，这种现象称为爆燃，严重的爆燃即为爆炸。由于炉膛压力剧增，超过炉膛结构所能承受的压力，使炉墙外延崩塌称为“外爆”。当炉膛压力过低，其下降幅值超过炉膛结构所能承受压力时，炉膛就会向内坍塌，这种现象称为炉膛内爆。在正常工况下，进入炉膛的燃料立即被点燃，燃烧后，生成的烟气也随时排出，炉膛和烟道内没有可燃混合物积存，因而也不会发生爆燃，但如果运行人员操作不当，设备或控制系统设计不合理，或者设备和控制系统出现故障等，就有可能发生爆燃，FSSS的首要目标是防止锅炉在启、停及任何运行过程中，且任何部位产生积聚爆炸性燃料和空气混合物的可能，否则会产生损坏锅炉和燃烧设备的恶性爆炸事故。炉膛吹扫的目的是将炉膛内的残留可燃物质清除掉，以防止锅炉点火时发生爆燃。

当吹扫条件全部满足后，操作员就可以启动吹扫，按开始键开始吹扫计时，时间为300s。为了使炉膛吹扫彻底、干净，吹扫过程必须在30%～40%额定风量下持续5min。5min的吹扫可以使炉膛得到5次以上的换气。在吹扫过程中，FSSS逻辑连续监视吹扫允许条件。在吹扫过程中如果某个吹扫允许条件不满足了，就会导致吹扫中断，同时吹扫计时器清零，屏幕显示吹扫中断，操作员就要重新启动吹扫程序。当所有吹扫条件全部满足并且持续5min，吹扫完成，在显示器上指示“炉膛吹扫完成”信号屏幕显示吹扫结束。“炉膛吹扫成功”信号是复位MFT的必要条件。MFT发生时，通过一个MFT脉冲信号清除“炉膛吹扫完成”信号。

（3）主燃料跳闸（MFT）。主燃料跳闸（MFT）是锅炉安全保护的核心内容。是FSSS系统中最重要的安全功能。在出现任何危及锅炉安全运行的危险工况时，MFT动作将快速切断所有进入炉膛的燃料，即切断所有油和煤的输入，以保证锅炉安全，避免事故发生或限制事故进一步扩大。当 MFT 跳闸后，有首出跳闸原因显示；当 MFT 复位后，首出跳闸记忆清除。

MFT 设计成软、硬两路冗余，当 MFT 条件出现时软件会送出相应的信号来跳闸相关的设备，同时 MFT 硬继电器也会向这些重要设备送出一个硬接线信号来跳闸它们。例如，MFT 发生时逻辑会通过相应的模块输出信号来关闭主跳闸阀，同时 MFT 硬触点也会送出信号来直接关闭主跳闸阀。这种软硬件互相冗余有效地提高了 MFT 动作的可靠性。此功能在 FSSS 跳闸继电器柜内实现。

（4）油燃料跳闸（OFT）。油燃料跳闸（OFT）逻辑检测油母管的各个参数，当有危及锅炉炉膛安全的因素存在时，产生 OFT。关闭主跳闸阀，切除所有正在运行的油燃烧器。

（二）分散控制系统的应用

1. 国能智深 EDPF-NT PLUS 分散控制系统

国能智深 EDPF-NT PLUS 分散控制系统具有多层次自诊断功能，能诊断网络、站、模件直至 I/O 点。并以 LCD 画面形式全面提供诊断信息，使运行人员一目了然。EDPF-NT PLUS 分散控制系统的所有处理器模件、电源、网络以及通信均冗余配置，一旦某个工作的处理器模件发生故障，系统能自动地以无扰方式，快速切换至与其冗余的处理器模件，并在操作员站报警。

EDPF-NT PLUS 控制柜内部控制器和 I/O 模块的供电为双路直流（24/48V）并行供电，不存在切换时间，保证了控制柜内设备的安全、可靠、连续供电要求，任一路电源故障后提供报警信号至 DCS。当两路 DCS 电源全部丧失时，系统的输出为失电状态，4～20mA 模拟量输出为 0mA，开关量输出为 0 状态，对电动机、电动门的运行状态无影响。电磁阀将失电，向预定的安全方向动作；对 4～20mA 输出的驱动执行器的影响取决于执行器的预设置。例如，当接收 4～20mA 控制信号的电动执行器具有保位功能时，控制器电源丧失将使电动执行器保位拒动。

EDPF-NT PLUS 分散控制系统多个 DCS 子系统的互联无须使用网关、网桥或路由器。公用系统 DCS 网络设备连接至两个机组的冗余工业网络交换机上，通过网络交换机的访问控制列表（Access Control List，ACL）技术实现两台机组 DCS 域之间的完全隔离和与公用系统 DCS 的合法信息访问。这样，不需设置专门的域间隔离设备，即保证了数据的高速通过，也减少了设备种类和数量，降低了风险。

EDPF-NT PLUS 分散控制系统采用扁平化对等型网络结构，系统内没有网络服务器、核心主计算机等处于核心地位的计算机装置，不存在危险集中和功能集中的隐患。EDPF-NT 的数据高速公路采用双网并发，接收冗余过滤的冗余工作方式，不存在网络切换延时。任一网络故障，不影响系统性能。系统采用多域隔离工作模式后，任何网络故障被局限在更小的范围内，绝不会蔓延至全网，系统可靠性更高。

时钟同步在DCS系统中非常重要，因为他直接关系到通信和控制的确定性以及SOE的分辨率和准确性。EDPF-NT系统支持网络时间同步协议NTP和RS232/RS485报文时间同步输入。当使用NTP信号时，GPS卫星时钟作为网络同步时钟服务器将一路NTP信号直接与DCS的核心网络交换机连接，DCS所有工作站作为NTP终端保持与NTP时钟服务器的同步。当使用RS232/RS485同步报文输入时，该一路GPS同步时钟报文信号与DCS的时钟主站（任意指定系统内1台或2台人机交互工作站或过程控制站）连接。DCS时钟主站将GPS报文信号广播至全网实现DCS的时钟同步。EDPF-NT系统过程控制站控制器均设计有GPS时钟秒脉冲信号接口，当使用SOE功能时，所有安装有SOE模件的过程控制站控制器要接入一路GPS同步时钟秒脉冲信号以使过程控制站间时钟同步精度达到微秒级。EDPF-NT过程控制站控制器提供GPS秒脉冲信号接口，用于控制器之间时钟高精度同步。每套过程站控制器与I/O模件之间还专设同步脉冲电路。确保跨站SOE分辨率小于1ms。站内SOE分辨率小于0.3ms。

EDPF-NT系统的通信接口支持RS232C、RS485/422和以太网方式连接，使用TCP/IP、MODBUS/MODBUS PLUS、profibus通信协议。所有通信接口内置于分散处理单元（DPU），或作为一个独立的多功能网关挂在数据高速公路上，通信接口为冗余设置（包括冗余通信接口模件），冗余的通信接口在任何时候都同时工作。其中的任一通信接口故障不会对过程监控造成影响。

DCS和SIS系统处于不同的安全等级，因此DCS和SIS间的连接须进行安全防护（如采用单向安全隔离措施等），以确保DCS系统的安全封闭运行。为确保DCS系统的长期运行安全，EDPF-NT系统特为用户提供了SIS/MIS接口工作站，采用“单向安全隔离网关系统”的解决方案，实现在DCS和SIS边界的单向隔离和传送实时数据功能，确保SIS侧的任何问题都不会影响到DCS系统中。

EDPF-NT PLUS分散控制系统组态方式采用Windows系统下Microsoft Visio的图形化组态模式，全部算法块均与美国科学仪器制造商协会（SAMA）颁布的SAMA PMC22仪表和控制系统功能图表示法一致，采用此种组态方式的好处是，技术人员不需进行任何针对EDPF-NT控制系统的培训就可直接读懂逻辑图，而且只要会使用Visio软件的技术人员就能立即上手组态。

2. 和利时MACS V6分散控制系统

MACS V6分散控制系统由以太网和基于现场总线技术的控制网络连接的各工程师站、操作员站、现场控制站、通信控制站、数据服务器组成。主要完成数据采集、运算与处理、逻辑组态与下装，画面监视与控制等多项功能。

MACS V6 分散控制系统采用 Client/Server 体系结构，控制管理网络采用两层结构，星型连接，双冗余配置。控制网络和管理网络的分离有利于将交换机设备故障风险分散，同时大大减少了数据处理量和网络上的拥塞。远程控制站采用 1000Mbit/s 以太光纤连入系统，系统结构如图 4-22 所示。

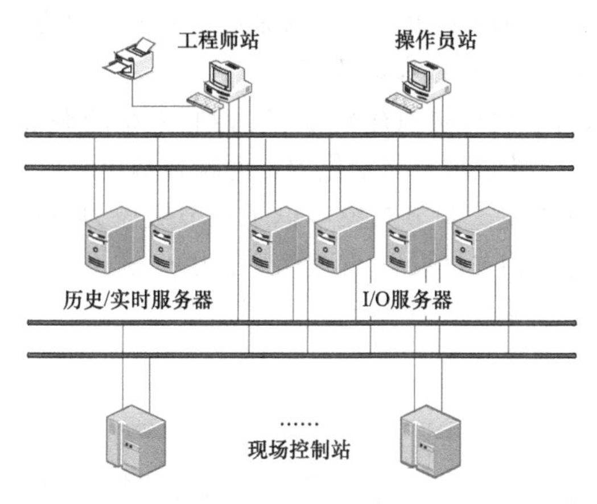

图 4-22　和利时 MACS V6 DCS 系统结构图

MACS V6 分散控制系统实现功能包括数据采集系统（DAS）、模拟量控制系统（MCS）、锅炉炉膛安全监控系统（FSSS）、顺序控制系统（SCS）、旁路控制系统（BPC）、给水泵控制系统（MEH）、电气控制系统（ECS）等各项控制功能，是集软硬件于一体的能够完成全套机组启、停、正常运行、变工况等各项功能的控制系统。

二、DEH 控制系统

为了实现机炉协调控制，要求机、炉、电以及与之相关的各工作系统在工况变化时，有及时、准确的监视手段，并能迅速地发出相应的控制指令，使机、炉、电以及相关工作系统能在新的工况下，协调、稳定地工作。采用电液调节方式是达到上述要求的最有效的方法。

汽轮机的数字电液控制系统（Digital Electro-Hydraulic Control System，DEH）采用电子元件和电气设备对机、炉、电以及相关工作系统的状态进行监视，以数字的方式传递信号，用计算机分析判断、发出（电气的）控制指令，然后通过电液转换器（伺服阀、伺服放大器）将电气指令信号转换为液压执行机构能够接受的液压执行信号，达到完成控制操作的目的。这种控制系统是将固体电子器件（数字计算机系统）与液压执行机构的优点结合起来，使汽轮机调节系统执行机构（油动机）的尺寸大大缩小，解决了日趋复杂的汽轮机控制问题，并且具有迟缓率小、可靠性高、便于组态和维护等特点。

不同的机组、不同的制造厂，其机组的数字电液控制系统的构成和具体控制逻辑略有不同，但总体的要求基本是相同的，那就是应具备监视、保安、控制和调节的各项功能。传统意义上的汽轮机DEH系统仅是指取代纯液压调节系统的数字电液调节系统，比如上汽1000MW机组配套的DEH系统是西门子公司生产的SPPA—T3000控制系统，其系统的控制范围有很大的扩展，除了调速、保安系统，还包括了与汽轮机直接相关的润滑油、顶轴油、轴封汽、本体疏水和本体监测保安等系统的功能。

（一）DEH控制系统的基本原理

图4-23所示为一次再热汽轮机DEH控制系统的调节原理图，图4-23中的输出是转速 φ，外扰是负荷变化 R，内扰是蒸汽压力 p，λn 和 λp 分别为转速给定和功率给定。调节对象考虑了调节级压力特性、发电机功率特性和电网特性，与此相关，设置了调节级压力 p_T、机组功率 P 和转速 n 三种反馈信号。其中转速设有3个独立的测速通道，通过比较选择一个可靠的信号。

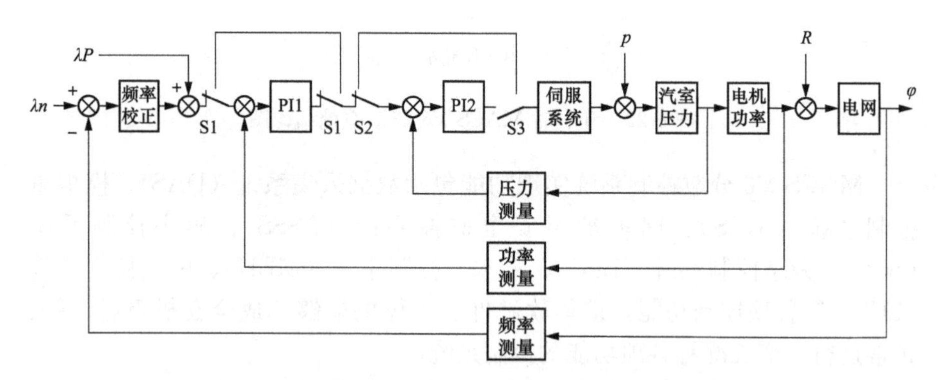

图4-23 一次再热汽轮机DEH控制系统的调节原理图

由伺服放大器、电液伺服阀、油动机及其线性位移变送器（LVDT）组成的伺服系统，承担功率放大、电液转换和改变阀门位置的任务；调节汽门则因位移而改变进汽量，执行对机组控制的任务。

DEH控制系统为串级PI控制系统，调节运算由数字部分完成。系统由内回路和外回路组成，内回路促进调节过程的快速性，外回路则保证了输出严格等于给定值。PI调节中的比例环节对调节偏差信号迅速放大，积分环节保证了消除系统的静差，是一种无差控制系统。

系统中开关S1、S2和S3的指向，提供了不同的调节方式，使系统既可按串级PI调节，也可按单级PI1或PI2调节方式运行，以保证系统中某一回路发生故障时，仍能保持正常工作。

当系统受到外扰时，调节级汽室压力首先变化，该压力正比于汽轮机的功率，能准确地代表汽轮机功率的大小，可使系统较快做出响应。发电机功率的变化，既受自身惯性的影响，又受中间再热容积的影响，其系统响应较慢。并网运行机组的转速，受电网频率的影响，但对一台机组而言，影响相对较小，在系统图中用虚线连接，以示影响较弱。因此，这3个变量的系统响应是不同的。

当机组处于调频方式运行时，若电网的负荷增加，有两种情况，一种是功率给定随之增加，直到该给定值与电网要求本机增加的负荷相适应。电网频率回升，系统的调节偏差为零，系统才能保持转速的给定值，也即频率不变；另一种是功率给定仍保持不变，电网的频率必须降低，于是转速的偏差就代表了功率的增加部分，该情况表明系统的功率给定值及其所保持的负荷值是不一样的，而被转速偏差修正后的负荷给定值，才是调节系统所保持的负荷值。

当机组处于非调频方式运行时，转速偏差信号就不应进入系统，或者是将该偏差乘以较小的百分数，使机组对外界电网负荷的变化不敏感，只按系统本身的负荷给定值来控制机组。同理，如果在机组的额定负荷附近设置转速的不灵敏区，则机组就处于带基本负荷运行状态。

当串级控制系统处于调频方式运行时，如受到电网扰动，电网频率的变化引起调节汽阀动作后，调节级汽室压力反馈回路响应最快，通过内回路PI2的作用，迅速改变调节汽阀的开度，而发电机功率反馈回路的响应则慢一些，但仍都是提高机组对负荷适应性的粗调作用，只有通过外回路PI1的细调作用，用外回路去修正内回路的设定值，系统才能最后趋于平衡，此时，系统的实际负荷值已不是负荷给定值，而是经过修正后的负荷设定值。换言之，负荷外扰时，只有负荷给定值与外界负荷要求相适应，才能使功率的反馈等于功率给定值，转速的反馈等于转速的给定值。

外回路的比例积分调节规律应这样设定：比例—积分输出的平衡位置是正负1，当输入的偏差为正时，输出向正1的方向积分；当输入的偏差为负时，输出向负1的方向积分。为了避免输出太强，导致系统的不稳定，应对输出设置上下限制，使它在1的附近波动。内回路的PI参数与外回路互为制约，只有把内回路的快速性与外回路调节参数相互配合，才能获得最佳的调节参数。

DEH系统在串级调节下，外回路PI1为主调节器，当系统处于非调频方式运行时，它保证系统输出的功率严格等于负荷的给定值，在调频方式运行时，被转速修正后的负荷给定值，才是调节系统所应保持的负荷值。内回路不仅反映负荷外扰小系统响应的快速性，而且在蒸汽压力内扰下，也能很快地调整汽阀的开度，迅速消除内扰的影响，因而，串级调节系统对于克服再热环节功率的滞后，提高机组对外界负荷的适应性有很大的作用，由于其动态特性最好，一般作为DEH系统的基本运行方式。相反，当系统处于单级PI调节运行时，系统的动态品质将有所下降，但由于还可继续运行，仍不失为一种重要的冗余控制手段。

（二）DEH 控制系统组成

1. 从功能上分

从功能上分 DEH 系统由汽轮机控制系统、安全系统、监视系统三部分组成。

汽轮机控制系统的任务是实现汽轮机的转速/负荷调节，是 DEH 系统的最主要部分。

汽轮机安全系统的任务是实现汽轮机的保护跳闸功能以及保护试验、阀门试验等功能。

汽轮机监视系统的任务则是实现对汽轮机转速、振动、轴向位移、蒸汽温度/压力、汽轮机金属温度等一些重要参数的测量、监视功能。

汽轮机组的转速和负荷是通过改变主汽阀和调节汽阀的位置来控制的。汽轮机控制系统 DEH 将要求的阀位信号送至伺服油动机，并通过伺服油动机控制阀门的开度来改变进汽量。DEH 接受来自汽轮机组的反馈信号（转速、功率、主蒸汽压力等）及运行人员的指令，进行计算，发出输出信号至伺服油动机。

2. 从结构上分

从结构上分 DEH 控制系统主要由下列五大部分组成。

（1）电子控制器：主要包括数字计算机、混合数模插件、接口和电源设备等，均集中布置在 DEH 控制柜内，主要用于给定、接受反馈信号、逻辑运算和发出指令进行控制等。

（2）操作系统：主要设置有操作盘、图像站的显示器和打印机等，为运行人员提供运行信息、监督、人机对话和操作等服务。

（3）油系统：高压控制油与润滑油分开。高压油（EH 系统）为调节系统提供控制与动力用油，它接受调节器或操作盘来的指令进行控制。

（4）执行机构：主要由伺服放大器、电液转换器和具有快关、隔离和止回装置的单侧油动机组成，负责带动高压主汽门、高压调节汽门、中压主汽门、中压调节汽门和补汽阀。

（5）保护系统：设有电磁阀用于超速时关闭调节汽阀和严重超速(3300r/min)、轴承油压低、EH 油压低、推力轴承磨损过大、凝汽器真空过低等情况下危急遮断和手动停机之用。

此外，为控制和监督服务用的测量元件是必不可少的，例如机组转速、蒸汽压力、发电机功率、主蒸汽压力传感器以及汽轮机自动程序控制(ATC) 所需要的测量值等。

（三）DEH 控制系统的功能

1. DEH 控制系统的基本功能

（1）汽轮机挂闸/开主汽门。

（2）自动/手动升速。

（3）转速闭环控制（冲转/升速/暖机/转速保持/自动冲临界）。

（4）自动/手动同期。

（5）超速试验（103%、110%额定转速）。

（6）汽轮机的超速保护（Over speed Protect Control，OPC）/汽轮机紧急停机保护（AST）。

（7）并网后自动带初负荷。

（8）闭环控制（发电机功率/调节级压力/主蒸汽压力）。

（9）协调控制/AGC方式运行。

（10）一次调频限制。

（11）蒸汽压力保护/真空低快减负荷（RUNBACK）。

（12）阀门试验（主汽门严密性试验/调节阀活动试验）。

（13）阀门管理。

（14）手动/自动无扰切换。

2. DEH控制系统保证的技术指标

（1）转速控制范围：0～3500r/min，控制精度为±1r/min。

（2）负荷控制范围：0～110%额定负荷，控制精度为±1MW。

（3）转速不等率：3%～6%连续可调。

（4）系统迟缓率：≤0.06%。

（5）甩全负荷转速超调量：≤7%额定转速。

（6）油动机全行程快速关闭时间：≤0.15s。

（7）系统控制运算周期：<50ms。

（8）系统可用率：>99.9%。

（四）西门子T3000控制器的功能介绍（以1000MW一次再热机组为例）

汽轮机控制器是DEH的核心部分，它接受启动装置、转速设定、应力控制、遥控负荷、负荷设定、最大负荷、升速率、主蒸汽压力的指令与限制，同时通过改变主汽阀和调节汽阀的位置，从而改变机组进汽量，完成对汽轮机的转速及负荷实时控制，还可以参与电网一次调频、同步并网、甩负荷控制功能。此外，西门子T3000控制器（SPPA-T3000）还可以实现真正意义上的汽轮机自启动，可以做到一键启机。

西门子T3000系统主要控制功能如下。

1. 启动限制控制器（TAB）

汽轮机启动装置（TAB）的功能主要是确保汽轮机具有阀门开启/关闭的正确指令，确保汽轮机的安全运行及停机。启动装置实际上是一个设定值调整器，根据设定值的不同，巧妙实现了汽轮机的复置过程，反过来则还具备保护功能。

在启动前，当遮断信号释放时，启动装置将阀位信号置零，保证调节阀可靠关闭。在汽轮机启动时，启动装置TAB的信号开始升高，使转速控制器进行转速控制，当汽轮机达到正常速度，并且发电机已同步后，启动装置设定达到100%位置，这样主控制器信号不再受限制。

2. 转速/负荷控制器

转速/负荷控制器具有升速率监视、同步功能、变负荷、甩负荷控制、频率控制等功能。

转速闭环控制是DEH在并网前的基本控制功能，其中有转速给定控制逻辑、临界转速识别与控制逻辑、超速试验控制逻辑等。自动升速是指DEH根据高压内缸金属温度自动从冷态、温态、热态或极热态四条升速曲线中选择相应的升速率，并自动确定低速暖机和中速暖机的转速及暖机停留时间，自动冲转直到3000r/min定速。

负荷控制器采用汽轮机允许的升负荷速率升负荷。负荷可以由运行人员手动设定或由外部系统（协调控制器或负荷分配器）自动设定，最大的升降负荷速率根据锅炉能力，同时还受应力（TSE）限制。在锅炉故障时或负荷指令变化太快，则由应力限制器对汽轮机控制阀进行节流。为了改善动态稳定性，负荷设定值的比例系数可调，并对负荷控制器直接进行控制。

同期方式是转速控制阶段的一种特殊运行方式，根据电气同期装置来的同期增减信号调整汽轮机的转速，升至额定转速前设定汽轮机转速为3009r/min。设定转速值高出额定转速9r/min的目的是为了要在降低转速过程下实施同期，保证主开关闭合后发电机不会因逆功率而跳闸。

机组并网后，进入负荷控制阶段，在负荷控制回路投入时，目标和给定值均以MW形式表示。在设定目标后，给定值自动以设定的变负荷速率向目标值逼近。给定值与实际值之差，经PI调节器运算后，通过伺服系统控制油动机开度。

3. 自动阀门试验（ATT）模块

自动阀门试验（ATT）模块主要功能是为了确认汽轮机设备的可靠性，阀门试验分为严密性试验和在线活动试验两部分。阀门严密性试验的目的是检验各个阀门的严密程度，在线活动试验的目的在于检验阀门及执行机构的灵活程度，防止卡涩。自动阀门试验（ATT）模块在机组运行期间，可以选择对任意单个阀门进行在线活动试验，当遇到故障时，自动退出试验。自动阀门试验（ATT）模块还可以测量阀门的最大关闭时间。

4. 高压压力控制器

高压压力控制器用于控制主蒸汽压力。控制方式分限压控制和初压控制两种。限压方式一般用于炉跟踪，一方面可在主蒸汽压力下降到极限值时限制汽轮机负荷，使压力不致下降太多；另一方面也可充分利用锅炉蓄能，保证机组负荷稳定。而初压方式一般用于机跟踪运行方式，它通过汽轮机高压调节汽门开度来调整主蒸汽压力，使其保持稳定，但此方式下负荷波动量较大。

5. 高压缸排汽温度控制器

高压缸排汽温度控制器是一个限制控制器，当高压缸排汽温度超过定值时，控制器输出负值，使中压调节汽门向关闭方向偏移，它通过中压调节汽门的开度来控制蒸汽流量，从而使高压缸排汽温度不致达到不允许的数值。运行人员可在操作画面上选择该功能是否投入。

6. 热应力控制器（TSE）

热应力控制器（TSE）也可称作汽轮机应力估算器，该控制器通过对HP主汽门阀壳、HP调节门阀壳、HP汽缸、HP转子、IP转子的温度监视进而计算出该部件所受热应力的大小，其大小可以由该部件与蒸汽接触面的温度和50%深度处的温度这两者之间的温差来表征，温差大，则热应力大；温差小，则热应力小。TSE根据所测的温差计算裕量，然后作用于控制设定值，在启动时为转速设定值，在带负荷时为负荷设定值。从而避免出现最小的蒸汽温度限制，以避免加热组件时的不适当冷却；最小的汽缸温度限制，以避免在给定的蒸汽温度下出现不适当的瞬时的热载荷，在启动及带负荷时防止汽轮机超过热应力运行，即为X准则。同时该准则还可以在汽轮机带蒸汽冲转前保证蒸汽具有一定的过热度，以防止汽轮机发生水击现象。

热应力控制器通过测量计算，控制机组启动过程中若干个特征数据X准则，从而选择最佳启动蒸汽参数与汽轮机的状态参数相匹配，将机组启动过程中热应力控制在允许的范围内，其中X1、X2准则用来确定开启高压主汽阀时的主蒸汽参数；X4、X5、X6准则用来确定汽轮机准备开调节汽门冲转前的蒸汽参数；X7准则用来判断汽轮机低速暖机是否结束，是否可以升速至额定转速；X8准则用来判断汽轮机高速暖机是否结束，进而判断是否可以进行发电机并网。

7. 汽轮机自启动（ATC）

汽轮机自启停（ATC）是以转子应力计算为基础，控制并监视汽轮机从盘车、升速、并网到带负荷全过程。在汽轮机启动或负荷控制的任一阶段，当出现异常工况或者人工发出停止ATC程序的指令后，ATC系统应能将汽轮机退回到所要求的运行方式或自动地按照与启动时基本相反的程序退回到使异常工况消失的阶段。汽轮机主控程序在汽轮机启动冲转及带负荷工程中，监视汽轮机的状态，如蒸汽温度、阀门及汽缸的金属温度，并判断是否满足机组启动冲转的条件（X准则）。在启动过程中，在适当的时机向汽轮机辅助系统及其他相关系统发出指令，并从这些系统接受反馈信号，使这些系统的状态与汽轮机启动的要求适应。

汽轮机的启动模式分为“FAST”“NORMAL”“SLOW”三种，运行人员可以按照要求自由选择。但不同的启动模式将与不同的汽轮机金属部件热应力及蒸汽参数相匹配。不同的启动模式对汽轮机金属部件的疲劳寿命消耗也不同，以“FAST”最高，“SLOW”最低。因此，只有在机组极热态启动的情况下选择“FAST”模式，一般情况下选择“NORMAL”模式。

8. 一次调频控制功能

一次调频功能投入时，直接与功率或流量信号叠加，控制汽轮机的调节汽门开度。一次调频一般要设定频差死区，频差死区的设定为了防止在电网频差小范围变化时汽轮机调节汽门不必要的动作，有利于机组稳定运行。同时还可以设定调频限幅，一般要求限幅为40%～100%负荷之间，一方面要求锅炉侧参数稳定，另一方面防止大幅度过负荷。

第五章　操作规程相关要求

第一节　机组启动

一、机组启动应具备的条件

（1）机组大、小修后的各类检查、验收和试验均已完成，并合格。有关设备、系统的异动和竣工报告齐全。所有工作票终结，临时设施已拆除，设备保温完整。

（2）所有用于测量、保护的热工测点一、二次门检查完毕，确认开启。机组电气、热工联锁保护校验合格。

（3）热工装置的仪表、报警、设备状态及参数显示正常，尤其是液位、油压等重要参数，CRT 上显示应与就地指示一致。

（4）DCS、DEH、ECS 等系统工作正常。

（5）各设备、仪器、仪表的操作、控制电源、仪用气源已送上且工作正常。

（6）现场照明和通信良好，事故照明可随时投用。

（7）机组各附属系统设备完好，阀门传动试验合格，位置正确。

（8）锅炉与各管道的支吊架完好，无影响设备自由膨胀的因素存在。膨胀指示器齐全、位置正常，并记录原始值。

（9）锅炉本体，烟、风道的人孔、检查孔、看火孔等在确认无人后关闭严密。

（10）煤、油、水、化学药品、二氧化碳、氢气等物质储备充足，且质量合格。

（11）机组汽、水、油系统及设备冲洗合格，各油箱油位正常，油质合格。

（12）输煤系统具备上煤条件，按值长令给各原煤仓上煤。

（13）电除尘、输灰、除渣系统具备投运条件，电除尘的绝缘子和灰斗加热在风烟系统启动前 24h 投入。

（14）烟气脱硫、脱硝系统具备投运条件，并储备足够的石灰石和液氨。

（15）废水处理系统运行正常，废水池有足够容量满足机组启动产生的废液储存。

（16）消防系统工作正常、消防设施齐全。

（17）厂用电处于正常运行方式，各动力电源可靠、备用电源良好。

（18）电气设备保护回路正常，并根据实际情况投入。

（19）机组新安装、大修后或一、二次回路检修后与系统核对相序一致。

（20）汽轮发电机组滑销系统正常，缸体能自由膨胀。

（21）机组启动专用工具、仪器、仪表、记录本和操作票等准备齐全。

（22）各岗位人员就位，值长向中调报备，中调下达机组启动命令。

二、机组启动前准备

（一）机组附属设备及系统的投运

1. 投运凝结水补水系统

（1）联系化学启动除盐水泵。

（2）对凝结水补水箱补水至正常水位。

（3）启动凝结水补水泵。

2. 投运闭式冷却水系统

（1）通过凝结水补水泵向闭式冷却水系统注水排空气，并把闭式冷却水箱注水至正常水位。

（2）启动一台闭式冷却水泵运行，确认系统运行正常，另一台泵投入备用。

（3）根据各辅机运行要求，适时投入闭式冷却水各用户。

3. 投运压缩空气系统

（1）根据现场实际情况启动足够台数的空气压缩机并投入相应冷干机及微热再生干燥器运行，将备用空气压缩机、干燥器、冷干机投入联备。

（2）检查各储气罐压力正常后分别向仪用气、厂用气系统供气。

4. 投运循环水系统

（1）开启循环水注水母管至机组循环水注水门（或者邻机循环水泵运行时打开循环水联络电动门）。

（2）当前池水位达到要求时，检查循环水系统设备完好，具备投运条件。当系统和凝汽器注水放空完成后，启动一台循环水泵。

（3）投入闭式冷却水热交换器和真空泵冷却器的循环水侧。

（4）根据需要启动另一台循环水泵。

（5）根据需要投入胶球清洗系统运行。

注：如循环水系统设计有调试、启动冷却水源，根据运行方式的需要，在机组启动初期或机组停运后期可先启动该水源作为全厂的冷却水源。

5. 投运辅助蒸汽（厂用汽）系统

（1）方式一：由相邻单元辅助蒸汽母管供汽。

1）辅助蒸汽系统具备投用条件后，经由相邻单元值长同意，可由相邻单元辅助蒸汽母管向机组供应辅助蒸汽。

2）检查机组辅助蒸汽联箱各用户均已关闭，各疏水门开启，开启相邻单元辅助蒸汽母管来汽电动总门。打开相邻单元辅助蒸汽母管、机组辅助蒸汽联络管路上的各疏水器的旁路门，缓慢手动开启相邻单元辅助蒸汽母管至机组辅助蒸汽母管手动总门，对联络管及辅助蒸汽联箱进行暖管，确认管道无振动。

3）暖管结束后，逐渐开大相邻单元辅助蒸汽母管至机组辅助蒸汽母管手动总门。关闭联络管路上的各疏水器旁路门，并打开机组辅助蒸汽联箱上的所有疏水器旁路门。

4）暖管结束后检查辅助蒸汽联箱压力提至正常压力。

5）关闭各疏水器旁路门。

（2）方式二：由邻机供汽。

1）辅助蒸汽系统具备投用条件后，打开辅助蒸汽联箱上的各疏水器旁路门，缓慢开启两台机辅助蒸汽联箱的联络电动门，对辅助蒸汽联箱进行暖管。

2）暖管结束后，全开两台机辅助蒸汽联箱的联络电动门，逐渐把辅助蒸汽联箱的压力提升至正常压力。

3）关闭辅助蒸汽联箱各疏水器旁路门。

6. 投运汽轮机润滑油系统

（1）确认主油箱油温满足启动条件，启动润滑油泵前检查油位正常。

（2）启动一台主油箱排烟风机，将各道轴承和主油箱处的负压调整至正常。

（3）按规定启动汽轮机润滑油泵，检查润滑油滤网后压力正常。

（4）启动两台顶轴油泵，检查顶轴油滤网后压力正常。

（5）将各备用设备进行动态联锁试验后（包括汽轮机直流油泵），投入备用泵联锁。

（6）根据油温适时投入汽轮机润滑油冷油器闭式冷却水侧，控制润滑油温度正常。

（7）投运汽轮机润滑油净化装置。

7. 投运 EH 油系统

（1）确认汽轮机 EH 油箱油位、油质正常，EH 油温满足启动条件，启动汽轮机 EH 油泵，检查油泵出口压力正常，系统无泄漏。

（2）投运 EH 油冷却循环系统。

（3）投入 EH 油净化装置连续运行，以保证 EH 油油质。

（4）将各备用设备进行动态联锁试验后，投入备用设备联锁。

8. 投运密封油系统

（1）确认汽轮机润滑油系统投运正常。

（2）密封油系统各油箱油位正常，否则执行注油程序。

（3）启动一台排烟风机，调整入口负压为正常值。

（4）启动密封油真空泵，密封油真空油箱内的负压调整至正常范围。

（5）启动发电机交流密封油泵，确认油压、油流及油氢差压正常。

（6）投入密封油冷油器闭式水侧，控制密封油温度在正常范围内。

（7）将各备用设备进行动态联锁试验合格后（包括发电机直流密封油泵），投入备用联锁。

9. 发电机充氢

（1）确认发电机气体严密性试验合格。

（2）确认二氧化碳、氢气等物品备用充足。

（3）确认发电机密封油系统运行正常，发电机出线套管排氢风扇运行，汽轮发电机组处于静止或盘车状态。

（4）对发电机进行充氢操作。

（5）充氢完毕，确认发电机内氢气压力在正常运行规定值90%左右，纯度大于98%，油氢差压在规定值。

（6）氢气冷却器冷却水系统投运，氢温调节器温度设定在43℃，并投入自动。

10. 投运定子冷却水系统

（1）开启定子冷却水系统补水门，向定子冷却水系统供、回水管路和定子绕组注水排空。

（2）对系统进行氮气吹扫。

（3）启动一台定子冷却水泵，检查系统压力和流量正常，并控制氢水差压大于规定值。

（4）投入定子冷却水闭式水侧，一般控制水温高于氢温3～5℃。

11. 投运汽轮机盘车

确认汽轮机润滑油系统、顶轴油系统及密封油系统运行正常，投运汽轮机盘车。

12. 高、低压加热器投运前检查

（1）检查高、低压加热器汽、水侧各阀门状态正确，正常、危急疏水门开关正常，无卡涩。

（2）低压加热器疏水泵处于备用状态。

13. 锅炉启动系统投用前检查（直流炉）

（1）启动分疏箱液位控制阀油系统，检查油质、油位正常，无渗漏。

（2）检查油系统加载、卸载正常，液压油压力正常，油温小于65℃。

（3）检查大气式扩容器及其凝结水箱阀门状态正确，锅炉疏水泵处于备用状态。

14. 投运凝结水系统

（1）确认凝结水补水箱水位正常，用凝结水补水泵向凝汽器热井补水至正常水位，并向凝结水系统注水排空。

（2）投入凝结水补水母管供凝结水泵密封水。

（3）凝结水泵启动条件满足后，启动一台凝结水泵。

（4）通知化学化验凝结水水质，如水质不合格，开启5号低压加热器出口管道放水门，进行凝结水系统，包括5、6、7、8号低压加热器的水侧冲洗排污，直至水质合格，关闭5号低压加热器出口管道放水门。

(5) 投入低压加热器水侧运行，关闭低压加热器水侧旁路阀。

(6) 凝结水泵出口 Fe^{3+} <1000μg/L，SiO_2 <500μg/L，Na^+ <80μg/L时只投运精处理前置过滤器，当 Fe^{3+} <400μg/L时再投运精处理高速混床。

(7) 凝结水系统投运正常后，凝结水泵密封水、闭式冷却水箱补水切换至凝结水供给。投入闭式冷却水箱补水自动。

(8) 随机组负荷上升，适时投入第二台凝结水泵运行。

15. 锅炉启动循环泵（锅水循环泵）及电动机注水、排气、清洗

(1) 冲洗启动循环泵注水管路（凝结水补水或凝结水），直至水质合格，pH值为7～9，浊度小于规定值。

(2) 对启动循环泵电动机腔室进行注水，严格控制注水流量正常，控制进水温度不大于30℃。

(3) 对启动循环泵电动机冷却器进行注水排空。

(4) 从启动循环泵泵体放水门取样化验水质合格，pH值为7～9，浊度小于规定值。

(5) 采取凝结水补水方式注水时，锅炉分疏箱见水后，停止锅炉启动循环泵的连续注水；采用凝结水注水时，锅炉主蒸汽压力达到0.5MPa，停止锅炉启动循环泵的连续注水。

16. 除氧器冲洗、上水

(1) 凝结水水质合格后，开始给除氧器上水。

(2) 开启除氧器至机组排水槽放水电动门，对除氧器进行冲洗。

(3) 当除氧器冲洗水水质合格后，关闭除氧器至机组排水槽放水电动门，并将除氧器水位补至正常水位。

17. 投轴封、抽真空

(1) 先投轴封后拉真空，并注意轴封汽温度和汽轮机转子温度的匹配。

(2) 确认轴封冷却器水侧已投用，汽轮机处于盘车状态且汽轮机所有疏水门开启。

(3) 关闭再热器排空门。

(4) 关闭凝汽器真空破坏门并投用其密封水，密封水应维持适当溢流。

(5) 按规定投入轴封汽。调整好轴封加热器风机的出力，控制各道轴承的轴封汽不外冒，防止汽轮机润滑油中进水。

(6) 按规定开始对凝汽器抽真空。

备注：一般情况下，给水泵汽轮机随汽轮机一起投轴封、抽真空。

18. 投运一台汽动给水泵（无电动给水泵机组）

(1) 启动给水泵组油系统，将各备用设备（包括给水泵汽轮机直流油泵）进行动态联锁试验合格后，投入油系统各备用设备的备用联锁。

(2) 投入汽动给水泵密封水，启动汽动给水泵对应的汽动给水泵前置

泵，给水走汽动给水泵再循环。

（3）投入汽动给水泵组的盘车运行。

（4）给水泵汽轮机投轴封拉真空。

（5）开启辅助蒸汽供给水泵汽轮机管路上的各疏水门，进行疏水暖管。

（6）给水泵汽轮机冲转，带负荷。

19. 投运除氧器加热

（1）开启辅助蒸汽供除氧器的各点疏水门。

（2）暖管结束后，确认管道无振动，开启除氧器进汽电动门，调节除氧器加热调整门以规定的温升速度加热至锅炉要求的上水温度。

20. 锅炉上水、冷态清洗

（1）开启锅炉省煤器、水冷壁（悬吊管）、各级过热器排空手动门。

（2）以规定流量向锅炉上水，在上水的过程中，缓慢提升锅炉给水温度，温升速率符合规程要求，在锅炉启动分离器见水前将给水温度提升至规定值。

（3）省煤器、水冷壁各排空门有密实水流流出后，逐个关闭各空气门。

（4）分疏箱见水后，适当降低上水流量，当分疏箱水位达正常值左右时，锅炉上水完毕。

（5）投入分疏箱液位控制阀自动。

（6）锅炉冷态清洗。

1）把给水流量增加至30%BMCR向锅炉进水2min，再将给水流量降至15%BMCR向锅炉进水8min，最后将给水流量降至零。

2）10min后将给水流量增加至15%BMCR，维持8min；然后增加至30%BMCR，维持2min；再将给水指令流量降至15%BMCR，维持8min后，将给水流量降至零。重复以上操作，直至锅炉排放水质达到回收标准。

3）分疏箱疏水含铁量大于500μg/L时，将锅炉疏水排往机组排水槽。

4）分疏箱疏水含铁量小于500μg/L后，可将锅炉疏水排往凝汽器回收，如果水质有恶化的趋势，可以开启锅炉疏水扩容器凝结水箱下部排放阀，保持部分排放。

5）开启锅炉启动循环泵入口电动阀，投入锅炉启动循环泵管路及热备用管路，投入锅炉启动循环泵入口过冷水调节阀自动。确认锅炉启动循环泵启动条件满足，启动锅炉启动循环泵，调整启动循环流量和锅炉给水流量，按照启动清洗要求继续清洗。

6）当大气式扩容器凝结水箱出口水质含铁量小于50μg/L时，冷态清洗结束。

21. 投运火焰检测器冷却风系统

投运火焰检测器冷却风系统，确认冷却风压正常，各火焰检测器、炉膛火焰电视摄像头冷却风进口手动门开启。火焰检测器和火焰电视系统工作正常。

22. 投运底渣系统

（1）对捞渣机注水至溢流水位，投入捞渣机自动补水阀自动。

（2）启动捞渣机，检查捞渣机驱动油压和张紧装置油压正常。

23. 投运风烟系统

（1）启动两侧空气预热器，投入空气预热器的红外线探测系统。

（2）按顺序启动引风机、送风机，炉膛负压控制在－100Pa左右，投入负压自动控制。

（3）投入各备用设备的备用联锁。

（4）一次风机和密封风机具备投运条件。

24. 投运炉前燃油系统

（1）通知燃油泵房值班员，准备恢复炉前燃油系统。

（2）检查燃油母管调整阀，各角阀及吹扫阀处于关闭位置。

（3）打开炉前燃油系统的进、回油手动门，及各油枪的燃油、蒸汽、雾化压缩空气隔离手动门。

（4）打开辅助蒸汽供燃油吹扫蒸汽手动总门，吹扫蒸汽管道暖管备用。

25. 脱硝系统投运前准备

（1）确认脱硝系统各阀门按照要求开启，并在风烟系统投运前投入稀释风机运行，确认氨稀释风流量和压力正常。

（2）投入尿素水解系统，调整机组氨流量调节阀前压力稳定在正常值。

（3）确认脱硝系统声波吹灰器前杂用气压力正常，投入脱硝吹灰系统。

26. 微油系统投运前准备

（1）投入微油火焰电视，确认火焰电视摄像头的冷却风压正常。

（2）打开微油油系统管路上所有的手动阀。

（3）确认燃油循环已投入，油压油温正常。

（4）对预计启动一次风机对应的暖风器系统进行检查，对暖风器进行疏水暖管。

27. 制粉系统投运前准备

（1）根据机组启动需要，由值长通知燃料运行给各煤仓加煤。

（2）完成6台制粉系统，尤其是第一台制粉系统的启动前检查。

28. 启动再热器安全阀的压缩空气系统

检查再热器安全阀空气压缩机工作正常，空气压力正常，备用仪用气源正常备用。

29. 启动高、低压旁路的油系统

检查油质、油位、压力、温度等参数正常，油系统加载、卸载正常，系统无渗漏。

30. 吹灰系统投用前检查

进行吹灰系统投用前检查包括：

（1）检查所有吹灰器全部处于退出位置。

（2）检查吹灰器吹灰杆无变形现象，吹灰器进汽阀已关闭，无漏汽现象。

（3）检查各吹灰器接线无松动现象，进退行程限位开关位置正确。

（4）各吹灰器已送电，远方画面状态显示正确。

（5）屏式过热器出口至吹灰系统供汽手动门已开启，电动门已关闭。

（6）吹灰减压站的压力、温度表等表计投入正常。

（7）各气动阀压缩空气的压力正常且无泄漏现象。

（二）发电机和励磁系统检修转为冷备用

（1）确认发电机、励磁系统的接地开关、临时接地线、警示牌、脚手架等安全设施已拆除或回收，常设栅栏、警告牌已恢复，现场已符合投运条件。

（2）发电机和励磁系统测绝缘。

1）以下情况之一，发电机和励磁系统在投运前必须测量绝缘。

a. 发电机大、小修后或一次系统有检修工作、做过安全措施时。

b. 发电机停役超过 3 天，在机组启动点火前。

2）发电机和励磁系统测绝缘的要求如下。

a. 发电机定子测绝缘前，应检查发电机的出口断路器、出口隔离开关、发电机侧接地开关在分位，断开发电机中性点开关，拉出发电机出口电压互感器小车。不通水情况下用 2500V 的绝缘电阻表测量，绝缘电阻值不得小于 1000MΩ，吸收比（$R60''/R15''$）≥1.3，极化指数（$R10'/R1'$）>2。通水情况下用专用绝缘电阻表测量，绝缘电阻值不得小于 500MΩ。

b. 发电机转子测绝缘前，应检查励磁系统一次回路灭磁开关、隔离开关均断开，由检修人员拆下接地监测用的测量电刷，转子绕组对地放电后在测量滑环上进行测量。用 500V 绝缘电阻表测量。1min 的绝缘电阻大于 1MΩ。

c. 发电机励磁系统测绝缘前，应由检修人员拆开主励磁机定子接线板的电缆。

d. 用 500V 绝缘电阻表测量。主励磁机定子绝缘电阻值不得小于 0.5MΩ。主励磁机电枢绕组由检修人员检修后直接测量，绝缘电阻值不得小于 1MΩ。副励磁机定子绕组用 500V 绝缘电阻表测量，绝缘电阻值不得小于 0.5MΩ。

e. 发电机轴承座绝缘，轴承座与油管间的绝缘用 1000V 绝缘电阻表测量，通油后绝缘电阻值不得小于 1MΩ。

3）当测出的数据比前几次明显偏小（考虑温度和湿度的变化，如降低到前次的 1/3 以下），必须查明原因设法消除，方可升压并网。同时注意发电机定子冷却水水质应满足要求。

4）若某一测量对象的绝缘电阻值不满足规定值时，应采取措施加以恢复。若一时不能恢复，发电机能否启动运行，应由生产副总经理（或总工程师）批准后执行。

（3）检查发电机中性点接地变压器完好，符合运行条件，合上发电机中性点开关。

（4）检查发电机出口 PT 符合运行条件，二次开关在开位，将发电机出口 TV 小车推至工作位。

（5）检查励磁系统电气回路所有工作结束，符合运行条件；自动电压调节器（AVR）静态给定器输出处于预先整定的位置；主、副励磁机绕组引出电缆连接牢固，无破损；旋转整流盘上熔断器无熔断现象；测量用电刷完好，与测量滑环接触良好、接线牢固；励磁机室门关闭严密，励磁机干燥器控制开关设置到 AUTO，在机组转速不高于盘车转速时干燥器工作，在机组转速高于盘车转速时干燥器停止。

（6）装上整流柜的冷却风扇电源熔断器并合上风扇电源开关。

（7）投入发电机转子励磁回路接地监测装置。

（8）投入发电机封闭母线微正压装置。

（9）投入发电机漏氢检测装置、漏液检测装置。

（10）投入发电机局部放电在线监测仪。

（11）确认发电机、励磁系统保护符合运行条件，发电机同期装置设备完好，符合运行条件，发电机氢、油、水系统运行正常。

三、机组启动操作

（一）机组启动基本规定

1. 下列操作在总工或运行部主任主持下进行

（1）机组新安装、大修或小修后的初次启动。

（2）机组做超速试验。

（3）机组甩负荷试验。

2. 机组启动方式的划分

（1）汽轮机的状态划分（以某 1000MW 机组为例）。

1）极冷态：汽轮机高压转子平均温度小于 50℃。

2）冷态：汽轮机高压转子平均温度小于 150℃。

3）温态：汽轮机停机 56h 内，高压转子平均温度为 150～400℃。

4）热态：汽轮机停机 8h 内，高压转子平均温度大于 400℃。

5）极热态：汽轮机停机 2h 内。

（2）锅炉的状态划分（以某 1000MW 机组为例）

1）冷态：停机超过 72h（主蒸汽压力小于 1MPa）。

2）温态：停机 72h 内（主蒸汽压力为 1～6MPa）。

3）热态：停机 10h 内（主蒸汽压力为 6～12MPa）。

4）极热态：停机 1h 小时内（主蒸汽压力大于 12MPa）。

（3）发电机的状态规定。

1）运行状态：在热备用基础上，励磁系统灭磁开关在合位，发电机带电运行。

2）热备用状态：发电机、励磁系统保护已投入；发电机出口断路器断开，出口隔离开关在合位，发电机出口断路器、隔离开关的控制和动力电源已送电；发电机中性点开关在合位；发电机出口 TV 在工作位，TV 二次开关在合位；发电机灭磁开关断开，副励磁机定子出口切换开关在“PMG”位，可控硅整流装置交流侧开关及直流侧刀闸在合位，各熔断器均已放上，AVR 装置的交、直流电源已合上且装置正常。

3）冷备用状态：发电机出口断路器断开，发电机出口隔离开关在分位，发电机出口断路器、隔离开关的控制和动力电源断开；发电机出口 TV 在工作位，TV 二次开关在分位；励磁系统灭磁开关断开，可控硅整流装置交流侧开关及直流侧隔离开关均合入，副励磁机定子出口切换开关在“OFF”位，发电机励磁系统试验电源开关断开。

4）检修状态：在冷备用状态的基础上，退出发电机、励磁系统的相关保护；发电机出口接地开关合上，拉出发电机出口三组 PT 小车，发电机中性点开关断开，励磁系统灭磁开关断开，可控硅整流装置交流侧开关及直流侧开关均断开。

3. 机组存在下列情况之一，禁止启动、冲转或并网

（1）机组及其辅助设备系统存在严重缺陷。

（2）以下任一机组主要保护不能正常工作。

1）锅炉主燃料跳闸保护系统（MFT）。

2）汽轮机紧急跳闸保护系统（ETS）。

3）机组大联锁保护。

4）发电机和励磁保护、主变压器和高压厂用变压器保护等重要电气保护。

（3）主要控制系统和自动调节装置失灵，如 DCS、DEH、FSSS、MEH、BPC 等系统。尤其是汽轮机调速系统（DEH）不能维持空负荷运行或甩负荷后不能控制机组转速低于 3300r/min。

（4）机组主要检测、监视信号或仪表失灵。

（5）仪用压缩空气系统工作不正常或仪用气压力低于 0.45MPa。

（6）机组及主要附属系统设备及安全保护装置（如锅炉再热器安全阀，高、低压旁路，烟温探针，火焰监视电视等）无法正常工作。

（7）电除尘、脱硫、脱硝等环保设施无法正常投用。

（8）高低压旁路油站、循环水泵出口液控蝶阀油站、分疏箱液位控制阀油站油质不合格。

（9）锅炉启动系统中的主要设备存在严重故障，无法满足锅炉启动要求。

（10）汽轮机高、中压主汽门、调节汽门、补汽阀、高压排缸排汽止回

门、抽汽止回门、高压排缸排汽通风阀任一卡涩、关闭时间超时或严密性试验不合格。

（11）回热系统各加热器水位指示不正常。

（12）机组本体疏水系统工作不正常。

（13）汽轮机交、直流润滑油泵、顶轴油泵、EH 控制油泵之一故障或其功能失灵。

（14）汽轮机润滑油、EH 油油质不合格，油箱油位过低，润滑油温度低于 21℃。

（15）转子大轴偏心度超过制造厂规定值（0.076mm）或者与原始值（0.02mm）相比矢量变化值大于 0.02mm。

（16）汽轮发电机组盘车无法投入或盘车过程中动、静部分有明显金属摩擦声。

（17）汽轮机高、中压缸上下温差大于规定值。

（18）汽轮机轴向位移超过跳闸值。

（19）发电机氢、水、油系统工作不正常。

（20）汽、水品质不合格。

（21）220kV 或 500kV 升压站或线路不符合并网带电条件。

（22）发电机-变压器组一次系统绝缘不合格。

（23）发电机励磁调节系统不正常。

（24）发电机同期系统不正常。

（25）UPS、直流系统存在直接影响机组启动后安全稳定运行的故障。

（26）柴油发电机不能正常启动。

（27）机组主要设备或系统的保温不完整。

（28）上次机组跳闸原因未明或缺陷未消除。

（29）锅炉烘炉、保温不合格。（循环流化床锅炉）

（30）风帽严重损坏，平料试验不合格。（循环流化床锅炉）

4. 机组启动过程中汽、水品质要求（以某 1000MW 机组为例）

（1）凝结水精处理进、出水水质指标要求见表 5-1。

表 5-1　凝结水精处理进、出水水质指标要求

内容项目		单位	进水水质		出水水质		检测周期
			启动	正常	标准值	期望值	
二氧化硅 SiO_2		μg/L	≤500	≤15	≤10	≤5	在线
钠 Na		μg/L	≤20	≤10	≤3	≤1	在线
总铁 Fe		μg/L	≤500	≤15	≤5	≤3	运行床定期查定
氢电导率（25℃）	挥发处理	μS/cm	—	—	≤0.15	≤0.10	在线
	加氧处理	μS/cm	—	—	≤0.15	≤0.10	在线

注　该机组为无铜系统，无铜指标。

（2）锅炉上水水质标准见表 5-2。

表 5-2 锅炉上水水质标准

项目	硬度	pH	氢电导率（25℃）	铁	溶解氧	二氧化硅
单位	μmol/L	—	μS/cm	μg/L	μg/L	μg/L
限额	≈0	9.2～9.6	≤0.15	≤5	≤7	≤10

（3）锅炉点火前分疏箱出口水质要求，在热态启动 2h 内、冷态启动 8h 内达到正常运行标准值，见表 5-3。

表 5-3 锅炉分疏箱出口水质正常运行标准

项目	氢电导率	pH（25℃）	铁	SiO_2	溶解氧
单位	μS/cm	—	μg/L	μg/L	μg/L
限额	≤0.5	9.2～9.6	≤50	≤30	≤30

（4）锅炉冷态清洗合格标准见表 5-4。

表 5-4 锅炉冷态清洗合格标准

项目	单位	标准值	备注
分疏箱疏水含铁量	μg/L	＞500	排放至机组排水槽
		＜500	回收至凝汽器
		＜50	合格

按照精处理运行规定：当凝结水含铁量大于 1000μg/L 时，不得进入精处理装置；当分疏箱出口疏水含铁量小于 50μg/L 时，冷态清洗合格。

（5）锅炉热态清洗合格标准见表 5-5。

表 5-5 锅炉热态清洗合格标准

项目	单位	标准值	备注
分疏箱疏水含铁量	μg/L	＞500	排放至机组排水槽
		＜500	回收至凝汽器
		＜100	合格

按照精处理运行规定：当凝结水含铁量大于 1000μg/L 时，不得进入精处理装置；当分疏箱出口疏水含铁量小于 100μg/L 时，热态清洗合格。

（6）汽轮机冲转前的蒸汽品质要求（要求在 8h 达到正常运行标准），见表 5-6。

表 5-6 汽轮机冲转前的蒸汽品质要求

项目	氢电导率	SiO_2	Fe	Cu	Na
单位	μS/cm	μg/L			
限额	≤0.2	≤30	≤50	≤15	≤20

5. 不同启动方式下的汽轮机冲转参数和升负荷速率要求（以某1000MW机组为例）

（1）汽轮机典型冲转参数的要求见表5-7。

表5-7　汽轮机典型冲转参数的要求

启动工况		极热态	热态	温态	冷态	极冷态
主蒸汽温度（℃）	最小值	580	560	380	360	360
	推荐值	600	580	440	400	380
	最大值	600	600	500	440	400
再热器热段蒸汽温度（℃）	最小值	530	450	360	360	360
	推荐值	570	510	440	400	380
	最大值	600	600	500	440	400
主蒸汽压力（MPa）	最小值	10	10	6	6	6
	推荐值	12	12	8.5	8.5	8.5
	最大值	不限制	不限制	不限制	不限制	9
再热器冷段蒸汽压力（MPa）	最小值	不限制	不限制	不限制	不限制	不限制
	推荐值	1.7	1.7	1.4	1.4	1.2
	最大值	2.5	2.5	2.0	2.0	2.0
冲转前的锅炉负荷（%BMCR）	—	37	37	28	28	28

（2）汽轮机升负荷速率的要求见表5-8。

表5-8　汽轮机升负荷升速率的要求　　MW/min

负荷段	冷态	温态	热态	极热态
50→200	5	5	10	10
200→300	5	5	5	5
300→500	5	10	10	10
500→1000	15	20	20	20

（二）1000MW超超临界机组冷态启动操作

1. 锅炉点火前操作

（1）燃油泄漏试验。

1）检查燃油母管供油压力达到试验要求后，按下燃油泄漏试验子组（SGC）。

2）首先关锅炉进油关断阀，开炉前油压力调节阀，开燃油蓄能器关断阀，开锅炉回油关断阀。

3）关锅炉燃回油关断阀，5min后，若跳闸阀后泄漏试验压力升高幅度不超过规定值，则泄漏试验成功；反之，则说明泄漏试验失败。

4）开锅炉进油关断阀，供油压力正常后关锅炉进油关断阀。

5）若进油关断阀后压力降低幅度不超过规定值，则泄漏试验成功；反之，则说明泄漏试验失败。

6）燃油泄漏试验失败，应及时查找、分析原因并处理后再重新进行；否则，禁止锅炉点火。

（2）炉膛吹扫。

1）调整送风量至30%～40%BMCR，所有二次风小风门开启。

2）确认CRT画面上炉膛吹扫条件满足，按下锅炉吹扫顺序控制子组开始走步。

3）锅炉吹扫开始后，控制器开始自动计时5min且吹扫风量累计值满足后炉膛吹扫结束。

4）吹扫完成后，MFT复归。若吹扫过程中任一吹扫条件不满足，吹扫失败。此时应查明原因并消除，重新吹扫。

（3）MFT、OFT复位，恢复炉前燃油循环。

（4）投入炉膛烟温探针，并将燃烧器摆角调至水平位置。

（5）检查并开启下列疏水门。

1）一级过热器联箱疏水门。

2）二级过热器联箱疏水门。

3）三级过热器联箱疏水门。

4）过热器疏水箱水位调整门前电动门。

5）再热器疏水箱水位调整门前电动门。

（6）投入过热器、再热器疏水箱水位调整门自动。

（7）投入过热器、再热器疏水子环。

（8）检查锅炉本体各风门挡板开度正确，配风方式合理，二次风箱压力正常。

（9）投入再热器安全门自动控制。

2. 锅炉点火

（1）锅炉点火操作。

1）开启最少两台磨煤机出口门，并开启对应的冷风关断门，冷风调节门保留10%～20%开度，分别启动A、B一次风机。

2）启动一台密封风机，另一台投入备用。

3）手动调整一次风母管压力正常后，投入一次风压力自动。

4）投入微油或等离子点火装置正常。

5）投入一次风暖风器对磨煤机暖磨。

6）程序控制投入大油枪点火。

7）投入空气预热器保持连续吹灰，并投入脱销声波吹灰器及再热器声波吹灰器。

8）继续投入其他油枪，保持油枪总数3～4支，暖炉30min左右。

9）继续投入A/C层油枪使油枪总数为6～8支，暖炉25min左右。

10）按照操作票启动B制粉系统（微油方式），B制粉系统启动后逐步退出大油枪的运行，在此过程中注意维持物料平衡（总燃料量保持不变，稳定25～30t/h）。

11）检查高、低压旁路进入自动控制。注意机组真空正常。

（2）锅炉热态清洗。

1）当水冷壁介质温度达到150℃时，锅炉进入热态清洗阶段。

2）调整锅炉燃料量或给水量，尽量保证水冷壁出口工质温度在150～170℃之间，但最高不可超过190℃。因为在该温度范围内，铁离子在水中的溶解度最大。

3）当分疏箱疏水含铁量大于500μg/L时，锅炉疏水排放至机组排水槽。

4）当分疏箱疏水含铁量小于500μg/L时，锅炉疏水可回收至凝汽器。

5）当分疏箱疏水含铁量小于100μg/L时，锅炉热态清洗合格，关闭锅炉大气式扩容器凝结水箱至机组排水槽放水门。

6）热态清洗水质合格后才可以继续按照升温升压曲线增加燃料。

3. 锅炉升温、升压。

（1）热态清洗结束后，应严格按照锅炉厂提供的启动曲线增加燃料量，进行升温升压。点火后严格控制水冷壁金属温升速度不超规定值，同级受热面出口蒸汽温度偏差小于规定值，控制各阶段升温和升压速度符合规程规定。

（2）主蒸汽压力达到0.2MPa，关闭锅炉各受热面放空气门，解除省煤器、水冷壁放气子环。

（3）主蒸汽压力达到0.5MPa，通知检修人员热紧螺栓、进行仪表疏水，停止锅炉启动循环泵的连续注水。

（4）锅炉大流量冲洗。

1）热态清洗结束后，总燃料量加至10%BMCR左右，稳定20min。

2）第一台磨煤机煤量大于40t/h后，启动C或A制粉系统，按照约1.8t/min的速度逐渐把总燃料量加至30%BMCR左右。

3）当热一次风温达到160℃时，退出一次风暖风器的运行，开启空气预热器出口热一次风电动挡板，关闭至暖风器一次风挡板。

4）随着燃料量的增加，当烟气温度大于540℃时，检查炉膛烟温探针自动退出。保持煤量至30%BMCR左右稳定20min。

5）投入主、再热减温水，控制主、再热蒸汽温度达到冲转前蒸汽参数标准，注意减温点后蒸汽应具有适当的过热度。

6）当燃料量大于110t/h时，启动第三套制粉系统。

7）高、低压旁路控制系统将根据燃料量的增加情况，逐渐自动开大阀位。

8）主蒸汽流量大于30%，检查关闭过热器、再热器疏水门。

9）继续增加燃料，使总燃料量达到180t/h左右，在此工况下运行

15～30min。

10）大流量冲洗的注意事项。随着锅炉燃料量的增加应相应增加给水流量，当燃料量达到60%BMCR时给水流量也应达到相应数值。在此过程中锅炉需保持在湿态下运行。在增加锅炉负荷的过程中，应密切关注高、低压旁路的减温水投入情况，若高、低压旁路任一减温水开度达到95%及以上，应停止增加锅炉负荷，待其减温水开度低于90%后方可继续增加锅炉负荷。

（5）将总燃料量、给水流量恢复至30%BMCR左右，建立汽轮机冲转参数。

（6）当主蒸汽温度和再热蒸汽温度上升到400℃后，维持该温度，同时控制高压缸进口的两侧主蒸汽温度和中压缸进口的两侧再热蒸汽温度的温差均小于17℃。

（7）汽轮机冲转参数建立后，关闭过热、再热各疏水电动门，解除过热、再热疏水子环。

4. 锅炉点火及升温升压过程中旁路系统控制（一次再热机组）

（1）锅炉点火后，高压旁路控制方式显示“FIRE ON”和“A1”模式，此时将根据点火时刻转子温度计算出汽轮机冲转压力。

（2）当下列任一条件满足，高压旁路控制应进入“A2”方式，高压旁路开启至5%。

1）计算汽轮机冲转压力大于11.6MPa。

2）点火时主蒸汽压力大于计算冲转压力。

3）点火12min后。

（3）“A1”模式开始2～10min后（根据点火时主蒸汽压力演算出）或者主蒸汽压力大于计算冲转压力时，高压旁路进入“A3”模式，高压旁路将根据主蒸汽流量和汽水分离器内外壁温差以及主蒸汽压力确定升、降压速度，将主蒸汽压力带到冲转压力。

（4）低压旁路在点火后控制再热器压力。

5. 发电机和励磁系统转热备用

（1）确认发电机和励磁系统相关保护已投入，保护装置无异常，PT二次小开关合上。

（2）检查灭磁开关在断开位。

（3）检查可控硅整流装置直流侧开关，交流侧开关已合好。

（4）检查控制隔离变压器一次熔断器并合上其二次侧开关，励磁接地检测回路熔断器及主励磁机励磁电流检测回路熔断器已合好。

（5）合上励磁控制柜内励磁控制110V直流开关，24V直流电源开关，加热、照明开关。检查AVR装置无异常，励磁方式投自动方式，控制方式设定为遥控，有一通道置运行、另一通道备用，恒无功控制已退出。

（6）检查发电机出口开关三相均在断开位。

（7）合上发电机出口开关、接地开关及风机的动力交流开关。

（8）合上封闭母线冷却风机控制电源开关及各冷却风机动力电源开关，合上发电机出口开关、接地开关及信号控制直流开关。

（9）将发电机出口开关远方/就地切换开关切至远方位，合上发电机出口开关，检查三相开关均在合位。

（10）将发电机出口开关远方/就地切换开关切至远方位，合上发电机出口开关储能电动机直流开关，合上发电机出口开关控制直流开关，检查发电机出口开关油压、SF_6 压力正常。

（11）PSS 控制按调度命令投退。

（12）确认自动准同期装置直流电源开关合入，装置面板上工作方式选择开关在工作位；同期闭锁开关在投入闭锁位，同期装置无报警信号。

6. 汽轮机冲转应具备的条件

（1）机组所有系统和设备运行正常，不存在禁止机组启动或冲转并网的条件。

（2）汽轮发电机组在盘车状态，连续盘车时间不少于 4h。

（3）盘车时，转子偏心度、轴向位移、缸胀等指示正常，汽缸内无动、静摩擦等异常声音。

（4）高、中压主汽门、调节汽门、补汽阀和高压排汽止回门处于关闭位置。

（5）确认汽轮机防进水的各蒸汽、抽汽管道及本体的疏水门动作自如。

（6）汽轮机润滑油、EH 油系统运行正常。汽轮机润滑油滤网后母管压力正常，油温大于 37℃，EH 油母管压力正常。

（7）凝汽器压力符合限制曲线的要求，不大于 13kPa。

（8）高压旁路处于“A3”方式，低压旁路处于“点火”运行方式。

（9）确认氢气纯度大于 98%，氢压在 0.46～0.48MPa（标准值为 0.5MPa），定子冷却水流量约为 120t/h，油氢差压在 0.08～0.12MPa 之间。

（10）定子冷却水冷却器、氢气冷却器和励磁机冷却器等闭式冷却水侧控制投入自动。

（11）启动参数应满足变量温度准则。冷态启动典型冲转参数：主蒸汽压力为 8.5MPa，主蒸汽温度为 400℃，再热蒸汽压力为 1.4MPa，再热蒸汽温度为 380℃。

（12）汽水品质合格，尤其是蒸汽品质在调节汽门开启前必须满足汽轮机冲转前的蒸汽品质要求，否则汽轮机自启动顺序控制子组不会走步。

（13）汽轮机启动过程中，锅炉应维持燃烧（包括燃料量）和蒸汽参数稳定。

7. 汽轮机冲转、定速

（1）汽轮机“启动装置”控制任务见表 5-9。

表 5-9　汽轮机“启动装置”控制任务

启动装置定值 TAB		控制任务
定值上升过程	0%	允许启动 SGC STEAM TURBINE ST 进入汽轮机控制
	＞15.5%	汽轮机复置
	＞22.5%	高、中压主汽门跳闸电磁阀复位（ESV TRIP SOLV RESET）
	＞32.5%	高、中压调节汽门跳闸电磁阀复位（CV TRIP SOLV RESET）
	＞42.5%	开启高、中压主汽门（ESV PILOT SOLV OPEN）
	＞62%	允许子组控制，使高、中压调节汽门开启，汽轮机冲转、升速、并网
	＞99%	发电机并网后，释放汽轮机控制阀的全开范围（≤62%），完全由汽轮机控制阀控制机组的负荷
定值下降过程	＜37.5%	所有主汽门关闭 ESV PILOT SOLVOFF
	＜27.5%	所有调节汽门跳闸电磁阀 OFF（CV TRIP SOLV OFF）
	＜17.5%	所有主汽门跳闸电磁阀 OFF（ESV TRIP SOLV OFF）
	＜7.5%	发出汽轮机跳闸指令
	＝0%	再启动准备

注　机组启动过程中，启动装置 TAB 每次到达某一限值时，其输出 TAB 都会停止变化，等待 SGC ST 执行特定任务操作；操作完成收到反馈信号后，启动装置 TAB 输出才会继续变化。

（2）汽轮机 SGC 程控启动的允许条件。

1）汽轮机 TSE 裕度控制器投入。

2）汽轮机在负荷控制方式。

3）汽轮机启动装置 TAB＜0.1%或汽轮机跳闸。

4）汽轮机启动装置 TAB＜35%或主汽门开启。

5）主汽门开启且启动装置＞62%或转速-负荷控制器输出为 0%。控制器正常。

（3）汽轮机程序控制启动 DkW（SGC STEAM TURBINE）步序：

第 01 步：空步。

第 02 步：投入汽轮机相关阀门的子环，并检查汽轮机阀门的状态。

1）汽轮机抽汽止回门子环投入。

2）1、2 号高压主汽门子环投入。

3）1、2 号中压主汽门子环投入。

4）1、2 号高压调节汽门子环投入。

5）1、2 号中压调节汽门子环投入。

6）补汽阀子环投入。

7）所有主汽门和高压缸排汽止回门关。

旁通条件：主汽门开。

8）所有调节汽门和高压缸排汽止回门关。

旁通条件：汽轮机已冲转，即 TAB＞62%且转速/负荷控制器大于

0.5%。

9）再热器冷段止回门全关。

旁通条件：汽轮机额定转速运行，即主汽门开且转速大于2850r/min。

第03步：投入汽轮机限制控制器。

1）高压排汽温度控制投入。

2）高压叶片压力控制投入。

作用：限制高压缸进汽压力，防止过大的汽化潜热释放导致汽轮机部件产生过大的热应力。该控制器由汽轮机自启动顺序控制子组激活。激活后，汽轮机中压调节汽门控制负荷或升速，高压调节汽门负责调节主蒸汽温度和流量。当汽轮机转速大于402r/min后，该控制器自动解除控制。

第04步：投入汽轮机疏水子环。

汽轮机疏水子环投入。

第05步：开启汽轮机高、中压调节汽门、补汽阀前疏水门。

全开汽轮机各调节汽门前的疏水。

旁通条件：主汽门开且TAB>62%。

第06步：空步。

第07步：空步。

第08步：启动汽轮机润滑油泵检查顺序控制子组。

第09步：空步。

第10步：空步。

第11步：释放蒸汽品质确认SLC，复位ETS首出。

1）汽轮机辅助系统运行正常。

a. 任一EH油泵运行，并且油压达到正常值。

b. 汽轮机EH油循环泵子环投入，任一循环泵运行且出口压力不低。

c. 汽轮机润滑油系统已投运。

d. 汽轮机实际转速大于9.6r/min。

e. 仪用空气压力大于0.4MPa。

f. 闭式冷却水系统已投运。

g. 轴封控制投自动。

h. 确认汽轮机疏水正常。

2）检查汽缸无严重变形（上、下缸温差合格）。

3）高压调节汽门壳体50%处温度小于350℃（延时1min）。

旁通条件：蒸汽品质确认，并且汽轮机转速大于402r/min。

4）高、中压调节汽门、补汽阀阀限为105%。

第12步：开中压主汽门前疏水。等待90s。（程序检查）

1）开启两个中压主汽门前疏水或中压主汽门前温度大于360℃。

2）高压主汽门前温度大于360℃。

旁通条件：主汽门开启且启动装置TAB>62%。

第 13 步：确认主、再热蒸汽管道暖管结束。

1）主蒸汽管道暖管结束。

2）再热蒸汽管道暖管结束。

说明：主、再热蒸汽管道暖管的目的在于避免蒸汽带水。

主、再热蒸汽有 10K 以上的过热度或主、再热蒸汽压力大于 0.5MPa，且高、中压调节汽门前疏水开启，均可认为暖管结束。

3）X2 准则满足。

旁通条件：主汽门开。

说明：X2 准则根据主调节汽门阀体温度确定了饱和温度的上限。

4）Z3、Z4 准则满足：主、再热蒸汽至少有 30K 的过热度。

旁路条件：汽轮机转速大于 330r/min，且主汽门开启。

第 14 步：打开主汽门前疏水门。

1）1、2 号高压主汽门前疏水门开。

2）1、2 号中压主汽门前疏水门开。

旁通条件：主汽门前疏水阀已在 STEP10 打开；或者 TAB＞62％，且主汽门开。

说明：主汽门前疏水应在主、再热蒸汽管道暖管结束后开启，从而避免主汽门开启后可能导致的管道冷却。该条件适用于温、热态启动。

第 15 步：提升启动装置。

1）TAB＞62％。

说明：TAB 值平缓上升到 62％。在该过程中，汽轮机跳闸系统、高中压主汽门跳闸电磁阀、高中压调节汽门跳闸电磁阀依次复位，高中压主汽门开启，并允许调节汽门开启有限的开度。

2）负荷控制器设定值为 150MW。

说明：机组在启动时，汽轮机在并网后应带一定的初负荷，以此避免汽轮机无负荷或低负荷运行产生的高压缸鼓风危险。负荷变化率要足够高，推荐设定在 100MW/min。

第 16 步：检查主汽门开启情况。

1）汽轮机高、中压主汽门开。

蒸汽品质不合格时旁通条件：CLESV。

当 3MPa＞主汽压力＞2MPa，且高压调节汽门温度（50％壳体温度）小于 210℃，暖阀 30min；当 4MPa＞主汽压力＞3MPa，且高压调节汽门温度小于 210℃，暖阀 15min；不在上述两个条件的，将暖阀 60min；当主蒸汽压力大于 4MPa；或者高压调节汽门温度大于 210℃；或 357＜转速＜402r/min，不暖阀。

说明：如果子组第 11 步，蒸汽品质合格，子环未投入，那么子组走步到第 16 步后，主汽门的开启时间将取决于主蒸汽压力和高压调节汽门 50％壳体温度，由该两个参数决定汽轮机主汽门开启预热阀体的时间，并在预热结束后触发关闭主汽门的信号，以免汽轮机主汽门长时间开启等待蒸汽品质合格，引起阀体冷却。

2）高压排汽通风阀关闭或汽轮机机转速大于1980r/min。

第17步：空步。

第18步：空步。

第19步：空步。

第20步：释放蒸汽品质确认SLC。

1）汽轮机转速不在临界转速区（390～840r/min，900～2850r/min）。

2）两个凝汽器背压都小于20kPa。

3）汽缸无严重变形（上、下缸温差合格）。

a. 高压缸上下缸温差≯+30℃。

b. 中压缸上下缸温差≯+30℃。

c. 高压缸上下缸温差≮−45℃。

d. 中压缸上下缸温差≮−45℃。

4）TSE裕度大于30K。

5）核对主、再热蒸汽参数符合以下冲转条件。

a. Z3、Z4准则满足：主、再热蒸汽至少有30K的过热度。

b. X4准则满足：避免湿蒸汽。

c. X5、X6准则满足：避免汽轮机高、中压部分被冷却。

d. 主、再热蒸汽温度高未动作。

e. 压力设定值和实际压力的偏差不超限。

6）汽轮机润滑油系统供油正常。

a. 汽轮机油供应子组进行中。

b. 任一台汽轮机交流润滑油泵运行。

c. 汽轮机直流润滑油泵备用子环投入。

d. 任一台排烟风机运行。

e. 汽轮机润滑油母管压力正常。

f. 汽轮机润滑油滤网后压力正常。

g. 顶轴油系统工作正常。

7）汽轮机润滑油温控制阀后温度大于37℃。

8）高压叶片温度保护无异常。

9）TAB设定值大于62%。

10）汽轮机辅助系统运行正常，具体条件见第11步。

11）汽轮机转速值无异常。

12）主汽门开。

旁通条件：汽轮机转速大于330r/min。

13）蒸汽品质合格后，蒸汽品质子环手动投入。

说明：只有蒸汽品质合格，逻辑才允许开调节汽门（目的是避免不合格蒸汽进入汽轮机引起汽轮机腐蚀或结垢），否则将跳步至第 11 步，并在第 11 步和第 20 步之间循环，等待蒸汽品质合格。满足以下条件（与逻辑），子组将跳步至第 11 步。

蒸汽品质确认且汽轮机转速小于 390r/min，延时 5s。

高、中压主汽门全关。

启动装置 START DEVICE<35%。

第 21 步：开调节汽门，汽轮机冲转至暖机转速；控制应力故障复位。

1）汽轮机转速设定大于 357r/min。

2）汽轮机升速率不低。

旁通条件：或逻辑。

a. 汽轮机转速大于 330r/min，且转速负荷控制器设定大于 0.5%。

b. 汽轮机转速大于 2850r/min。

第 22 步：退出蒸汽品质确认 SLC。

1）蒸汽品质确认 SLC 退出。

2）汽轮机转速大于 330r/min。

第 23 步：投入汽轮机转速释放确认 SLC。

1）X7A、X7B 准则满足：限定了汽轮机转子或缸体温度的下限，即说明汽轮机的这些金属部件已经充分预热，具备快速通过临界转速区的条件。

2）中压转子中心温度大于 20℃（汽轮机允许启动的最低转子温度）。

3）TSE 最小温度上限裕度大于 30K。

4）高、低压凝汽器背压小于 12kPa。

5）额定转速释放子环手动投入。

说明：汽轮机要从暖机转速升至额定转速时，必须手动投入额定转速释放子环。

旁通条件：汽轮机转速大于 2850r/min。

第 24 步：空步。

第 25 步：汽轮机升至并网转速。

汽轮机转速设定大于 3006r/min。

旁通条件：发电机已并网且汽轮机转速大于 2850r/min。

第 26 步：关闭汽轮机高、中压主汽门、调节汽门前疏水门。

第 27 步：退出额定转速释放子环（RELEASE NOMINAL SPEED RELEASED）。

额定转速释放子环已退出。

旁通条件：发电机已并网且汽轮机转速大于 2850r/min。

第 28 步：发电机准备并网。

第 29 步：TSE 温度上限裕度大于 30℃。

X8 准则满足：限定中压转子温度下限。由于汽轮机中压部分的散热强于高压部分，因此汽轮机达到额定转速后，热应力主要集中在中压部分，所以要控制中压转子温度，以便充分预热。

第 30 步：发电机准备并网。

第 31 步：允许并网。

第 32 步：升启动装置。放开汽轮机调节汽门的开度限制，汽轮机调节汽门参与负荷控制。TAB 设定值大于 99%。

说明：发电机并网前，汽轮机转速控制器和 TAB 限制汽轮机调节汽门最大开度不大于 62%。发电机并网后，TAB 升至 99%，将汽轮机调节汽门全开范围释放。汽轮机调节汽门开度转由负荷控制器调节。而旁路控制器会逐渐关闭旁路阀门。另外，如果主蒸汽压力过低，汽轮机限压控制器（Limit Mode）将会干预，自动关小调节汽门。

第 33 步：检查汽轮机自启动完成。

1）机组并网带负荷。

2）汽轮机转速＞2850r/min。

3）高压旁路关闭。

第 34 步：投入初压方式。

高压旁路全部关闭后汽轮机自动转为初压方式。

第 35 步：启动步骤结束。

启动程序结束。

（4）汽轮机冲转、定速过程中的注意事项。

1）汽轮机本体疏水，包括门前、抽汽管道疏水都是汽轮机防止进水的设备。在汽轮机自启动顺序控制子组启动第 4 步将汽轮机疏水子环投入后，应检查以下疏水门根据逻辑条件自动开启。

a. 高、中压调节汽门，补汽阀前疏水门。

b. 高压缸、高压缸平衡活塞后疏水门。

c. 中压主汽门前疏水门。

d. 轴封供汽、回汽疏水门。

e. 高压排汽止回门前疏水。

f. 一、三、四、五、六段抽汽止回门前疏水门。

g. 补汽阀后疏水门。

2）在汽轮机自启动顺序控制子组中有两个需要运行人员手动干预的断点。一是开汽轮机调节汽门前的蒸汽品质确认；二是投入发电机励磁前的额定转速释放。

3）当汽轮机转速达到 180r/min 时，盘车自动脱开。

4）汽轮机转速升至 540r/min 后，检查顶轴油泵联锁停运。

5）对于极冷态或者冷态启动，汽轮机将在暖机转速 360r/min 下保持 90～180min，其他方式下启动通常 5min 即可升至 3000r/min。

6）冷态启动时，在转速 360r/min 暖机结束后，发电机并网前应进行一次手动脱扣试验。以便检查汽轮机内部和轴封处有无金属摩擦声。

7）脱扣试验后，联系热工将汽轮机超速保护定值设置在 2950r/min，重新启动汽轮机，进行超速试验。当转速到 2950r/min，超速保护动作，汽轮机跳闸。由热工将汽轮机超速保护定值重新设置到 3300r/min，再次启动汽轮机。

8）投入汽轮机抽汽子环，检查各段抽汽止回门根据高、中压调节汽门的进汽设定值自动开启。

9）转速大于 2850r/min 后，检查高、中压调节汽门、补汽阀前疏水门关闭。其他疏水门根据各自的逻辑，在条件满足后自动关闭。

10）转速大于 2850r/min，低压内缸温度小于 100℃且两个低压缸排汽温度都小于 60℃，低压缸喷水自动关闭。

8. 发电机并网带负荷

(1) 发电机并网。

1）检查汽轮机已定速 3000r/min，热机系统已无工作。

2）在 DCS 并网画面确认“DEH 允许同期”灯亮。

3）在 DCS 并网画面按下“励磁系统投“按钮。

4）监视发电机定子电压自动升至额定值 27kV，监视定子电流为 0。

5）检查发电机无定子、转子接地信号。

6）在 DCS 并网画面按下“同期投入”按钮，检查“同期准备就绪”灯亮。

7）调整发电机频率高于系统频率在 0.15Hz 范围内。

8）调整发电机端电压高于系统电压。

9）在 DCS 并网画面按下“同期启动”按钮，检查“同期进行中”灯亮。

10）监视发电机出口开关自动同期合闸。

11）检查发电机已带 15%初负荷，迅速调整发电机无功至约 50Mvar。

12）退出同期装置。

13）退出发电机-变压器组保护屏误上电保护连接片。

(2) 并网后的操作。

1）退出发电机两套保护中的发电机“误上电”保护连接片。

2）投入发电机绝缘过热监测仪。

(3) 机组升负荷至 300MW。

1）并网后，检查 DEH 中压力控制方式为“Limit”（限压）方式，负荷控制器自动将机组负荷设定为 150MW，负荷升速率设为 100MW/min。在这个过程中，高、中压调节汽门逐渐开大，旁路逐渐关小，直至旁路完全关闭，旁路退出定压控制方式（“A3”模式），转为溢流控制方式（“B”模式），DEH 中的压力控制方式转为“Initial”方式（初压），汽轮机控制压力。在此过程中，应检查烟温探针退出并继续保持锅炉总燃料量稳定。

2）机组并网后，负荷大于 50MW，开始逐渐暖投高、低压加热器。

3）负荷升至150MW左右，四端抽汽压力大于0.05MPa，并高于除氧器内部压力后，除氧器汽源切换至四段抽汽供应。

4）负荷升至200MW，开始冲转第二台给水泵汽轮机。

5）随着汽轮机调节汽门开大，负荷上升，高、低压旁路自动关小，直至全关，DEH发出“所有蒸汽进入汽轮机”信号。高压旁路进入滑压控制模式。此时应及时检查高、低压旁路门及其减温水门的严密性。

6）负荷升至312MW，检查汽轮机所有疏水门都已关闭。

7）机组并网后，随着负荷升高，应及时检查发电机的三相电流、负序电流、铁芯和绕组温度、励磁机冷、热风温度和氢气压力、温度等参数正常。

（4）机组升负荷至500MW。

1）逐步把锅炉的燃料量加至35%BMCR，并根据氧量情况调整风量。锅炉开始由湿态转为干态运行（检查微油模式自动退出，否则手动退出，但仍保持微油油枪运行）。

2）热工逻辑根据以下条件（或逻辑），判断锅炉进入直流运行方式。

a.“FIRE ON”情况下，一级过热器入口焓值控制大于设定的焓值，且锅炉给水流量需求大于水冷壁最小流量需求。

b.“FIRE ON”情况下，给水主控手动，锅炉给水流量大于水冷壁最小流量。运行人员还可通过分离器水位和分离器出口蒸汽的过热度来判断。

3）锅炉转直流工况时，锅炉的控制方式由最低流量（省煤器出口）控制和分离器水位控制转为温度控制和给水流量控制。为保证该转换的平稳进行，首先应保证给水流量不变，再增加燃料量。随着燃料量的增加，分离器出口焓值逐渐上升，上升到一定值后，温度（焓值）控制器参与调节，使给水流量增加，从而达到燃料和给水量的平衡。

4）当锅炉转直流后，确认锅炉启动循环泵出口流量调节阀已经关闭，启动循环泵走再循环管路，停止锅炉启动循环泵运行。

5）锅炉启动循环泵停止运行后，确认启动循环泵进出口管道、分疏箱至锅炉大气式扩容器疏水管路暖管继续保持运行。

6）机组负荷升至350～500MW，轴封汽可实现自密封。

7）启动D制粉系统。逐渐增加燃料量至40%BMCR，确认锅炉燃烧稳定，将油枪和微油系统逐渐退出。

8）所有油枪停用后，通知脱硫值班员。

9）省煤器出口烟气温度满足脱硝系统投入条件后，将脱硝系统投入运行。

10）当锅炉给水旁路调节阀基本全开（开度>70%）后，开启主给水电动门。

11）机组负荷升至400MW左右，把第二台汽动给水泵并入给水系统。

12）把备用凝结水泵投入联锁备用。

13）将各给煤机的控制投自动运行，确认以下条件满足，投入锅炉主控自动。

a. 给水自动控制投入。

b. 2 台及以上给煤机投自动控制，磨煤机入口冷热风调节挡板投入自动。

c. 两台送风机中至少一台控制在自动。

d. 两台引风机中至少一台控制在自动。

e. 两台一次风机中至少一台控制在自动。

14）投入锅炉主控自动后，确认汽轮机压力控制方式在 Limit 方式，机组进入协调控制模式。

15）锅炉负荷升至 50％BMCR 后，可根据情况，启动 E 制粉系统。

16）将空气预热器吹灰蒸汽汽源由辅助蒸汽切换到本机再热蒸汽供应。

（5）机组升负荷至 1000MW。

1）当汽水分离器压力大于 18MPa 时，汽水分离器疏水箱液位控制阀及前截止阀将闭锁开启。

2）锅炉负荷升至 80％BMCR 后，根据情况启动 F 制粉系统。

3）当锅炉升到额定负荷的时候，及时对锅炉全面吹灰并联系热控投入空气预热器密封装置。

4）根据机组真空严密性试验结果，如果合格，把水环真空泵倒到罗茨真空泵运行。

（三）600MW 亚临界机组冷态启动冲转（采用 HIP 启动）

1. 挂闸

（1）点击 DEH 中“自动控制（AUTO CONTROL）”画面的“汽轮机挂闸（LATCH TURBINE）”按钮，就地检查确认危急跳闸系统已挂闸，跳闸杆处于正常位，隔膜阀已经关闭，上部润滑油压力为 0.7MPa。

（2）点击“自动控制（AUTO CONTROL）”画面的“复位 ETS（RESET ETS）”按钮，画面显示“汽轮机状态”为“复位（RESET）”，检查 ETS 无报警信号，中压主汽门（RSV）全开。

（3）当操作员接到值长可以冲转的命令后，点击“自动控制（AUTO CONTROL）”画面的“RUN”按钮；检查中压主汽门（RSV）全开，高压调节汽门（GV）全开，高压主汽门（TV）和中压调节汽门（IV）处于关闭状态，检查汽轮机转速无上升现象。

2. 冲转到暖机转速

（1）点击“自动控制（AUTO CONTROL）”画面的“目标值（TARGET）”按钮，打开操作面板，设定目标转速为 600r/min。

（2）点击“自动控制（AUTO CONTROL）”画面的“升速率（ACC RATE）”按钮，打开操作面板，设定升速率为 100r/min。

（3）点击“自动控制（AUTO CONTROL）”画面的“进行/保持”按

钮，按“进行（GO）”经确认后，汽轮机开始升速，检查中压调节汽门（IV）开启控制转速。

（4）当汽轮机转速大于3r/min，检查盘车装置自动脱开，停止盘车电动机运行。

（5）当汽轮机转速大于800r/min，停止顶轴油泵运行，投入备用。

（6）汽轮机升速到600r/min后，控制室打闸进行汽轮机就地无蒸汽运转全面检查。

检查内容：

1）确认高、中压各汽门关闭，转速下降。

2）低压缸喷水门打开进行喷水减温。

3）检查各参数、表计指示正确。

4）润滑油温、冷油器出口油温维持在40～45℃，冷却水门投自动。

5）检查汽轮机排汽背压小于20kPa，空冷风机运转正常。

6）用听针测听机组内部声音正常。

低速检查结束后，机组重新挂闸，设定目标转速为2450r/min，升速率为100r/min，按“进行（GO）”键，汽轮机转速开始上升直至2450r/min中速暖机转速。

当转速到达2450r/min，并且中压主汽门前的蒸汽温度达到260℃时，开始进行中速暖机计时；在中速暖机期间，控制主蒸汽温度在365℃以下，蒸汽参数符合冲转要求；锅炉维持蒸汽参数稳定运行，蒸汽温度升温速率控制在0.3～0.8℃/min范围内，蒸汽温度不得有下降趋势。一般情况下，暖机时间最短不许少于1h。中速暖机时应检查以下内容：检查汽轮机排汽缸温度正常；检查汽轮机胀差在规定范围内；检查缸体膨胀有明显增长趋势；检查转子表面和中心温差有下降趋势；检查上、下缸温差小于42℃；检查轴向位移正常；检查无漏氢现象；检查发电机冷却水水压、流量，检漏计等均正常；检查氢压、氢温、密封油压、氢油压差等均正常。

暖机过程中应加强凝结水水质化验，水质不合格时加强排放，不得回收到除氧器，精处理具备投运条件时应尽快投入。

当暖机满足以下条件时，暖机结束。暖机结束条件：暖机时间满足高压调节级金属温度和中压隔板套金属温度在转子加热时间确定曲线要求时间；高压调节级温度、中压隔板套金属温度大于116℃；上、下缸温差小于42℃；汽缸膨胀显示值达到7.0mm，左右膨胀一致，膨胀曲线无明显卡涩及跳动现象。

3. 升速

（1）点击“自动控制（AUTO CONTROL）”画面的“目标值（TARGET）”按钮，打开操作面板，设定目标转速为2900r/min。

（2）点击“自动控制（AUTO CONTROL）”画面的“升速率（ACC RATE）”按钮，打开操作面板，设升速率为200r/min。

（3）点击“自动控制（AUTO CONTROL）”画面的“进行/保持”按钮，按“进行（GO）”经确认后，汽轮机开始升速，检查高压主汽门、中压调节汽门开启控制转速。

（4）当转速达 2900r/min 后，点击“自动控制（AUTO CONTROL）”画面的“主汽门/调节汽门（TV/GV）”按钮，进行阀切换。

升速过程中的注意事项。

1）蒸汽室内壁温度大于主蒸汽压力下的饱和温度。

2）TV/GV 阀切换过程中，注意观察高压主汽门渐开和高压调节汽门渐关，转速稳定在 2885～2915r/min 之间，切换结束后高压主汽门全开，高压调节汽门和中压调节汽门一起控制汽轮机转速。

3）在升速期间应密切注意监视汽轮机振动、胀差、轴向位移变化情况。

4）检查润滑油温在 38～49℃范围内，冷却水调整门投自动。

5）检查空冷系统排汽背压小于 20kPa，空冷风机运转正常。

4. 定速

（1）点击“自动控制（AUTO CONTROL）”画面的“目标值（TARCET）”按钮，打开操作面板，设定目标转速为 3000r/min，按“进行/保持”按钮，按“进行”经确认后，汽轮机开始自动以 50r/min 升速率升速至 3000r/min。

（2）停止交流润滑油泵和高压启动油泵运行，检查并确认交流润滑油泵、高压启动油泵、直流油泵投入联锁备用状态。

定速操作时应注意。

1）汽轮机升速达 3000r/min 稳定后，检查主油泵进、出口油压正常。

2）注意检查润滑油压及隔膜阀上部油压无波动。

3）检查发电机转动部件无异声，振动不超规定值。

4）检查轴承油流温度和轴瓦温度，轴承回油流畅。

5）检查发电机氢、水、油系统运行正常，各参数显示正常。

6）检查高、低压旁路站运行正常。

7）检查排汽装置压力小于 20kPa，空冷风机运转正常。

8）检查各油温、油压正常。

5. 并网

（1）并网前的准备工作。发电机-变压器组由冷备用转热备用。当机组转速达到 3000r/min 时，合发电机-变压器母线侧隔离开关。送上发电机-变压器组开关操作直流电源。

（2）起励前的准备工作。升速过程，检查发电机定子、转子、定子端部的冷却水进口压力和流量正常。汽轮机冲转后，转速升 1500r/min 时，应检查发电机各转动部分无卡涩、摩擦现象，发电机声音、振动正常，滑环及整流子电刷完好，不跳跃。发电机无漏水现象。将高压厂用变压器 A、

B改热备用。

（3）发电机启动、升压。当转速达到3000r/min时，启励升发电机电压（自动方式发电机电压直接升至额定值。大、小修后或新机组启动时用手动方式励磁，启励后电压至18kV，然后手动缓慢升电压至额定）。当电压达到额定值时，应核对空载励磁电流、励磁电压正常并记录，投热工保护连接片。采用自动准同期方式并列发电机。

（4）并列操作。发电机与系统并列必须满足下列条件：待并发电机电压与系统电压近似相等；待并发电机周波与系统周波相等；待并发电机相位与系统相位相同；待并发电机相序与系统相序一致。

（5）发电机并网操作。检查汽轮机转速为3000r/min；发电机-变压器组保护投停正确；检查系统电压正常。选择励磁调节器的通道，将励磁调节器投“自动”。调整发电机电压，使其略高于额定电压。调整发电机电压、转速，使得发电机电压、频率、相角符合并网条件。在DEH接收到“同期请求”信号后，在DEH画面中选择“自动同期”。检查DEH允许同期并网，按下“自动同步”按钮，视指示灯亮，由自动同步装置自动调节同步转速，此时操作人员无法改变目标值。投入发电机同期装置，检查“自动同步”灯灭，发电机已并入系统，DEH以阀位自动控制方式，使机组自动带初负荷（一般机组为额定负荷的3%左右）。

（6）同期并列注意事项。大修后或同期回路有过工作发电机并列前必须由继电保护班校对其相序的正确性；并列时发电机定子电流应无冲击；并列后为防止功率进相，应“先升无功，后升有功”，保持迟相运行；并列后增长发电机有功功率时应按值长命令执行。定子电流应均匀缓慢增长；并列前检查汽轮机调速系统能维持空负荷运行。

（7）机组并网后的检查与操作。机组并网后，自动带上初始负荷，根据“最小负荷保持时间曲线”确定初负荷暖机时间。在DCS画面上全面检查各设备的指示状态、有无异常报警，特别是设备冷却介质参数。

1）检查确认高压缸排汽止回阀开启。

2）确认高压缸排汽止回阀开启后再关闭高压缸排汽通风阀。

3）投入低压加热器汽侧。

4）根据四段抽汽压力开启四段抽汽供除氧器电动门。

5）投入氢冷器及冷却水自动，检查氢冷却器出口温度正常。

6）查定子冷却水系统运行正常，冷却水投自动。

7）检查空冷风机运行正常，排汽装置背压为20kPa。

8）视情况停运两台/一台水环真空泵。

9）加强凝结水冲洗，并由值长通知化学加强水质化验。

10）调整汽轮机旁路，稳定压力、蒸汽温度。

11）初负荷保持时，应尽可能地稳定蒸汽温度、蒸汽压力。

12）初负荷暖机的目的是为了均匀汽轮机升速过程中金属部件内部产

生的温差，减少热应力。在此期间，应检查各运行参数是否正常、各辅助设备运行是否正常；控制主蒸汽温升率小于0.8℃/min、再热蒸汽温升率小于1.5℃/min，主蒸汽压力保持不变。

6. 升负荷

（1）负荷升至30MW。在DEH画面上，设定目标负荷为30MW，升负荷率为3MW/min，确认输入正确后，按“进行”键。

增投油枪，调整风量，满足负荷要求。

当负荷达到30MW时，维持主蒸汽压力为4.2MPa、主蒸汽温度为370℃，再热蒸汽温度为280℃。

当负荷达到30MW时，检查汽轮机高压侧疏水门自动关闭。

机组升负荷时应注意：凝结水水质指标达规定的指标要求，见表5-10。合格并回收后，才可进行升负荷操作。

表5-10 凝结水水质指标

颜色	硬度（μmol/L）	铁（μg/L）	二氧化硅（μg/L）	铜（μg/L）
无色透明	≤10	≤80	≤80	≤30

（2）负荷升至60MW。在LCD画面上，设定目标负荷为60MW，升负荷率为3MW/min，确认输入正确后，按“进行”键；在锅炉升温及带负荷过程中，严格控制受热面壁温，防止超温。

当负荷达到45MW时，检查确认高、低压旁路自动关闭。

当负荷达到60MW时，检查确认汽轮机中压侧疏水门自动关闭。

当负荷达到60MW时，汽包水位稳定且水位在（0±50）mm的情况下，将锅炉给水由旁路调整门切换为主给水电动门供水，由给水泵转速控制汽包水位。切换步骤：缓慢、间断开启主给水电动门，逐渐关小给水旁路调节门，锅炉给水由给水旁路调节切为给水泵转数调节（即由勺管调节），待给水旁路调整门关完后关闭给水旁路调整门前后电动门。注意水位和给水流量的变化，稳定给水母管压力。

切换注意事项如下：维持机组负荷稳定；手动调整勺管开度，维持给水泵出口压力高于汽包压力约1.0MPa；在切换过程中注意监视给水流量和汽包水位、减温水量的控制。

根据蒸汽温度情况，开启过热器一、二级减温水总门、气动截止门、电动截止门，开启再热器事故喷水电动总门、电动截止门。顺序控制启动A、B一次风机，调整一次风母管压力为9.0～10kPa，并投自动。启动一台密封风机，正常后另一台投联锁。辅助风门投入自动，二次风箱与炉膛差压为400Pa。确定煤层点火条件满足：MFT继电器已复位；汽包水位正常；二次风温合适；一次风压合适。当风量大于30%，确认待投入磨煤机、给煤机启动条件满足，启动第一套制粉系统。启动正常后，进行相应的燃烧调整，视情况投入磨煤机的通风量及风温自动；投入对应燃料风挡板自动。

(3) 负荷升至90MW。在DEH画面上，设定目标负荷为90MW，升负荷率为3MW/min，确认输入正确后，按“进行”键。

检查空冷排汽装置及空冷系统运行正常，排汽背压小于20kPa。

负荷至15%，检查给水流量、主蒸汽流量稳定，显示正常，给水三冲量满足自动投入条件时，给水由单冲量自动切为三冲量控制方式。根据负荷情况启动第二套制粉系统。根据压力投运高压加热器汽侧。

(4) 负荷升至120MW。在DEH画面上，设定目标负荷为120MW，升负荷率为3MW/min，确认输入正确后，按“进行”键。

当负荷在20%时，根据情况投入过热器减温水系统，并保持升温率为1.5℃/min；锅炉洗硅，稳定蒸汽压力、蒸汽温度、负荷，当硅量达到3.3mg/L以下，方可继续升压。洗硅方法：开大锅炉连排，加强锅炉补水，并加强定排。不同压力下锅水含硅量标准见表5-11。

表5-11　不同压力下锅水含硅量标准

压力（MPa）	9.8	11.8	14.7	16.7	17.6
SiO_2（mg/L）	3.3	1.28	0.5	0.3	0.2

升负荷至120MW时，启动第二台给水泵，注意保持除氧器水位、汽包水位正常。

(5) 负荷升至150MW。在DEH画面上，设定目标负荷为150MW，升负荷率为3MW/min，确认输入正确后，按“进行”键。当负荷达140MW时，启动第三套制粉系统；视情况投入3台给煤机自动；根据燃烧情况逐步退出部分运行油枪，置为备用。在负荷为50%时，第一层燃尽风挡板投入自动，使其根据负荷自动调节。

负荷达到150MW时，进行汽轮机单/顺阀控制方式切换（在机组投产及大修后的6个月内，机组的阀门控制必须为单阀控制）。

发电机负荷增加到150MW（具体负荷待定）时，将厂用电倒至本机高压厂用变压器带。

(6) 负荷升至200MW。在DEH画面上，设定目标负荷为200MW，升负荷率为3MW/min，确认输入正确后，按“进行”键。检查汽轮机轴封供汽自动切换为自密封方式。根据四段抽汽压力将辅助蒸汽汽源切换为四段抽汽。

再热蒸汽温度在530℃以上时，投入燃烧器摆角自动或再热蒸汽事故喷水自动，维持再热蒸汽温度正常；当所有油枪退出运行时，投入电除尘器、脱硫装置。

(7) 负荷升至230MW。在DEH画面上，设定目标负荷为230MW，升负荷率为3MW/min，确认输入正确后，按“进行”键。对系统进行全面检查，设定负荷上限为100%，负荷下限为70%，负荷变化率为3.0MW/

min，主蒸汽压力为16.67MPa，具备自动投入条件后，单元机组投协调控制系统；机组具备投AGC条件，根据中调调度指令投AGC控制方式。

（8）负荷升至330MW。在DEH画面上，设定目标负荷为330MW，升负荷率为3MW/min，确认输入正确后，按“进行”键。当负荷升至50%时，第一层燃尽风挡板全开，可投入第二层燃尽风挡板自动，使其自动根据负荷开启；负荷升至80%，启动第四套制粉系统；锅炉吹灰系统汽源正常，投入压力调整门自动；负荷稳定后，对受热面、空气预热器进行全面一次吹灰。机组运行正常后，全面检查一次。

机组冬季特殊启动方式规定：当冬季环境温度低于+3℃时，机组启动应采用冬季特殊启动方式；机组冬季启动时，尽量在白天室外温度高时启动；锅炉点火前，汽轮机送汽封、抽真空；当排汽装置压力达到30kPa时，开启汽轮机侧至排汽装置和扩容器所有疏水；当排汽装置压力达到30kPa时，缓慢开启低压旁路；在排汽装置开始进汽到进汽流量达到150t/h的时间不允许超过30min。

上述启动过程中，一般在50%负荷及以前状态都是暖机，即使在50%负荷以后，负荷的变化对整个机组的影响仍很大。在加负荷过程中，需要注意的问题很多，且随机组设备系统特性不同而不同。

（四）循环流化床锅炉的冷态启动操作

1. 启动前准备工作

（1）在锅炉大、小修后，若砌砖及保温材料发生更换时，锅炉启动前应进行烘炉操作。

（2）装填床料。

1）初始床料选用含碳量小于3%的炉渣，粒径为0～5mm。

2）投运风机，可使床料在布风板上均匀分布，料层平整后厚度小于或等于800mm。

3）风机启动后，检查布风板所有指示的床压来确定在布风板上所积累的床料，并记录此时的床压值。

（3）凝结水泵运行正常后，启动冷渣器冷却水泵。

2. 启动前检查

（1）锅炉部分的检查。

1）落煤管口、落渣管口、二次风口、返料口完整，无严重腐蚀和磨损现象，不堵塞。油枪喷头不变形，清理干净，不堵塞。

2）布风板及返料风帽无严重磨损、裂纹变形。风帽小孔不堵塞。

3）一次风室放渣管畅通，一次风室内干净、无杂物。

4）一次风至一次风室电动门开关灵活。高压流化风机至一次风机出口电动门关闭。

（2）旋风分离器、返料器的检查。

1）旋风分离器中心筒无严重变形、磨损。

2）返料器内无杂物及工具，松动风帽、返料风帽无堵塞。

3）放灰管不堵塞、变形、开裂。

4）放灰门、返料风门能自由开关，位置正确。

5）返料风室内无积灰，放灰门关闭。

6）流化风机入口滤网清洁，返料器松动风门、返料风门开启。

7）锅炉内部检查完毕，确认炉膛及烟道内无人后，将各人孔门严密关闭，一次风室人孔门应用砖砌严密，并用盘根封好。

（3）冷渣器、输渣机的检查。

1）冷渣器无严重磨损、腐蚀现象。耐火层完整无损。

2）事故排渣管及进出渣管无焦块及杂物，清理干净。

3）冷渣器事故放渣孔人孔封好，各放渣挡板开关灵活，位置正确。

4）冷渣器冷却水方向头严密、无泄漏，无严重变形。

5）冷渣器内无杂物，渣位低于1/2。

6）冷渣器冷却水泵电源正常，入口门开启。

7）链斗式提升机传动装置、安全罩完好、牢固，地脚螺栓不松动。

8）减速机油质、油位正常，各部件、表计齐全无损。

9）链斗提升机上下导轮完好。链条松紧适度，无严重变形，底部衬板完整、光滑。

（4）电袋除尘除灰设备的检查。

1）烟气进口多孔板完整、无损，阴极线无松动、脱开现象。

2）阴极线、阳极板完整清洁，振打锤齐全，位置正确，螺栓紧固。

3）排灰口无变形，灰斗不积灰。

4）阳极振打杆、阴极振打杆、振打器无卡涩现象。

5）灰斗保温材料完整、严密无损。

6）除尘器下灰手动插板开启，压缩空气压力正常。

7）仓泵汽动进料阀、输送阀、进汽阀、出料阀密封气垫完整，无破损。密封气孔不漏灰、不冒气。阀门动作灵活，运转方向、位置正确。

8）灰斗、灰库汽化风机油位正常，入口滤网清洁无杂物，备用良好。

9）灰库湿式搅拌机、干灰散装机、电加热器等无异常，电动给料阀与电动机联轴器销子正常，工业水压力正常。

10）布袋除尘器布袋检查无破裂，主路及旁路门切换正常。

11）各电场、布袋仓泵出口输灰管无漏灰。

3. 循环流化床锅炉的冷态启动过程

（1）烟风系统投入。

1）建立空气通路：任意一台二次风机入口调节挡板大于50%，二次风机出口挡板全开，所有二次风控制挡板门开度（上、下层）大于或等于20%，过热器和再热器烟气挡板门开度之和大于或等于100%，除尘器进、出口挡板门全开，脱硫出口挡板全开。

2）启动高压流化风机→引风机→二次风机→一次风机。

3）高压流化风机启动后，投入油枪密封风、火焰检测器冷却风、脱硝喷枪冷却风，调整各回料器流化风量和松动风量。

4）冬季工况投入一、二次风暖风器系统。

（2）锅炉点火前吹扫。

1）在锅炉每次冷态启动前及切断主燃料后（床温低于650℃且无任何启动燃烧器在运行时）的启动前，必须对炉膛、旋风分离器及尾部受热面区域进行吹扫。

2）炉膛吹扫条件全部满足后，可按下“启动吹扫按钮”，炉膛吹扫程序开始执行并进行计时，最低吹扫风量为30%额定风量，吹扫时间为5min。

注：在炉膛吹扫过程中，如果任意吹扫允许条件失去，就会中断炉膛吹扫程序。炉膛吹扫结束后自动复位MFT。

（3）锅炉点火。锅炉启动需首先投用床下、床上启动燃烧器，加热床料至投煤温度。投煤后逐渐增加风量和燃料量。在点火升温过程中，需控制包括床下启动燃烧器在内的所有烟气侧温度测点的温度变化率小于100℃/h，汽包的饱和温度变化率限制在56℃/h，汽包上下壁温差小于40℃。控制锅炉床温上升率在0.5～1.5℃/min，最大不超过3℃/min。控制点火烟道壁温在1500℃以下，床下燃烧器出口烟气温度控制在980℃以下，风室温度在870℃以下。

1）首次启动床下燃烧器，调整点火枪与油枪相对位置，确保点火成功。启动时，一次风量不得低于临界流化风量，油枪以最低的燃烧率投入。若点火时通过稳燃器的风量过大，油不易点燃，所以控制瞬时燃烧风：4000～5000m^3/h（标准状态，单只油枪），油枪点燃后，迅速增大燃烧风的风量，使燃烧风风量与燃油量相匹配（$\alpha=1.1$）。

2）应对称启动2只床下启动燃烧器的油枪，以保证两侧温度均衡。

3）按升温升压曲线，同时提高4只油枪的燃烧率。控制汽包升压，升温速率不超过50℃/h。床下燃烧器可将一次风加热至870℃，控制床温上升速率小于100℃/h，当床温大于500℃时，按两侧对称方式逐一启动床枪，因床枪无点火设备，因此在启动床枪之前一定确认下床温大于500℃，投入床枪之后，密切观测床温上升情况，如果床温没有明显上升趋势，立即停枪，查明原因重新启动。当床温达到610℃后，即可进行投煤操作。

（4）锅炉升温升压。

1）启动两台给煤机（A、B侧炉膛各一台），将其出力调至炉膛额定燃料的15%，脉动给煤，即给煤90s，停90s，值班员应到就地观察，当皮带上煤到出口时及时汇报主值班员，（脉动计时以煤入炉时间开始计算）观察床温开始降低，随后升高，烟气含氧量一开始不变，随后降低，如此脉冲给煤三次，并获得以上结果，则根据具体情况，以适当给煤量投入该条给煤线运行及确认脉冲给煤时间。以上述方式投入另外一条给煤线运行。

2）在并网后，逐渐增加给煤量，维持床温上升达到760℃，并根据床温情况逐步停止床上油枪。

3）在增加给煤量的同时，氧量会减小，当床温升至790℃时，逐渐增加燃烧风量，并调整二次风量使总风量合适。同时应缓慢减小油燃烧器燃烧功率，降低风道燃烧器温度至540℃。加大燃烧强度，调整风煤配比，继续减小油抢出力，床温达830℃时切除床下风道燃烧器，为了自动升负荷，所有风量控制回路均应备好：将一次风和二次风控制投入自动。

4）炉膛底部的排渣阀投入自动控制。

5）在最低流量下启动一条石灰石线。

6）以先加风、后加煤的原则控制床温在910℃左右提升负荷。

7）投入SO_2控制，石灰石给料机投自动控制。

8）通过冷渣器的运行或添加床料的手段，维持床压在7kPa左右。

（五）热（温）态启动

1. 热态启动原则

机组热（温）态启动的原则是保证汽轮机、锅炉的金属温度尽可能不被冷却，尽快过渡到相应工况点之上。因此，在启动过程中要严格遵守热态启动曲线，加快锅炉的升温升压速率；选择较高的汽轮机冲转参数（包括轴封汽），尽快冲转并网带较高的初负荷，以此缩短启动时间。

2. 机组热（温）态启动步骤（以某1000MW机组为例）

（1）全面检查已投运的系统、设备，确认无异常。重点检查以下项目。

1）汽轮机连续盘车投入。

2）轴封汽与汽轮机转子的温差在规定范围之内。

3）凝结水、给水水质合格，精处理装置已投用。

（2）锅炉上水。

1）汽水分离器压力小于18MPa，分疏箱出现水位后，才可以向锅炉上水。

2）当汽水分离器出现水位且稳定上升后，确认锅炉启动循环泵启动条件满足，启动锅炉启动循环泵，确认锅炉启动循环泵入口过冷水控制正常。

3）分疏箱水位上升后，确认分疏箱液位控制阀动作正常。

4）检查锅炉上水水质合格，除氧器连续加热投入，并尽可能维持给水温度在105℃以上，向锅炉上水。

5）锅炉上水时，应适当调整启动循环流量和给水流量，严格控制省煤器、水冷壁、汽水分离器的金属温度下降速率小于1.5℃/min，为此控制锅炉上水流量约为100t/h（任何情况下均不得大于10%BMCR给水流量）。

6）给水温度与水冷壁出口金属温度偏差小于50℃后，可适当加大上水量，建立锅炉最小启动流量，在此过程中应尽量提高省煤器入口给水温度，但其过冷度不得小于60℃，防止省煤器出口因汽化造成的流量不稳。

7）省煤器出口水温与入口水温基本相同后，锅炉方可点火。

（3）进行锅炉点火前的燃油泄漏试验和炉膛吹扫。

（4）锅炉点火、升温、升压。

1）确认燃烧器摆角在水平位置，增加二次风量在30%～40%，控制大风箱压力在600～700Pa。

2）投入微油点火装置或油枪，锅炉点火。

3）按锅炉不同状态下的启动曲线，控制锅炉燃料量。

a. 温态：先投用D、E层燃油枪（或B制粉系统），维持8%BMCR的初始燃料量。10min后，投入F层油枪（或增加B制粉系统出力），燃料量加至10%BMCR，并再稳定10min。然后在30min内把锅炉燃料量加至28%BMCR。

b. 热态：先投用D、E层燃油枪（或B制粉系统），维持10%BMCR的初始燃料量。8min后，投入F层油枪（或增加B制粉系统出力），燃料量加至12%BMCR，并再稳定5min。然后在25min内把燃料量加至37%BMCR。

c. 极热态：在30min内把锅炉燃料量加至37%BMCR。

d. 采取大油枪点火，制粉系统投入的原则顺序为D、E、F、C、B、A；若采用微油方式启动，制粉系统投入原则顺序为B、C、D、E、F、A。（该机组A磨煤机在最下层）。

4）投入空气预热器连续吹灰。

5）主、再热蒸汽升温、升压速率应严格按照升温升压曲线要求进行控制。

6）热态机组启动时，应尽快提高蒸汽的温度，防止联箱和汽水分离器的内外壁温差过大。并尽快升至额定冲转参数，以防止管道和受热面温度下降过大，导致氧化皮的应力脱落。

7）加强锅水水质监督，发现水质异常（主要是铁离子含量超标），应及时处理。

（5）发电机转热备用。

（6）检查汽轮机冲转条件已经满足。

（7）投入汽轮机自启动顺序控制子组（SGC STEAM TURBINE），汽轮发电机冲转、并网。

（8）机组负荷升至额定出力。

3. 循环流化床锅炉的热态启动

（1）启动前的检查、准备和冷态相同，但不必进行炉内检查、联锁试验。

（2）风机启动后，如果床温大于投煤温度650℃，可直接投煤，无须炉膛吹扫和投启动燃烧器，以给煤机最低转速投煤着火后，约35min，锅炉即可带满负荷，不必考虑耐火材料允许的温升速率。

(3) 风机启动后，如果床温低于投煤温度650℃，按温态启动。

(4) 严格控制床温变化率小于100℃/h。

(5) 在停用床下启动燃烧器后，在调整风室两侧一次风时，应缓慢，并要注意床温的变化情况。

(6) 在停用床上启动燃烧器时，不要同时停一侧的两支油枪，以免出现床温偏差大，蒸汽温度难控制。

(六) 机组启动过程注意事项

1. 机组冷态启动过程注意事项

(1) 锅炉冷态启动过程注意事项。

1) 锅炉在油枪投用过程中，应安排人员就地观察。油枪应无冒黑烟、火焰黯淡等燃烧不完全的情况，也无滴油、火焰脱火等油枪雾化不良情况，确认捞渣机渣槽中无油迹。如若发生异常情况，应及时调整二次风挡板的开度及炉前燃油供油压力，调整无效应停止油枪运行。

2) 锅炉冷态启动，采用微油点火时，在制粉系统投运初期，应密切注意燃烧器的着火情况及炉膛内的火焰情况，必要时调整煤量、一次风速或二次风挡板开度。若发现炉膛内燃烧不稳定，应及时停运制粉系统并进行锅炉吹扫。

3) 锅炉冷态启动的点火初期，过、再热器处于干烧状态。此时应根据受热面的金属许用温度来限制炉膛出口烟气温度，一般要求控制低于540℃。另外，还需控制管壁的温升速度，因此应在低燃烧率下维持一定时间。

4) 锅炉启动期间，应投入空气预热器连续吹灰，并严密监视锅炉烟道各处的烟气温度、各受热面的金属温度和空气预热器红外线检测装置，发现异常报警及时到现场确认，防止燃烧不完全引起尾部烟道二次燃烧。

5) 在升温升压过程中，应经常监视汽水分离器的内外壁温度差不超过限额，当内外壁温度差超限时，应停止增加燃料量，延长升温升压的时间。

6) 在升温升压过程中应加强对各受热面金属温度的监视，谨慎控制中间点温度（汽水分离器出口蒸汽温度），通过调节减温水和燃烧器摆角，控制主蒸汽温度和再热蒸汽温度在设定值范围内。

7) 在升温升压期间尽量提高给水温度，但应控制省煤器入口水温低于其对应的饱和点温度在60℃以上（防止给水在省煤器出口汽化）。

8) 在锅炉分离器入口蒸汽温度第一次达到饱和温度（100℃）或第二层燃油枪投入运行后，锅炉有汽水膨胀过程，此时应注意分疏箱水位的控制，防止超限。

9) 在机组并网和带初负荷的过程中，必须严格保证锅炉燃烧并保证燃料量的稳定，将主蒸汽压力控制在允许冲转压力范围之内，防止汽轮机调节汽门关闭，无法冲转。

10) 锅炉在湿态与干态转换区域运行时，应尽量缩短其运行时间，并应注意保持给水流量的稳定，严格按升压曲线控制升压速度，防止锅炉受热面金属温度的波动。

11）制粉系统启动、锅炉干湿态切换、停用锅炉启动再循环泵时极易引起蒸汽温度波动，因此在上述操作前要做好预想，并做到平稳操作。

12）锅炉启动后，尤其是锅炉转为干态运行后，应严密监视大气式扩容器凝结水箱的水位并及时关闭水箱至凝汽器的疏水门，防止破坏凝汽器真空。

13）在机组未投入协调前，控制燃料量变化速度不大于1.8t/min。

14）锅炉升温升压后，应及时联系检修人员检查锅炉膨胀情况，发现异常及时汇报处理，停止锅炉升温升压。

（2）汽轮机冷态启动过程注意事项。

1）汽轮机冲转前，转子应进行连续盘车，尽可能避免中间停盘车，如发生盘车短时间中断，则要延长盘车时间。

2）汽轮机升速过程中为避免汽轮机产生过大的热应力，因此要求主、再热蒸汽温度满足X准则，并在整个启动过程中保持蒸汽参数稳定，主、再热蒸汽温度左、右温差不超过17℃。

3）在汽轮机启动过程中，尤其是汽轮机过临界的工况下，应严密监视汽轮机组的振动，各轴承温度，汽轮机高、中压缸上、下温差及轴向位移等参数，一旦越限，保护未能及时动作应手动停机。

4）机组升速过程中要注意汽轮机冷油器出口油温及发电机氢冷温度的变化，及时投入各冷油器、氢冷器的闭式水侧，并保持油温、氢温在正常范围内。

5）汽轮机定速到并网带初负荷过程中，应注意高压缸排汽压力、温度的变化。

6）在汽轮机冲转至并网的过程中，应注意锅炉的出力。如果高压旁路前的主蒸汽压力过低，小于汽轮机的设定值1MPa，汽轮机调节汽门将参与压力控制自动关闭，导致汽轮机启动过程失败。

7）随着机组负荷的上升，应注意氢气压力的变化，控制油氢压差在允许值内。

8）低压缸喷水阀按规定投入、退出。并注意监视凝汽器背压、排汽温度，发现异常及时进行分析、处理。

9）经常检查凝汽器、除氧器、高低压加加热器、轴封加热器水位在正常范围内。

10）检查汽轮机防进水的各疏水门动作正确。负荷升高后应对疏水门进行一次全面检查，确认关闭严密，防止高压疏水进入高、低压扩容器。

11）任何情况下，高压旁路减温水的设定值应保证高压旁路后的蒸汽有足够的过热度。

12）在汽轮机空负荷期间，汽轮机不应在临界转速范围内停留。

2. 机组热（温）态启动过程注意事项

（1）锅炉热（温）态启动注意事项。

1）锅炉启动的各项准备工作都已完成，锅炉准备点火前启动风烟系统再进行炉膛吹扫，尽量减少炉膛的冷却。

2）在锅炉转干态前尽量提高省煤器入口给水温度，但其过冷度不得小于60℃，防止省煤器出口因汽化造成的流量不稳；省煤器出口水温与入口水温基本相同后，锅炉方可点火。

3）锅炉热态启动时，由于各受热面处于高温度状态，当蒸气温度比受热面金属温度低时，应关闭锅炉各手动疏水门。若锅炉主蒸汽压力大于0.2MPa，除上水时省煤器和水冷壁放空门开启外，其余放空门应关闭。

4）为防止再热器干烧，在高、低压旁路蒸汽流量未建立前，应保持锅炉燃烧率不大于10%，且严格控制炉膛出口烟气温度小于540℃。

5）锅炉跳闸后再启动的时候，如果磨煤机内有存煤，在启动一次风机时，禁止利用这些磨煤机打通一次风通道。在投用内部有存煤的磨煤机时，应先投用该层油燃烧器，对该磨煤机进行吹扫干净后才可投用磨煤机。

6）当只有一台备用磨煤机的风道可以供启动一次风机时打通风道，应先打通备用磨煤机的风道，先启动一台一次风机，投入一层油燃烧器，调整一次风压正常后，缓慢对该层磨煤机进行吹扫，该磨煤机吹扫完成后，才可利用该磨煤机风道，启动另一台一次风机。

7）当没有磨煤机风道可供启动一次风机的时候，应至少投用3层油燃烧器，先启动一台一次风机，再分步吹扫磨煤机，禁止2台及以上磨煤机同时吹扫。

（2）汽轮机热（温）态启动注意事项。

1）机组跳闸后，在查明原因、锅炉蒸汽参数满足冲转条件且汽轮机转速小于1200r/min，即可投入汽轮机自启动顺序控制子组SGC STEAM TURBINE（DkW），重新启动。

2）连续盘车时间不得少于4h（极热态除外），并应尽可能避免中间停盘车，如发生盘车短时间中断，则要延长盘车时间。

3）热态启动中，严禁未投轴封拉真空。送轴封前应充分疏水暖管，使轴封进汽温度尽量提高，保证与汽轮机转子金属温度匹配。如因轴封供汽温度超过限值而使轴封调压门联锁关闭，应尽快调整轴封供汽温度，恢复轴封供汽的供给；2h内仍无法恢复，需破坏真空。

4）对于极热态启动，并网后，应尽快升负荷，以免造成高压缸叶片温度高，致使汽轮机跳闸，而影响机组的启动。

5）热态启动中，因升负荷速率较高，要密切注意凝汽器水位的变化，应使凝汽器水位维持在正常范围内。

6）注意汽轮机机组升速过程中的振动；各轴承温度；汽轮机高、中压缸上下缸温差；轴向位移以及汽轮机膨胀变化情况，其变化范围均不应超过规定值。

7）机组升速过程中要注意汽轮机冷油器出口油温及发电机定子冷却水、冷氢温度的变化，并保持在正常范围内，并注意观察各轴承回油温度不超过70℃，低压缸排汽温度不超过90℃。

8）汽轮机在热态时，锅炉不得进行水压试验。

3. 发电机励磁升压、并网过程注意事项

（1）待机炉有关试验结束，检查机组无异常报警信号，汽轮机已定速，得到值长命令后方可进行发电机升压操作。

（2）在DCS的CRT画面上全面检查各设备的指示状态、有无异常报警。

（3）只要发电机转子转动，副励磁机定子出线即带有电压。

（4）发电机启动前，注意励磁调整器在电压最低位置。

（5）发电机电压升至额定值后，注意发电机转子电流、转子电压不超空载额定值；发电机定子、转子回路及励磁机转子回路对地绝缘应合格。

（6）发电机升压过程中，定子电流三相应无指示，发电机零序电压应无指示；升压过程中，如出现定子电流突升或出现电压异常时，应立即将发电机逆变灭磁。达到额定电压时，检查发电机转子电压和励磁机的励磁电流是否在空载额定值。

（7）机组转速低于2970r/min时禁止投入励磁系统。若发电机励磁系统已投运，在等待并网或做其他试验时，出现转速下降，应立即断开灭磁开关。

（8）发电机并网前注意保持电压与系统相差3%以内，使机端电压高于系统电压，频率与系统相差0.15Hz以内，使发电机频率高于系统频率。

（9）在发电机升压过程中，当转子电流已达空载额定值，而定子电压未达到额定值时，或出现报警、掉闸信号，应停止操作，查明原因。

（10）并网过程中，装置上的同步表应顺时针转动，转动过快或过慢时，调速装置应自动调整，当自动调整不成功时要及时人为干预机组转速。

（11）如果同期装置在并网过程中合闸指示灯亮，而主开关未合闸，应立即断开同期装置电源，查明原因。

（12）并网、带初负荷过程中要密切监视三相电流、负序电流、有功、无功等参数，防止发电机出口开关非全相。

（13）随着负荷升高，要注意监视励磁机风温、发电机氢温、氢压、油氢差压、定子冷却水温、绕组及铁芯温度，发现异常及时调整冷却器的工作状态。

（14）当发电机内氢压未达到额定值时，发电机的负荷不得升至额定值。

第二节　机组运行监视与调整

一、机组运行

（一）机组运行调整的主要任务及目的

（1）按照电网负荷需求，及时调节负荷。

（2）保持良好燃烧工况，控制机组运行参数符合规定，加强机组设备、系统运行工况监视，合理调整、控制污染物生成及处理，符合环保标准。维持机组安全、稳定、经济运行。

（3）定时记录机组有关运行参数；定期进行设备的检查和维护；定期进行有关设备的切换和试验。加强机组运行状态参数的监视与分析，及时发现异常并进行处理。

（二）机组正常运行检查监视

（1）运行检查监视维护内容。机组运行或备用时，应按巡回检查制度的要求，定时、定线、定项目对设备进行巡回检查，发现问题应按有关制度或规定联系和汇报相关部门及时消除，并按规程要求针对设备缺陷积极做好事故预想。

（2）各岗位人员应按照“运行台账、报表、记录管理制度”要求准时、正确抄录表计，并做好值班记录，经常检查机组运行情况和监视表计指示。当发现表计指示和正常值有差异或设备出现故障时，应查明原因，按规程要求果断处理。

（3）重要监测仪表、自动装置、保护等均必须正常投入。

（4）备用设备应处于良好的备用状态，联锁块在投入位置，轴承油质良好，油位正常。

（5）在下列情况下应特别注意机组运行情况。

1）负荷急剧变化。

2）蒸汽参数或真空急剧变化。

3）汽轮机内部有不正常的声音。

4）系统发生故障。

5）气候突变。

（6）自动不能投入时。

1）合理调整运行方式，分析处理设备异常，确保安全经济运行。

2）根据负荷变化，监视、调整好汽轮机轴封供汽压力。

3）设备运行中应严密监视其运行参数和运行状态，除事故处理明文规定外，严禁设备超出力运行。

（三）锅炉正常运行检查监视和调整内容

1. 锅炉正常运行时的监视

（1）汽包水位、炉膛负压。

（2）炉膛出口烟气温度、空气预热器入口烟气温度和空气预热器出口烟气温度。

（3）总风量、氧量、大风箱与炉膛差压。

（4）热一次风母管压力、密封风与一次风差压。

（5）火焰检测器冷却风压力。

（6）总燃料量、煤水比。

（7）水冷壁，过、再热器等受热面管壁温度。

（8）主、再热蒸汽压力、温度，分离器出口温度、分离器出口焓值。

（9）总给水量、减温水量等。

2. 锅炉燃烧调整

（1）锅炉燃烧调整的目的。

1）维持锅炉正常运行参数。

2）在锅炉稳定运行和负荷变动的时候，保证锅炉燃烧的稳定。

3）通过合理地组织燃烧配风和控制燃烧温度，保证燃料的完全燃烧。

4）使燃烧室热负荷分配均匀，减少热偏差。

5）根据省煤器出口烟气中含氧量与设计值的偏差调整二次风量。

6）通过分级配风燃烧，减少 NO_x 排放量。

（2）锅炉燃烧调整。

1）锅炉运行时，应了解燃煤、燃油的品种和化学分析，以便根据燃料特性，及时调整运行工况。正常运行时运行人员应经常对燃烧系统的运行情况进行全面检查，发现燃烧不良时应及时调整。

2）锅炉燃烧时应具有金黄色火焰，燃油时火焰白亮，火焰应均匀地充满炉膛，不冲刷水冷壁，同一标高燃烧的火焰中心应处于同一高度。

3）保持磨煤机入口风量与给煤机煤量一致以保证燃烧器着火点稳定，距离太近，易引起燃烧器周围结焦烧坏喷嘴；距离太远，又会使火焰中心上移，使炉膛上部结焦，严重时还会使燃烧不稳。

4）根据燃料的特性以及锅炉的设计特性，合理地组织锅炉的分级配风和控制燃烧的过量空气，炉膛出口氧量值应根据不同的燃料特性和负荷来决定。

5）正常运行时，应维持炉膛压力在－150Pa左右，锅炉上部不向外冒烟。锅炉在运行中，应尽量减少各部位漏风，各门、孔应关闭严密，发现漏风处应联系相关人员封堵。

6）为确保锅炉经济运行，应维持合格的煤粉细度，定期对飞灰、炉底渣进行取样分析，进行比较，及时进行燃烧调整。

7）锅炉进行燃烧调整或增减负荷时，除了保证蒸汽温度、蒸汽压力正常外，还应使水冷壁出口温度维持在正常值范围内。燃烧器投用后，应检查着火情况是否良好，及时调整风量，防止燃烧不完全。

8）燃烧调节时，应注意各段过热蒸汽和再热蒸汽温度的变化，以及左、右两侧的烟温偏差，防止蒸汽温度超出规定范围和管壁超温。

9）当锅炉由于各种原因造成燃烧不稳时，应及时投入微油或油枪，稳定燃烧。但若炉膛已经熄火或局部灭火并濒临全部灭火时，严禁投助燃油，应立即停止向炉膛供给燃料，避免引起锅炉爆燃。重新点火前必须对锅炉进行充分通风吹扫，排除炉膛和烟道内的可燃物质。

10）在锅炉运行中，进入锅炉的燃料成分变化会对燃烧工况和受热面的工作过程产生很大影响（尤其是燃烧中的挥发分、灰分、水分的影响），运行人员应确知当值锅炉所用煤种的发热量、灰熔点及其主要成分，并根据不同燃料品质，进行合理的燃烧调整。

11）锅炉结渣是影响运行安全和经济的主要因素之一。锅炉燃煤灰渣特性和炉内燃烧空气动力特性是锅炉受热面产生结渣的主要因素。调整燃烧时，防止炉膛火焰冲刷炉壁或形成贴壁气流，是防止结渣的主要运行措施。运行中应加强结渣监视和吹灰工作，发现结渣应及时采取措施。

12）锅炉正常运行时应根据负荷情况投运燃烧器，低负荷运行时，尽量投用相邻层燃烧器，并保持较高的煤粉浓度，以利于煤粉着火燃烧。高负荷运行时，要多投入燃烧器，使炉内热负荷均匀，燃烧稳定。

3. 直流锅炉蒸汽焓值控制与监视

直流锅炉的焓值控制是锅炉燃料控制和给水控制之间的一个主修正量，焓值由汽水分离器出口压力和一级过热器入口温度计算得出，并以对应燃料量下减温水的偏差量作为辅助比较量，焓值控制在锅炉进入直流状态才起调节作用。

（1）焓值控制的机理。

1）当水冷壁出口蒸汽温度达到高二值的时候，焓值设定点将立即减少到最小焓值设定点，然后在15min内线性增加到正常焓值设定点，焓值变化相应作用调节给水。

2）当水冷壁出口温度达到高一值或过热器减温水达到对应燃料量下的上限时，焓值设定值将快速降低，相应动作增加给水，直到参数达到正常范围。

3）当过热器减温水达到对应燃料量下的下限时，焓值设定值将慢慢上升，修正减少给水量，以保证最小减温水量。

4）当过热器减温水量与设计值有偏差的时候，焓值将自动缓慢修正，以保证减温水量与目标值偏差在允许的范围内。

（2）为保证焓值控制平稳，对燃料的控制也应平稳，当锅炉燃料量5min之内变化大于8%时，焓值控制将自动闭锁增或减，此时应注意主蒸汽温度、减温水开度以及水冷壁出口温度，防止超温或者温度突降现象。

（3）由于锅炉在直流状态和非直流状态的控制方式不一致，应注意控制锅炉的燃烧率不要在直流转换区间波动，防止出现控制紊乱。

（4）当汽水分离器压力、水冷壁出口蒸汽温度以及一级过热器入口蒸汽温度任一出现故障的时候，焓值设定值将停止变化，此时应注意燃料和给水的匹配调节。

（5）当锅炉水冷壁吹灰，特别是炉膛水吹灰时，会引起蒸汽参数的较大范围变化，要注意控制焓值在正常范围内变动，但焓值达到控制上下限的时候，应先暂时停止吹灰的操作，待稳定后再进行吹灰。

4. 主、再热蒸汽温度的监视与调整

（1）锅炉在正常运行的时候，过热蒸汽温度在30%～100%BMCR、再热蒸汽温度在50%～100%BMCR负荷范围保持稳定在额定值，偏差不超过+5℃、−10℃。

（2）在30%～100%BMCR负荷期间，应保证过热器和再热器两侧出口的蒸汽温度偏差分别小于5℃和10℃。

（3）影响蒸汽温度变化的因素较多，如煤质、空气量、燃烧器的投运方式、燃烧器摆角、给水温度、机组负荷、煤粉细度、锅炉各受热面的污染程度等。运行中值班人员应注意总结上述各因素变化对蒸汽温度的影响规律，以便及时进行调整，保证过热蒸汽和再热蒸汽温度的稳定。

（4）锅炉运行时，尽量减少影响蒸汽温度变化的因素：适当降低蒸汽压力的变化率，适当降低负荷的变化速度，根据煤质的变化情况改变制粉系统的运行方式；注意监视过热器、再热器壁温变化情况及时调整，防止过热器、再热器管壁温超过限值。

（5）机组运行中磨煤机跳闸或其他甩负荷工况出现时，要及时解除减温水自动，手动调整减温水，以防自动调节迟缓大，造成主、再热蒸汽温度大幅度波动。要掌握负荷的变化对蒸汽温度的影响，适当合理地使用一、二级减温水和燃烧器摆角进行蒸汽温度调整。

5. 主蒸汽温度的调整

对于直流炉主蒸汽温度的调整是通过调节燃料与给水的比例，控制中间点温度为基本调节，并以减温水作为辅助调节来完成，中间点温度设定是分离器压力的函数，中间点温度应保持微过热，当中间点温度过热度较小时，应适当调整煤水比例，控制主蒸汽温度正常。

（1）过热蒸汽温度的调节分为粗调和细调两种方法，粗调是用调煤水比进行调节，细调是用一、二级喷水减温进行调节。

（2）过热蒸汽温度的粗调是用煤水比进行调节，为了减小调节的滞后，需要在汽水行程中选取一个能快速、准确地反映蒸汽温度变化趋势的中间点。一般选具有一定过热度的分离出口蒸汽温度为中间点温度。根据中间点温度的变化来调节煤水比，大致维持蒸汽温度的稳定。中间点温度值随负荷的上升而上升，但其过热度变化不大，煤水比随负荷的增大而减小。

（3）过热蒸汽温度的细调是用一、二级喷水减温进行调节，过热器设有两级喷水减温器，一级喷水布置在二级过热器入口，二级喷水布置在三级过热器入口。两级喷水分别根据过热蒸汽温度作精确调节。减温水取自高压加热器出口（未经过给水测量孔板）。高负荷投用时，应尽可能多投一级减温水，少投二级减温水，以保护过热器，防止超温。

（4）缓慢调节喷水量，观察减温器后蒸汽温度的变化，严禁喷水量的猛增猛减。

（5）根据煤质的变化改变制粉系统的投用层次，控制火焰中心的位置。

（6）根据蒸汽温度合理进行锅炉炉膛和对流受热面的吹灰。

（7）在燃烧完全的前提下，适当改变总风量或上、下层二次风的比例。

（8）当高压加热器停用时，注意过热蒸汽温度的调整，温度不能控制时应适当降低机组负荷。

（9）锅炉负荷小于10%MCR时，禁止投用过热器、再热器减温水。

6. 再热蒸汽温度的调整

四角切圆燃烧时，再热蒸汽温度的调节以燃烧器摆角调节为主，如果燃烧器摆角不能满足调温要求时，还可以采用以下方法调节。

（1）在氧量控制范围内改变送风量。

（2）改变制粉系统投用层次和燃尽风挡板的开度。

（3）对再热器受热面进行吹灰，加强再热器受热面吸热。

（4）再热器微量减温水作为事故调节，在采用上述措施后仍未解决蒸汽温度偏高的时候使用。

（5）将一级再热器入口事故减温水作为危急减温水，在高压旁路开启的时候，要注意控制再热器入口蒸汽温度，防止超温。

（6）烟气再循环控制。

（7）尾部烟道出口烟气分配挡板控制。

7. 过热减温水的使用及注意事项

（1）一级减温水用以控制二级过热器的壁温，防止超限，并辅助调节主蒸汽温度的稳定，二级减温水是对蒸汽温度的最后调整。

（2）正常运行时，二级减温水应保持有一定的调节余地，但减温水量不宜过大，以保证水冷壁运行工况正常。

（3）一级、二级减温的辅助电动门保持常关，当所需减温水超过其流量后，辅助电动门自动开启。

（4）调节减温水维持蒸汽温度，有一定的迟滞时间，调整时减温水不可猛增、猛减，应根据减温器后温度的变化情况来确定减温水量的大小。

（5）低负荷运行时，减温水的调节尤须谨慎。为防止引起水塞，减温后温度应确保过热度10℃以上，投用再热器事故减温水时，应防止低温再热器内积水，减温后温度的过热度也应大于20℃，当减负荷或机组停用时，应及时关闭事故减温水隔绝门。

（6）锅炉运行中进行燃烧调整，增、减负荷，投、停燃烧器，启停给水泵、风机、吹灰等操作，都将使主蒸汽温度和再热蒸汽温度发生变化，此时应特别加强监视并及时进行蒸汽温度的调整工作。

（7）高压加热器投入和停用时，给水温度变化较大，各段受热面的工质温度也相应变化，应严密监视给水、省煤器出口、螺旋管出口工质温度的变化，待中间点温度开始变化时，维持燃料量不变，调整给水量，控制恰当的中间点温度值使各段工质温度控制在规定范围内。

8. 汽包水位的调整

（1）汽包水位调整的任务是使给水量适应机组负荷所需要的蒸发量，维持汽包水位在正常范围内。

（2）锅炉正常运行中，汽包水位应保持在“0”位，汽包水位控制、保护限制见表5-12。

表5-12 锅炉正常运行中，汽包水位控制、保护限制

序号	项目		限定数值
1	正常“0”水位		汽包中心线以下－220mm
2	正常水位范围	最高	＋50mm
		最低	－50mm
3	高水位报警		＋120mm
4	低水位报警		－170mm
5	高水位跳闸		＋250mm
6	低水位跳闸		－300mm

（3）给水系统自动控制时，锅炉负荷小于或等于30％ECR时，采用“汽包水位”信号单冲量调节；锅炉负荷大于30％ECR时，给水调节采用“汽包水位、过热蒸汽流量、给水流量”三冲量控制。

（4）给水系统手动控制时，给水流量调节应参照以汽包水位为主，并参照给水流量、主蒸汽流量的变化，给水必须均匀。

（5）在锅炉正常运行中，尽量减少影响汽包水位变化的因素：降低蒸汽压力的变化率、降低负荷的变化速度等。

（6）当运行工况变动造成汽包水位波动时，应严密监视水位的变化，必要时切为手动控制，注意虚假水位现象；当汽包水位升高时，可采取开大连续排污电动门、降低给水流量的方法降低汽包水位，水位上升较快时可采取适当提高汽包压力（关小调节汽门）的方法降低水位，给减少给水赢得时间；汽包水位降低时，则采取相反的控制。

（7）各水位计指示必须准确，锅炉运行时的汽包水位应以CCS水位计为准。

（8）每天应对就地水位计和远传水位计进行核对，当任一远传水位计和就地水位计偏差超过±30mm时，应及时通知有关人员进行处理，予以消除；当不能保证两种类型的水位计正常运行时，应申请停炉进行处理。

（9）当一套水位测量装置因故障退出运行时，应填写处理故障的工作票，工作票应写明故障原因、处理方案、危险因素预告等注意事项，一般应在8h内恢复。若不能完成，应制定措施，经总工程师批准，允许延长工期，但最多不能超过24h，并报上级主管部门备案。

（10）锅炉汽包水位高，低保护应采用独立测量的三取二的逻辑判断方式。当有一点因某种原因须退出运行时，应自动转为二取一的逻辑判断方式，办理审批手续，限期（不宜超过8h）恢复；当有两点因某种原因须退出运行时，应自动转为一取一的逻辑判断方式，应制定相应的安全运行措施，严格执行审批手续，限期（8h之内）恢复，如逾期不能恢复，应立即停止锅炉运行。当自动转换逻辑采用品质判断等作为依据时，要进行详细试验确认，不可简单地采用超量程等手段作为品质判断。

（11）每次机组停止或启动期间，在锅炉熄火后或未点火前，采用增加和减少给水流量的方式对汽包水位保护进行实际传动试验，以保证汽包水位保护的准确性。严禁用信号短接方法进行模拟传动替代。

（12）汽包锅炉水位保护是锅炉启动的必备条件之一，水位保护不完整严禁启动。

（13）锅炉进行定期排污时，应加强对汽包水位的监视与调整。

9. 主蒸汽压力调整

直流锅炉压力调节的任务，实际是经常保持锅炉蒸发量和汽轮机所需蒸发量相等。只要时刻保持住这个平衡，过热蒸汽压力就能稳定在给定数值上。

对于直流炉，在机组未进入干态运行前，主要用控制燃料量的大小来控制蒸汽压力，当蒸汽压力偏高时适当降低燃料量，燃料量的增减还应保证各部金属温度不超限，在保证最低循环给水流量前提下尽量减少给水流量和尽可能保持给水流量的稳定。

机组在干态工况下，给水流量的变化会直接影响蒸汽压力的变化，给水流量增加，蒸汽压力上升，温度下降。当蒸汽压力高且温度高时，应适当降低燃料量，将蒸汽压力降到正常范围运行；当蒸汽压力高且温度低时，适当降低给水量，将蒸汽压力维持在正常范围；当汽压低、温度高时，应增加给水量，将蒸汽压力升到正常范围运行；如果汽压低、温度低，适当增加给煤量，将蒸汽压力维持在正常范围。

汽包炉要调节蒸发量，先是依靠调节燃烧来达到，与给水量无直接关系，给水量是根据汽包水位来调节。但直流炉，炉内燃烧率的变化并不最终引起蒸发量的改变，而只是使出口蒸汽压力变化。由于锅炉送出的汽量等于进入的给水量，因而只有当给水量改变时才会引起锅炉蒸发量的变化。直流锅炉蒸汽压力的稳定，从根本上说是靠调节稳定给水量实现的。

但如果只改变给水量而不改变燃料量，则将造成过热蒸汽温度的变化。因此，直流炉在调节蒸汽压力时，必须使给水量和燃料量按一定的比例同时改变，才能保证在调节负荷或蒸汽压力的同时，确保蒸汽温度的稳定，这说明蒸汽压力的调节与蒸汽温度的调节是不能相对独立进行的。

从动态过程来看，炉内燃烧率的变化可以暂时改变蒸发量，且与给水量的扰动相比，燃烧率的扰动最快反映在蒸发量（蒸汽压力）上。因此，在外界需要锅炉变负荷时，如先改变燃料量，再改变给水量，就有利于保证在过程开始时蒸汽压力的稳定。直流炉一般选燃料为锅炉负荷的主调而不是选给水量。

当给水流量增加时，推出一部分蒸汽，使机前压力和功率都有瞬时增加，如果燃烧率保持不变，功率将逐渐回落到原来水平，基本保持不变，压力最后由于过热蒸汽温度的下降而有所回落，稳定在较原先压力稍高的水平（若协调投入，它对压力和功率的调节作用会短时间内改变燃烧率，并再对中间点温度造成扰动，有可能导致不稳定状况的发生。在燃料量的调节回路中引入中间点温度控制器的微分环节修正实际燃料量，将给水量和燃烧率的相互作用减小，稳定机组运行）。

10. 主蒸汽压力调整注意事项

（1）当运行中主蒸汽压力发生变化时，应及时判断原因，并针对不同的原因采取措施。

（2）在手动调节燃料或减温水的时候，应缓慢操作，控制操作幅度，防止锅炉的减温水大幅度变化引起主蒸汽压力波动。

（3）当机组高压加热器故障切除或机组负荷大幅度变化时，运行人员应注意再热器出、入口压力变化，当再热蒸汽压力升高幅度较大时，应降低机组负荷，防止再热器系统超压。由于负荷变化速度较快而造成压力上升速度较快时，应立即采取措施，降低蒸汽压力。

（4）由于汽轮机调节门故障引起主蒸汽压力上升，应立即降低燃烧率，开启过热器出口 PCV 阀。当部分安全阀或全部安全阀拒动，造成锅炉压力超过最高压力安全阀动作值且继续上升时，立即手动 MFT。

（5）对于未设置机械安全门的机组在机组正常运行时，应注意高、低压旁路压力控制在自动状态，当压力超过一定范围时，旁路系统会根据压力偏差情况及上升速率自动调节开启或快开，以防止锅炉超压。

（6）对于设置有控制型再热器安全门的机组在机组正常运行中，应确保再热器安全门在自动控制方式，并监视再热器安全门用压缩空气压力正常。当出现压力异常偏高达到安全门动作条件而拒动的时候，应手动开启安全门，以保证受热面安全。

11. 锅炉高温受热面的金属温度监视与调整

（1）锅炉高温受热面管壁温度控制应严格按照《管壁温度控制定值表》的要求进行。在锅炉运行的任何阶段，必须严格控制过热器、再热器管壁温度不超限。

（2）因负荷变化引起管壁超温的处理方法。

1）锅炉各级过热器、再热器因其布置的位置不同，其传热特性有所差别。一般布置在炉膛内的受热面具有明显的辐射特性，即随负荷升高蒸汽温度降低；布置在炉出口烟道内的受热面则具有对流特性，即蒸汽温度随负荷的增加而升高。管壁温度也具有相似的特性。在负荷变化时，由于传热过程使蒸汽温度变化而产生延迟。

2）当增加负荷（增加燃料）时，传热过程延迟导致产汽量迟后，此时过热器、再热器内汽量未变，烟温升高导致超温。

（3）给水温度变化引起管壁超温的处理方法。

在正常运行期间，应保证各加热器及除氧器加热的投入，监视省煤器进口给水温度符合负荷对应值。当有加热器撤出时，应严密监视汽温、壁温情况，为防止管壁超温，必要时应降低负荷。

（4）燃料的变化引起管壁超温的处理方法。

由于煤种特性变化（挥发分、灰分、水分、含碳量、发热量、煤粉细度等）影响锅炉燃烧及受热面吸热特性，蒸汽温度及管壁温度也会发生相应变化，因此，在燃料品质改变时，应注意蒸汽温度及管壁温度变化。

（5）磨煤机投停及燃烧器运行层改变。

1）投磨煤机时，短时间内中间点温度上升很快，应注意蒸汽温度调整。

2）燃用上层燃烧器再热蒸汽温度会上升，而用下层燃烧器时，再热蒸汽温度会下降，运行中可通过改变燃烧器运行层或燃烧器出力来调整因煤种、负荷变化等因素给再热蒸汽温度带来的扰动，使锅炉处于较好的运行工况，停运磨煤机时正好相反。

（6）风量增加时，可使蒸汽温度上升，尤其是再热蒸汽温度，但过多的过剩空气也降低了锅炉的效率。正常运行时，应按负荷—氧量曲线合理调整风量，使其和对应负荷下的值相近。

（7）炉膛受热面结渣、沾污。水冷壁结渣、沾污，导致过热器、再热器因炉内烟温升高而超温及排烟温度上升。这时应加强炉膛吹灰，保持水冷壁受热面清洁。

12. 锅炉的吹灰与除渣

（1）当锅炉负荷大于或等于40%BMCR，且燃烧稳定时，方可对炉膛和烟道进行吹灰。在40%BMCR负荷以下时，可以根据积灰情况，有选择地进行吹灰。

（2）锅炉吹灰进行前应进行仔细的吹灰蒸汽系统暖管工作，疏水温度高于设定值后自动关闭疏水门或疏水时间不少于设定时间，确保疏水充分，防止蒸汽带水吹损受热面管材或积灰与水发生反应后板结。

（3）运行人员应根据各受热面的积灰和结渣情况合理安排投运锅炉吹灰器，低负荷投油稳燃时预热器要投入连续吹灰。

（4）锅炉吹灰时，保持较高炉膛负压，避免炉膛正压。吹灰过程中严禁打开吹灰器附近的观察孔检查炉内状况。

（5）对锅炉过热器、再热器以及省煤器受热面进行吹灰时，应按照成对吹灰的原则，禁止长时间单根吹灰器吹灰。

（6）根据燃烧器区域结焦情况投入水力吹灰器，当水力吹灰器投用的时候，会出现机组参数波动的情况，应事先做好应对措施。

（7）吹灰时严密地监视机组负荷、主蒸汽、再热蒸汽参数变化以及受热面金属温度的变化，发现异常立即停止吹灰，等工况稳定后才能继续进行吹灰。

（8）锅炉发生故障时，应立即停止受热面的吹灰。

（9）锅炉吹灰时，加强就地巡检。发现吹灰器卡住或未退到位，应立即联系检修人员处理。

（10）当机组长时间未进行吹灰，进行炉膛吹灰的时候，就地要严格注意捞渣机的运行状况，防止突然大量渣进入捞渣机导致跳闸。受热面吹灰前，通知除灰值班员注意输灰系统运行状况。

13. 锅炉排污

（1）对于汽包锅炉，排污主要作用是控制锅水的含盐浓度和除去锅水中的沉积物，排污量及排污次数取决于锅炉的运行工况，如水质特性、水处理的性质、锅炉负荷等。

（2）锅炉设有连续排污和定期排污两根管路。正常情况下，连续排污能满足要求，但在给水处理异常、固形物含量高、沉积物形成过多的情况下，锅炉就需要通过定期排污来满足水质要求。

（3）锅炉连续排污量的大小应根据锅水含盐量、蒸汽含盐量的分析，由化学人员决定：一般情况锅水二氧化硅含量控制在 100μg/L 左右，含盐量为 10μS/cm 左右。当二氧化硅含量在 150μg/L、含盐量超过 20μS/cm 时可开大连续排污；当二氧化硅含量超过 250μg/L 时，可开大连续排污的同时开定期排污。为保证水汽品质合格，锅炉连续排污应保持一定的开度，为 3%～5%。连续排污正常应使用连续排污扩容器，其扩容产生的蒸汽回收至除氧器，污水排至定期排污扩容器；只有当连续排污扩容器不能正常投入时，方可将连续排污直接导入定期排污扩容器。

（4）定期排污根据化学要求定期进行，锅炉启动阶段因负荷变化较快，易造成水质较差，需要进行定期排污以加快水质的恢复。正常情况可根据锅炉的运行工况和锅水水质状况按规定进行定期排污。排污前，应先进行暖管，防止发生水击；排污前，应适当提高汽包水位且严格监视水位变化情况，必要时给水切手动控制。

（5）定期排污应在较低负荷下进行，汽包压力较高时，排污易造成排放管及阀门和定期扩容器损坏，对锅炉安全有危险，可能会破坏水循环；排污时电动门开启后调节门要逐渐开启，注意汽包水位变化，定期排污阀门全开时间不宜超过 30s，排污时防止定期排污扩容器超压。

（6）水冷壁下联箱后墙排放管作为定期排污用，也可用作锅炉放水用，前墙排放管不能作锅炉运行中排污用，只作停炉放水用。

(7) 排污时，必须保证汽包水位在正常范围内，在水位变化异常的情况下立即关闭排污调节阀。

(8) 排污结束后，应检查排污门是否严密关闭。

(9) 遇有下列情况时，禁止进行排污操作。

1) 锅炉运行不正常或发生事故。

2) 排污系统阀门故障。

3) 锅炉水位或给水调节不正常。

4) 定排扩容器减温水系统工作异常。

14. 床温调整（循环流化床锅炉）

(1) 床温运行范围为 820～900℃，单点床温不应高于 980℃、低于 700℃，区域平均床温不应高于 920℃，区域床温不应低于 720℃，否则应采取措施控制床温。

(2) 负荷或煤质特性变化时，应及时调整给煤量和风量，以维持床温相对稳定。床温调节应细调微调、分多次缓慢进行。

(3) 床温偏高时，主要通过改变煤质和调整燃烧两种方式控制。通过调整入炉煤灰分（热值）和粒径能有效改变循环灰量，是最有效的调整方法。燃烧调整的主要手段是增加一次风量和下二次风量、蓄高床压、偏置给煤量（均衡床温分布）。

(4) 因流化不良导致前墙床温异常偏低，应增加一次风量提高流化质量，并调整配煤方式，控制好入炉煤粒径。

15. 床压调整（循环流化床锅炉）

(1) 运行中应维持相对稳定的床料厚度；运行中的床料厚度可根据风室静压、料层差压和一次流化风量来判断，床料厚度一般控制在 600～1000mm 范围内。

(2) 床层压力（床压）或炉膛总压差 Δp_1（Δp_1 为风室与炉膛出口的压力差）是监视床层流化质量和料层厚度的重要指标，锅炉正常运行时，床压一般控制在 6～9kPa，而相应炉膛总压差 Δp_1（应在 12～17kPa 范围内，下限值也可根据煤质的燃烬特性做出适当调整）。

(3) 深度调峰工况下，应适当提高床压，一般运行范围为 9.0～11.0kPa。

(4) 锅炉正常运行时，通过改变排渣量调整床压，床压高时，可增加一次风量，加强排渣。

(5) 排渣应连续进行，不能连续时宜采取“少量、勤排”的方式排渣。

(6) 密相区床温温差增大时，为防止流化状态恶化、灰渣沉积和结焦，应提高一次流化风量，使大颗粒灰渣及时排出。待床温温差恢复正常后，再将一次流化风量恢复到正常范围。

(7) 煤质特性发生变化，不能维持最低床压时，可通过给煤机补充床料。

（8）当床温偏高、炉膛差压偏低时应蓄高床压，当炉膛差压偏高、床温较低时应降低床压。

16. 风量调整（循环流化床锅炉）

（1）一、二次风的调节原则：一次风用于调节床料流化和床温；二次风用于控制总风量，维持正常的炉膛压力及氧量。

（2）额定负荷下，一次风率宜为45%～55%，二次风率宜为55%～45%。30%负荷及以下深调工况时，一次流化风量必须大于180km^3/h（标准状态，最小流化风量），在保证床料充分流化的基础上，尽量降低一次风率，在NO_x可控的情况下增加二次风率。

（3）点火至投煤前，一次流化风量稍高于临界流化风量，二次风尽量小，保证床料不返窜即可。投煤后应增加一次流化风量，二次风维持最小冷却风量。

（4）一次流化风量对床温、屏式过热器壁温、主蒸汽压力、主蒸汽温度、汽包水位和负荷的影响非常大，因此调整必须要缓慢和少量。

17. 炉膛差压调整（循环流化床锅炉）

（1）炉膛差压不能直接调整，它受物料存量、风量、床温以及物料粒径的影响。

（2）根据负荷维持炉膛差压在一个相应水平上，对保证炉膛温度和锅炉运行稳定性是至关重要的，炉膛差压代表给定烟气流量下的循环物料流量，它的变化将进一步影响炉膛的换热，导致负荷变化，炉膛上下部温差变化。

（四）汽轮机正常运行检查监视和调整内容

1. 汽轮机运行中主要监视参数

（1）汽轮机转速、转子偏心度、振动、汽轮机缸胀、轴向位移。

（2）汽轮机高压主汽门、调节汽门、缸体、转子、中压主汽门、转子的金属温度及其TSE裕度，高中压缸上下缸温度。

（3）各抽汽压力、温度。

（4）主、再热蒸汽压力、温度，高压缸排汽温度、高压缸压比、中压缸排汽温度、低压缸排汽温度、凝汽器背压。

（5）主给水流量、主凝结水流量。

（6）汽轮机轴承金属温度，润滑油压力、温度及回油温度。

（7）EH油压力、温度。

（8）凝汽器、除氧器、高低压加热器的水位。

（9）EH油、汽轮机润滑油、密封油真空油箱等油位。

2. 汽轮机运行中的管理要求

（1）按正常运行参数限额规定，监视汽轮机的主要参数在正常范围。

（2）定期对设备进行巡检和维护。

（3）定期记录或打印重要的参数并进行分析，使机组在经济状态下运行。

（4）定期对设备进行切换及试验。

（5）控制蒸汽参数不超限，发现超限或有超限趋势应及时调整，并准确记录超限值、超限时间及累计时间。

（6）定期进行汽、水、油品质的化验。发现异常及时处理。

（7）正常运行中，高压加热器单列或全部撤出时，应限制机组出力，尤其控制主蒸汽流量及各监视段压力不超过最大允许值，定期分析汽轮机监视段压力的变化率，同时注意锅炉分离器出口温度和主蒸汽温度的变化。

（8）凝汽器半侧停运后，应控制凝汽器背压在允许范围之内，否则降负荷运行。重点监视汽轮机缸胀、轴向位移、推力瓦温度等不超限。

（9）每月定期测取各疏水阀门后温度。确认阀门有漏时及时登录缺陷，并在机组检修中消除。

3. 汽轮机正常运行中的主要试验项目及注意事项

（1）汽门活动动试验（ATT 试验）规定及注意事项。

1）发电机负荷选择在 60%～65%为宜。

2）机组并网，负荷控制回路激活。

3）补汽阀关闭。

4）高、中压主汽门均开启。

5）汽轮机及各辅助系统运行情况良好，参数稳定。

6）试验过程中，避免机组负荷、蒸汽参数大幅波动。

7）无其他试验进行。

8）高、中压各汽门组试验应逐项进行，不得同时进行。

9）试验时，应监视下列参数的变化情况：主蒸汽压力、温度，再热蒸汽压力、温度，高压缸排汽温度，各轴承金属温度及回油温度，轴向位移及机组振动，机组负荷等。

10）一旦试验中发生异常情况，应立即停止试验。

11）试验时，应记录阀门动作时间和行程。

12）若在检修后进行阀门试验，必须在锅炉点火前，确认高、中压主汽门前无蒸汽的情况下方可进行活动试验。

13）试验期间，注意负荷向下波动不应超过规定值。

14）机组协调方式切至基本方式。

15）试验过程严格按操作票要求逐项进行。

16）试验完毕，切除 ATT 阀门试验。

（2）真空系统严密性试验要求。

1）试验时，机组负荷稳定在额定负荷的 80%以上。

2）凝汽器压力小于 10kPa。

3）真空泵运行良好，维持两台运行，一台备用。

4）有关真空数值（就地和 CRT）显示均正常。

5）记录好机组负荷、凝汽器排汽温度、凝结水温、真空等有关数据。

6）同时关闭两台运行真空泵进口门，并停运真空泵。

7）过30s后，开始每间隔1min记录一次高、低压凝汽器真空值和低压缸A、B排汽温度。

8）过8min后，开启上述被关闭的进口门，恢复真空系统正常运行方式，取后5min真空下降值，求得每分钟真空下降平均值。

9）真空严密性试验中，真空下降率小于或等于0.13kPa/min为优秀。

10）若进口门关闭后，凝汽器真空迅速下降或排汽温度迅速上升，应立即停止试验，开启真空泵进口门，恢复真空系统运行，并在运行中或停机后，进行找漏工作。

11）试验过程中，应注意比较真空下降和排汽温度上升的对应关系，若两者明显不对应，应停止试验，分析原因并予以消除。

（3）抽汽止回门活动试验要求。

1）抽汽止回门活动试验每月进行一次，设备维护部汽轮机、热工等专业人员到场配合。

2）该试验仅进行1A（B）～3A（B）高压加热器进汽止回门、5～6号低压加热器进汽止回门等。

3）DCS上发出关闭抽汽止回门指令，确认止回门动作后，立即开启抽汽止回门，并确认止回门开足，恢复正常。

（4）机组运行期间润滑油低油压试验规定。

1）压力开关的功能是在运行中汽轮机交流润滑油泵故障的情况下，通过回路控制接通备用汽轮机交流润滑油泵和汽轮机直流油泵，保证机组轴承不断油。

2）每隔30天必须对汽轮机交流润滑油泵和直流油泵进行一次带载试验。

3）试验应错开时间间隔，防止超过规定的电动机启动次数。

4）机组带负荷或者在额定转速下运行。

5）汽轮机交流润滑油泵和直流油泵的子环投入。当前运行油泵预选为主油泵。

6）润滑油系统没有故障信号。

7）各油压开关、油压变送器和就地压力表都正常。

8）试验过程严格执行操作票。

9）备用汽轮机交流油泵和直流油泵均应进行试验。

10）试验时发现如下问题，及时汇报领导，检查原因，必要时申请停机。

a. 汽轮机交流润滑油泵无法启动。

b. 汽轮机直流油泵无法启动。

c. 油泵出口压力指示不正常。

d. 压力开关有故障。

4. 发电机正常运行监视项目及运行方式规定

（1）发电机各部温度正常，无局部过热现象，进、出水温，风温正常。

（2）发电机各部声音正常，振动正常。

（3）发电机及冷却水管路无渗漏现象。

（4）定子绕组冷却水各参数符合规定的要求。

（5）机壳内氢气压力、纯度、温度、湿度各参数符合规定的要求。

（6）转子大轴接地电刷接地良好，电刷与转轴接触良好，无异常。

（7）励磁系统的绝缘合格，无接地的现象；励磁测量用电刷与滑环接触良好，无跳动、卡涩、打火情况，电刷长度符合要求。

（8）励磁系统各元件无松动、过热，熔丝无熔断的现象，各开关位置符合运行方式，风机运行正常，指示灯指示正常。

（9）通过熔断器在线监控装置、频闪仪检查旋转整流盘上熔断器有无熔断现象。

（10）励磁机冷却器管路无渗漏现象。

（11）励磁机冷风、热风、轴承温度符合规定的要求。

（12）励磁机干燥器在停止状态。

（13）发电机-变压器组保护投入运行正常，指示灯指示正常，保护连接片位置正确。

（14）发电机-变压器组出口断路器的油压、气压正常。

（15）各 TA、TV、中性点变压器无发热、振动及异常现象。

（16）封闭母线无振动、放电、局部过热现象，封闭母线热风循环装置运行正常。

（17）漏液、漏氢检测装置运行正常，无报警信号。

（18）发电机绝缘过热监察装置投入正常，电流指示在 100%。

5. 发电机运行方式及规定

（1）正常运行方式。

1）发电机按照制造厂铭牌规定参数运行的方式，称为额定运行方式；发电机可在这种方式下长期连续运行。

2）发电机在下列情况下输出额定出力。

a. 冷氢温度不大于 46℃。

b. 氢冷却器冷却水进水温度不大于 39℃。

c. 定子绕组内冷水进水温度不大于 50℃。

d. 氢压不低于额定值，氢气纯度不低于 98%。

3）发电机在上述情况下，在出力曲线范围内能在功率因数超前 0.95 下带额定负荷长期连续运行。

4）发电机正常运行时励磁方式采用自动电压调节器自动方式运行，当出现异常运行情况，调节器切至另一通道“自动”或本通道“手动”运行时，应及时汇报，同时应设专人加强监视并通知检修处理。

（2）电压、电流、频率及功率因数变化时的运行方式。

1）发电机定子电压在额定值的±5%以内变化，当功率因数、频率为额定值时，发电机允许在额定容量运行，其定子电流允许在±5%范围内相应变化。并应注意满足厂用电（5.7～6.6kV）的要求。

2）当发电机的电压下降到低于额定值的95%时，定子电流长期允许的数值，仍不得超过额定值的105%。

3）发电机正常运行时，定子三相电流应平衡，负序电流不得超过额定值的10%，同时最大一相电流不得大于额定值。长期稳定运行其负序电流不得大于额定值的6%，短时负序电流应满足 $I^2t \leqslant 6$ 的要求。

4）发电机正常运行频率应保持在50Hz，当变化范围小于±0.2Hz时，可以按额定容量连续运行。

5）发电机不允许无励磁运行，不允许发电机在手动励磁调节方式下长期运行。

（3）发电机进相运行规定。

1）当系统需要时，根据调度要求，发电机组允许进相运行，额定氢压时进相限额不得低于厂家规定参数，具体数据以进相试验报告数值为准。

2）发电机进相运行时失磁保护必须投入运行。

3）发电机进相运行时AVR必须在自动方式运行，调节器中低励限制器不得停用或调低定值，机端电压不得低于25.65kV，应维持厂用母线电压在允许范围内。

4）发电机进相运行时，发电机各部温度不得超过允许值。

6. 机组PSS运行规定

（1）机组的PSS按功率自动投退，投退的门槛值为35%额定功率标幺值。

（2）发电机组励磁调节器PSS功能在励磁上位机的触摸屏上通过按钮进行投退，也有机组励磁调节器PSS功能在励磁上位机的控制屏装设了开关，通过开关进行投退。PSS投入或退出运行操作，在发电机励磁系统画面点击“PSS投”或“PSS退”按钮进行。

（3）运行中因机组跳闸、甩负荷、PSS装置故障、励磁系统退出自动位等原因，导致机组PSS功能实际退出，通知电气二次专业，汇报领导，向调度值班员汇报。

（4）机组运行中若出现PSS输出异常导致机组有功、无功、电压波动大，应立即汇报调度值班员，申请退出PSS。

（5）运行中在励磁系统、PSS装置及其他设备上进行工作，需退出PSS装置的，应提前向调度申请，并在检修单中明确PSS退出和重新投入的时间。

7. 温度、氢压变化时及设备发生问题时的运行规定

（1）发电机定子冷却水电导率正常应不高于 2μS/cm；pH 值应维持在 6～8 之间；进出水压降在 0.22MPa 左右，当压降升高到 0.242MPa 时报警。

（2）发电机定子冷却水流量正常运行时为 $120m^3/h$，当降到 $108m^3/h$ 时报警，当降到 $96m^3/h$ 时跳机。

（3）发电机定子绕组的进水温度变化范围为 45～50℃，超过 53℃应报警，超过 58℃手动打闸。

（4）发电机定子线棒层间最高与最低温度间的温差为 8℃或定子线棒引水管出水温差达 8K 时应报警，此时应查明原因和加强监视，并降低负荷。经采取措施无效且确认测温元件无误后，出现任一以下情况应立即降负荷或停机处理：定子线棒层间温差达 14℃、定子线棒引水管出水温差达 12℃、任一定子槽内测温元件温度超过 90℃、任一出水温度超过 85℃。

（5）发电机定子铁芯温度不得大于 120℃。

（6）发电机转子绕组温度不得大于 110℃。

（7）发电机正常运行氢压为 0.5MPa，低于 0.48MPa 或高于 0.52MPa 时报警（某上汽 1000MW 机组）；当氢压低于 0.48MPa 不能及时补充时，则必须将发电机的负荷降至 85%的额定负荷，查找并消除造成压力损失的原因。

（8）发电机冷氢温度小于或等于 46℃、高于 48℃报警，高于 53℃手动打闸；冷却器进风温度（发电机出风）温度小于 84℃、高于 88℃报警，最大不得超过 90℃。

（9）在额定工况下，当四组氢冷器中一组冷却器停用时发电机能安全运行的最大负荷为 75%额定负荷。此时，要求定子冷却水系统正常运行，发电机氢气露点温度低于冷氢温度。

（10）无刷励磁系统中的旋转整流装置的多个并联支路中，每臂有 10 个支路，共 20 个二极管，有足够的裕量，能保证额定励磁和强励的要求；若某一臂一个支路损坏，仍能保证额定和强励运行；两个支路损坏可保证额定运行，但限制发电机强励；若 3 个支路损坏，则发电机必须解列。

（五）机组负荷运行控制与调整

1. 电话调度方式

负荷指令由上级调度值班员通过电话指令下达给当班值长，再由值长发令给各台运行机组。运行人员接到值长令后，手动设置机组负荷指令，再由协调控制系统按一定的速率完成机组的负荷升降。

2. AGC 方式下的负荷调节

（1）AGC 方式下机组的目标负荷由中调遥控设定，负荷变化率可以由运行操作员手动设定或按调度要求规定。此时应确认：

1）机组协调投入。

2）根据机组实际情况设置合适的负荷变化率；按调度要求规定。

3）根据 AGC 要求设定，在负荷限制块上设定合适的机组最低、最高负荷限值。

（2）负荷变化率设定应与机组的实际出力变化能力相符合。

（3）机组发生大的扰动应及时调整，必要时可申请退出 AGC。

3. 负荷调整注意事项

（1）机组负荷发生调整，应注意制粉系统的运行台数与机组负荷相匹配，及时投停制粉系统，从而保证锅炉稳定、经济运行。

（2）负荷变动时，应注意监视炉膛压力，风量，氧量，分离器出口焓值，煤水比，主、再热蒸汽温度等参数，并确保不超限。

（3）注意机组协调控制的工作是否正常。观察煤量、给水量是否与机组负荷相匹配，大约 1 万负荷对应 30t 左右的给水、3.7～4t 的煤（煤种不同有所区别）。

（4）保持风煤比例合适，确保炉膛内有足够的氧气能保证煤粉充分燃烧。

（5）负荷调整完毕后，注意检查发电机的电流、氢气温度、绕组温度、铁芯温度，汽轮机的轴承座振动、轴承金属温度、各抽汽压力温度、排汽温度等参数以及其他辅助系统和设备的工作情况。

（六）机组一次调频系统及自动发电控制（AGC）

1. 自动发电控制（AGC）

自动发电控制（AGC）是电力系统的主要调频方式。机组投入 AGC 后，调度根据系统调频需要，通过自动发电控制（AGC）系统将机组负荷曲线下发至各电厂，机组根据机组负荷曲线进行实时负荷调整。

2. 投入 AGC 和一次调频运行

机组进行投入 AGC 和一次调频运行或更改运行定值均由值长请示调度后进行。机组因故退出 AGC 或一次调频运行时，必须得到调度的许可。

（1）机组进行事故处理时，需要退出一次调频和 AGC 时，可先行退出，事故处理结束后，值长应向调度汇报原因。

（2）机组进行涉网试验需退出一次调频和 AGC 时，需要在试验方案中注明，方案得到调度同意后方可进行。试验时进行机组一次调频及 AGC 投、退操作前值长也应在调度管理平台进行申报，征得调度同意后方可进行操作。

（3）机组正常运行时，不得随意修改机组负荷变化率，保证机组实际负荷满足调度负荷曲线要求。

（4）机组启动正常后或停机前需要进行一次调频及 AGC 投、退操作前值长也应在调度管理平台进行申报，征得调度同意后方可进行操作。

（5）对于基层发电企业而言，“安全可靠、经济可行”的深度调峰技术路线已经明确，只有抓紧研究落实具体改造技术方案和协调控制优化，在成本和效率之间找准平衡点，让技术和经验越加成熟和有效，这是火电机组的必然出路。提升机组深度调峰负荷的适应性及机组协调控制性能。在机组热态运行中，通过对机组设备改造以及各控制系统优化、保护逻辑梳理。

3. 一次调频

一次调频是指电网的频率一旦偏离额定值时，电网中机组的控制系统就自动地控制机组有功功率的增减，限制电网频率变化，使电网频率维持稳定的自动控制过程。

电网为一个巨大的惯性系统，根据转子运动方程，当电网有功功率缺额时，发电机转子加速，电网频率升高；反之，电网频率降低。因此，一次调频功能是动态的，保证电网有功功率平衡的手段之一。当电网频率升高时，一次调频功能要求机组降低并网有功功率；反之，机组提高并网有功功率。主要参与电网一次调频的有火电机组、水电机组，部分风电、光伏、储能也具备电网一次调频能力。

4. 进相运行

发电机正常运行时，向系统提供有功的同时还提供无功，定子电流滞后于端电压一个角度，此种状态即迟相运行。当逐渐减少励磁电流使发电机从向系统提供无功而变为从系统吸收无功，定子电流从滞后而变为超前发电机端电压一个角度，此种状态即进相运行。同步发电机进相运行时较迟相运行状态励磁电流大幅度减少，发电机电动势 $E\mathrm{q}$ 也相应降低。从功角关系看，在有功不变的情况下，功角必将相应增大，发电机的静态稳定性下降。

5. 无功电压调节

通过自动控制程序，根据电网实时运行工况，在线计算无功电压控制策略，在控制区内自动闭环控制无功和电压调节设备，以实现控制区合理无功电压分布的控制。AVC 是由主站无功自动控制程序、信息传输路径、信息接收装置、子站 AVC 控制系统及执行机构等环节组成的整体。

二、机组控制方式

电厂单元机组控制要解决的问题是机组的功率自动调节，也就是锅炉和汽轮机作为一个生产整体来适应外界负荷的需要，这样就涉及锅炉和汽轮机的调节性能。从电网角度考虑，机组负荷调节要有快速的响应性，而从电厂机组的运行来看，快速的负荷调节要在保证机组安全稳定运行的前提下进行。机、炉的调节特性有很大差异，锅炉热惯性大，反应慢；汽轮机惯性小，反应快。在增减负荷时，汽轮机的调节阀进行快速调节，会引起机前压力较大波动，造成锅炉压力不稳，从而影响机组的稳定和安全。单元机组的机炉协调控制能很好地解决这个矛盾，但是在机组的启停和重要辅机故障及事故处理时，机炉协调控制并不能完全适应机组的安全稳定调节，这就引出了机组的其他几种控制方式：汽轮机跟随控制方式（TF）、锅炉跟随控制方式（BF）、机炉手动控制方式（BASE）。机炉协调控制方式（CCS）又可分为以炉跟机为基础的协调控制方式（CCS-BF）、以机跟炉为基础的协调控制方式（CCS-TF）。

（一）机炉手动控制方式（BASE）

锅炉、汽轮机都是手动，汽轮机和锅炉的控制指令均由操作员手动控制，机、炉各自运行，之间不存在任何关联。主控系统中的负荷要求指令跟踪机组的实际出力，为投入自动做好准备。

机炉手动控制方式适用于机组启动的初级阶段和停机的最后阶段，特别是机组并网后到切缸前这一阶段，在参数不稳定和操作量较大的情况下，该方式能很好地稳定机炉运行，在机组滑停的最后阶段，该方式也经常应用，它能使机组在各自手动状态下稳定运行，操作员人为控制的主动性增加，机动性增强，调整手段增多，灵活地适应于现场操作。

在机炉设备出现故障或机组协调不稳定时，应解除机炉主控。机组的子控制系统自动无法投入时，也应切为手动方式运行。

机炉手动控制方式的缺点是所有操作均由人工判断、操作，易引起误操作。设置100％高压旁路的机组，旁路可设置自动，控制机组压力不超压。

（二）汽轮机跟随控制方式（TF）

在汽轮机跟随控制方式下，机组负荷的改变是通过锅炉输入控制来完成。汽轮机控制主蒸汽压力。由于直接调整锅炉的输入，该方式极大地稳定了机组运行。然而，这种运行方式对机组负荷响应特性却不如协调控制（CCS）和锅炉跟踪（BF）方式。发生辅机故障快速减负荷（RB）时，会自动地选择汽轮机控制方式。

由于机组启动初期，燃烧相对不稳定，则压力不稳定，在此工况下，投入汽轮机跟随方式，机前压力设定后，汽轮机调节阀根据设定值进行自动调整，锅炉燃烧弱时，汽轮机关小调节阀，燃烧强时，开大调节阀，始终使机前压力保持。如果要增加负荷，可手动增加锅炉燃料量，使调节阀自动开大，相应的就使负荷增。

在正常滑参数停机的中后期，也可很好地进行应用。通过减小燃料量，调节阀自动关小，负荷减至停机前，直至机组打闸。但在机组大小修前停机时、停机后期不适宜投入，因为随着燃料量的减小，调节阀逐渐关小，汽轮机的冷却蒸汽量减小，对汽缸的深度冷却不够。

在机组正常运行中，如果汽轮机调节阀、汽轮机振动有问题时，也不适宜投入，以免调节阀调整频繁，加剧问题扩大。

（三）锅炉跟随控制方式（BF）

机组负荷由汽轮机控制，锅炉调整压力，锅炉的燃烧量按照汽轮机的需要自动调整。锅炉侧处于被动跟随状态，调节具有一定的滞后性，不利于锅炉的稳定运行。

锅炉跟随控制方式在现在主控单元机组应用较少。在汽轮机投入手动情况下，汽轮机阀位变化，负荷也就相应地变化，锅炉则自动调整燃料量，跟踪压力，以维持当前压力。在汽轮机有故障时，投入锅炉主控自动，解除汽轮机自动，固定阀位，对汽轮机的稳定运行有利，但由于锅炉调整频繁，对锅炉的运行调节不利。

在机组大小修前滑停中期，投入该方式对降缸温比较有利。在参数降至一定程度，解除汽轮机主控，使汽轮机调节阀固定在一个相对较大的开度，然后根据当前缸温来匹配降低的蒸汽温度，这样在调节阀开度较大下（保证蒸汽流通量）来降低蒸汽温度，能使缸温很好地得到冷却。但在滑停后期也应解除锅炉主控，否则锅炉燃料量不会自动减小，燃烧不会减弱，对温度和压力的进一步下降不利，解除锅炉主控后，机、炉均在手动，此时变为 BASE 控制方式。手动减少燃料量，降低锅炉燃烧，锅炉压力下降，在汽轮机调节阀不变的情况下，使蒸气压力、蒸汽温度、负荷下滑，在蒸汽温度、蒸气压力下降到一定程度后，手动关小调节阀，以免打闸前负荷过高。

在机组正常运行时，特别是高负荷时，不要轻易使用该方式，更不要随便手动增加阀位，以免机组过负荷或使机组振动加剧。

（四）协调控制方式（CCS）

在单元机组控制系统的设计中，考虑锅炉和汽轮机的差异和特点，采取某些措施，让机、炉同时按照电网负荷的要求变化，接受外部负荷的指令，根据主要运行参数偏差，协调地进行控制，从而在满足电网负荷要求的同时，保持主要运行参数的稳定，称为协调控制方式。这种控制方式可以极大地满足电网的需求。为了投入协调控制运行方式，不仅要把锅炉输入控制和汽轮机主控投入自动，而且还要把所有的主要控制回路投入自动运行。诸如给水、燃料量、风量和炉膛压力控制。

协调控制方式由负荷指令处理回路和机、炉主控制回路两部分组成。

负荷指令处理回路的作用：该回路接受的外部指令是电网调度的负荷分配指令、机组运行人员改变负荷的指令、电网频率自动调整的指令。根据机组运行状态和电网对机组的要求，选择一种或几种。

限制负荷指令的变化率和起始变化幅度，根据机组变负荷的能力，规定对机组负荷要求指令的变化不超过一定速度，以及起始变化不超过一定幅度。限制机组最高和最低负荷。

甩负荷保护：在机组辅机故障时，不管外部对机组的负荷要求如何，为保证机组继续运行，必须把负荷降到适当水平。

根据机组的辅机运行状态，选择不同的运行工况。

1. 以炉跟机为基础的协调控制方式（CCS-BF）

这是常用的协调控制方式。锅炉、汽轮机自动系统都投入，锅炉主要调节主蒸汽压力，汽轮机主要调节功率。可以参加电网调频，可以投入AGC。自动发电量控制（Automatic Generation Control，AGC）是能量管理系统EMS中的一项重要功能，它控制着调频机组的出力，以满足不断变化的用户电力需求，并使系统处于经济的运行状态。

以炉跟机为基础的协调控制方式基本原理如下：当外界需要负荷增加时，功率信号加大，出现正的偏差信号，加到汽轮机主控器上，使汽轮机调节阀开大，负荷增加，同时该信号也加到锅炉控制器上使燃料量增加，提高锅炉蒸汽量。汽轮机调节阀的开大，引起蒸气压力下降，锅炉虽已增加了燃料量，但由于锅炉的延迟性，出现了正的压力偏差信号，此信号促使锅炉燃料量进一步加大，压力偏差信号按负方向加到汽轮机主控制器上，使调节阀关小，蒸气压力恢复。正的功率偏差使调节阀开大，它开大后导致正的压力偏差，又使调节阀关小，这两个偏差信号使调节阀在开大到一定程度后停在某一位置。协调控制方式中，会同时出现功率和压力偏差信号，但功率偏差信号的作用会被压力偏差信号作用抵消，两者之间建立一定关系，该关系不能长时间维持，因为功率及压力偏差信号会逐渐消失，同时调节阀在功率偏差和主蒸汽压力恢复下，提高了机组负荷，使功率偏差也逐渐缩小，最后功率和压力偏差均趋于零，机组在新的负荷下达到新的稳定状态。

2. 以机跟炉为基础的协调控制方式（CCS-TF）

锅炉、汽轮机自动系统都投入，汽轮机主要调节主蒸汽压力，锅炉主要调节负荷。这种方式不利于电网调频，功率调节较慢，因此实际运行中此种方式较少采用。

三、机组定期工作

（一）给水泵汽轮机交流润滑油泵切换操作

（1）确认给水泵汽轮机油系统所有相关工作票均已终结或收回，现场场清、料净。

（2）确认给水泵汽轮机油系统油泵绝缘合格，处于正常备用状态。

（3）启动给水泵汽轮机备用油泵。

（4）检查给水泵汽轮机备用油泵出口油压，正常。

（5）检查给水泵汽轮机油系统压力正常，确认比单泵压力升高。给水泵汽轮机振动、瓦温正常。

（6）停运给水泵汽轮机原运行油泵。

（7）检查给水泵汽轮机油系统压力正常，检查备用泵热控联锁投入、电气硬联锁按当前运行方式投入。

（8）操作完毕，汇报值长。

（二）润滑油排油烟风机切换操作

（1）确认备用润滑油排油烟风机出口门开启，启动前检查完毕。

（2）确认备用润滑油排油烟风机绝缘合格，电源正常。

（3）启动备用润滑油排油烟风机，就地检查运行情况。

（4）检查润滑油排油烟风机进口压力、电流及振动正常。

（5）停运原运行的润滑油排油烟风机。

（6）检查系统压力等各参数正常。

（7）检查风机联锁投入。

（8）润滑油排油烟风机切换操作完毕，汇报值长。

（三）汽轮机交流润滑油泵切换操作

（1）汽轮机交流润滑油泵启动前检查完毕。

（2）确认交流润滑油泵绝缘合格，电源正常。

（3）启动交流润滑油泵，检查润滑油泵出口压力、电流及振动正常。

（4）确认两台汽轮机交流油泵电流平衡。

（5）如电流偏低，开启各台油泵出口排空门，对系统排空气至正常。

（6）关闭各台油泵出口排空门。

（7）将油泵“主、备”选择开关切换到原来的备用油泵。

（8）确认汽轮机两台交流油泵并列运行达 5min。

（9）停运原运行的汽轮机交流润滑油泵。

（10）确认汽轮机润滑油系统压力等参数正常。

（11）确认汽轮机润滑油系统正常。

（12）操作完毕，汇报值长。

（四）汽轮机润滑油滤网切换

（1）确认闭式冷却水系统运行正常。

（2）确认汽轮机润滑油备用的滤网干净正常。

（3）开启汽轮机润滑油备用滤网注油手动门。

（4）开启汽轮机润滑油备用滤网排空手动门。

（5）10min 后，观察汽轮机润滑油备用滤网排空管道已充满油。

（6）将汽轮机润滑油滤网三通切换阀缓慢切至原来的备用滤网侧，注意润滑油压力的波动。

（7）关闭注油门，确认汽轮机润滑油滤网差压正常，润滑油压力和油温正常。

（8）工作结束后，对清洗后的滤网进行注油放气，恢复备用。

（9）操作完毕，汇报值长。

（五）EH 油泵切换操作

（1）确认 EH 油系统所有相关工作票均已终结或收回，现场场清、料净。

（2）确认 EH 油系统备用油泵绝缘合格，处于正常备用状态；油箱油位正常。

（3）检查 EH 油系统各阀门位置正确。

（4）将EH油泵联锁方式由当前运行油泵为主切换到当前备用油泵为主。

（5）检查EH油系统备用油泵启动。

（6）检查EH油系统备用油泵出口油压正常。

（7）检查EH油系统运行正常。

（8）检查EH油系统原运行的油泵自动停运。

（9）检查EH油系统压力正常。

（10）操作完毕，汇报值长。

（六）闭式冷却水泵切换操作

（1）确认闭式冷却水系统所有相关工作票均已终结或收回，现场场清、料净。

（2）确认备用闭式冷却水泵绝缘合格，处于正常备用状态。

（3）确认热工已将两台闭式冷却水泵出口电动门强制，人工可以开关。

（4）确认备用闭式冷却水泵已充满水，对泵体进行充分排气。

（5）将备用闭式冷却水泵出口电动门关至1/5开度。

（6）启动备用闭式冷却水泵。

（7）检查备用闭式冷却水泵出口水压正常。

（8）全开备用闭式冷却水泵出口电动门。

（9）用闭式冷却水泵再循环门调节闭式冷却水压。

（10）检查汽轮机、给水泵汽轮机润滑油压和调节油压正常。

（11）检查闭式冷却水系统运行正常。

（12）关闭闭式冷却水原运行的水泵出口电动门至全关。

（13）检查闭式冷却水系统压力正常。

（14）停运闭式冷却水原运行的水泵。

（15）检查闭式冷却水系统压力正常。

（16）重新投入联锁，确认停运闭式冷却水泵的出口止回门回座后，全开闭式冷却水原运行的闭式冷却水泵出口电动门，恢复正常备用状态。

（17）检查闭式冷却水系统压力正常。

（18）操作完毕，汇报值长。

（七）凝结水泵定期启动试验操作

（1）确认凝结水泵所有相关工作票均已终结或收回，现场场清、料净。

（2）确认凝结水泵绝缘合格，处于正常备用状态。

（3）检查凝结水泵各阀门位置正确。

（4）根据需要调节凝结水泵再循环门。

（5）启动备用凝结水泵。

（6）检查凝结水泵出口水压正常，必要时通过再循环门适当调整。

（7）检查备用凝结水泵出口压力、轴承及电动机温度正常。

（8）备用凝结水泵运行5min后停运。

（9）检查凝结水系统运行正常。

（10）操作完毕，汇报值长。

（八）定子内冷水泵切换操作

（1）确认定子内冷水系统所有相关工作票均已终结或收回，现场场清、料净。

（2）确认定子内冷水备用的水泵绝缘合格，处于正常备用状态。

（3）确认定子内冷水备用的水泵出口手动门全开。

（4）启动定子内冷水备用的水泵。

（5）检查定子内冷水备用的水泵出口水压正常。

（6）检查定子内冷水备用的水泵电流与原运行的水泵电流接近，母管压力高于单泵运行压力，系统运行正常。

（7）停运定子内冷水原运行的水泵。

（8）检查定子内冷水系统压力正常，停运泵无倒转。

（9）操作完毕，汇报值长。

（九）备用水环真空泵定期试运操作

（1）确认机组运行正常，机组真空正常。

（2）确认水环真空泵联锁退出。

（3）把高低压凝汽器两个联络电动门打检修位，并保持当前状态不变。

（4）子组启动一台水环真空泵。观察水环真空泵电流返回。

（5）水环真空泵进口气动门前后差压大于规定值后，观察水环真空泵进口气动门自动开启。

（6）检查水环真空泵密封水泵运行正常，检查水环真空泵运行正常。

（7）如果水环真空泵汽水分离器液位上升超过 800mm，则观察水环真空泵汽水分离器溢流的同时，打开水环真空泵汽水分离器放水手动门同时放水，直到水位降至 500mm 以下。

（8）水环真空泵汽水分离器液位小于或等于 500mm 后，关闭水环真空泵汽水分离器放水手动门。

（9）手动关闭水环真空泵进口气动门，确认该门关闭后，立即停运水环真空泵。

（十）轴封加热器风机切换操作

（1）备用轴封加热器风机启动前检查完毕。

（2）确认备用轴封加热器风机绝缘合格，电源正常。

（3）启动备用轴封加热器风机，就地检查运行情况。

（4）检查轴封加热器风机进口压力，电机电流及振动正常。

（5）停运原运行的轴封加热器风机。

（6）检查系统压力等各参数正常。

（7）检查备用轴封加热器风机联锁投入正常。

（8）轴封加热器风机切换操作完毕，汇报值长。

（十一）密封油直流油泵定期试验操作

（1）确认密封油直流油泵已具备启动条件；密封油系统运行正常。

（2）确认密封油直流油泵出口门已开启。

（3）密封油真空油箱和氢侧回油箱的浮球阀处于自由调节状态。

（4）确认汽轮机润滑油系统运行正常，密封油箱油位正常。

（5）确认密封油系统闭式冷却水投运正常。

（6）确认密封油直流油泵已送电。

（7）启动密封油直流油泵。

（8）检查密封油系统运行正常，全面检查油系统无泄漏。

（9）检查密封油直流油泵出口压力正常。

（10）检查密封油箱、真空油箱、氢侧回油箱油位正常。

（11）停运密封油直流油泵。

（12）检查密封油系统压力正常。

（13）密封油直流油泵试运完毕，汇报值长。

（十二）备用制粉系统切换操作

（1）确认备用制粉系统具备启动条件。

（2）检查磨煤机二次风门已投自动。

（3）关闭磨煤机冷、热风关断、调节挡板。

（4）通知巡检让磨煤机附近的人员远离。

（5）缓慢开启磨煤机消防蒸汽电动门，该门全开 3min 后关闭。

（6）开启磨煤机冷风闸板门，缓慢将冷风调节门开至 10%～50%。

（7）启动动态分离器。

（8）投入动态分离器自动或手动将其开度调整至 50%～70%。

（9）启动磨煤机电动机，检查磨煤机空载电流正常，就地检查振动、声音正常。

（10）开启磨煤机热风闸板门，手动调整磨煤机冷、热风调节挡板，以 3℃/min 的升温速率将出口温度逐渐上升至 65～80℃，暖磨 10min。

（11）缓慢将磨煤机入口风量升至 110～120t/h。

（12）启动给煤机。

（13）检查相应疏松机动作，否则手动启动一次。逐渐增加给煤机出力，降低需停运给煤机出力。

（14）投入磨煤机消防蒸汽电动门联锁。

（15）给煤机启动后，应调整磨煤机冷、热风调节挡板开度，保证磨煤机出口温度。

（16）磨煤机出口温度升至正常且稳定后，投入冷、热风调节挡板自动。

（17）就地检查给煤机煤层运行情况正常，皮带无偏斜、破损，清扫机工作正常。

(18) 降低给煤机转速至10%。

(19) 待给煤机皮带上有煤信号消失后，停止给煤机运行。

(20) 磨煤机继续运行，关闭热风调节挡板，冷风调节挡板开大，以额定风量吹扫磨煤机10min。

(21) 吹扫结束且磨煤机电流降至空载电流时，停止磨煤机运行。

(22) 停止动态分离器。

(23) 注意密封风与一次风差压，逐渐将磨煤机冷风调节挡板关至5%通风冷却。

(24) 投入停运磨煤机电动机电加热器，退出启动磨煤机电动机电加热器。

(25) 通知灰控：备用制粉系统已启动，原运行制粉系统已停止。

(26) 操作完毕，汇报值长。

（十三）风机油站运行油泵与备用油泵的切换操作

(1) 就地确认备用油泵具备运行条件。

(2) 确认油泵联锁已投入。

(3) 在CRT画面上启动备用油泵。

(4) 就地检查原备用油泵出口油压、振动、声音正常。

(5) 就地及盘上确认控制油压、润滑油压正常，且控制油压较单泵运行时略高。

(6) 在CRT上停运原运行油泵。

(7) 就地确认控制油压、润滑油压正常。

(8) 就地检查停止运行的油泵没有倒转现象。

(9) 在运行设备定期切换和定期试验记录簿上做好记录。

(10) 操作完毕，汇报值长。

（十四）引风机轴承冷却风机运行与备用的切换操作

(1) 检查确认备用轴冷风机具备运行条件。

(2) 确认轴冷风机联锁已投入。

(3) 在CRT画面上启动备用的轴冷风机。

(4) 就地检查风机转向正确，振动、声音正常，风机电流指示正常。

(5) 检查轴冷风机出口换向挡板转动灵活。

(6) 在CRT上停运原运行的轴冷风机。

(7) 检查冷却风风压正常。

(8) 就地检查轴冷风机出口换向挡板严密，停运的轴冷风机没有倒转现象。

(9) 在设备定期切换试验记录簿上做好记录。

(10) 操作完毕，汇报值长。

（十五）火焰检测器冷却风机运行与备用的切换操作

(1) 检查确认备用火焰检测器冷却风机具备运行条件。

（2）确认火焰检测器冷却风机联锁投入。

（3）在CRT画面上启动备用的火焰检测器冷却风机。

（4）就地检查风机转向正确，振动、声音正常，风机电流指示正常，火焰检测器冷却风机母管风压升高。

（5）检查火焰检测器冷却风机出口换向挡板转动灵活。

（6）在CRT上停运原运行的火焰检测器冷却风机。

（7）检查火焰检测器冷却风机母管风压正常。

（8）就地检查火焰检测器冷却风机出口换向挡板严密，停运的火焰检测器冷却风机没有倒转现象。

（9）在设备定期切换试验记录簿上做好记录。

（10）操作完毕，汇报值长。

（十六）密封风机运行与备用的切换操作

（1）检查确认备用密封风机具备运行条件。

（2）检查备用密封风机的入口门在关闭状态。

（3）确认密封风机联锁投入。

（4）在CRT画面上启动备用密封风机，检查该风机入口门联开，风机电流指示正常。

（5）就地检查原备用密封风机转向正确，风压、振动、声音正常。

（6）确认密封风压力正常。

（7）在CRT上停运原运行密封风机，检查该风机入口门联关。

（8）确认密封风与一次风差压应大于或等于2kPa，密封风机出口压力大于13.5kPa。

（9）就地检查停止的密封风机没有倒转现象。

（10）在运行设备定期切换和定期试验记录簿上做好记录。

（11）操作完毕，汇报值长。

（十七）汽轮机顶轴油泵试启动操作（配液压马达盘车系统）

（1）备用顶轴油泵启动前检查完毕。

（2）确认备用顶轴油泵绝缘合格，电源正常。

（3）联系热工退出汽轮机盘车电磁阀联锁，关闭汽轮机盘车电磁阀。

（4）启动备用的A顶轴油泵，就地检查运行情况。检查顶轴油泵母管压力、电流及汽轮机振动正常。

（5）停运A顶轴油泵。

（6）启动备用的B顶轴油泵，就地检查运行情况。检查顶轴油泵母管出口压力、电流及汽轮机振动正常。

（7）停运B顶轴油泵。

（8）启动备用的C顶轴油泵，就地检查运行情况。检查顶轴油泵母管出口压力、电流及汽轮机振动正常。

（9）停运C顶轴油泵。

(10) 开启汽轮机盘车电磁阀，联系热工恢复汽轮机盘车电磁阀联锁。

(11) 汽轮机顶轴油泵试启操作完毕，汇报值长。

(十八) 汽轮机高、中压主汽门、中压调节汽门部分行程活动试验（上汽 1000MW 机组）

(1) 经值长同意，联系热工、机务人员到场，准备做高中压主汽门、中压调节汽门部分行程活动试验。

(2) 确认机组运行状态正常，CCS 运行正常，退出机组 AGC 方式，稳定当前负荷。

(3) 热控检查 DEH 控制回路及逻辑正常。

(4) 检查机组各高中压主汽门、中压调节汽门开度在 100%，高压调节汽门处于正常调节状态。

(5) 检查机组各高中压主汽门、中压调节汽门的两个跳闸电磁阀带电关闭。

(6) 检查机组各高中压主汽门、中压调节汽门的部分行程试验块为退出状态。

(7) 点开“HP ESV1 15% TEST”操作块，进行 1 号高压主汽门部分（15%）行程活动试验。

(8) 值班员监视 1 号高压主汽门开度从 100%降到 15%（约）后立即恢复到 100%。

(9) 巡检与机务人员查看 1 号高压主汽门就地活动情况。

(10) 确认 1 号高压主汽门活动正常，对机组无任何影响，方可继续进行后续试验。

(11) 点开“HP ESV2 15% TEST”块，进行 2 号高压主汽门部分（15%）行程活动试验。

(12) 值班员监视 2 号高压主汽门开度从 100%降到 15%（约）后立即恢复到 100%。

(13) 巡检与机务人员查看 2 号高压主汽门就地活动情况。

(14) 确认 1 号高压主汽门活动正常，对机组无任何影响，方可继续进行后续试验。

(15) 点开“IP ESV1 15% TEST”块，进行 1 号中压主汽门部分（15%）行程活动试验。

(16) 盘操监视 1 号中压主汽门开度从 100%降到 15%（约）后立即恢复到 100%。

(17) 巡检与机务人员查看 1 号中压主汽门就地活动情况。

(18) 确认 1 号中压主汽门活动正常，对机组无任何影响，方可继续进行后续试验。

(19) 点开“IP ESV2 15% TEST”块，进行 2 号中压主汽门部分（15%）行程活动试验。

(20) 值班员监视2号中压主汽门开度从100%降到15%（约）后立即恢复到100%。

(21) 巡检与机务人员查看2号中压主汽门就地活动情况。

(22) 确认2号中压主汽门活动正常，对机组无任何影响，方可继续进行后续试验。

(23) 点开“IP CV1 15% TEST”块，进行1号中压调节汽门部分(15%)行程活动试验。

(24) 值班员监视1号中压调节汽门开度从100%降到15%（约）后立即恢复到100%。

(25) 巡检与机务人员查看1号中压调节汽门就地活动情况。

(26) 确认1号中压调节汽门活动正常，对机组无任何影响，方可继续进行后续试验。

(27) 点开“IP CV2 15% TEST”块，进行1号中压调节汽门部分(15%)行程活动试验。

(28) 值班员监视2号中压调节汽门开度从100%降到15%（约）后立即恢复到100%。

(29) 巡检与机务人员查看2号中压调节汽门就地活动情况。

(30) 确认2号中压调节汽门活动正常，对机组无任何影响。

(31) 回检正常。

(32) 汇报值长。

(十九) 高、中压主汽门全行程活动性试验（ATT）（上汽1000MW机组）

(1) 确认DEH系统工作正常，汽轮机运行、各辅助系统运行情况良好，参数稳定，EH油质化验合格；试验负荷在50%～70%额定负荷，一般情况选择60%～65%额定负荷，无其他工作。

(2) 通知汽轮机、热控相关人员到位。巡检、检修人员在汽轮机阀门组对应EH油供油手动门处（已核对好阀门组对应关系），做好随时关闭供油手动门准备。检查机侧主、再热蒸汽管道疏水手动门开启。

(3) 进入DEH中“AUTO TURB TESTER”画面，检查高中压主汽门、中压调节汽门均全部开启，高压调节汽门阀位正常。补汽阀就地供油手动门在全关位置，补汽阀阀限在－5%，其他各调阀、主汽门阀限在105%。

(4) 工况稳定，将机组由CCS控制方式切至基本（BASE）方式，将DEH投在限压工作方式。

(5) 退出本机7个阀门的ATT试验SLC（高、中压汽门组4个，高压缸排汽止回阀1个，高压缸排汽通风阀1个，补气阀1个）。试验需成组分批进行，即做什么阀门试验，即投入哪个阀门组的ATT SLC。

(6) 两侧主蒸汽温度调整设定到590℃左右，再热蒸汽温度在570℃左右，根据试验进程，相应投入锅炉过热、再热减温水调节阀自动；试验时运行重点检查 EH 油压、蒸汽温度、给水流量、TSI 瓦温振动、负荷、高压加热器水位、蒸汽压力、高压旁路等参数的波动。当试验过程中，如有调节门卡涩、EH 油压下降，立即准确无误地关闭试验阀门组对应的 EH 油供油手动门。

（7）进行 1 号高压主汽门调节门组试验，相应的 ATT SLC 投 ON。

（8）选择 ATT ESV/CV SGC 子组，投入后执行下一步。

（9）1 号高压调节门根据指令关闭，确认 2 号高压调节门开启，根据负荷进行调节。

（10）1 号高压调节门完全关闭后，进行 1 号高压主汽门活动试验及跳闸电磁阀试验，确认 1 号高压主汽门两个跳闸电磁阀分别动作一次，相应的 1 号高压主汽门全关活动两次。给出试验成功反馈，1 号高压主汽门试验完成。

（11）在 1 号高压主汽门关闭的情况下，进行 1 号高压调节门活动试验及跳闸电磁阀试验。

（12）确认高压调节门两个跳闸电磁阀分别动作一次，相应的 1 号高压调节门全关活动两次。

（13）给出试验成功反馈，1 号高压调节门试验完成。

（14）检查在 1 号高压主汽门全开后，1 号高压调节门开始缓慢打开，2 号高压调节门开始缓慢关小，直到恢复到试验前的状态。

（15）1 号高压主汽门调节门组 ATT SLC 投 OFF。

（16）进行 2 号高压主汽门调节门组试验，相应的 ATT SLC 投 ON。

（17）选择 ATT ESV/CV 子 SGC，投入后执行下一步。

（18）2 号高压调门根据指令关闭，确认 1 号高压调门开启，根据负荷进行调节。

（19）2 号高压调节门完全关闭后，进行 2 号高压主汽门活动试验及跳闸电磁阀试验，确认 2 号高压主汽门两个跳闸电磁阀分别动作一次，相应的 2 号高压主汽门全关活动两次。给出试验成功反馈，2 号高压主汽门试验完成。

（20）在 2 号高压主汽门关闭的情况下，进行 2 号高压调节汽门活动试验及跳闸电磁阀试验。

（21）确认高压调节汽门两个跳闸电磁阀分别动作一次，相应的 2 号高压调节汽门全关活动两次。

（22）给出试验成功反馈，2 号高压调节汽门试验完成。

（23）在 2 号高压主汽门全开后，2 号高压调节汽门开始缓慢打开，1 号高压调节汽门开始缓慢关小，直到恢复到试验前的状态。

（24）2 号高压主汽门、高压调节汽门组 ATT SLC 投 OFF。

（25）进行 1 号中压主汽门调节汽门组试验，相应的 ATT SLC 投 ON。

（26）选择 ATT ESV/CV 子 SGC，投入后执行下一步。

（27）1号中压调节汽门根据指令关闭，确认2号中压调节汽门开启。

（28）1号中压调节汽门完全关闭后，进行1号中压主汽门活动试验及跳闸电磁阀试验，确认1号中压主汽门两个跳闸电磁阀分别动作一次，相应的1号中压主汽门全关活动两次。给出试验成功反馈，1号中压主汽门试验完成。

（29）在1号中压主汽门关闭的情况下，进行1号中压调节汽门活动试验及跳闸电磁阀试验。

（30）确认中压调节汽门两个跳闸电磁阀分别动作一次，相应的1号中压调节汽门全关活动两次。

（31）给出试验成功反馈，1号中压调节汽门试验完成。

（32）在1号中压主汽门全开后，1号中压调节汽门开始缓慢打开，直到恢复到试验前的状态。

（33）1号中压主汽门调节汽门组ATT SLC投OFF。

（34）进行2号中压主汽门调节汽门组试验，相应的ATT SLC投ON。

（35）选择ATT ESV/CV子SGC，投入后执行下一步。

（36）2号中压调节汽门根据指令关闭，确认1号中压调节汽门开启。

（37）2号中压调节汽门完全关闭后，进行2号中压主汽门活动试验及跳闸电磁阀试验，确认2号中压主汽门两个跳闸电磁阀分别动作一次，相应的2号中压主汽门全关活动两次。给出试验成功反馈，2号中压主汽门试验完成。

（38）在2号中压主汽门关闭的情况下，进行2号中压调节汽门活动试验及跳闸电磁阀试验。

（39）确认中压调节汽门两个跳闸电磁阀分别动作一次，相应的2号中压调节汽门全关活动两次。

（40）给出试验成功反馈，2号中压调节汽门试验完成。

（41）在2号中压主汽门全开后，2号中压调节汽门开始缓慢打开，直到恢复到试验前的状态。

（42）2号中压主汽门调节汽门组ATT SLC投OFF。

（43）将所有阀门组的ATT子环投入。

（44）试验结束，稳定工况后将汽轮机DEH控制方式及机组控制方式切至原运行方式。

（45）操作完毕，汇报值长。

（二十）高、低压加热器抽汽止回门活动试验操作

（1）汇报值长，开始操作“高、低加抽汽止回门活动试验”。

（2）检查机组负荷在60%负荷以上稳定运行、高低压加热器设备运行无异常，维护人员就地到位。

（3）确认高压加热器正常疏水调节门及危急疏水调节门在自动方式，高压加热器水位正常。

(4) 将A列和B列高压加热器进出口三通阀、5号低压加热器和6号低压加热器进出口电动门打检修位；点击关闭1A高压加热器抽汽止回门，就地检查1A高压加热器抽汽止回门关闭。

(5) 点击开启1A高压加热器抽汽止回门，就地检查1A高压加热器抽汽止回门全开。

(6) 检查DCS阀门状态显示正常，就地无卡涩现象，监视1A高压加热器水位正常。

(7) 点击关闭1B高压加热器抽汽止回门，就地检查1B高压加热器抽汽止回门关闭。

(8) 点击开启1B高压加热器抽汽止回门，就地检查1B高压加热器抽汽止回门全开。

(9) 检查DCS显示正常，就地无卡涩现象，监视1B高压加热器水位正常。

(10) 点击关闭2A高压加热器抽汽止回门，就地检查2A高压加热器抽汽止回门关闭。

(11) 点击开启2A高压加热器抽汽止回门，就地检查2A高压加热器抽汽止回门全开。

(12) 检查DCS显示正常，就地无卡涩现象，监视2A高压加热器水位正常。

(13) 点击关闭2B高压加热器抽汽止回门，就地检查2B高压加热器抽汽止回门关闭。

(14) 点击开启2B高压加热器抽汽止回门，就地检查2B高压加热器抽汽止回门全开。

(15) 检查DCS显示正常，就地无卡涩现象，监视2B高压加热器水位正常。

(16) 点击关闭3A高压加热器抽汽止回门，就地检查3A高压加热器抽汽止回门关闭。

(17) 点击开启3A高压加热器抽汽止回门，就地检查3A高压加热器抽汽止回门全开。

(18) 检查DCS显示正常，就地无卡涩现象，监视3A高压加热器水位正常。

(19) 点击关闭3B高压加热器抽汽止回门，就地检查3B高压加热器抽汽止回门关闭。

(20) 点击开启3B高压加热器抽汽止回门，就地检查3B高压加热器抽汽止回门全开。

(21) 检查DCS显示正常，就地无卡涩现象，监视3B高压加热器水位正常。

(22) 点击关闭5号低压加热器抽汽止回门，就地检查5号低压加热器抽汽止回门关闭。

（23）点击开启5号低压加热器抽汽止回门，就地检查5号低压加热器抽汽止回门全开。

（24）检查DCS显示正常，就地无卡涩现象，监视5号低压加热器水位正常。

（25）点击关闭6号低压加热器抽汽止回门，就地检查6号低压加热器抽汽止回门关闭。

（26）点击开启6号低压加热器抽汽止回门，就地检查6号低压加热器抽汽止回门全开。

（27）检查DCS显示正常，就地无卡涩现象，监视6号低压加热器水位正常。

（28）试验结束，将各阀门的检修状态恢复到正常状态。

（29）检查DCS显示正常，各个止回阀压差在试验前后无变化。

（30）试验完毕，回检正常，汇报值长。

（二十一）单台汽动给水泵退出操作

（1）确认锅炉燃烧稳定。

（2）确认锅炉水冷壁中间点温度、过热蒸汽温度在正常范围。

（3）检查待退出汽动给水泵再循环全开。

（4）检查正常运行汽动给水泵再循环正常，给水控制在自动状态。

（5）解除待退出汽动给水泵转速自动并缓慢降低该汽动给水泵转速，同时观察另一台汽动给水泵转速缓慢上升，给水流量无明显波动。

（6）当两台汽动给水泵转速偏差超过200r/min，待退出汽动给水泵出口压力比给水母管压力低1MPa以上时，开始缓慢关闭待退出汽动给水泵出口电动门。

（7）观察另一台汽动给水泵转速控制正常，给水流量无明显波动。

（8）继续上述操作直至待退出汽动给水泵出口电动门全关。

（9）检查水冷壁中间点温度、给水流量、过热蒸汽温度在正常范围。

（10）根据需要停运待退出汽动给水泵。

（11）汇报值长，操作完毕。

（二十二）胶球系统启动操作

（1）确认胶球系统已具备投用条件。胶球系统投运前系统检查卡已执行完毕。

（2）确认系统完整，仪表齐全，执行机构灵活，电动机绝缘良好，电动机及控制盘电源送上。

（3）循环水系统注水排气运行正常，至少一台循环水泵运行。

（4）联系检修在每台机组的装球室内各装入足够数量的胶球。

（5）清洗装置的投入。

1）远程自动方式。

a. 选择操作模式："AUTO REMOTE"远程自动位。
b. 远方启动一台胶球泵，检查收球网进、出口压差正常。
2）就地自动方式。
a. 选择操作模式："AUTO LOCAL"就地自动位。
b. 按下"CS ON"启动一台胶球泵，检查收球网进、出口压差正常。
（6）检查胶球系统运行正常。
（7）胶球系统启动操作完毕，汇报值长。

（二十三）胶球系统停运操作

（1）确认胶球系统运行正常。
（2）清洗装置的退出。
1）远程自动方式。
a. 选择操作模式："AUTO REMOTE"远程自动位。
b. 远方停运一台胶球泵，检查收球网进、出口压差正常。
2）就地自动方式。
a. 选择操作模式："AUTO LOCAL"就地自动位。
b. 按下"CS OFF"停运一台胶球泵，检查收球网进出口压差正常。
（3）检查胶球系统运行正常。
（4）胶球系统启动操作完毕，汇报值长。

（二十四）真空严密性试验（罗茨真空泵）

1. 试验要求

一名副值专门负责监视和记录试验相关数据；一名有经验的巡检员负责就地真空泵入口门操作，一名有经验的巡检员负责准备真空泵开关上手动合闸操作，设备维护部人员配合；主值负责整台机组系统的全面检查、监视、应急处理。

2. 试验条件

（1）机组负荷应大于80%，各参数运行正常。
（2）凝汽器真空应大于－90kPa。
（3）两台罗茨真空泵运行正常，3台水环真空泵可靠备用，分离器水位不低于水位计的4/5。
（4）有关真空数值（就地、CRT及DEH）显示均正常。
（5）经值长许可，方可进行凝汽器真空严密性试验。

3. 试验操作

（1）试验前检查锅炉燃烧稳定，机组运行方式及主要参数正常。
（2）调整汽轮机轴封母管压力在3.5kPa左右，以就地各轴封不冒汽为准。
（3）试验前，对轴封系统进行全面检查。
（4）记录机组负荷、凝汽器排汽温度、真空等有关数据。
（5）退出罗茨真空泵联锁、确认水环真空泵联锁在退出位，真空泵联络门打检修位，把罗茨真空泵频率偏置恢复到0。同时，停运两台罗茨真空泵，注意监视真空下降速度，真空下降速度一般应不大于0.13kPa/min。

(6) 检查两台罗茨真空泵的进口气动门均已关闭，从主罗茨真空泵停运开始计时，开始记录相关数据，每隔半分钟，记录有关数据。

(7) 如在试验过程中，凝汽器真空下降至－88kPa，或真空下降总值超过2kPa，或低压缸排汽温度超过54℃，应停止试验并恢复到试验前状态。

(8) 试验共进行8min，试验结束后，启动两台罗茨真空泵，恢复系统运行。

(9) 试验结束，检查系统正常，汇报值长并做好凝汽器真空严密性试验结果的分析和记录。

(二十五) 6kV ×××电动机测绝缘送电操作

(1) 确认在进入机组6kV配电室内。

(2) 核对就地×××开关“KKS”编码正确。

(3) 核对就地×××开关“名称”正确。

(4) 检查6kV ×××开关确在“分闸”状态。

(5) 将6kV ×××开关切换把手切至“就地”。

(6) 断开6kV ×××开关的直流控制电源开关。

(7) 检查6kV ×××开关的直流控制电源开关已断开。

(8) 将6kV ×××开关小车摇至“试验”位置。

(9) 用钥匙将6kV ×××开关在试验位置人工锁定。

(10) 用钥匙打开6kV ×××开关出线电缆柜观察窗柜门。

(11) 在6kV ×××开关出线电缆头上验明三相无电压。

(12) 在6kV ×××开关出线电缆头上测绝缘合格。

(13) 记录绝缘值：__________。

(14) 关上并锁好6kV ×××开关出线电缆柜后柜门。

(15) 解除6kV ×××开关小车人工位置锁定。

(16) 将6kV ×××开关小车摇至“工作”位置。

(17) 合上6kV ×××开关的直流控制电源开关。

(18) 检查6kV ×××开关的直流储能电源开关已合上。

(19) 检查6kV ×××开关保护装置电源开关合好。

(20) 检查6kV ×××开关的加热器电源开关合好。

(21) 检查6kV ×××开关的照明电源开关已断开。

(22) 检查6kV ×××开关柜保护装置确已投入信号正常。

(23) 检查6kV ×××开关保护连接片投入。

(24) 检查6kV ×××开关合分闸状态显示正确。

(25) 检查6kV ×××开关储能指示状态显示正确。

(26) 检查6kV ×××开关柜模拟盘状态显示正确。

(27) 检查6kV ×××开关柜上加热电源小开关已在“合闸”位。

（28）检查 6kV ×××开关柜上照明电源小开关已在“分闸”位。

（29）将 6kV ×××开关远方/就地切换把手切至“远方”位。

（30）回检正常。

（31）汇报值长。

（二十六）柴油发电机组空载试验

（1）检查柴油发电机组在热备用状态。

（2）检查柴油发电机机头控制柜带电正常，无报警。

（3）检查柴发机头控制柜上“停止/手动/自动”切换开关在“自动”（Auto）位。

（4）检查柴油发电机组本体清洁、完整，无其他影响运行的障碍物。

（5）检查柴油发电机组冷却水水位正常。

（6）拔出油位标尺，检查柴油发电机组润滑油油位正常。

（7）检查柴油发电机组本体各油、水回路阀门已开启。

（8）检查柴油发电机油箱油位正常，对油箱排污。

（9）检查柴油发电机油箱至柴油机供油门开启。

（10）检查柴油发电机组的油、水回路无渗漏现象。

（11）检查柴油发电机组空气滤清器指示器颜色正常，无变红。

（12）检查柴油发电机组蓄电池无爬酸，电缆连接良好。

（13）检查柴油发电机组启动蓄电池电压大于 24V。

（14）检查柴油发电机组机体上的缸套冷却水加热器开关在“ON”位置。

（15）检查柴油发电机组并网柜内信号继电器无掉牌。

（16）检查柴油发电机组网柜内柴油发电机组出口电压开关已合上。

（17）检查柴油发电机组并网柜内保安 C 段母线电压开关已合上。

（18）检查柴油发电机组并网柜内保安 A 段母线电压开关已合上。

（19）检查柴油发电机组并网柜内保安 B 段母线电压开关已合上。

（20）检查柴油发电机组并网柜内储能控制开关已合上。

（21）检查柴油发电机组并网柜内 24V 控制开关已合上。

（22）检查柴油发电机组并网柜内发交流辅助总电源开关 F1 已合上。

（23）检查柴油发电机组并网柜内供油泵电源开关已合上。

（24）断开柜内柴油发电机组蓄电池充电器电源开关。

（25）检查柜内柴油发电机组差动保护装置控制电源 F4 已合上。

（26）检查柴油发电机组差动保护装置显示正常。

（27）检查并网柜上将工况选择开关（手动/自动）在自动位置。

（28）在并网柜上将工况选择开关（就地/远程）放远方位置。

（29）在并网柜上检查工况选择开关（与 A 段并网/与 B 段并网试验）在断开。

（30）在 DCS 画面上按下柴油发电机组启动按钮，启动柴油发电机组。

（31）检查柴油发电机组在5s后升速到1500r/m，电压达到400V。

（32）检查柴油发电机组出口开关自动合上。

（33）全面检查柴油发电机组运行情况，检查各处有无泄漏。

（34）在DCS画面上打印有关参数。

（35）在DCS画面上按下停机按钮。

（36）检查柴油发电机组出口开关自动断开。

（37）检查柴油发电机组经5min的冷却停机时间后停运。

（38）必要时对柴油发电机燃油箱补油，合上柴油发电机组蓄电池充电器电源开关。

（39）回检正常，汇报值长。

（二十七）凝结水补水泵切换操作

（1）检查凝结水补水系统运行正常，参数稳定，水箱水位正常。

（2）确认备用凝结水补水泵泵体放水手动门关闭。

（3）确认备用凝结水补水泵入口手动门开启。

（4）确认备用凝结水补水泵无倒转，油位正常，且泵在备用状态。

（5）确认原运行泵工作正常，泵联锁块切至原运行泵。

（6）检查备用凝结水补水泵出口电动门在关闭位置。检查备用凝结水补水泵再循环电动门开度与原运行泵再循环电动门开度相近。

（7）启动原备用凝结水补水泵。检查出口门开启；否则，立即手动开启备用凝结水补水泵的出口电动门。

（8）就地检查原备用凝结水补水泵工作正常。

（9）停运原运行凝结水补水泵，确认出口电动门联关。

（10）检查停运的凝结水补水泵电流到“零”，凝结水补水泵无倒转。

（11）记录运行凝结水；补水泵电流和出口压力。

（12）回检正常。

（13）汇报值长。

（二十八）汽包就地水位计的冲洗操作

（1）确认汽包水位计至疏水排污母管手动门开启。

（2）首先关闭水位计的汽侧、水侧二次门。

（3）关闭水侧一次门。

（4）开启水位计的放水门。

（5）开启水位计的汽侧二次门1/5圈，利用高压蒸汽冲洗水位计云母片。

（6）通过汽侧二次门的开度控制蒸汽流量。

（7）冲洗1～2min，待水位计清晰后可停止冲洗工作，顺序关闭水位计的汽侧二次门、放水门。

（8）水位计清晰后可停止冲洗工作，准备重新投入水位计运行。

（9）投入水位计运行。

1）检查并关闭水位计汽水侧一、二次门，放水门。

2）开启水位计放水门。

3）开启水位计汽侧一次门。

4）缓慢开启水位计汽侧二次门至1/5圈。

5）水位计预热2～3min。

6）预热结束后，顺序关闭水位计汽侧二次门。

7）关闭水位计放水一、二次门。

8）开启水位计水侧一次门。

9）开启水位计汽侧二次门至1/5圈。

10）开启水位计水侧二次门至1/5圈。

11）待水位计中水位稳定后，交替开启汽水侧二次门至全开。

（10）操作完毕，汇报值长。

（二十九）PCV（电磁释放阀）活动试验

（1）确认锅炉燃烧稳定。

（2）确认锅炉给水自动投入且汽包水位正常稳定。

（3）全关PCV阀前手动门。

（4）开启PCV阀。

（5）盘前检查PCV阀动作情况，就地检查PCV排放管路有无排汽声音，若有立即关闭PCV阀，待试验完毕后填写PCV阀前手动门内漏缺陷。

（6）关闭PCV阀。

（7）开启PCV阀前手动门。

（8）盘前检查PCV阀关闭情况；就地检查PCV排放管路有无排汽声音，若有立即关闭PCV阀前手动门，通知检修PCV阀内漏缺陷。

（9）汇报值长，操作结束。

（三十）汽轮机高压备用密封油泵（SOP）试启动

（1）接值长令：汽轮机高压备用密封油泵（SOP）试启动。

（2）检查相关工作票均已终结。

（3）在就地检查汽轮机高压备用密封油泵设备安装完好，泵出口压力表、热工测点均已投入。

（4）检查汽轮机高压备用密封油泵开关外观良好，在热备用状态，确认电动机绝缘合格。

（5）检查主油箱油位正常，排油烟风机运行正常，油箱上部为负压。

（6）检查交流润滑油泵运行正常。

（7）开启汽轮机高压备用密封油泵排气门、注油门对汽轮机高压备用密封油泵进行注油排空气（5min左右），手摸高压备用泵排气门等部件温度升高。

（8）在主控室OT上启动汽轮机高压备用密封油泵，转向正常。

（9）记录汽轮机高压备用密封油泵正常运行电流，与上次启动电流值进行比较无异常。

（10）在就地检查汽轮机高压备用密封油泵运行正常，出口压力正常。

（11）在机头检查隔膜阀油压正常，无漏油。

（12）试运 3～5min 后，在主控室 OT 上停运汽轮机高压备用密封油泵。

（13）检查电动机惰走正常，转速到零，没有倒转。

（14）回检正常。

（15）汇报值长。

（三十一）汽轮机交流润滑油泵（BOP）试启动

（1）接值长令：汽轮机交流润滑油泵（BOP）试启动。

（2）检查相关工作票均已终结。

（3）在就地检查汽轮机交流润滑油泵设备安装完好，泵出口压力表、热工测点均已投入。

（4）检查汽轮机交流润滑油泵开关外观良好，在热备用状态，确认电动机绝缘合格。

（5）检查主油箱油位正常，排油烟风机运行正常。

（6）在主控室 OT 上启动汽轮机交流润滑油泵，转向正常。

（7）记录汽轮机交流润滑油泵正常运行电流，与上次启动电流值进行比较无异常。

（8）在就地检查汽轮机交流润滑油泵运行正常，泵出口压力正常。

（9）试运 3～5min 后，在主控室 OT 上停运汽轮机交流润滑油泵。

（10）检查交流润滑油泵电动机惰走正常，转速到零，没有倒转。

（11）回检正常。

（12）汇报值长。

（三十二）汽轮机直流润滑油泵（EOP）油泵试启动

（1）接值长令：汽轮机直流润滑油泵（EOP）油泵试启动。

（2）检查相关工作票均已终结。

（3）在就地检查汽轮机直流润滑油泵设备安装完好，泵出口压力表、热工测点均已投入。

（4）检查汽轮机直流润滑油泵开关外观良好，在热备用状态，确认电动机绝缘合格。

（5）检查主油箱油位正常，排油烟风机运行正常。

（6）检查直流系统运行无异常。

（7）在主控室 OT 上启动汽轮机直流润滑油泵。

（8）记录汽轮机直流润滑油泵正常运行电流，与上次启动电流值进行比较无异常。

（9）在 OT 上检查直流母线运行正常。

（10）在就地检查汽轮机直流润滑油泵运行正常，泵出口压力正常。

（11）在OT上检查润滑油母管压力、TSI参数正常。

（12）试运3～5min后，在主控室OT上停运汽轮机直流润滑油泵。

（13）检查电地机惰走正常，转速到零，没有倒转。

（14）回检正常（与试运前比较）。

（15）汇报值长。

（三十三）汽轮机盘车电动机空载试转

（1）接值长令：汽轮机盘车电地机空载试转。

（2）检查相关工作票均已终结。

（3）确认盘车啮合手柄在脱扣位，设备完好。

（4）检查盘车喷油正常（喷油电磁阀旁路阀开启，阀后管温正常）。

（5）检查就地控制柜状态显示正常。

（6）在就地控制箱处启动汽轮机盘车电动机。

（7）检查控制柜上空转电流正常，三相电流、电压显示正常。

（8）检查盘车电动机转向、声音、振动均正常。

（9）汽轮机盘车试运3～5min正常后，在就地控制箱停止盘车电动机。

（10）检查盘车电动机惰走正常。

（11）回检正常。

（12）汇报值长。

（三十四）凝结水泵工频切换

（1）确认备用凝结水泵正常备用，管道及凝结水泵已注满水，泵体抽空气门已开启；设备完整良好、现场整洁。

（2）确认备用凝结水泵电动机绝缘合格，已送电；断开电动机加热器。

（3）在CRT上关闭备用凝结水泵的出口电动门至5%开度。

（4）在CRT上启动备用凝结水泵，检查出口门开启；否则，立即手动开启备用凝结水泵的出口电动门。

（5）检查备用凝结水泵的出口压力、振动、声音正常，电动机电流、轴承温度、推力瓦温度及线圈温度正常。

（6）检查备用凝结水泵密封水正常，凝结水泵盘根有微量的水渗出，泵体无发热和磨损。

（7）确认机组凝结水流量、凝汽器水位、除氧器水位均正常，备用凝结水泵运行正常。

（8）停运原运行的凝结水泵，检查其出口电动门联锁关闭。

（9）检查停运的凝结水泵电流到“零”，凝结水泵无倒转，分析其惰走时间。

（10）开启原运行泵出口电动门确认无倒转；投入电动机加热器。

（11）回检正常。

（12）汇报值长。

第三节 机组停运

一、机组停运操作

（一）机组停运规定

（1）机组停运可分为正常停运和滑参数停运。

（2）机组停运热备用，应尽量减少机组的蓄热损失，以便在较短时间内重新启动。

（3）机组停运检修，为缩短检修时间，需加快汽轮机转子、缸体等金属部件的冷却，可采用滑参数停机。除此情况下，一般不得使用滑参数停机。

（4）无论采用何种方式停运机组，其过程实际就是高温厚壁部件的冷却过程。而金属部件受冷时所受的是拉伸应力，金属的许用压应力远大于拉应力，因此在机组停运过程中，更要严格按照制造厂提供的停机、停炉曲线进行，严格控制降压、降温速率，尽可能减少金属应力。

（二）机组停运前的准备

（1）接到值长命令，选择停机方式、停机参数和需要采取的特殊措施，准备好停机操作票并做好相应的准备工作。

（2）机组停运前应对锅炉、汽轮机、发电机、励磁系统及它们的辅助系统、设备做一次全面检查，并将发现的缺陷做好记录。

（3）完成汽轮机润滑油泵、顶轴油泵、密封油泵的启动试验，高、中压主汽门、调节汽门、抽汽止回门、高压缸排汽止回门、高压缸排汽通风阀的活动试验、高低压旁路及再热器安全门试验，以及轴封电加热器启停试验。若不合格，应暂缓停机，待缺陷消除后再停机。

（4）把辅助蒸汽汽源切至邻机供给，并做好轴封供汽、除氧器加热和给水泵汽轮机供汽等汽源的切换准备，做好高、低压加热器危急疏水阀活动试验。如有补汽阀将补汽阀阀限设到0%，确认补汽阀关闭。

（5）通知燃料值班员，合理控制各煤仓料位，并根据检修需要和停炉时间决定是否将煤仓烧空。

（6）机组负荷大于50%时，应对各受热面进行一次全面吹灰。

（7）完成微油点火装置、炉前燃油系统、等离子装置的检查并试投油枪。

（8）确认锅炉启动循环泵电动机绝缘合格，锅炉启动系统具备投用条件。

（9）将空气压缩机冷却水、暖通空调补水等公用系统均切至邻机（正常运行机组）供给。

（10）及时通知除灰、脱硫和化学等外围专业值班人员做好停机准备。

（11）通知设备维护部准备好充足的二氧化碳、氮气，以备停机后发电机气体置换和机组停运后的保养所需。

（12）根据机组停运时间节点，提前把罗茨真空泵（如有）倒至水环真空泵运行。

（三）机组正常停运（以某1000MW机组为例）

（1）按正常降负荷操作（停磨煤机顺序为F/A/E/D/C/B，A为最下层），把机组负荷降至600MW。

（2）解除机组协调控制（CCS）。

（3）在机组降负荷过程中，应尽量保持主、再热蒸汽在额定值。若不能保持，则随燃烧率的降低而下滑（控制温降速率＜1.5℃/min），但应满足汽轮机的要求，并密切注意汽轮机TSE裕度。

（4）负荷降至400MW，可根据情况停运一台汽动给水泵。

（5）利用锅炉主控，逐渐降低燃料量，直至把机组负荷降至350MW左右，保留B、C磨煤机运行。在该过程中，应注意锅炉的燃烧情况，发现燃烧不稳，及时投入微油装置或相应层油枪进行稳燃。

（6）当汽水分离器出现水位，且持续上升后，表明锅炉在转入非直流运行，当以下任一条件满足时，锅炉转入非直流运行，锅炉给水流量由焓值控制转入分疏箱水位控制。

1）锅炉熄火3min后。

2）以下条件同时满足。

a. 焓值控制计算出的锅炉给水流量需求小于水冷壁的最小流量设定。

b. 一级过热器入口蒸气焓值小于焓值设定值。

c. 汽水分离器水位大于17m。

3）以下条件同时满足。

a. 锅炉给水在手动控制。

b. 锅炉给水流量小于水冷壁最小流量设定。

（7）当分疏箱水位大于5m后，开启锅炉启动循环泵入口阀，调节启动循环泵出口调节门，对启动循环泵入口、出口管路进行暖管，并确认启动循环泵入口过冷水调节阀联锁正常，当启动循环泵启动条件满足后，启动锅炉启动循环泵；锅炉转湿态运行后，调整启动循环泵流量调节阀开度，使之满足锅炉的再循环流量需求。

（8）当分疏箱出现水位后，确认分疏箱至大气式扩容器之间疏水管路暖管正常；当分疏箱水位大于17m后，投入分疏箱液位控制阀自动并确认其正常动作。

（9）锅炉在进行干湿态转换时，为保证该转换的平稳进行，首先应保证给水流量不变，再逐步减少燃料量。随着燃料量的减少，分离器出口焓值逐渐降低，当降低到设定值后，分疏箱水位控制器参与调节，使给水流量需求值增加，从而达到燃料和给水量的平衡。

（10）锅炉进入低负荷运行阶段后，应连续投入空气预热器吹灰。

（11）有功至0、无功近0，汽轮机手动打闸或利用汽轮机顺序控制子组停运汽轮发电机组。

（12）汽轮机停运后的操作。

1）汽轮机打闸后检查汽轮机高、中压主汽门、调节汽门、补汽阀关闭，抽汽电动门、止回门、高压缸排汽止回门关闭，高压缸排汽通风阀开启，汽轮机转速下降，进行机组惰走听声，机组TSI参数正常。

2）检查除氧器、给水泵汽轮机供汽、轴封供汽切至备用汽源供应。尤其注意轴封供汽温度与转子金属温度的匹配，一旦发现轴封温度异常，应立即关闭辅助蒸汽供轴封调节门。

3）检查除氧器、凝汽器热井水位正常。退出凝汽器检漏装置。

4）汽轮机转速低于510r/min，检查顶轴油泵自启动，并确认顶轴油压力和顶轴油泵电动机电流正常。

5）汽轮机转速降至120r/min后，盘车自动投入。并确认低压缸喷水阀自动关闭。

6）记录汽轮机惰走时间和打印惰走曲线。

7）机组停运后，停运一台循环水泵。并按规定记录汽轮机缸温、转子温度、调节汽门壳体温度、大轴偏心度、轴承金属温度、缸胀、缸温、低压缸排汽温度等重要参数，直至盘车停用。

8）锅炉不需要上水后，停运汽动给水泵及汽动给水泵前置泵。停运最后一台循环水泵（使用邻机循环水源维持机组真空；否则，保留循环水泵运行直至机组真空破坏）。确认锅炉停运并消压后，且系统无热水、蒸汽排至凝汽器，可考虑破坏真空，停用轴封供汽。

9）机组全面放水后，隔离与汽轮机本体相关的再热器冷段，主、再热蒸汽减温水，旁路减温水，除氧器及各加热器，以防冷汽、冷水倒入汽缸。

10）当低压缸排汽温度降至50℃时，确认凝结水无用户，可停凝结水泵。

11）发电机置换氢气，排氢期间，汽轮机房停止一切动火，包括行车作业。进行发电机内冷水反冲洗工作：至少反冲洗24h。

12）停机后，汽轮机盘车应保持连续运行。汽轮机转子TAX温度小于100℃，可以停用汽轮机盘车、汽轮机顶轴油泵、汽轮机润滑油泵。

13）按要求做好汽轮机的保养。

（13）锅炉停运。

1）汽轮机手动打闸后，汽轮机压力控制方式切换至限压方式（Limit Mode）后，高压旁路将转为C方式，高压旁路开始调节主蒸汽压力，低压旁路则开始调节再热蒸汽压力。特别需要注意，必须保证高压旁路阀后温度设定值高于再热器冷段压力对应的蒸汽饱和温度，避免再热器冷段带水。

2）将空气预热器的扇形板提至最高位。

3）退出脱硝系统运行（若降负荷过程中脱硝反应器入口烟气温度达到规定值时，应及时退出脱硝系统运行）。

4）停运C制粉系统后，待B制粉系统出力降至30t/h以下后，运行20～30min停止B制粉系统运行。

5）锅炉在停炉、冷却过程中必须严格控制汽水分离器、过热器出口集箱内外壁温差不超过允许范围。

6）手动降低运行汽动给水泵转速至3000r/min后，手动MFT。

7）检查停炉保护联锁动作正确，否则立即手动完成。

8）检查高低压旁路全部关闭，否则手动关闭；停运启动循环泵，检查并关闭过冷水电动门及调节阀；解除3A阀自动并关至0，关闭3A阀液动一次门，解除分疏箱疏水子环；解除过热器、再热器疏水子环；解除省煤器、水冷壁放气子环。

9）维持30%～40%BMCR的风量对锅炉吹扫5～10min，完成后停运送风机、引风机，停止脱硝氨稀释风机，停止脱硝系统吹灰器运行，关闭送风机、引风机出入口挡板，进行闷炉。

10）关闭燃油供油总门、各油枪进油手动门及微油供油手动总门，开启回油电磁阀，将炉前油压泄掉后关闭回油总门；检查并关闭各6kV电动机冷却水，投入6kV电动机电加热装置；根据磨煤机油站油温退出其冷却水。

11）锅炉停运后保持输灰、石子煤、底渣系统运行直至灰、渣全部出清。

12）按需要进行锅炉保养。

13）当空气预热器进口烟气温度小于120℃时，允许停空气预热器。

14）螺旋水冷壁出口金属温度小于70℃后，可停用火焰检测器冷却风机。

（14）发电机停运后操作。

1）机组解列后，投入“误上电”保护连接片，汽轮机负荷到零，发电机逆功率动作，发电机出口开关及励磁开关跳闸，检查厂用电工作正常。

2）及时拉开发电机出口开关。

3）检查励磁机干燥器投入。

4）根据情况，将定子冷却水、氢气、密封油等系统停运。

5）根据需要把发电机转入不同的运行状态，做好发电机停机保养。

（四）机组正常停运（以某600MW机组为例）

1. 减负荷至350MW

（1）接值长命令，按5MW/min减负荷率，减负荷。

（2）降低负荷时，先对所有给煤机均等地减少给煤率，根据负荷75%～100%运行5台磨煤机，负荷50%～75%运行4台磨煤机，负荷35%～50%运行3台磨煤机，负荷25%～35%运行两台磨煤机的原则，随着负荷的降低从最高层逐台停止相应的磨煤机。

（3）磨煤机停止时应将给煤机走空，具体操作如下：手动控制需停运给煤机转速至25%，关闭给煤机前闸门，延时1min关闭热风门，等给煤机内无煤时，停给煤机；给煤机停止后磨煤机继续运行，并通以额定风量吹扫10min，当磨煤机煤粉抽空时，停磨煤机；磨煤机出口温度小于49℃，关冷风调节挡板至5%冷却通风。

（4）负荷为480MW时，根据情况做真空严密性试验。

（5）负荷减至350MW时，将一台给水泵汽轮机汽源切至辅助蒸汽。

2. 减负荷至120MW

（1）负荷为50%时，3台磨煤机运行，机组稳定运行20～30min。

（2）投入空气预热器吹灰一次。

（3）负荷降至220MW时，投入无电动给水泵模式逻辑块。

（4）当只剩下3台给煤机运行，最上层给煤机转速降至25%，投入相临层油枪（或微油油枪切换到微油模式或等离子方式）后，再停止磨煤机运行。

（5）当只剩两台磨煤机运行时，如有一台给煤机转速低于50%，大油枪模式时，再投入一层相临层油枪运行，然后随负荷降低而降低给煤机转速停止磨煤机；微油或等离子模式时，将总煤量降至48t/h，停止上层磨煤机，并立即将上层磨煤机煤量加到F磨煤机上。

（6）当负荷降至30%时，停止电除尘器运行。

（7）负荷降至150～170MW时，将给水由主阀切至副阀组。

（8）负荷为150MW时，除氧器倒至厂用汽汽源，停止另一台汽动给水泵运行。

（9）确认四段抽汽用户切换至厂用蒸汽供给。

（10）根据负荷调整轴封供汽压力。

（11）负荷为120MW时，检查汽轮机中压有关疏水门自动开启。

（12）大油枪模式下，当负荷降至20%时，停止最后一层制粉系统；微油模式或等离子下，逐渐减小给煤量至25t/h以下。并手动控制下列操作：

1）过热减温水量。

2）再热减温水量。

3）燃烧器摆动角度。

（13）大油枪模式下，所有磨煤机停止、吹扫后，停止两台一次风机及密封风机运行。

（14）疏水扩容器A、B减温喷水电磁阀自动开启，注意排汽温度正常。

3. 减负荷至90MW

减负荷至90MW，检查低压缸排汽喷水电磁阀自动开启。高压加热器正常疏水导危疏。

4. 开省煤器再循环

当给水流量小于10%时，省煤器再循环开启，使燃烧器摆角处于水平位置。

5. 减负荷至 60MW

减负荷至 60MW，检查相关高压疏水门开启，关闭轴封减温水手动门，退出凝汽器检漏装置运行。

6. 启动 BOP、SOP 油泵

负荷降至 60MW，启动 BOP、SOP 油泵运行，检查油压正常，润滑油压在 0.12MPa 左右。

7. 做好机组打闸准备

微油模式或等离子时，停止给煤机运行，在维持汽包水位的前提下，立即关小调节汽门，防止蒸汽温度下降过快，F 磨煤机进行吹扫后停运，当负荷降至 5%以下时，具备停机条件；大油枪模式下，当负荷降至 5%时，根据蒸汽压力情况停用部分油枪。打闸前 15min，逐渐将减温水量减到“0”，防止减温器后温度波动过大。

8. 解列停机

（1）机组减有功到 0，调节无功近 0，汽轮机手动打闸，发电机逆功率解列，停运 EH 油泵。

（2）检查 TV、GV、IV、RV、各段抽汽止回门和电动门及高压缸排汽止回门均关闭、转速下降。

（3）汽轮机打闸后关闭减温水隔绝门；停止向除氧器供汽加热，关闭厂用汽至除氧器进汽门。关闭电动给水泵、汽动给水泵增压级电动门和中间抽头手动门，调整给水，保证汽包水位正常。退出所有油枪。

（4）检查旁路自动开启，保持低压旁路开启，再热蒸汽压力为零；确认汽轮机疏水系统阀门（管路、本体、导管等）在开启位置。

（5）当转速降至 2200r/min 时，检查顶轴油泵自启动，顶轴油供油母管压力正常，在 14～16MPa 之间。

（6）转速到零，记录转子惰走时间，将盘车耦合器手柄啮合，启动盘车电动机，投入连续盘车（注意：盘车投运时严格执行操作票，防止投运盘车装置时发生人身伤害事故）；记录大轴偏心度、盘车电动机电流，倾听机内无异声。

（7）在盘车阶段，汽轮机真空未破坏之前，注意调整并降低轴封压力，以各轴端汽封不冒汽为宜。

（8）在锅炉消压至压力不大于 0.2MPa 时，汽轮机可以破坏真空，注意加强汽缸进冷气冷水的监控。

（9）在汽轮机破坏真空前，确认汽动给水泵密封水回水和轴封加热器疏水已由凝汽器倒至地沟。

（10）加强给水泵汽轮机密封水压的监控、调整，汽动给水泵组在断水源、汽源前应及时随前置泵入口压力调整密封水供水压力。

（11）破坏真空操作原则为真空到零，轴封到零。检查轴封供回汽各路阀门关闭严密，就地无冒汽现象，真空破坏门保持全开位置，消压放汽（水）。

（12）给水泵汽轮机油系统在给水泵汽轮机轴封退出、前置泵停运后，方可停运。

（13）闭式冷却水系统仅有汽轮机油系统用户，高压缸调节级温度降到200℃时，可停闭式冷却水泵运行，观察油温不超过50℃，不需启动闭式冷却水泵运行。

（14）如发电机仍维持氢压，密封油系统和机组润滑油系统必须保持正常运行。如需进行发电机氢气置换工作，确认发电机已置换为空气，油压正常（盘车状况下，供密封瓦用油），方可停运空、氢侧密封油泵、高压密封油备用泵及密封油系统排油烟机，做好防止发电机进油措施。

（15）当高压内缸调节级金属温度和中压缸第一级叶片持环温度达150℃以下，可以停运盘车装置、顶轴油泵、润滑油泵。

（16）真空系统停运后，锅炉主蒸汽压力到零，无热源进入凝汽器，低压缸排汽温度降至50℃以下，可以停运循环水泵，停止向凝汽器供循环冷却水。凝汽器排汽温度低于50℃，停运凝结水泵。

（17）停机后应注意凝汽器水位不升高，防止凝汽器满水倒灌汽缸。

9. 锅炉熄火

（1）汽轮机手动打闸停机后，请示值长锅炉熄火。

（2）锅炉熄火后，送风机、引风机保持运行，保持30%BMCR通风量吹扫5min，吹扫完毕后停止引风机、送风机运行，关闭所有烟风挡板。检查汽动给水泵运行正常。

（3）手动调整给水量，向汽包上水至最高水位（+200mm）后停止给水泵，关闭锅水加药、取样、连续排污各阀门。

（4）停止两台锅水循环泵运行，当锅水温度低于150℃以下时，停止第三台锅水循环泵。如汽包水位降低至最低水位，上水至+200mm。

（5）风机停止后，仍应监视预热器出口烟气温度，一旦发现预热器出口烟气温度不正常升高，应检查原因，如是二次燃烧，按预热器着火处理。

10. 发电机停运后的工作

（1）发电机解列前，投入“误上电、启停机”保护连接片。

（2）断开发电机-变压器组上220kV母线隔离开关。

（3）将该机组的4个6kV工作进线开关拉至试验位置。

（4）在励磁控制柜内断开励磁系统的220V交流起励电源开关、220V交流风扇电源开关（但调节器电源开关不得断开）。

（5）停用主变压器风扇潜油泵，停用主变压器、高压厂用变压器及封闭母线风扇，投入封闭母线微正压装置，检查维持封闭母线微正压达0.55kPa。

（6）气温低于5℃时，监视发电机加热器投运正常，定子冷却水泵维持运行。短期停机，采取排污补氢的方法控制相对湿度在50%及以下。预计停机时间超过 14 天应排氢。

(7) 停机超过 48h，应拔下发电机全部电刷。

(8) 当发电机运行超过 2 个月，如遇停机机会，应对定子绕组进行反冲洗，以确保水回路的畅通，然后恢复到正常运行状态。

（五）正常停机注意事项

(1) 减负荷过程中应调整除氧器，凝汽器，高、低压加热器等水位正常，给水泵再循环阀可根据负荷情况提前手动打开。

(2) 监视主蒸汽温度、再热蒸汽温度降温率及金属温降率在允许范围内，主蒸汽温降小于 1.5℃/min，再热蒸汽温降小于 2.5℃/min，金属温降在 1～1.5℃/min。

(3) 减负荷过程中汽动给水泵、电动给水泵切换时，应加强主、再热蒸汽温度的监视，防止切换时水压的变化引起蒸汽温度大幅度变化。

(4) 停炉过程中和停炉后，都应监视汽包水位，防止汽包满水溢入过热器中，检查减温水阀门是否泄漏，防止有水通过一、二次汽管进入汽轮机。

(5) 滑停过程中注意加强对振动、轴向位移、胀差等参数的监视、测量，发生异常振动应查明原因，若达到停机值保护未动应立即手动打闸。

(6) 减负荷过程中及时调整燃料量和风量，保持燃烧稳定，及时投入油枪助燃。

(7) 停止磨煤机、油枪时严格执行停止步序，吹扫要彻底。

(8) 及时调整轴封供汽压力和温度，使轴封供汽温度与转子金属温度差控制在许可值内，检查辅助蒸汽联箱温度，温度低于 250℃，增加辅助蒸汽、轴封系统用气量，提升温度，低压轴封供汽温度应在 180～200℃范围内。

(9) 注意凝汽器真空，低压缸排汽温度，排汽温度升高时，应检查喉部喷水投入正常。

(10) 降负荷过程中，注意高、中压调节汽门无卡涩，蒸汽参数无突变。

(11) 注意汽轮机打闸后转速开始下降，无特殊情况严禁在 2000r/min 以上开启真空破坏门。

(12) 凝汽器真空到零以前，应检查没有至凝汽器的疏水。真空到零，停运轴封系统。

(13) 注意记录转子惰走时间及惰走曲线走向，并与典型惰走曲线比较，以及时发现停机过程中的异常情况，对照其他停机参数和状态，分析热态停机过程是否正常。

(14) 停机过程中随着转速的降低，应相应降低润滑油温至 30～35℃，盘车运行期间，润滑油温应调整到 35℃。

(15) 转子静止后，手动投入盘车（注意：盘车投运时严格执行操作票，防止投运盘车装置时发生人身伤害事故）。定时记录转子偏心度、盘车电流、高中压缸胀差、高中压缸金属温度、转子绝对膨胀等参数。保持发电机密封油系统运行正常。定时仔细倾听高低压轴封声音。严密监视汽缸金属温度变化趋势，杜绝冷汽冷水进入汽轮机。

（16）如机组停运后热备用，应紧闭锅炉各人门孔、风门及烟风挡板，关闭汽水系统的空气门、疏水门，尽量减少蒸汽温度下降。

（17）正常停机时，在打闸后，应先检查有功功率是否到零，再将发电机与系统解列，采用逆功率保护动作解列，严禁带负荷解列。

（六）滑参数停机（以某1000MW机组为例）

（1）将负荷减到750MW，停一台制粉系统，主蒸汽温度、再热蒸汽温度逐渐降到580℃，蒸汽压力降到约20MPa，减负荷速率控制在13.5MW/min左右，降压速率小于0.1MPa/min。

（2）机组负荷降至600MW，解除机组协调控制（CCS），DEH切到限压工作方式。设定机组负荷，确定汽轮机调节汽门全开。主蒸汽温度、再热蒸汽温度逐渐降到560℃，蒸汽压力降到约20MPa，减负荷速率控制在13.5MW/min左右，降压速率小于0.1MPa/min，降温速度小于0.8℃/min。

（3）负荷减到500MW，停第二台制粉系统，主蒸汽温度、再热蒸汽温度逐渐降到510℃，蒸汽压力降到约14.3MPa，降压速率小于0.1MPa/min，降温速度小于0.8℃/min；并稳定60min，使高、中压缸得到充分冷却。

（4）负荷减到400MW，将B汽动给水泵汽源切至辅助蒸汽；退出A汽动给水泵运行，旋转备用。将轴封控制切至“紧急模式”，人工控制轴封压力。

（5）负荷减到400MW，投入微油装置或油枪进行稳定燃烧，投入空气预热器连续吹灰。将主给水切至旁路运行。

（6）将锅炉燃料量减至28%BMCR过程中停第三台制粉系统。

（7）主、再热蒸汽温度逐渐降到450℃，蒸汽压力降到约8.5MPa，锅炉给水维持30%BMCR。

（8）锅炉转入湿态运行。

（9）注意分疏箱水位，待锅炉启动循环泵启动条件满足后，程序控制启动。分疏箱液位控制阀投入自动控制分疏箱液位。

（10）总燃料量维持28%，蒸汽压力维持约8.5MPa，主蒸汽温度、再热蒸汽温度降到400℃。

（11）解除高、低压旁路压力设定值的外部设定，手动将两个旁路压力设定为当前的主、再热蒸汽压力。通过DEH负荷控制（LOAD SETP）手动降低负荷，以100MW/min速率可将负荷降至50MW后，检查高压旁路开度大于5%，手按硬手操“紧急停机”按钮，发电机逆功率动作。在此过程中，应监视好旁路动作情况，必要时解除自动，手动开启。

（12）完成汽轮机停机、锅炉停炉操作。

（七）滑参数停机（以某600MW机组为例）

(1) 负荷由600MW减至350MW，稳定后，调整蒸汽参数至GV1～GV4全开和达到滑停起始参数，将一台汽动给水泵汽源切至辅助蒸汽，开始滑停。

(2) 非无电动给水泵模式下调整给水运行方式为一台汽动给水泵和一台电动给水泵运行。控制汽包水位，关闭另一台汽动给水泵出口门专供减温水，将供减温水的汽动给水泵汽源切换至厂用汽，注意控制减温水压力比主蒸汽压力高2MPa以上。

(3) 主、再热蒸汽参数按滑停曲线进行降温降压，以每分钟下降0.5～0.8℃速率降低温度，最大不超过0.8℃/min，降压速率不超过0.03MPa/min。开始滑停，烧空C磨煤机，停运C磨煤机。

(4) 负荷降至240MW，投用EF层油枪或微油、等离子点火装置，减少煤量，停运D磨煤机。维持主蒸汽压力为8.0～10.0MPa，蒸汽温度为470～480℃，观察高中压缸第一级金属温度下降情况，稳定1h。

(5) 负荷降至220MW，检查电动给水泵耦合和勺管耦合投入，电动给水泵出口门开启，投入机组无电动给水泵模式选择块。负荷降至180MW，维持主蒸汽压力为7.0～9.0MPa，蒸汽温度为420～440℃。观察高中压缸第一级金属温度下降情况，稳定1h，退出空气预热器密封挡板。负荷降至150～170MW时，将给水由主路切至副阀组。

(6) 负荷降至120MW，用并联自动法切换厂用电至高压备用变压器带，厂用电切换完毕和四段抽汽用户切换工作结束后，停用另一台汽动给水泵。检查相关中低压疏水开启。停运精处理及凝结水、给水加药。F磨煤机投微油或等离子方式。

(7) 负荷为90MW，检查汽轮机低压缸喷水自动投入。高压加热器正常疏水倒危急疏水。调整配风及燃烧，尽可能逐渐减少减温水用量，防止减温器后温度大幅度波动。

(8) 负荷为60MW，检查相关高压疏水门开启。打闸前15min，将减温水逐渐减为“0”。关闭轴封减温水手动门，退出凝汽器检漏装置。

(9) 主蒸汽参数降至蒸汽压力为2.0～3.0MPa、蒸汽温度为380℃。维持15min，待缸温稳定，准备减负荷停机。

(10) 启动SOP、BOP检查油压正常。

(11) 停止给煤机，磨煤机进行吹扫10min，关小调节门减有功至零，降低励磁使无功近零。同时逐渐开启旁路，保持蒸汽温度、蒸汽压力不变。

(12) 联系调度，汽轮机手动打闸，发电机逆功率解列。

(13) 检查运行中汽动给水泵运行正常。

(14) 锅炉熄火后，调整风量在30%～40%之间，吹扫5～10min，停止送风机、引风机运行，关闭所有烟风挡板。

（八）滑参数停机注意事项

（1）滑参数停机时，遵守先降压后降温的原则，逐步把蒸汽参数下滑，并控制锅炉主、再热蒸汽的降压速率小于0.1MPa/min，降温速率小于0.8℃/min。一旦蒸汽温度下降过快，10min内降低50℃以上应立即打闸停机。

（2）滑停过程中，应注意主、再热蒸汽温度偏差小于规程规定限制，并保证主、再热蒸汽有足够的过热度。

（3）为保证蒸汽温度平稳下滑，在滑停过程中，不进行切除高压加热器操作。锅炉转入湿态运行后，锅炉启动循环泵投入运行时也要防止蒸汽温度出现大幅波动。

（4）注意监视高压主汽门、调节汽门、转子、缸体和中压主汽门、转子的TSE裕度下限大于3℃。

（5）主、再热蒸汽温度降至400℃，保持1～2h，使汽轮机转子内外温度趋于一致。

（6）密切监视机组振动、轴向位移、瓦温、缸胀、上下缸温度等参数，发现异常应立即打闸停机。

（7）在锅炉减负荷过程中，应加强对风量、中间点焓值（温度）及主蒸汽温度的监视，进入湿态运行后，加强分离器水位和大气式扩容器凝结水箱水位的监视和控制。

（8）滑停过程中，各项重大操作，如停磨煤机、停给水泵、停风机等应分开进行。及时调整轴封供汽压力和温度，及时投入轴封电加热器，使轴封供汽温度与转子金属温度差控制在许可值内。

（9）高负荷阶段，蒸汽流量大，冷却效果好。因此建议在高负荷阶段开始降参数，先将蒸汽压力降至对应负荷下的最低，再开始降蒸汽温度，并维持一定的时间。

（九）循环流化床锅炉的停运

1. 正常停炉

（1）当床温降至750℃时，降低给煤量和风量，控制床温温降速率小于2℃/min，待床温低于700℃，手动MFT。

（2）继续降低风量，控制床温温降速率小于2℃/min，当氧量升高至8%以上、床温降至600～650℃，手动BT，密闭锅炉。

2. 滑参数停炉

（1）当床温降至800℃，降低给煤量和风量，控制床温温降速率小于2℃/min，床温低于760℃，手动MFT。

（2）继续降低风量，控制床温温降速率小于2℃/min，当氧量升高至8%以上、床温低于650℃，手动BT，密闭锅炉。

3. 压火备用

（1）正常压火前，机组负荷应保持50%～80%运行30min以上，且锅炉流化正常。若事故工况或启机阶段压火，应严格执行防止锅炉爆燃的措施要求。

(2) 锅炉在压火操作中应先全停给煤机，对炉膛进行吹扫，待两侧氧量上升至规定值以上，床温开始下降后再停运各风机，密闭炉膛，不得抢时间提前压火。

(3) 当平均床温大于 850℃时，手动 MFT 后，一次流化风量大于 $300km^3/h$（标准状态）、平均氧量涨幅 8.0%以上时手动 BT 压火。当平均床温为 750～850℃时，手动 MFT 后，一次流化风量大于 $300km^3/h$（标准状态）、平均氧量大于 20%且不再上涨时手动 BT 压火。当平均床温小于 750℃时，手动 MFT 后，一次流化风量大于 $300km^3/h$（标准状态）、平均氧量大于 20%且不再上涨时，同时平均床温持续下降至少 100℃且降低至 500℃后手动 BT 压火。

(4) 压火后，如果氧量有下降趋势或床温有上升趋势，应立即查明原因进行处理，并在启动前彻底吹扫。

(5) 压火后，汽包水位保持正常水位，如果汽包上、下壁温差偏大时，可以通过向汽包上高水位的方式降低壁温差。

(6) 压火后，保留一台高压流化风机继续运行，直至回料器温度降至 400℃以下。

4. 机组停运后的锅炉正常冷却

(1) 锅炉密闭 24h 后可开启烟风挡板进行自然通风冷却。

(2) 锅炉自然通风 12h 后，可以启动风机排渣并对锅炉强制通风冷却，控制炉膛出口烟温降温速率小于 100℃/h。

(3) 汽包压力为 0.5～0.8MPa，锅炉开始放水，控制汽包上、下壁温差小于 50℃。

(4) 当炉膛出口烟温降至 60℃时，停运风机，通知检修打开人孔门进行通风冷却。

(5) 当炉膛温度降到 60℃以下时，做好安全措施，锅炉冷却操作结束。

二、机组停运后的维护和保养

机组在停运后，如不马上进行检修或根本就没有检修项目，则应按制造厂的要求，对汽轮机及其附属系统做必要的防护、保养措施，以减少因较长时间停机而引起设备或系统损坏，如金属部件锈蚀、润滑油（油脂）老化或因冰冻而造成的损坏。保养的主要原理是隔绝或减少受热面与氧气的接触，常见的手段有负压余热烘干法、氨水碱化烘干法、系统抽真空法、系统充氮气法等保养措施。

（一）汽轮机停运后的保养

汽轮机停运后，注意对运行设备及系统的检查及维护。如润滑油系统、盘车装置、密封油系统等，严禁向发电机内跑油或滤油机跑油。认真、按时做好停机记录，尤其对缸温转子偏心度、盘车转速应严密监视。适时停止冷油器过水。各抽汽电动阀关闭，并将厂用蒸汽联箱至除氧器门关闭。本机凝结水系统停运前，将辅助蒸汽减温水倒为邻机供给。凝结水泵不再启动后，应将凝汽器内的凝结水放净。检查系统及本体疏水开关逻辑正确，认真执行防止汽缸进水措施。在该机组辅助蒸汽母管无用汽用户时，关闭辅助蒸汽联箱本机侧联络门。低压缸排汽及持环温度小于50℃，视闭式冷却水运行情况，可停运循环水泵。本机循环水泵一台运行时，将中继泵供水母管任一侧供循环水泵组冷却水来水总门开启，保证循环水泵组冷却正常。本机循环水系统停运前将退水供冲灰工业水倒为邻机供给。倒换冲灰水供水方式时，必须派两人以上进行倒换操作，在开启邻机供冲灰水阀门后，立即将本机供冲灰水阀门关闭，操作要尽量缩短时间，避免对两机的循环水系统运行带来不利影响。倒换前通知除灰运行人员注意其系统运行情况的变化。检查空气压缩机闭式冷却水、综合泵房服务水补水倒为邻机供给；暖通回水倒至邻机。

1. 停运时间少于一周时的保养项目

（1）凝汽器真空破坏后，进行汽、水侧放水。

（2）隔绝所有可能进入汽缸的汽水系统，主要是再热器冷段、再热蒸汽减温水、过热器减温水、高低压旁路减温水、轴封减温水和除氧器、高低压加热器的冷汽冷水，以免造成汽轮机进水，造成大轴弯曲事故。

（3）低压加热器汽、水侧与疏水扩容器存水排尽。

（4）高压加热器水侧由化学加注联胺水保养，要求pH值达到9.6以上；汽侧：将水放尽。

（5）盘车运行期间，做好汽轮机的保温，禁止检修与汽轮机本体有关的系统，防止冷空气倒入汽缸。

（6）冬季停运后，对室外的可能造成冰冻的设备和系统，应采用保温、放尽剩水或定期启动等方法来防止结冰。

2. 汽轮机停机超过一周后，除进行上述保养操作外还应进行下列保养工作

（1）当高压加热器停运时间大于1个月时：高压加热器应先排尽水并干燥后，水侧和汽侧均应抽空气充氮气维持压力0.05MPa。

（2）除氧器可以将人孔打开通风来保持除氧器干燥。

（3）长时间停运的设备、系统中的存水应全部排尽。

（4）汽轮机长时间停运的保养，需采用热风干燥，烘干汽缸内部设备，此项工作由检修人员负责。

（5）汽轮机长期备用时需定期投运油泵进行油循环（大约两周启动1次，并将盘车投入运行，直至油温达到约40℃）以防油系统等部件锈蚀卡涩。

（6）汽轮机停运后，轴系必须每周运转1次，每次大约转动30min。在

油系统停运期间必须对整个系统进行防腐保护。防护方法有：排除油箱底部的自由水；油净化装置应保持运行；除油雾系统切除运行；用干燥空气保养。

（二）锅炉停运后的保养

1. 锅炉停运保养的原则

锅炉停炉保养的主要目的是：隔绝或减少受热面与氧气的接触，常见的手段有负压余热烘干法、氨水碱化烘干法等保养措施。

机组停运时间小于 3 天，锅炉热备用时，可采用蒸汽压力法。即停炉后关闭各风烟挡板，逐渐降压，最后维持蒸汽压力大于 0.5MPa。停机前确认机组水质正常，当主蒸汽压力降低到 0.5MPa 后，可以通过除氧器加热到 150℃，对省煤器和水冷壁进行换水。

机组采用 AVT 或 OT 处理方式的时候，停炉时间大于 3 天，建议采用负压余热烘干法。若承压部件比较严密，可充入氮气等惰性气体并保持适当压力，从而隔绝了受热面与氧气接触，避免发生腐蚀。

2. 锅炉湿态保养

锅炉停炉前，需确认锅水水质合格，否则应进行换水（除氧水），直至合格。停炉前将给水、锅水的 pH 值控制在运行上限。

停炉吹扫结束后，全停送风机、引风机，关闭锅炉各风门、挡板，关闭所有可能进入再热器的汽、水，以便用烟气余热烘干再热器。确认高低压旁路阀关闭，主蒸汽管道上的疏水阀关闭，关闭锅炉各受热面疏放水、放空门，尽量减少炉膛热量损失。锅炉停运后，压力降至 0.5MPa 后，开启空气门、排汽门、疏水门和放水门，放尽锅内存水，对锅炉进行自然通风冷却。

当水冷壁出口管壁温度小于 100℃后，可向锅炉上水，将氨、联胺加入水中并将锅水上至分离器满水位（锅水温度过高，联胺会分解）。向锅炉上水期间要注意上水温度与水冷壁金属温度差小于 50℃。锅水中的联胺和氨的浓度根据停运时间长短采用不同的浓度，要保证锅水 pH 值在 10～10.5 之间。锅炉充保护液完成后，开始向过热器系统充入氮气，并维持氮气压力为 20～50kPa。加药期间，可以启动锅炉启动循环泵，以便把药液均匀地分布到锅炉各个部分。

锅炉停运不超过一周，主、再热器烘干后可不需要特殊保养；时间超过一周，则待主、再热蒸汽管温度降至 100℃，往过、再热器充入氮气，充氮前最好进行抽真空，防止氧气和湿蒸汽残留，同时在向锅炉充保护液时防止过热器和再热器减温水泄漏到受热面内。锅炉停运超过一个月，可待主、再热蒸汽管温度降至 100℃以下，通过减温器注入除氧水，并控制联胺和氨的浓度在合适的范围。若再热器也采用湿态保养，需要加装堵板。并在水注满后充入 20～50kPa 的氮气。若部分设备需检修，仅对检修部分进行疏水。检修完成后，对疏水部分重新充入保护液，并用氮气密封。采用湿态保养，在冬季要注意锅炉防冻。

3. 锅炉干态保养

锅炉熄火吹扫完成后，停送风机、联合引风机，关闭送风机、联合引风机挡板及动叶，关闭锅炉各风门挡板，封闭炉膛进行闷炉。关闭锅炉所有的空气、疏水和放水门，包括高、低压旁路。当汽水分离器压力下降至1.2MPa时，迅速开启水冷壁、省煤器进口集箱放水门和其他所有疏水门，带压将水排空。水冷壁放水的时候要求先将水冷壁和省煤器出口至分疏箱放空气电动门开启30min以上。分疏箱压力降至0.2MPa，开启锅炉所有放空门。锅炉消压后，开启高低压旁路，利用凝汽器真空抽取炉内的湿蒸汽2h以上。当锅炉进行抽湿的时候，也应开启主蒸汽管道疏水门对主蒸汽管道进行冷却。带压放水结束后开启送风机、联合引风机挡板以及锅炉各风门挡板，进行自然通风冷却。如果条件允许，当水冷壁温度下降到100℃以下，联系检修人员开启各充氮门，对锅炉进行充氮保养，充氮压力控制在20～50kPa。

4. 氨水碱化烘干法

给水采用加氨处理［AVT(O)］时，在停机前4h，加大凝结水精处理出口加氨量，提高省煤器入口给水pH值至9.4～10.0。锅炉停运后，按锅炉干态保养的规定放尽锅内存水，烘干锅炉。给水采用加氧处理（OT）时，在停机前4h，停止给水加氧，加大凝结水精处理出口加氨量，锅炉停运后，按锅炉干态保养的规定放尽锅内存水，烘干锅炉。注意事项。

（1）停炉期间每小时测定给水、锅水和蒸汽的pH值。

（2）在保证金属壁温差不超过制造厂允许值的前提下，尽量提高放水压力和温度。

（3）当锅炉停用时间长，可利用凝汽器抽真空系统，对锅炉抽真空，以保证锅炉干燥。

（4）在保护期间，宜将凝结水精处理系统旁路。

5. 冬季停炉后防冻

检查投入有关设备，电加热装置投用正常。检查锅炉人孔门、检查孔及有关风门、挡板应关闭严密，防止冷风侵入。锅炉各辅助设备和系统的所有管道，均应保持管内介质流通，对无法流通的部分应将介质彻底放尽，以防冻结。停炉期间，应将锅炉所属管道内不流动的存水彻底放尽。

（三）发电机停机后的保养

1. 发电机短期停机，且内部无检修时的保养

（1）励磁机通风冷却器在停机时应立即关闭闭式冷却水，防止空气冷凝形成湿气薄膜。

（2）投入励磁机干燥系统运行，并在开路运行状态，即空气通过开路的空气过滤器从厂房内抽到励磁机干燥器内除湿，然后送至励磁机机壳内。

（3）加强各冷却器的保养。短期停运可保持小流量注水，并每周进行

全流量冲洗两次。长期停运则应放尽存水并吹扫干净。

(4) 发电机不排氢，密封油系统应连续运行，有关报警系统应投入，注意氢气纯度和湿度，保持氢气干燥器连续运行，以免机内结露。

(5) 如发电机封闭母线无检修项目时，应维持封闭母线热风循环装置运行，防止潮湿空气和灰尘进入。

2. 发电机长期停运保养

(1) 在发电机气体置换后，由检修人员拆卸两个人孔盖板，打开发电机，并接通干燥机或者热风鼓风机进行持续干燥，或者使发电机内的空气流通。

(2) 为使发电机内保持较好的干燥状态，必须封闭励磁机外壳，而且励磁机干燥系统保持闭合回路运行状态，即通过干燥器入口从励磁机机壳内抽吸来的空气首先在励磁机干燥器内除湿，然后再送至励磁机机壳内。

(3) 对发电机进行反冲洗。反冲洗结束后，停运定子冷却水系统，联系检修用压缩空气对系统进行吹扫，并对水箱进行充氮保养。

(4) 为防止滑环生锈应当移除接地故障检测系统的电刷。若停机时间较长，应当用保护性涂层涂在测量滑环上。

第四节　锅炉辅助设备及系统

一、制粉系统的启动、运行及停止

(一) 制粉系统简介

锅炉采用一次风机正压直吹式制粉系统，每台炉配 6 台中速磨煤机和电子称重式皮带给煤机。空气系统的流程：一次风用作输送和干燥煤粉用，由一次风机从大气中抽吸而来，送入三分仓预热器的一次风分隔仓加热，在进预热器前有一部分冷风旁通空气预热器，两路一次风各自汇集到冷、热风总管。再从总管上分别引出 6 根冷、热风支管，冷、热一次风通过隔离挡板和调节挡板，混合至适当温度、适当的流量送到各磨煤机，作为干燥和输送煤粉的介质。一次风量是根据预先设定的风煤比，由热一次风调节挡板进行控制。一次风温度则根据磨煤机出口温度，通过冷一次风调节挡板进行调节。

煤粉系统的流程：经破碎的原煤从原煤仓下来经过一个电动闸板门后，进入给煤机，在给煤机内，随着给煤机皮带的转动，煤从原煤仓落煤管的一端输送到磨煤机进煤管的一端，并在给煤机皮带上进行称重。煤从给煤机出来后，经过一个电动隔离闸板门后，从磨煤机中心落煤管进入磨煤机，由于磨碗转动的离心力，原煤被甩进磨辊和衬瓦之间，经过研磨的干燥煤粉，被一次风带到磨煤机上部的旋转分离器，经过分离合格的细粉随气流通过分离器出口的 4 根煤粉管进入到炉膛四角，炉外安装煤粉分配装置，每根管道通过煤粉分配器送到相应的煤粉喷燃器，进入炉膛燃烧。共计 48 只直流式燃烧器分 6 层布置于炉膛下部四角（每两个煤粉喷嘴为一层），在炉膛中呈四角切圆方式燃烧。不合格的粗粉经分离器内筒掉入磨碗进行重新研磨。煤中的煤矸石等不易磨碎的杂质，因其颗粒大、质量重而从气流中掉入磨煤机底部的一次风室中，通过磨煤机刮板排入石子煤斗，待石子煤斗满后，人工排放至石子煤箱运走。

由于制粉系统采用正压运行，系统设置了共用的密封风系统，每台炉配两台 100%容量的密封风机，一用一备。风源取自一次风机出口。单台出力能保证所有磨煤机（磨辊、齿形密封、液压拉杆处）、给煤机及冷热一次风插板门和调节门运行时的密封风量的要求。

（二）制粉系统的启动

1. 一次风机启动前的检查

（1）风机设备完整、齐全，安装或检修工作已全部结束。

（2）风机的进出口通道应予彻底清理，确保内部清洁，无杂物。

（3）所有检查门均已关闭，风机壳底部放水门关闭。

（4）风机电动机地脚螺栓无松动，联轴器安全防护罩齐全、良好。

（5）电动机接线盒、接地线以及就地轴承温度表完整，电动机绝缘合格。

（6）风机出口挡板执行机构连杆完整，销子无脱落。

（7）动叶调节装置良好，转动时不超过可调范围。

（8）风机有关电源及气源送上，风机有关仪表均已投入。

（9）风机检修后，有关电气保护、热工保护经校验合格并已投入。

（10）锅炉冷风道、热风道、磨煤机、煤粉管道等设备完整。

（11）备用磨煤机热风闸门关闭，冷风闸门开启，冷风调节门开 5%。

（12）闭式冷却水系统已投入运行，投入电动机空冷器。

（13）如果风机在低温下长时间未启动，则应在启动该风机前 2h 启动供油装置，并在动叶调节范围内进行数次调节操作。

2. 油系统启动

（1）油系统启动前的检查。

1）润滑油泵电动机完整、清洁、电源已送上。

2）润滑油系统完整，无漏油现象。

3）油箱油位正常，油质良好，油温为 30～40℃。

4）滤网切换灵活，并切向一个滤网位置。

5）冷油器冷却水投用，水流畅通。

6）各压力表、压力开关投入。

7）电加热装置电源送上，油温控制回路定值已按规定设定好，投入正常。

（2）风机油系统的启动。

1）风机油系统检查正常，启动油泵 A。

2）检查油泵出口油压、液压油压、轴承润滑油压正常。

3）将油泵 B 置备用联动位，停止油泵 A 运行。

4）当液压油压低于联动值时，油泵 B 联动。

5）检查油泵出口油压、液压油压、轴承润滑油压正常。

6）将油泵 A 置备用联动位，停止油泵 B 运行。

7）当液压油压低于联动值时，油泵 A 联动。

8）将油泵 B 置备用联动位。

9）根据油温的要求投入冷却水。

10）进行一次滤网切换。

3. 一次风机启动

（1）一次风机启动条件。

1）锅炉无 MFT 条件。

2）风机轴承、电动机轴承、电动机绕组温度在规定值内。

3）风机液压油压正常。

4）风机动叶关闭。

5）风机出口挡板关闭。

（2）一次风机手动启动。

1）启动液压油的 1 或 2 号液压油泵。

2）检查液压油压、油温、润滑油流量正常。

3）开启风机出口至冷一次风母管挡板。

4）开启预热器出口热一次风挡板。

5）检查磨煤机热风关断挡板、调节挡板关闭，冷风关断挡板开启，冷风调节挡板开 5%。

6）关闭风机出口挡板。

7）关闭风机动叶。

8）启动风机电动机。

9）风机启动后检查其转向是否正确，如果反向立即停止；风机电流到最大返回时间要计时，应按时返回，否则应立即停止风机，查明原因。

10）风机启动后其出口挡板自动开启。

11）手动操作风机动叶，根据炉膛压力和系统情况调整一次风机出力或投入自动。

（3）一次风机正常运行检查。

1）风机正常运行时，应定期就地检查电动机和风机的机械声音、各轴承温度、电动机温度，发现异常情况应采取必需的措施。

2）风机在喘振报警时，应立即调整动叶，使其脱离不稳定工作区，直至喘振消失为止。

3）风机正常运行时振动正常，当振动增大时应降低负荷查找原因。

4）检查风机各润滑油系统的油温正常，冷却水畅通。

5）油泵运行正常，无振动，异声，电动机及其轴承不热。

6）风机液压油压力、润滑油参数正常稳定，润滑油流量正常。

7）风机油系统滤网压差报警时，应切换至备用油滤网运行并清扫堵塞滤网。

8）正常运行中，应定期进行运行与备用油泵的切换。

9）风机油站油箱电加热投入自动。

10）风机动叶开度就地和 CRT 指示应保持一致。

11）风机压力正常，风机并列运行时，应尽量维持两台风机的电流及动叶开度基本接近。

4. 制粉系统启动前的检查

（1）密封风机启动前的检查。

1）密封风机检修工作已结束。

2）密封风机及进出口风道完整，无人工作。

3）密封风机轴承油位正常，油质良好。

4）风机、电动机地脚系统无松动、联轴器安全防护罩齐全良好。

5）电动机接线盒、接地线完好，电动机绝缘合格。

6）风机进口挡板执行机构连杆完整，销子无脱落。风机电源送上，进口挡板已打开。

7）密封风机入口滤网排污阀电源送上，并已关闭。

8）确认已有一台一次风机投入运行。

9）确认备用磨煤机的各密封风手动阀门已打开。

（2）给煤机启动前的检查。

1）煤仓内有足够的存煤。

2）给煤机上闸板开启，电源送上。

3）给煤机电源送上，点动试转良好。

4）给煤机皮带上已有煤，且无杂物，皮带无偏斜、无损坏。

5）给煤机密封风手动门开启，密封风电磁阀电源送上。

6）给煤机清扫机完整可用，清扫机电动机油位正常。

（3）磨煤机启动检查。

1）磨煤机所有作业均已结束，检修人员已撤离现场。

2）磨煤机内部无杂物，人孔门已关闭。

3）检查磨煤机润滑油系统管道连接完好，无漏油现象，润滑油系统已试运好，油分配器去各路润滑油流量合格。

4）润滑油箱油位正常，油质良好，油泵出口滤网投用一侧，另一侧备用。

5）检查润滑油泵、油箱加热器接线良好。加热器投自动，将润滑油系统上有关热工表计全部投入。

6）润滑油系统冷油冷却水畅通。

7）磨煤机出口门开启、控制气源送上。

8）磨煤机出口门密封风电磁阀电源投入。

9）磨辊间隙已调整好。

10）磨煤机本体密封风手动门开启，密封风电磁阀电源送上。

11）磨煤机冷热风闸板门控制气源投入，调节门电源送上。

12）磨煤机进口热风闸门密封投入。

13）磨煤机石子煤斗清理干净、石子煤斗进口门开启。

14）磨煤机联轴器接好，防护罩安装好。

15）磨煤机电动机空冷器冷却水门开启，冷却水畅通。

16）闭式冷却水已投入运行，水压合格。

5. 制粉系统的启动

（1）密封风机的启动。

1）在 CRT 上启动一台密封风机，电流返回后开启风机入口门。

2）待密封风与一次风差压大于规定值后，将另一台密封风机投入备用。

3）检查密封风机出口挡板切换到位、严密，备用密封风机不倒转。

（2）磨煤机油系统投入。

1）检查油箱温度正常。

2）启动润滑油泵。

3）检查油泵出口及供油母管压力正常。

4）根据油温投入冷却水。

5）将滤网切换一次。

（3）磨煤机启动条件。

1）磨煤机润滑油泵已启动。

2）磨煤机润滑油压力正常。

3）磨煤机出口门开。

4）任一台密封风机运行。

5）磨煤机密封风与一次风差压正常。

6）一次风压力正常。

7）两台一次风机运行或一台一次风机运行，且运行给煤机不大于 2 台。

8）任一侧风压调节在自动。

9）磨煤机减速箱轴承温度正常。

10）无其他磨煤机或油枪子组在启动。

11）总风量（二次风量与 6 台磨煤机一次风量之和）大于规定值。

12）给煤机密封风门开。

13）磨煤机点火能量满足。

（4）给煤机启动条件。

1）磨煤机运行。

2）给煤机入口门开。

3）给煤机密封风门开。

4）磨一次风量大于启动值。

5）磨煤机出口温度正常，达规定值。

6）磨煤机冷、热风关断阀开。

7）点火能量证实满足。

（5）制粉系统手动启动步骤。

1）确认一次风机已启动，母管风压正常。

2）确认密封风机已启动，磨煤机密封风与磨碗差压正常。

3）启动磨煤机润滑油泵，检查、控制油温、油压正常。

4）开启磨煤机本体密封风电动门。开启磨煤机动态分离器密封风门。

5）开启磨煤机出口门。

6）开启给煤机密封风电动门。

7）关闭磨煤机冷、热风关断、调节挡板。

8）开启磨煤机惰化蒸汽电动门，3min后关闭。

9）开启磨煤机冷、热风闸板门，冷风调节门至10%～50%。

10）启动动态分离器，转速投自动，启动磨煤机电动机。

11）手动调整磨煤机冷、热风调节挡板，以规定的升温速率将出口温度逐渐上升至正常运行温度，暖磨10min。

12）缓慢将磨煤机入口风量升至正常值。

13）启动给煤机，给煤机转速置最低。

14）给煤机启动后，应适当增加热风挡板开度已保证磨煤机出口温度。

15）当磨煤机电流大于最低后，逐渐增加给煤机转速。

16）磨煤机出口温度升至正常且稳定后，投入冷、热风调节挡板自动，设定出口温度定值。

17）根据需要增加给煤机转速与其他给煤机平衡后投入自动。

（三）制粉系统的运行

1. 制粉系统正常运行

（1）制粉系统运行时，煤粉细度应在规定值。

（2）制粉系统正常运行时给煤机的转速控制在正常范围内，运行的给煤机平均出力超过80%时应增加一套制粉系统运行；运行的给煤机平均出力低于40%时，应切除一套制粉系统运行。

（3）定期检查磨煤机本体及电动机的振动在允许范围内，并做好记录。

（4）检查磨煤机减速箱各轴承温度不超过规定值。

（5）磨煤机本体及管道无漏粉现象。

（6）磨煤机的磨辊运行中无异常声音，弹簧加载压力正常，无较大的偏差。

(7) 磨煤机出口温度应控制在规定值。

(8) 磨煤机密封风与磨碗压差正常。

(9) 磨煤机石子煤箱入口门正常应开启。

(10) 给煤机内煤层正常，皮带无偏斜、无损坏、无打滑现象，张力正常。

(11) 给煤机清扫机正常，给煤机底部无积煤。

(12) 磨煤机正常运行时，磨煤机出口 4 根煤粉管道出粉均匀，管壁温度较磨煤机出口温度差值不超过 10℃。

(13) 减速器润滑油站油箱温度、供油压力、供油流量、油位正常。

2. 密封风机的运行

(1) 正常运行时密封风机一台运行、一台备用，当密封风/冷一次风母管差压下降至联动值时，备用密封风机联动。

(2) 检查密封风机出口换向挡板切换灵活严密，备用密封风机不倒转。

(3) 当密封风机入口滤网前后差压正常时，滤网差压高报警，逐渐开启进口滤网至二次风箱排污阀，排污时注意监视密封风母管压力。

(4) 正常运行时密封风母管与冷一次风母管压力正常，当母管差压低于规定值时，压力低报警并联动备用密封风机。

(5) 风机正常运行时，应定期就地检查电动机和风机的机械声音、振动，发现异常情况应采取必要的措施。

(6) 经常检查风机轴承温度是否正常，当轴承温度升高，可能是油质不好，应根据实际情况更换或添加润滑剂。

(四) 制粉系统的停止

制粉系统的手动停止。

(1) 逐渐降低给煤机转速。

(2) 逐渐调整磨煤机出口温度定值、风量自动。

(3) 当磨煤机出口温度至规定值时，关闭给煤机入口门。

(4) 待给煤机皮带上无煤后，停止给煤机运行。

(5) 给煤机停止后关闭磨煤机热风调节及关断挡扳。

(6) 磨煤机继续运行，并以额定风量吹扫 10min。

(7) 磨煤机电流降至空载且吹扫结束时，停止磨煤机运行，动态分离器联锁停止。

(8) 将磨煤机冷风调节挡板关至 5%冷却。

(9) 磨煤机轴承温度降至常温后根据需要停止润滑油泵运行。

二、风烟系统的启动、运行及停止

(一) 风烟系统的简介

锅炉风烟系统是指连续不断地给锅炉燃料燃烧提供所需的空气量，并按燃烧的要求分配风量，同时使燃烧生成的含尘烟气流经各受热面和烟气净化装置后，最终由烟囱排至大气。

锅炉风烟系统按平衡通风设计，系统的平衡点发生在炉膛中，空气侧系统设计正压运行，烟气侧设计负压运行。平衡通风不仅缩小炉膛和风道的漏风量，而且保证了较高的经济性，又能防止炉内高温烟气外冒。

风烟系统一般由送风机、空气预热器、引风机、一次风机、密封风机、火焰冷却风机及各种风管等组成。

（二）空气预热器

1. 空气预热器启动前的检查

（1）空气预热器设备完整、齐全，检修工作已全部结束。

（2）空气预热器内部无杂物，所有检查孔、人孔均已关闭。

（3）传动装置电动机及空气马达地脚螺栓无松动，联轴器及液力耦合器的安全防护罩齐全、良好。

（4）电动机接线盒完整，空气马达进气管路过滤器及油雾中油质正常，空气马达进气管路手动阀门均已开启。

（5）空气预热器冲洗门、消防水门及放水门均已关闭。

（6）空气预热器各风、烟挡板连杆完整，销子无脱落。

（7）热端径向漏风控制系统完好，有关定值已按规定设定好，电源送上，各密封板在“top”位置。

（8）空气预热器导向轴承、支承轴承、驱动装置十字轴承油箱油位正常，油质良好，导向轴承油泵具备投用条件，冷油器冷却水畅通。

（9）空气预热器吹灰器、红外线热点探测装置、转子停转报警装置具备投用条件。

（10）空气预热器有关电气、热工保护经过校验合格并投入。

2. 空气预热器导向、推力轴承油站的启动

（1）合上油站就地控制柜内的电源开关，电源指示灯亮。

（2）将面板上“A组预热器电源”“B组预热器电源”开关置“运行”位。

（3）合上控制柜内预热器转子停转报警电源开关。

（4）将面板上预热器转子停转报警“工作方式”开关置“工作”位。

（5）检查预热器导向、支承轴承油站温度上下定值正确后，将测量仪表开关置“测量”位。

（6）依次按下预热器A、B上、下轴承油泵“启动”按钮，对应信号显示窗内“油泵启动”指示灯亮。

（7）预热器导向、支承轴承油站油泵“自动”状态投入，油泵将根据温度设定值自动运行。

3. 空气预热器红外热点探测系统投入

（1）检查就地预热器红外热点探测系统冷却水、压缩空气管路各阀门位置正确。

（2）合上驱动控制箱内的空气开关以及检测控制箱内的空气开关。

（3）合上操作总电源。

（4）合上控制箱内的扫描电源、除尘电源和扫描运行选择开关，扫描驱动电动机立即投入运行，并自动对探头镜面喷气除尘。

（5）按下“测试”按钮，系统自动进行45s的自身检测。如系统自身工作不正常，“故障”指示灯闪光并发出声响报警，待故障消除后，重新按一下“测试”按钮，可停止声光报警。如系统自身工作正常，“正常”指示灯亮10s后自动熄灭，表示系统工作正常可投用。

（6）将控制箱内的扫描选择开关置“扫描”位置，红外热点探测系统进入正常工作状态，装有探头的旋臂沿180°的弧线作连续扫描，当检测到热点后，装置将在就地控制箱上和主控制室发出报警信号。

4. 空气预热器的启动

在CRT上按下预热器启动按钮，程序自动按以下步骤进行。

（1）预热器慢速空气马达启动，3min后且3个空气预热器转速信号任意一个大于10r/min，启动高速空气马达。

（2）高速空气马达启动后30s低速空气马达停止。

（3）高速空气马达启动2min后主电动机启动。

（4）主电动机启动10s后高速空气马达停止。

（5）检查主电动机电流正常。

（6）预热器出入口烟风挡板联动开启。

（7）机组负荷达到80%及以上运行1h后，投入空气预热器热端漏风控制系统。

1）打开控制柜，依次合上柜内的开关。

2）系统上电后，触摸屏开始工作，内门面板POWER灯亮。

3）当系统自检完毕后，将触摸屏画面翻至“SYST”中的“Terminal Parameters”，根据实际时间设定触摸屏时钟（每次系统重新上电均需重新设定触摸屏时钟）。

4）系统的操作与监视可通过触摸屏实现，也可通过DCS实现。就地触摸屏操作将触摸屏主菜单画面中的选择开关打至“LOCAL”位（要通过DCS操作将触摸屏主菜单画面中的选择开关打至“DCS”位）。

5）将触摸屏主菜单画面中“RS-INTERLOCK（转子停转联锁）”开关至“ON”位。（当“RS-INTERLOCK”开关至“ON”时，空气预热器停转且系统处于自动运行方式时，扇形板强制提升至上极限，当“RS-INTERLOCK”开关至“OFF”位，空气预热器停转时，只在报警画面发出报警）。

6）选择触摸屏主菜单画面中的“L-1”（左侧预热器第一块密封板），进入L-1画面。

7）在L-1画面确定间隙（调试时设定的）定值无误后，选择“AUTO”

（自动跟踪方式）按键，此方式下，系统根据测量值与设定值自动调整扇形板位置。间隙大时，扇形板下降；间隙小时，扇形板上升。调整每分钟进行一次，测量值与设定值的差值决定动作时间，但每次上升时间不超过12s，下降时间不超过10s。

8）分别选择触摸屏主菜单画面中的L-2、L-3、R-1、R-2、R-3，投入其他五块扇形板密封。

5. 空气预热器的停止

（1）空气预热器热端漏风控制系统的停止。

1）选择操作面板上的L-1中的“F-UP”（手动强制提升）按钮，扇形密封板向上恢复，同时L-1画面中“F-UP”灯亮。

2）当报警画面的“Top Limit”灯亮时，表示扇形板到达上极限位。

3）按以上的操作方法分别将L-2、L-3、R-1、R-2、R-3扇形板提升至上极限位。

4）依次断开柜内的空气开关。

（2）预热器停止。

1）当预热器入口烟温小于或等于120℃且对应侧引风机、送风机和一次风机已停止时可以停止空气预热器。

2）在DCS上启动预热器停止子组，预热器各驱动马达将按下列顺序动作。

a. 高速空气马达启动（运行125s）。

b. 高速空气马达运行2s，主驱动电动机停止。

c. 主驱动电动机停止120s，低速空气马达启动。

d. 低速空气马达启动运行180s后停止。

3）预热器停止后预热器转子停转报警。

4）预热器停止后，加强监视预热器入口、出口烟风温度，防止预热器发生再燃烧。机组停运后，是回转式空气预热器受热和冷却条件发生巨大变化的时候，容易产生热量聚集引发着火，应更重视运行监控和检查，如果有再燃前兆，必须及早发现，及早处理。

5）预热器停止后，预热器出入口烟风挡板联动关闭（如另一侧预热器也停止，则开启）。

（3）空气预热器红外热点探测系统的停止。

1）将预热器红外热点探测系统控制箱内的扫描选择开关置“停放”位置，旋臂转向观察窗端，探头向存放位置移动。

2）当探头进到存放位置后，旋臂自动停止运行，绿色“存放”指示灯亮。

3）将控制箱内的扫描选择开关置“停”位置，系统停止工作。

4）断开控制箱内的扫描电源、除尘电源和扫描运行开关。

5）断开控制箱内的电源总开关，电源指示灯熄灭。

(4) 空气预热器稀油站的停止。

1) 确认空气预热器已停止运行，导向轴承油箱、支承轴承油箱油温不高于规定值。

2) 按下控制箱内的油泵“停止”开关，停止导向轴承油箱、支承轴承油箱油泵运行。

3) 将面板上“A组预热器电源”“B组预热器电源”开关置“停止”位。

4) 断开油站就地控制柜内的电源开关，电源指示灯熄灭。

6. 空气预热器的正常维护检查

(1) 检查空气预热器减速机、导向轴承、支承轴承油箱油位正常。

(2) 检查转动设备无异声，主传动电动机电流正常。

(3) 导向轴承润滑油系统、支承轴承润滑油温正常，油泵投自动。

(4) 导向轴承和支承轴承润滑油系统运行时，油泵及电动机无杂声，温度及振动正常，润滑油温及油压正常，油箱油位及油质正常。

(5) 检查推力和导向轴承冷油器冷却水畅通、油温度正常。

(6) 检查各油管路，冷却水管路无渗漏现象。

(三) 引风机

1. 引风机启动前的检查

(1) 风机设备完整、齐全，安装或检修工作已全部结束。

(2) 风机内部无杂物，所有检查门均已关闭。

(3) 风机电动机地脚螺栓无松动，联轴器安全防护罩齐全良好。

(4) 电动机接线盒及接地以及就地轴承温度表完整。

(5) 风机进、出口门连杆完整，销子无脱落。

(6) 远方及就地测量回路试验良好，保护、指示、报警正常投入。

(7) 引风机电动机冷却水进、回水门开启。

(8) 动叶装置良好，传动正常。

(9) 炉膛、风道、预热器、电除尘、烟道内无人工作，所有人孔门、检查门均已关闭。

(10) 风机有关电源及气源已送上。

(11) 若风机在低温下长时间没有运转，则在风机启动前，在叶片调节范围内进行数次调节操作。闭式冷却水系统已经投入运行。

2. 风机辅属系统的启停

(1) 润滑油、控制油、密封风机、冷却风机启动前的检查。

1) 润滑油系统各阀门完整、开关灵活，各阀门位置正确。

2) 油泵及电动机完整、清洁，电源已送上。

3) 油箱油位正常，油质良好，油温在30～40℃。

4) 滤网切换灵活，换向手柄切至一个过滤器位置。

5) 冷油器冷却水投用畅通。

6) 各压力表投入。

7）电加热装置电源送上。

8）检查风机转动部分与固定部分应无碰撞及摩擦现象。

9）冷却风机地脚螺栓、防护罩牢固。

10）电动机完整、清洁，测绝缘良好，电源已送上。

11）风罩干净、无堵塞，轴承箱油位正常，油质良好。

（2）润滑油泵的启动。

1）风机油系统检查正常，如要 DCS 操作将选择开关置“遥控”；否则，置“就地”。

2）启动油泵 A，检查油泵出口油压、引风机电动机润滑油压、风机润滑油压正常。

3）将油泵 B 置备用联动位，停止油泵 A 运行。

4）当润滑油压低于联动值时，油泵 B 联动。

5）检查油泵出口油压正常。

6）将油泵 A 置备用联动位，停止油泵 B 运行。

7）当润滑油压低于联动值时，油泵 A 联动。

8）将油泵 B 置备用联动位。

9）根据油温的要求投入冷却水。

10）将滤网切换一次。

（3）润滑油泵的停止。

1）确认风机停止 10min 以上，电动机轴承温度、油温正常。

2）将备用油泵联锁解除。

3）停止风机油泵运行。

4）停止油冷却器冷却水。

（4）润滑油系统运行的注意事项。

1）正常运行时，润滑油泵一台运行、一台备用，油泵联锁开关应放至备用泵联动位置。

2）润滑油系统在风机启动前 2h 投入运行。

3）滤网压差大于规定值应切换滤网。

4）回油观察孔内应有一定的回油量。

（5）密封风机的启动。

1）启动 A 风机运行，检查密封风机运行正常。

2）B 密封风机置备用联动位。

3）停止运行的 A 密封风机，备用的 B 密封风机联动。

4）将 A 密封风机置备用联动位。

5）停止运行的 B 密封风机，备用的 A 密封风机联动。

6）将 B 密封风机置备用联动位。

（6）引风机控制油泵的启动。

1）风机油系统检查正常，如要 DCS 操作将选择开关置“遥控”；否则，置“就地”。

2）启动油泵 A，检查油泵出口油压、轴承控制油压正常。

3）将油泵 B 置备用联动位，停止油泵 A 运行。

4）当控制油压低于联动值时，油泵 B 联动。

5）检查油泵出口油压、轴承控制油压正常。

6）将油泵 A 置备用联动位，停止油泵 B 运行。

7）当控制油压低于联动值时，油泵 A 联动。

8）将油泵 B 置备用联动位。

9）根据油温的要求投入冷却水。

10）将滤网切换一次。

（7）控制油泵的停止。

1）确认风机停止 10min 以上，电动机轴承温度、油温正常。

2）将备用油泵联锁解除。

3）停止风机油泵运行。

4）停止油冷却器冷却水。

（8）控制油系统运行的注意事项。

1）正常运行时，控制油泵一台运行、一台备用，油泵联锁开关应放至备用泵联动位置。

2）控制油系统在风机启动前 2h 投入运行。

3）滤网压差大于规定值应切换滤网。

4）回油观察孔内应有一定的回油量。

3. 引风机的启动

（1）引风机启动条件。

1）对应侧空气预热器投入运行。

2）空气预热器入口烟气挡板、出口空气挡板开启。

3）至少有一台密封风机运行。

4）引风机入口挡板关闭。

5）引风机动叶关闭。

6）引风机出口挡板开启。

7）电动机、风机润滑油压力正常。

8）另一侧送风机、引风机已运行或送风机的出口门开、动叶开至 100%。

9）引风机电动机绕组、轴承、电动机轴承温度在规定值内。

（2）引风机手动启动步骤。

1）检查同侧预热器已运行，否则手动启动。

2）检查引风机电动机、风机润滑油、控制油系统已投入运行，油压、流量合格。

3）启动一台引风机轴承冷却风机，另一台投入备用。

4）开启对应的送风机出口挡板。

5）开启对应的送风机动叶。

6）开启对应侧预热器出入口烟风挡板。

7）如另一侧送风机、引风机未运行，则将其送风机出口门、动叶开至100%，辅助风挡板在点火位置。

8）开启引风机出口挡板。

9）关闭动叶。

10）关闭引风机入口挡板。

11）合上引风机启动开关。

12）引风机启动后检查风机转向正确，声音、振动正常；否则，立即停止。

13）引风机转速达额定，电流返回至最小电流后，自动开启引风机出口门。

14）根据需要调节引风机动叶开度，维持炉膛负压在规定值。

4. 引风机正常运行

（1）润滑油与控制油油温、油压与压差等控制指标正常。

（2）风机正常运行时，应定期检查风机、电动机的机械声音，振动及各轴承温度正常，发现异常情况应采取必要的措施。

（3）风机在喘振报警时应立即关小导叶降低负荷运行，直至喘振消失为止。

（4）保持各润滑油系统的油压，油箱油位正常，冷却水畅通。

（5）风机并列运行时，应尽量保持风机的出力一致。

（6）风机动叶开度就地和CRT应保持一致。

（7）运行密封风机电流正常，就地声音正常，入口滤网无堵塞。

（8）正常运行中，应定期进行运行与备用风机的切换。

5. 引风机的并列与停止

（1）风机的并列。

1）风机启动前的条件已具备。

2）手动或程序启动备用风机。

3）待入口挡板开启后，调整两台风机的动叶，使其保持一致，然后调节风量、风压至所需要的工况点。

（2）风机并联运行的停用。

1）确认锅炉负荷不大于50%，炉膛负压正常。

2）逐渐关闭要停用的风机动叶，另一台风机的动叶自动调节炉膛压力。

3）待要停用的风机动叶关至零后，检查炉膛压力调节正常。

4）断开准备停用的风机开关。

5）自动关闭风机入口门。

6）根据需要，关闭风机出口门。

7）根据需要停止润滑油泵和冷却风机。

（3）风机并联启动与停止的注意事项。

1）启动第二台风机时，保证风机不在喘振区域。

2）启动与停止时，加强炉膛压力的监视、调整，保证炉膛压力在规定的范围内。

3）单侧风机运行时，电流不允许超限额。

（4）引风机停止。

1）逐渐关小风机动叶，保持炉膛负压正常，直至关至0%。

2）关闭风机入口门。

3）断开引风机电动机电源开关。

4）风机完全停止后关闭出口门。

5）根据需要，停止电动机润滑油泵运行。

6）根据轴承温度停止冷却风机运行。

（四）送风机

1. 送风机启动前的检查

（1）检查风机风道完整，风机本体、电动机地脚螺栓无松动。

（2）风机进行手动盘车，无卡涩现象，转动灵活。

（3）检查油站油箱油位正常，油质合格，油泵一台运行，供油母管压力正常。

（4）检查风机联轴器连接正常，符合厂家说明。

（5）油站油冷却器冷却水投入。

（6）检查叶片调整装置，保证叶片角度与指示位置相符。

（7）所有检查孔关闭。

（8）风机出口挡板连杆完整，销子无脱落，开关正常。

（9）电动机冷却水供回水门开启。

（10）电动机接线盒及接地完整。

（11）送风机保护、联锁条件及程序回路试验正常并投入。

（12）风机壳底部放水门关闭。

（13）风机所有仪表投入。

2. 风机油系统的操作

（1）油系统启动前的检查。

1）油泵电动机完整、清洁，电源已送上。

2）油系统完整，无漏油现象。

3）油箱油位正常，油质良好，油温正常。

4）滤网切换灵活，并切向一个滤网位置。

5）冷油器冷却水投用，水流畅通。

6）各压力表、压力开关投入。

7）电加热装置电源送上，油温控制回路定值已按规定设定好，投入正常。

（2）油泵的启动。

1）风机油系统检查正常，启动油泵 A。

2）检查油泵出口油压、液压油压、轴承润滑油压在正常范围。

3）将油泵 B 置备用联动位，停止油泵 A 运行。

4）当液压油压低于联动值时，油泵 B 联动。

5）检查油泵出口油压、液压油压、轴承润滑油压在正常范围。

6）将油泵 A 置备用联动位，停止油泵 B 运行。

7）液压油压低于联动值时，油泵 A 联动。

8）将油泵 B 置备用联动位。

9）根据油温的要求投入冷却水。

10）将滤网切换一次。

（3）油泵的停止。

1）确认风机停止 10min 以上，风机轴承温度正常。

2）将备用油泵置停止位。

3）停止风机油泵运行。

4）根据需要停止油冷却器冷却水。

3. 送风机启动

（1）送风机启动条件。

1）所有风机轴承、电动机轴承、电动机绕组温度在正常范围。

2）风机动叶关闭。

3）风机出口门关闭。

4）风机液压油压力正常。

5）空气预热器出口二次风挡板开。

6）任一引风机运行。

7）没有送风机跳闸条件。

8）另一侧送风机已运行或另一侧送风机动叶、出口挡板开且送风机出口联络挡板开。

（2）送风机手动启动。

1）启动液压油的 1 或 2 号液压油泵。

2）检查送风机油压油温合格。

3）关闭送风机出口挡板。

4）关闭送风机动叶。

5）开启预热器出口二次风挡板。

6）启动送风机电动机。

7）送风机启动后检查其转向是否正确，如果反向立即停止；风机电流到最大返回时间要计时，应按时返回；否则，应立即停止送风机，查明原因。

8）送风机启动后其出口挡板自动开启。

9）手动操作送风机动叶，根据炉膛压力和系统情况调整送风机出力或投入自动。

4. 送风机的运行

送风机的正常运行检查参考引风机的正常运行检查。

5. 送风机的手动停止

（1）逐渐关小送风机动叶，注意炉膛压力调整，直至送风机动叶关至0%。

（2）停止送风机电动机。

（3）关闭送风机出口挡板。

（4）送风机停止后，转子已静止，轴承温度和液压油温正常时，可以停止液压油泵运行。

（五）火焰检测系统

1. 火焰检测系统冷却风机启动前的检查

（1）风机设备完整，安装或检修工作已全部结束。

（2）风机与风道连接良好，风道完整。

（3）风机进口过滤器完好、清洁。

（4）风机自动换向挡板转换灵活。

（5）风机有关电源均已送上。

（6）风机电动机地脚螺栓无松动，联轴器安全防护罩齐全。

（7）电动机接线盒及接地完整。

（8）远方及就地测量回路试验良好，保护、指示、报警正常。

2. 风机的启动

（1）风机就地启动。

1）合上风机就地控制柜内动力电源空气开关。

2）将风机控制置就地控制位，风机就地控制灯亮。

3）在就地控制箱上按下A（B）风机启动按钮。

4）风机启动后，检查风机电流正常。

5）检查风机出口母管风压在正常范围内。

（2）风机远程启动。

1）检查风机就地控制柜内动力电源空气开关已投入。

2）将风机控制置远方控制位，风机远方控制灯亮。

3）在CRT上预选要启动的风机。

4）在CRT上按下A（B）风机启动按钮。

5）就地检查风机出口压力在正常范围内。

6）将另一台风机投入备用。

3. 火焰检测系统冷却风机的停止

（1）火焰检测系统冷却风机的停止条件。

1）锅炉已停运。

2）炉膛出口烟温小于80℃。

3）两台一次风机运行时，冷一次风至火焰检测系统冷却风电动门全部开启且风压大于规定值。

（2）火焰检测系统冷却风机的停止。

1）将备用风机解除备用。

2）将运行风机用遥控或就地方式停运，运行指示灯熄灭。

3）将就地控制柜内动力电源空气开关置“OFF”位置。

三、吹灰系统的启动、运行及停止

（一）吹灰系统简介

锅炉的受热面上常有积灰，由于灰的导热系数小，因此积灰使热阻增加，热交换恶化，以至排烟温度升高，锅炉效率降低。当积灰严重而形成堵灰时，会增加烟道阻力，使锅炉出力降低，甚至被迫停炉清理。

为了清除锅炉受热面的积灰和结渣，提高锅炉炉内的传热效率，大型燃煤锅炉都配置有吹灰系统。吹灰系统合理的设计、布置和正确使用，对于充分发挥吹灰器的作用，提高锅炉运行的安全可靠性和经济性具有重要意义。

吹灰系统分锅炉本体受热面和预热器受热面两部分。每台锅炉在锅炉炉膛区域布置了墙式吹灰器，在水平烟道及后烟井区域的A、B两侧对称布置了长伸缩式吹灰器，在两台预热器的烟气进出口侧各布置了一台吹灰器。炉膛及烟道区域吹灰器的汽源由分隔屏出口集箱A、B引出，沿锅炉两侧对布置，各种吹灰器的吹灰工作机理基本是相似的，都是利用高温高压蒸汽流经连续变化的旋转喷头高速喷出，产生较大冲击力吹掉受热面上的积灰，随烟气带走，沉积的渣块破碎脱落。A、B两侧供汽管路设有一只手动连通门以均衡两侧管路系统的压力，管路系统中设有4只电动疏水门以保证吹灰蒸汽的过热度。预热器吹灰器的汽源有两路。当锅炉负荷小于30%时，吹灰蒸汽由辅助蒸汽供给；当锅炉负荷大于30%时，吹灰蒸汽由后屏出口集箱引出，经减压站后至吹灰器。管道系统中设有两只止回门以防止两路汽源连通，设有一只电动疏水门以保证吹灰蒸汽的过热度。3个管路系统中各设有一只弹簧安全门，以防止减压站故障时系统超压。

（二）吹灰程序的运行

1. 锅炉本体吹灰流程

顺序开启锅炉本体吹灰疏水阀→开一次再热器冷段蒸汽门→开一次再热器冷段蒸汽门减压阀→疏水→关疏水门→吹灰→关减压阀→关一次再热器冷段蒸汽门→开疏水门。

2. 空气预热器吹灰流程

用再热蒸汽吹灰的流程：设定吹灰母管压力→空气预热器吹灰器疏水→关空气预热器疏水阀→吹灰→关减压阀→关一次再热器冷端蒸汽门→开空气预热器疏水阀。

用辅助蒸汽吹灰的流程：开辅助蒸汽吹灰阀→疏水→关预热器疏水阀→吹灰→关辅助蒸汽吹灰阀→开空气预热器疏水阀。

3. 吹灰器的投运

（1）吹灰前开启吹灰系统疏水，进行充分暖管。

（2）检查锅炉本体和预热器吹灰母管压力正常。

（3）锅炉本体吹灰系统压力低开关和预热器吹灰系统压力低开关设定值正常。吹灰器严禁在无蒸汽的情况下伸入炉内。

（4）锅炉本体吹灰流量正常。

（5）检查各个吹灰器密封完好，无泄漏。

（6）当锅炉负荷小于35％BMCR或在锅炉启动阶段，预热器吹灰汽源由辅助蒸汽供应。当锅炉负荷大于35％BMCR时，预热器吹灰汽源由再热蒸汽供给。锅炉负荷大于35％BMCR时，才允许对锅炉本体进行吹灰。

（7）检查吹灰器程序流程正常。

（8）监视吹灰器前进行程时间和返回行程时间正常。

（9）检查吹灰器电流大小正常。

（10）吹灰器吹扫范围内的管子要定期检查，若管子有损伤或磨损要分析原因，根据实际情况及时调整吹灰次数和介质压力。

（11）在吹灰过程中，应密切监视锅炉各部分工况的变化，并注意现场检查。

（12）启动吹灰程序控制以后，不要对正在运行的吹灰器组和吹灰器进行投入/跳步操作。实际运行中，常常会出现吹灰器卡住的情况，当出现这种情况后，应及时尽可能把吹灰器退出炉外，以免吹灰器长时间对炉管同一位置进行吹扫而吹坏炉管或者烧坏吹灰器枪管。

（13）在吹灰过程中，可以根据需要按下人工中断程序控制按钮，正在运行的吹灰器将及时后退，流程不再继续进行。如果需要继续进行吹灰，可以按下复归程序控制按钮，流程将从中断点继续进行吹灰。如果需要结束吹灰流程，可以按下结束程序控制按钮，正在运行的吹灰器将及时后退，流程不再继续进行。待吹灰器退回原位后，关闭再热蒸汽门，并打开疏水门（自动运行）。运行过程中出现故障信号，引起故障的原因消除后，可以按下故障确认按钮，消除故障报警。

（14）程序控制运行过程中严禁跳步，跳步会使正在吹灰的吹灰器退出，同时投入下一组吹灰器，造成两组4台吹灰器同时运行，出现过载现象。

（15）操作画面上的急退按钮，一般用于检修、调试时使用。就地/远方按钮一般置于远方，此时可以在上位机上进行程序控制吹灰和手动吹灰，按下此按钮切换至远方后可以在吹灰器本体上启动吹灰器。

（三）吹灰系统的故障和保护

1. 故障

（1）MFT报警：锅炉熄火保护，程序禁止运行。

（2）蒸汽压力低：吹灰蒸汽压力低报警，禁止吹灰程序进行。

（3）启动失败：系统发出吹灰器启动命令5s后，仍未收到吹灰器运行信号。

（4）吹灰器过电流：吹灰器电动机运行电流超过额定值。

（5）吹灰器过载：吹灰器电动机运行电流超过额定值，热继电器动作。

（6）流量低：吹灰器在启动10s后，流量小于6t/h。

（7）超时：吹灰器的运行时间超过设定值。

2. 保护

（1）锅炉本体吹灰程序运行的条件：锅炉燃料正常、吹灰蒸汽压力正常、无吹灰器过载信号。

（2）程序自动运行过程中，如果压力异常，程序将暂停等待；若锅炉燃料解列，则退回所有的吹灰器，关闭吹灰再热蒸汽门，吹灰结束。

（3）吹灰器过流：长吹灰器前进时过流自动返回。

（4）吹灰器过载：短吹过载时，系统报警，程序继续进行；长吹过载时，程序自动暂停，直至过载信号处理、消失后，在操作台画面点击“启动”按钮后，程序从断点处继续进行。

（5）流量异常：长吹灰器在启动10s后，程序自动检测流量信号，若流量信号异常，吹灰器将自动返回。

（6）时间保护：长吹灰器在前进至设置保护时间时，吹灰器将自动返回，以防吹灰器的前行程开关失灵吹灰器卡坏。

（7）超时：吹灰器的运行时间超过设定值，程序将暂停。

（8）在紧急情况下，点击“紧急后退”按钮，吹灰器将自动返回。

四、燃油、微油及等离子系统的启动、运行及停止

（一）燃油、微油及等离子系统简介

燃油系统是锅炉正常运行主要保证，主要应用于锅炉点火以及事故状态或低负荷下锅炉的稳燃，一旦给煤机断煤，严重影响锅炉负荷及炉膛的正常燃烧，这时燃油系统能够快速投入运行，保证锅炉正常燃烧，使锅炉的燃烧得到稳定，确保机组安全稳定运行。

整个燃油系统主要由卸油系统、储油系统和供油系统组成，供油系统主要应用在锅炉侧。供油系统一般由5台燃油泵组成，正常运行时两台运行、两台联备，一台供启动锅炉用油，供回油系统为连续运行。储油罐内的油经并联的细网滤油器中两台滤油后，经3台供油泵中的一台将燃油送入炉前或直接经供油泵再循环管线返回储油罐。锅炉不用油时，燃油经回油管道返回储油罐作炉前燃油系统循环运行。供油泵再循环管道上安装有电动调节门，用来调整供油泵的压力和流量。当调节门出现故障时，可打开调节门的旁路门进行压力和流量的调整。

炉前油系统的主要配置包括燃油流量测量装置、进油调节阀、进油跳

闸阀、油泄漏试验阀、校验阀、油角阀、回油跳闸阀，以及火焰检测器、安全阀、手动阀、管路、滤网、温度、压力的测点等常规配置。

等离子燃烧器借助等离子发生器的电弧来点燃煤粉的煤粉燃烧器，它在煤粉进入燃烧器的初始阶段就用等离子弧将煤粉点燃，并将火焰在燃烧器内逐级放大，属内燃型燃烧器，可在炉膛内无火焰状态下直接点燃煤粉，从而实现锅炉的无油启动和无油低负荷稳燃。

（二）炉前油系统的启动

1. 油泵的启动

（1）检查油泵出入口管路放空气、放油门关闭。

（2）检查供油母管放空气、放油门关闭。

（3）关闭油泵入口滤网放油门。

（4）开启油母管再循环调节门前后手动门，调节门投自动。

（5）开启油泵入口滤网前后手动门。

（6）关闭油泵出口电动门。

（7）启动油泵电动机冷却风扇，就地检查振动在正常范围内。

（8）合上油泵电动机变频器电源，电流应按时返回，否则立即停止。

（9）开启油泵出口电动门，如燃油母管为空管则应控制电动门开度，防止油泵过负荷。

（10）就地检查油泵声音、振动、出口压力正常。

（11）油泵轴承及电动机轴承温度在运行 30min 应保持稳定，最高温度不超过规定值。

2. 炉前油系统的投入

为保证燃油系统管路内部清洁、无杂物，防止油枪雾化片堵塞，在锅炉点火前 2h 投入炉前燃油循环。

（1）检查开启锅炉四角燃油循环手动阀。

（2）投入回油小阀自动。

（3）手动开启回油大阀。

（4）开启燃油跳闸阀。

（5）调整燃油泵查看母管压力定值，保持炉前燃油压力在正常范围。

（6）投入油枪雾化压缩空气，压力正常。

3. 油枪的投入

（1）油枪投入的公共条件（点火允许）。

1）锅炉 MFT 复位。

2）二次风箱与炉膛差压正常。

3）OFT 复位。

4）火焰冷却风正常。

5）炉前燃油母管压力正常。

6）总风量在 30%～40%之间或有层火焰。

7）所有油枪角阀关闭或炉膛有火。

8）油枪吹扫蒸汽压力正常。

9）摆动燃烧器摆角在水平位或任一煤层运行。

10）燃油跳闸阀开启。

（2）单支油枪投入条件。

1）油枪角阀关闭。

2）油枪火焰检测器无火。

（3）油枪的投入方式。

锅炉油枪可以选择在“角方式”或“层方式”下进行程序投入。

1）油枪“角方式”：“角方式”每次投入一只选中的油枪。

2）油枪“层方式”：“层方式”可每次投入选中的一对或一层油枪。

（三）炉前油系统的运行

（1）所有蒸汽、燃油、压缩空气、点火冷却风管路、阀门无漏泄现象。

（2）所有炉前油管路吹扫手动门必须严密关闭。

（3）炉前燃油母管油压维持在正常范围；当油压压力低报警时闭锁备用油枪投入；油压低至跳闸值时压力过低保护动作，跳闸阀关闭，切除全部油枪。

（4）炉前油系统安全阀启跳压力整定值合理、正常。

（5）炉前油系统过滤器前后差压正常运行达报警值时，应切除过滤器并进行清扫。

（6）油系统吹扫蒸汽压力应在规定范围内，当压力达高压报警值时发高压报警，当压力达低压报警值时发低压报警，当压力降至闭锁值时闭锁油枪启停。

（7）吹扫蒸汽系统正常运行时，疏水器投入，旁路关闭，吹扫蒸汽温度在规定范围内。

（8）油系统处于备用时应保持油温在15～35℃范围内，以保证油枪的雾化效果。

（9）当油枪运行时，应注意观察火焰，若燃烧不好应分析原因；当油枪雾化片堵塞而导致燃烧不好时立即停止油枪运行。

（10）当油枪雾化片堵塞时，应吹扫后及时清洗或更换。

（11）若油系统运行时油枪检修，应首先将油枪吹扫干净，然后严密关闭油枪燃油手动门、蒸汽吹扫手动。

（四）油系统的停止

1. OFT（油系统跳闸）条件

（1）锅炉MFT。

（2）手动OFT。

（3）有油枪投入时，燃油母管压力低于1.0MPa，延时8s。

（4）有油枪投入时，燃油跳闸阀关闭。

（5）油枪角阀关闭指令发出 2s，油枪角阀未关闭。

2. OFT 发生后的动作

（1）燃油跳闸阀关闭。

（2）所有油枪角阀关闭。

（3）回油阀开启。

3. 遇有下列条件之一油枪跳闸，角阀关闭

（1）锅炉发生 MFT。

（2）发生 OFT。

（3）油枪角阀开启 10s 后，火焰检测器未检测到火焰。

（4）油枪角阀开启指令发出 2s 后，角阀未开。

（5）油枪运行时，油枪进到位信号消失。

4. 油枪正常的停止

锅炉油枪可以选择在“角方式”或“层方式”下进行程序停止。在“角方式”下，选中油枪后按下“角停止”操作键，切除一支油枪，所有的 16 支油枪切除方法相同。在“层方式”下，选中油层后按下“层停止”操作键，切除一层油枪，三层油枪的切除方法相同。

（五）油系统的运行维护

油泵的运行维护

（1）燃油系统在机组全燃煤运行时应保持运行备用状态。

（2）运行油泵振动正常、无异声，轴承温度正常、盘根正常、地脚螺栓不松动。

（3）油泵盘根无冒烟、过热现象。

（4）燃油系统备用期间保持一台油泵运行，至少另有一台备用，备用油泵与运行油泵每半个月进行一次切换。

（六）微油点火设备运行

1. 微油点火系统启动条件

（1）微油系统机务、热控、电气安装工作已完成。

（2）管路清洗及压力试验已完成。

（3）暖风器系统水压、风压试验完成。

（4）微油系统控制逻辑和联锁保护动作正确，并得到确认。

（5）保证给 F 磨煤机上挥发分较高的煤种。

（6）确认微油系统以下条件满足。

1）磨煤机具备运行条件。

2）输煤制粉及除灰、除渣、除尘系统已具备投运的条件。

3）吹灰系统调试已经完成，具备投运条件。

4）油点火系统调试已经完成。

5）确认给煤机已标定完成，煤量指示正确，磨煤机最低出力和计划最低出力相符。

6）按运行规程顺序启动火焰检测器冷却风机、空气预热器、送风机、引风机、炉膛吹扫完成，油泄漏试验及 MFT 复归后启一次风机、密封风机，具备点火条件后，即可投入微油点火系统。

2.“微油模式”启动锅炉

（1）“微油模式”按钮的作用是让机组的逻辑保护状态在正常逻辑和微油逻辑保护状态之间进行切换，使机组在正常和“微油模式”下均能安全运行。

（2）“微油模式”需要操作员根据机组负荷判断进行投入和撤出，在利用微油点火系统进行锅炉启停时，启动磨煤机前按下“微油模式”按钮，即可进入微油保护逻辑。根据负荷情况手动撤出“微油模式”（在锅炉正常启动可以撤出所有大油枪的运行工况下，退出“微油模式”，推荐负荷300MW）。

（3）低负荷稳燃时投入微油枪无须进入“微油模式”，仅仅作为助燃油枪投入。

（4）同时满足以下两个条件后，允许进入“微油模式”。

1）微油火焰检测器有火。

2）微油油角阀全开。

3）按下“微油模式”按钮即进入“微油模式”。

（5）以下任意条件可自动退出“微油模式”。

1）微油火焰检测器无火大于或等于 2 个。

2）微油油角阀关闭数量大于或等于 2 个。

3）机组负荷达规定值。

4）运行人员手动退出“微油模式”。

（七）微油模式停运锅炉

（1）根据负荷需要逐步停运距离 F 磨煤机较远的磨煤机，机组负荷降至 50%时，保留 D、E、F 磨煤机。

（2）投入所有微油油枪，并进入“微油模式”。

（3）根据机组负荷要求，降低 D 磨煤量，直至停运。

（4）根据蒸汽温度要求，逐步降 E 给煤机给煤量至最小，停 E 磨煤机。

（5）逐步降 F 给煤机给煤量最小，停止给煤机，磨煤机吹扫，减负荷最低，汽轮机打闸，发电机解列，停 F 磨煤机，并手动 MFT，锅炉灭火。

注意：微油点火启动期间，应保证除灰系统正常工作，并在试运中每次锅炉停炉期间彻底检查、清理电除尘及省煤器落灰斗，防止积灰复燃。

（八）微油点火系统的冷态启动注意事项

（1）锅炉微油点火前必须进行炉膛吹扫。

（2）油系统充压及投油点火过程中，就地要有人检查油枪运行情况及系统是否漏油。

（3）就地投入微油燃烧器后，当触发 MFT、OFT 时，微油燃烧器将不联动，因此运行人员禁止就地投入微油燃烧器。就地投入微油燃烧器只在试验、调试、检修时采用，但就地必须有人监视，触发 MFT、OFT 时，立即就地停止微油燃烧器，关闭进油阀。

（4）微油点火后，投入空气预热器蒸汽连续吹灰，监视尾部烟道各部温度，符合条件时，启动尾部烟道再燃烧预案。

（5）磨煤机启动前，必须检查微油燃烧器雾化良好，燃烧正常。

（6）点火初期必需专人观察微油燃烧器的煤粉燃烧情况，当给煤机和磨煤机启动后任何现场情况观察到未点燃应立即停止启动，进行全炉膛吹扫并分析未能点燃的原因后再次启动。注意观察火焰的燃烧情况，调整一次风量、二次风门开度，确定合理的一次风速及二次风门开度，做好事故预想，发现异常，及时处理。

（7）微油点火燃烧器投入运行的初期，应注意进行二次风的调整，为控制温升，上部二次风门可适当调整，注意观察、记录烟温探针的温度，防止再热器系统超温。

（8）如燃烧器未着火，未找到其他原因，怀疑或确认煤粉管道堵塞，立即停止磨煤机，请检修人员清理疏通堵管。

（九）等离子系统的运行

1. 等离子系统投运前的检查

（1）检查等离子系统的检修工作全部结束，工作票已终结。

（2）检查等离子系统电气一次接线连接完好。

（3）各温度、压力、报警等热工仪表齐全、投入、指示正确，有关辅机电源送上。

（4）检查等离子整流柜风扇运转正常，无碰壳现象。

（5）检查锅炉侧闭式水系统运行正常，闭式水压力正常，启动一台等离子冷却水升压泵运行，检查冷却水母管压力正常。

（6）检查各角等离子发生器冷却水供水、回水门已开，冷却水压力正常。

（7）启动一台等离子载体风机，检查载体风母管压力正常。

（8）检查各角等离子发生器载体风进口手动门已开启，载体风压力正常。

（9）检查等离子火焰检测器冷却风机启动，火焰检测器冷却风压力正常，火焰检测器投用。

2. 等离子系统投运

（1）炉膛吹扫结束，MFT 已复位，锅炉具备点火条件。

（2）检查一次风压，密封风压正常。

（3）启动等离子冷却水升压泵，检查出口压力正常，另一台投入“备用”，调整每个角冷却水压力为 0.6～1MPa，进回水压差为 0.4～0.8MPa。

（4）启动等离子载体风机，检查出口压力正常，另一台投入“备用”，就地调整各角等离子入口载体风压力正常。

（5）全面检查等离子燃烧器的各子系统，确认载体风、冷却水等各项参数正常，燃烧器摆角在水平，等离子发生器具备启动条件。

（6）将磨煤机启动方式切换为“等离子”模式。

（7）一次风暖风器暖管疏水结束关闭疏水门，全开暖风器加热蒸汽门。

（8）顺序启动对应磨煤机的8台等离子发生器，等离子发生器给定电流设置为260A启弧，稳定5min后，调整电弧的电流及电压，使功率在80～200kW。

（9）开启等离子点火的磨煤机冷、热风门，磨煤机出口门进行暖磨。

（10）启动等离子点火的磨煤机及给煤机，给煤量不少于最低煤量，等离子燃烧器投入运行，根据着火情况，适当增加给煤量，调整等离子在最佳状态。

（11）观察图像火焰监视器，等离子燃烧器在投煤粉后180s内应达到稳定着火；否则，应立即停止给粉，查明原因后，重新投运。

（12）检查各等离子燃烧器燃烧情况，必要时调整等离子点火器功率和磨煤机一次风量，使各燃烧器着火正常，火焰检测器信号良好、炉膛燃烧稳定、不冒黑烟。

（13）等离子燃烧器稳定着火后，根据机组升温、升压曲线要求，在等离子燃烧器不超温的前提下，将其出力逐步加到最大（在等离子发生器投运的情况下，等离子燃烧器最大出力一般为正常运行主燃烧器额定出力的80%），再投运第二台磨煤机。

（十）等离子系统的停运

（1）当锅炉负荷大于30%时，将磨煤机运行方式由“等离子模式”退出，即可停用等离子点火器。

（2）试停1只等离子燃烧器的点火器，观察锅炉燃烧情况，如锅炉燃烧正常，则继续升负荷，逐渐停用本层其他等离子发生器，直至等离子发生器全部停运，锅炉转入正常运行。

（3）停炉过程等离子燃烧器的运行方式。

1）降负荷至3台磨煤机运行时，将等离子燃烧器调整至适应等离子点火的工况后，启动等离子运行。

2）根据停炉的参数要求，依次停运燃烧器；当仅剩等离子燃烧器运行时，停止等离子燃烧器的给粉，然后停运等离子发生器。

（十一）等离子点火燃烧器系统的注意事项

（1）等离子点火燃烧器投运期间，要注意观察火焰的燃烧情况，电源功率的波动情况，发现异常，及时处理。

（2）等离子运行期间，要注意燃烧器壁温不超限。

（3）等离子运行期间，要注意载体风压力、冷却水压力在正常值，冷却水回水压力、流量正常。

（4）每次等离子运行后，要记录阴、阳极使用时间；当阴、阳极使用时间低于使用寿命8h时，要联系设备管理部准备备品，随时更换；每次更换阴、阳极后，要及时记录。

（5）停运等离子时要注意检查等离子运行模式，防止联跳磨煤机。

（6）无论等离子点火器运行与否，等离子点火器载体风进口手动门均保持开启状态，防止阴、阳极污染。

（7）等离子断弧事故处理。

1）现象。等离子点火器电流到“零”；DCS盘上发“等离子装置故障”报警；该等离子发生器对应燃烧器燃烧不稳，“等离子模式”下对应的磨煤机出口插板门关闭；如有两个及以上等离子点火器断弧将导致磨煤机跳闸。

2）原因。

等离子点火器控制电源或动力电源失电；等离子发生器故障；载体风压力过高或过低；阴极头烧毁；等离子冷却水回水流量低。

3）处理。

a. 等离子断弧，应立即检查断弧原因；

b. 如等离子断弧导致对应磨煤机跳闸，按磨煤机跳闸处理；

c. 如因载体风压过高或过低引起断弧，应检查载体风机运行是否正常，调节载体风压力在正常范围内后再投运等离子点火器；

d. 若由于阴极头烧损而断弧，应及时更换阴极头；

e. 若等离子冷却水回水流量低引起断弧，检查等离子冷却水系统；

f. 等离子燃烧器运行中断弧，应注意炉膛的燃烧情况；

g. 再次启动断弧的等离子发生器，必要时增大电流设定值；

h. 重复发生启动断弧的等离子发生器无效，则联系检修处理。

五、锅水循环泵系统的启动、运行及停止

（一）锅水循环泵简介

控制循环汽包锅炉是在自然循环汽包锅炉的基础上发展起来的，由于随着锅炉工作压力的提高，汽、水的重度差减小，自然循环汽包锅炉的循环动力降低，依靠自然循环运动压头使工质在水冷壁内流动变得困难。为了提高锅水循环的可靠性，确保蒸发设备的安全，因此产生了控制循环汽包锅炉。控制循环汽包锅炉在结构和运行特性上与自然循环汽包锅炉基本相似，两者的主要区别在于，自然循环汽包锅炉的循环动力是借助于汽水的重度差，而控制循环汽包锅炉的循环动力主要是靠锅水循环泵。

控制循环汽包锅炉蒸发回路是由汽包、下降管、下水包、水冷壁、上集箱、上升管组成。只是在下降管系统中加装了锅水循环泵，将汽包流入下降管的水送入下水包，然后分配到各组水冷壁管，再通过上升管回到汽包，形成一个闭合的循环回路。因此，对于控制循环汽包锅炉，它的循环压头除了像自然循环汽包锅炉一样有汽水比重差所产生的循环压头外，还

增加了锅水循环泵所提供的循环压头。

由此可见，控制循环汽包锅炉的循环压头比自然循环汽包锅炉的循环压头提高了3～5倍，这就为设计一个良好的循环回路创造了条件。

锅水循环泵的型式主要有注水式和浸没式两种，浸没式又有采用屏蔽式电动机和湿式电动机之分。每台锅炉配备3台性能相同的锅水循环泵，其中两台投运就可以带MCR负荷，另一台备用，为了避免两台泵运行时，一台泵突然故障而备用泵一时又难以启动，会影响到锅炉负荷的变化，故推荐在正常工况下最好投运3台泵。

（二）锅水循环泵的启动

1. 锅水循环泵启动注意事项

（1）锅水循环泵的电动机腔室不允许与空气直接接触，安装后的锅水循环泵必须在3h内向电动机腔室和冷却器内充满处理过的水。

（2）每次将水通过管道注入电动机腔室和冷却器之前，必须先进行管道冲洗，直至水质合格。

（3）锅水循环泵电动机注水结束后，若立即启动，可继续注水，因为在启动中如有气体从电动机腔室和冷却器内散逸出来，则注水可保持电动机腔室和冷却器内始终充满水。启动成功后，则可停止注水，使冷却水保持自循环。

（4）当锅炉冷态启动时，必须至少启动两台锅水循环泵，使泵的容量限制在某一值上，使其所需的净实际吸入压头小于其所具有净实际吸入压头，以确保泵的运行安全。

（5）锅水循环泵启动前要确保具有足够的净实际吸入压头使运行中无气窝产生，因此锅炉汽包水位应保持一定的高度。

（6）电动机在环境温度下最多允许两次重复启动，但在两次启动中要有10min的间隔，且绝对不允许超过两次，否则将造成电动机绕组温度上升，损伤绝缘。内部温度超过65℃电动机将损坏。

（7）锅水循环泵在运行时，如遇冷却器的低压冷却水中断，则泵必须在5min内停止，泵在重新启动前，必须恢复低压冷却水，且使电动机腔室内的温度降至38℃以下。

（8）汽包压力低于0.34MPa时，启动锅水循环泵前必须先进行排空气操作。

（9）电动机腔室温度低于4℃时，锅水循环泵不允许启动。

（10）锅水循环泵启动时，电动机在约1s内达到最高转速，如果电动机在5s后还不能启动，应立即停止，并且不可在20s内重新启动。

（11）电动机启动后，应注意电流，锅水循环泵进、出口压差应升至约290kPa，如果压差不升高，应立即停机，因为这可能意味着电动机正在倒转。

2. 锅水循环泵启动条件

（1）汽包水位正常。

（2）锅水循环泵低压冷却水流量正常。

（3）锅水循环泵出口门左、右全部打开。

（4）锅水循环泵泵壳与入口集箱水温差小于规定值。

（5）锅水循环泵电动机腔室温度在正常范围内。

3. 锅水循环泵的正常启动

（1）确认汽包水位在水位计上部可见水位。

（2）锅水循环泵的出口旁路门打开。

（3）将锅水循环泵电源送上。

（4）检查锅水循环泵启动条件满足。

（5）启动锅水循环泵，电流在5s内返回，出、入口压差立即升高，否则停止。

4. 锅水循环泵启动后检查操作

（1）锅水循环泵电流正常，锅水循环泵进出口差压正常。

（2）锅炉上水，保证汽包水位。

（3）检查低压冷却水流量、温度正常。

（4）检查锅水循环泵振动正常。

（5）检查所有的法兰、封垫和阀门是否泄漏。

（6）就地检查泵壳和电动机壳声音是否正常。

（7）锅水循环泵的出口旁路门关闭。

（三）锅水循环泵的正常运行

（1）锅水循环泵在热备用状态下，其旁路出口阀打开。

（2）锅炉运行中，备用锅水循环泵泵壳与入口集箱水温差应小于规定值，防止启动后引起热冲击。

（3）电动机电流不超限，稳定平稳。出现电流波动，泵或电动机振动，可能是磨损或是轴承表面发生局部卡涩，或泵内存在空气。

（4）电动机腔室冷却水温度不超过60℃。

（5）备用的锅水循环泵应定期进行每次不少于10min的试转。

（6）锅水循环泵进出口差压在规定值。

（7）锅水循环泵低压冷却水流量正常。

（8）电动机和泵体及高低压冷却水系统所有的法兰、封垫及阀门应无泄漏。

（9）锅水循环泵运行声音正常，振动不超限。

（10）锅水循环泵注水时，监视好注水水量，使之进入电动机内充水温度正常。

（11）在锅炉煮炉或酸洗期间，锅水循环泵注水必须连续投入，并检查注水压力大于电动机腔室压力。

（四）锅水循环泵的停止

（1）按下锅水循环泵停止按钮，锅水循环泵停止后出口门自动关闭。

（2）锅水循环泵停运后，低压冷却水保持继续正常运行。

（3）锅水循环泵停运后，如热备用，应开启锅水循环泵出口旁路门。

（4）锅水循环泵停运后，应注意电动机腔室温度的监视，防止电动机腔室温度过高电动机绕组绝缘损坏。

（五）直流锅炉启动循环泵的启动、运行和停运操作

1. 锅炉启动循环泵启动前的检查

（1）按照辅机通则对锅炉启动循环泵进行详细检查，系统已经具备投运条件。

（2）确认锅炉启动循环泵系统阀门状态正确。

（3）用 1000V 绝缘电阻表测量锅炉启动循环泵电动机绝缘大于 200MΩ。

（4）检查分疏箱水位变送器投运正常。

（5）确认闭式水压力正常，事故冷却水泵处于备用状态。

（6）投入锅炉启动循环泵注水冷却器闭式冷却水。

（7）投入锅炉启动循环泵电动机冷却器闭式冷却水，检查冷却水流量正常。

（8）对锅炉启动循环泵注水管路进行冲洗。

1）注水水质的要求：

a. pH 值（25℃）：8～9；

b. 浊度（NTU）：注水水源取自凝结水浊度小于 0.5NTU，注水水源取自凝结水补水浊度（NTU）小于 0.3NTU，水温小于 30℃。

2）检查高、低压注水门、注水双联阀在关闭状态。

3）开启启动循环泵前注水管排污一、二次门。

4）关闭注水过滤器旁路门，开启注水过滤器出、入口门。

5）开启注水针型阀（或维持原开度）及其前后隔离门。

6）确认给水系统运行，则开启高压注水一、二次门，对高压注水管路进行冲洗。

7）冲洗至排水清澈后，关闭高压注水一、二次门。

8）确认凝结水系统运行，开启低压注水门，对低压注水管路进行冲洗。

9）冲洗至排水清澈后，联系化学进行水质化验，若注水管排污水质与注水水质相同（pH 值为 8～9，浊度注水水源取自凝结水浊度小于 0.5NTU，注水水源取自凝结水补水浊度小于 0.3NTU），关闭注水管排污一、二次门。

（9）对锅炉启动循环泵的电动机腔室进行注水。

1）调整注水冷却器闭式冷却水流量，控制注水温度小于 30℃。

2）开启锅炉启动循环泵进口管排空门、泵体放水门、注水双联阀。

3）通过注水针型阀调整注水流量在约 2L/min，对锅炉启动循环泵电

动机腔室进行冲洗。

4）联系化学，化验锅炉启动循环泵泵体放水门排水水质与注水水质相同后（pH值为8～9，浊度注水水源取自凝结水浊度小于0.5NTU，注水水源取自凝结水补水浊度小于0.3NTU），关闭泵体放水门。

5）对锅炉启动循环泵注水至泵进口管空气门连续有水排出后，关闭泵进口管排空门。采用凝结水补水注水时，分疏箱见水即可关闭双联阀停止注水。

6）保持连续注水至锅炉冷态清洗结束、锅炉启动循环泵运行后，启动循环泵入口压力达到0.5MPa，关闭注水双联阀、注水针型阀前隔离门和低压注水总门。

7）锅炉启动循环泵电动机腔室注水注意事项。

a. 注水前必须对注水管路进行清洗，化验注水水质满足要求。

b. 电动机注水前严禁向锅炉上水，以防泵体内的杂质进入电动机，禁止通过泵壳向电动机内注水。

c. 注水时应调整注水针型阀，控制注水流量约为2L/min，以排尽电机内部的空气。

d. 注意控制注水温度小于30℃，泵壳与入口水温差小于56℃。

e. 注水结束后必须关闭注水管路的所有阀门，防止高压水进入注水管道。

f. 锅炉酸洗或冲洗时，锅炉启动循环泵电动机必须连续注水，且注水压力必须高于泵出口压力0.2～0.5MPa。

g. 锅炉启动循环泵电动机温度高、电动机高压冷却水有泄漏、锅水太脏时，应对锅炉启动循环泵电动机连续注水。

2. 锅炉启动循环泵的启动

（1）锅炉上水，冷态冲洗完毕，检查分疏箱水位大于2m。

（2）开启锅炉启动循环泵入口过冷水电动门，投入过冷水调节门自动。

（3）开启锅炉启动循环泵进、出口电动门和再循环门，关闭出口调节门。

（4）点动锅炉启动循环泵，进行排空。

（5）5min后启动锅炉启动循环泵运行，注意启动电流和电流返回时间。

（6）检查泵出入口压差正常，电动机冷却水温度正常。

3. 在停机过程和热状态中的启泵操作

（1）锅炉负荷小于40%BMCR且分疏箱压力小于18MPa时，根据锅炉情况，启动锅炉启动循环泵。

（2）锅炉处于热状态时的启动，应注意高压冷却水出口温度必须小于60℃，并对泵进行充分预暖，注意泵壳与入口水温差小于50℃，运行后不超过56℃。

4. 锅炉启动循环泵的运行监视

（1）按照辅机正常运行检查、监视和维护通则要求做锅炉启动循环泵的运行维护。

（2）锅炉启动循环泵正常运行时，检查泵出、入口压差正常。

（3）检查锅炉启动循环泵运行平稳，无异常振动和噪声。

（4）检查低压冷却水母管压力为0.6MPa左右，冷却水流量正常。

（5）锅炉启动循环泵出口调节门调节正常，省煤器出口流量满足要求。

（6）锅炉启动循环泵运行，当锅炉启动循环泵入口过冷度小于20℃时，联锁开启过冷水电动门；当入口过冷度大于35℃时，联锁关闭过冷水电动门。

（7）锅炉启动循环泵正常运行时，泵体放水门必须严密关闭。

（8）当锅炉启动循环泵入口水温大于60℃时，必须保证锅炉启动循环泵闭式水压力和流量正常，否则应将锅炉启动循环泵隔离。

5. 锅炉启动循环泵的停运

（1）锅炉已进入直流状态或锅炉已熄火。

（2）停止锅炉启动循环泵运行。

（3）检查锅炉启动循环泵出口电动门和再循环门关闭。

（4）开启锅炉启动循环泵的暖管门、分疏箱液位控制阀前管道暖管门，投入暖管调节门自动，对锅炉启动循环泵和启动疏水扩容器及管路进行预暖。

（5）锅炉停运后，锅炉启动循环泵进口温度低于60℃，解除事故冷却水泵联锁。

（6）必须待锅炉放水后，锅炉启动循环泵壁温低于62℃才允许启动循环泵电动机放水（无检修明确要求不得放水），严禁锅炉启动循环泵泵壳内的水经电动机腔室排放。

六、压缩空气系统的启动、运行及停止

（一）压缩空气系统简介

随着气动装置及其他用气设备在电厂的广泛应用，压缩空气系统的运行可靠性将直接影响机组运行的安全性和经济性，在机组各系统中占据了越来越重要的地位。电厂压缩空气系统由螺杆空气压缩机、储气罐和空气干燥装置组成，系统分为厂用压缩空气系统和仪用压缩空气系统。压缩机出口采用母管制供气方式，从母管出来一路至空气干燥装置干燥后，进去仪用压缩空气储气罐，向机组仪用压缩空气系统供气，还有一路不经过空气干燥装置直接至厂用压缩空气储气罐。仪用压缩空气压力的稳定可以通过调节厂用压缩空气量来实现。

螺杆压缩机是一种结构简单、工作可靠、维护方便、效率高的压缩机，它是利用主从螺杆在旋转时，容积的间歇性改变来压缩和输送空气，空气

在压缩机内不随螺杆旋转，只沿螺杆轴向移动。它由空气系统、冷却系统和润滑系统及电子控制器组成，由控制系统（电子控制器）根据在管路中预设的压力来控制压缩机的工作，并且有监视各系统参数和报警跳闸功能。

（二）压缩空气系统的启动

1. 压缩空气系统启动前的检查

（1）空气压缩机外观完整、无检修工作。

（2）空气压缩机机械找正完毕，地脚螺栓紧固。

（3）闭式冷却水系统已投运，水压、水温正常。

（4）空气压缩机电动机绝缘合格，电源送上。

（5）空气压缩机系统电动门电源送上。

（6）空气压缩机有关电气、热工的保护经校验合格，并已投入。

（7）空气压缩机油位正常，油质良好。

（8）空气压缩机本体油、水、气系统的手动阀开启。

（9）检查空气压缩机控制面板所有设定值正确。

（10）气水分离器、除油器、除尘器疏水手动门打开，放尽存水。

（11）空气净化装置自动切换时间已整定好。

（12）压缩空气储气罐工作结束，压力实验合格。

（13）储气罐安全门已经过整定合格。

（14）厂用、仪用压缩空气阀门已按操作卡检查完毕。

2. 空气压缩机启动条件

（1）空气压缩机出口压力不大于规定值。

（2）环境温度小于或等于 1℃。

（3）压缩空气母管压力不高。

（4）空气压缩机储气罐油位正常。

3. 空气压缩机的启动

（1）空气压缩机的就地启动。

1）合上空气压缩机控制电源开关。

2）控制面板上所有 LED 点亮，进行测试。

3）按［-］（确认键）键，进行确认。

4）将“AUTO RESTART”（自动运行方式）设为“ON”，RESTART 指示灯亮。

5）将空气压缩机控制面板切换至“控制菜单”项，将“自动远程控制”设为“OFF”，远程控制灯闪光。

6）按下［I］键，空气压缩机启动条件满足且有用气要求时（空气总管压力低于设定的最小值）空气压缩机电动机启动，运行灯平光。空气压缩机启动条件满足但系统没有用气要求时，空气压缩机处于待命状态（运行灯闪烁）。

7）空气压缩机马达启动后，冷却水电磁阀自动打开。

8）当空气压缩机出口储气罐压力达 0.45MPa 时，空气压缩机出口电磁阀打开，开始向系统供气。

（2）空气压缩机的远程启动。

1）合上空气压缩机控制电源开关。

2）控制面板上所有 LED 点亮，进行测试。

3）按［-］键，进行确认。

4）将“AUTO RESTART”（自动运行方式）设为“ON”，RESTART 指示灯亮。

5）将空气压缩机控制面板切换至“控制菜单”项，将“自动远程控制”设为“ON”，远程控制灯亮。

6）空气压缩机将接受远程 DCS 的控制。

（3）空气压缩机自动运行。

1）将“AUTO RESTART”（自动运行方式）设为“ON”，RESTART 指示灯亮。

2）当空气总管压力达到设定的最大压力时，空气压缩机进气调节阀关闭，空气压缩机进入空载运行方式。

3）空气压缩机储气罐泄压。

4）如果在预先设定的续运行时间（360s）内，空气总管压力未降至设定的最小值，则空气压缩机停止。

5）空气压缩机停止后，冷却水电磁阀关闭。

6）空气压缩机进入待命运行方式，运行指示灯闪烁。当有用气要求时（母管压力降至设定的最小值时），空气压缩机启动进入负载运行。

7）如果在预先设定的续运行时间（360s）内，空气总管压力降至设定的最小值，则空气压缩机进气调节阀开启，进入负载运行方式。

（4）空气压缩机连续运行。

1）将“AUTO RESTART”（自动运行方式）设为“OFF”。

2）当空气总管压力达到设定的切换压力时，空气压缩机比例调节器开始逐渐关闭进气调节阀。

3）当空气压缩机进气调节阀关闭至设定值时（额定供气流量的 70%），控制器将空气压缩机切换至空载运行方式。与自动运行不同的是即使没有用气要求，空气压缩机仍将继续运行；在连续运行方式下，空气压缩机启动条件满足后无论有无用气要求，空气压缩机都将正常启动。

4. 厂用除油及干燥装置的投入

（1）检查厂用空气压缩机工作正常。

（2）开启除油及干燥装置入口电动门。

（3）待干燥筒充压至工作压力。

（4）合上干燥器控制电源开关，干燥器将自动切换两干燥筒的运行方式。

（5）开启除油及干燥装置出口电动门。

5. 厂用储气罐的投入

（1）开启储气罐的疏水门，放尽储气罐内疏水。

（2）检查储气罐的压力表已投入。

（3）缓慢开启储气罐入口手动门，对储气罐进行充压。

（4）待储气罐的压力接近系统压力时，稍开储气罐的出口手动门。

（5）待仪用母管压力至正常时，全开储气罐的出口手动门。

（6）开启储气罐的入口手动门。

（三）压缩空气系统的正常运行

（1）空气压缩机运行时应无异常声响。

（2）空气压缩机系统无漏油、漏水现象。

（3）空气压缩机油位正常，油温在正常范围内。

（4）空气压缩机冷却水投入，温度正常。

（5）空气压缩机面板上模拟图无报警指示灯亮。

（6）空气压缩机面板上状态显示正确，无错误信息。

（7）空气压缩机“运行”灯闪光时，表明空气压缩机在待命状态，随时可能启动。

（8）空气压缩机正常运行应在“自动运行”方式工作，只有在调试等特殊情况时方可在“连续运行”方式下工作。

（9）空气压缩机在“自动运行”方式工作时，当空气母管压力到达设定的最大压力后，空气压缩机将以空载方式运行，在连续运行时间内母管压力未降低到最小，则空气压缩机停机，在需要时自动启动。在“连续运行”方式，即使母管压力到达设定的最大压力，空气压缩机也会继续在空载方式继续运行。

（10）空气压缩机正常运行时应采用“远程控制”方式，只有在安装或检修后初次启动时采用“就地控制”方式。

（11）当厂用、除灰空气压缩机工作油温不大于规定值时，油冷却器入口阀门打开，油冷却器旁路阀关闭。

（12）在正常运行中，应定期进行一次运行与备用空气压缩机的切换。

（四）压缩空气系统的停止

1. 空气压缩机的停止

（1）空气压缩机就地停止。

1）将空气压缩机置“就地控制”位，“远程控制”灯闪光。

2）按控制面板上的［O］（停止）键，空气压缩机入口调节阀关闭。

3）空气压缩机压力储气罐至空气压缩机入口阀打开，空气压缩机出口系统泄压。

4）软关机 30s 后，主电动机停止。

5）冷却水电磁阀关闭。

（2）空气压缩机远程停止。

1）将空气压缩机置“远程控制”位，“远程控制”灯亮。此时空气压缩机就地控制面板的［I］和［O］被闭锁，空气压缩机将接受远程DCS的控制。

2）如在空气压缩机启动后才切换到“远程控制”，则选择了“远程开”，机器继续运行；如选择了“远程关”，机器将停止。

3）如果误选了“远程关”，可以在30s的软关机阶段通过再选择“远程开”来撤销“远程关”命令，继续维持机器运行。

2. 空气干燥器的停止

（1）关闭干燥器入口电动阀。

（2）关闭干燥器出口电动阀。

（3）继续运行干燥器至两干燥筒压力表读数为零。

（4）断开干燥器控制面板电源开关。

3. 空气储气罐的停止

（1）关闭储气罐的入口门。

（2）关闭储气罐的出口门。

（3）缓慢开启储气罐的放水门，将储气罐压力泄至零压。

七、除渣系统的启动、运行及停止

（一）干渣除渣系统简介

干式排渣机本质上是基于耐热不锈钢链板输送机的应用。不锈钢输送链板由耐高温不锈钢制成，在输送过程中具有高防尘效果。干式排渣机的基本特性是其高韧性，虽然各部分之间存在着巨大的温度差，但仍然不会有任何永久性变形。

锅炉正常运行时，由冷灰斗落下的热炉渣经炉底排渣装置落到钢带式输渣机的输送钢带上低速移动。在锅炉负压作用下，冷空气通过主辅通风孔，对输送钢带上的热炉渣进行冷却，冷空气经吸热升温后返回炉膛。炉渣经输渣机完成输送、冷却后，经斗式提升机进入渣仓。碎渣机出口的破碎粒度控制在1～5mm，以满足干渣输送条件。在渣仓顶部增设布袋除尘器、真空压力释放阀，出渣口设有散装机、加湿搅拌装置将渣用专用车运走。

干除渣系统由炉底排渣装置、钢带式输渣机、碎渣机斗式提升机、液压系统、仓、电气与控制系统组成。

（二）干渣除渣系统的启动

1. 干渣除渣系统启动前检查

（1）干渣除渣设备、系统工作票结束，检修将工作现场清理干净，无杂物卡涩运行机械的可能。

（2）检查摄像头监视系统正常、压缩空气冷却风门开启。就地控制柜操作按钮位置正确，控制柜送电。

（3）碎渣机检查。

1）运行前必须检查减速机润滑油油位达到油位孔位置。

2）运行前检查辊齿板、鄂板、清渣鄂板等固定螺栓是否松动（松动会导致错位，从而使凸齿不能正常配合工作），传动链和联轴器是否有异常。

3）碎渣机送电。

（4）干渣机、清扫链。

1）检查尾轮处是否有渣堆积，设备运行过程中也需要定期观察，如果有发现渣堆积现象，需立即安排人员在尾部下方的手动拨灰孔处人工捅渣，确保尾轮能够自由转动。

2）检查检修人孔和捅渣口封闭。

3）干渣机、清扫链送电。

2. 张紧液压站检查

（1）油箱油位正常。

（2）检查液压站各个管路、油缸连接、管接头和法兰是否拧紧。

（3）检查各阀门的开关位置正确。表计齐全、完好。

（4）张紧液压站电动机送电。

3. 液压破碎关断门检查

（1）液压破碎关断门液压站检查：油箱油位正常、各个管路、油缸连接、管接头和法兰是否拧紧。各阀门的开关位置正确。表计齐全、完好。液压站电动机送电。

（2）液压破碎关断门液压管道完好、开关位置正确、无漏油现象。

4. 装机、布袋除尘器检查

（1）散装机、布袋除尘器风机、电磁阀控制系统、气动门送电。

（2）散装机入口手动门开启。

5. 干渣除渣设备、系统调试试运

干渣除渣系统试运，须按散装机、碎渣机、干渣机张紧装置、干渣机、液压破碎关断门顺序试运；单体试运必须保障试运设备不进杂物，防止试运设备卡住损坏。

6. 散装机、布袋除尘器调试试运

手动空车运转：开动卷扬装置，使散装头下降、上升，观察它是否灵活、平稳，不允许发生卡死及冲击现象。手动空车运转达到要求后，即可进行如下调试工作。

（1）限位开关的调试：将散装头下降到最大行程，使散装头到达限位，行程螺母触动限位开关组的下行程开关，行程开关应发出信号。

（2）散装头上升终点限位开关调试：当散装头上升到规定悬吊高度时，卷扬装置限位开关组的上行程开关发出信号，使散装头停止上升。

（3）在空车调试结束后，即可做负荷试运转。在负荷试运转中要观察：

1）电气仪表是否正常，是否实现自动化要求。

2）观察、检查各密封处漏风情况。

3）观察、检查吸尘系统工作情况。

4）观察、检查料位计是否灵敏，达到料满要求。

7. 碎渣机试运

（1）碎渣机电控柜调试。

1）按启动按钮启运，按停止按钮停机，按反转按钮碎渣机反转但一放手便停转（反转不能自行保持）。

2）选择开关扳至手动位置时，碎渣机卡阻后能自行停机并报警不止；按停止按钮后报警停止。

3）选择开关扳至自动位置时，碎渣机卡阻后能自行反正转排障；在连续反转不多于3次而卡阻排除时，碎渣机自动转入正常运转；当连续3次交替转仍不能排除卡阻时，碎渣机电动机自动停机并报警不止，按停止按钮后报警停止。

4）在自动状态下，可用一块薄铁片插入接近开关与转动的感应铁之间——模拟碎渣机卡渣。

（2）空运行试验：经调试无误后，整机空运行4～6h。空运行后，检查轴承、减速机、联轴器和电动机等零部件温升，密封件及紧固件是否有异常，辊齿是否有磕碰，若有异常现象必须排除。然后可正式投入生产运行。

8. 干渣机液压站试运

（1）注意安全，非专业人员须远离现场。

（2）确认各电气触点无误，动合、动断点的位置正确，可以正确的发讯，DC 24V电源的供给无衰减。

（3）点动电动机，进一步确认转动方向。

（4）给系统排气，将液压系统启动多次，排出气体。若快速排气可将较高位置的接头及排气螺栓小心地拧松，排放气体，当泄漏的液体中不再含有气泡时，重新拧紧接头及排气螺栓。

（5）空载启动系统后，运行一段时间，采取手动的方式控制各电磁阀，验证动作是否正确。

（6）逐渐加载，缓慢地提高系统压力，注意观察电磁阀、仪器仪表，压力、温度、油位、噪声等是否异常。

（7）关掉电动机，重新拧紧所有接头；即使管接头无泄漏也需拧紧。

9. 干渣机试运

（1）安装并清理完毕后，进行检查（机械和电控），合格后进行空载试车。

（2）必须清除设备内部所有的安装工具和废料，保证设备无任何卡塞。运行30min，重新拧紧所有紧固螺栓（尤其是减速机锁紧盘）；连续运行48h后对整机进行检查，并全面检查输送链紧固螺钉。

（3）基本要求：输送带运行平稳，无异常噪声；链条位于驱动链轮和张紧链轮中间；壳体所有防偏轮均不转动（输送带不跑偏）；除弧段外，所有托辊均转动灵活，弧段不转动托辊人工转动灵活。

（4）确认空载电流正常。

10. 液压破碎关断门试运

（1）挤渣门的关闭和打开，应成对操作，锅炉未运行时也可以两对同时操作，应做到完全关闭。

（2）在挤压时，发现挤渣门已无法前进，则进行打开操作（可不必完全打开）；再次关闭挤渣门。

（3）若在挤压中发现挤渣门头部翘起，应停止持续挤压，回撤关断门重新进行挤压。

11. 干渣除渣设备、系统运行

干渣除渣系统运行须按启动碎渣机、启动干渣机液压站、启动鳞斗干渣机、开启液压破碎关断门顺序运行。单体启动必须保障设备不进杂物卡住。散装机运行根据渣仓渣量及运输情况决定。

12. 启动碎渣机

试验正反转正常。

13. 干渣机的启动

（1）启动干渣机液压张紧装置，液压张紧可采用自动张紧或手动张紧，张紧力在正常范围。各表计参数正常。

（2）启动干渣机，正常运行采用低频，满足出力要求时应低速运行。

（3）风量控制：主风门可以采用自动调节风量，根据锅炉燃煤状况、排渣量、排渣温度、进风量、冷却程度等因素进行综合判断后获得合适的参数，联锁控制风量。水平段设有小的风门，正常运行时应全部打开。

（4）事故大排渣时，尤其是排红渣，宜采用喷雾强冷。若排渣继续燃烧，必须进行喷雾灭火；否则，空气只能助燃，无法冷却。高配采用红外线自动控制水量；标配采用手动控制，注意水量的控制。

（5）正常运行时不得随意关闭液压破碎关断门。关断门打开时应慢，注意起拱和破拱后大量灰渣的下落；灰渣的排放不要高过鳞斗；否则，应注意灰渣溢出，并及时进行人工处理。

（6）设备运行过程中要定期观察，如果发现有渣堆积现象，需立即安排人员在尾部下方的手动拨灰孔处人工捅渣，确保尾轮能够自由转动。

（三）干渣除渣系统的运行

1. 液压破碎关断门运行

（1）关断门关闭：挤渣门全部关闭时，具有关断门作用。仅用于下级设备故障等事故状态，须紧急处理时使用。正常运行时严禁同时关闭任意排渣口内所有挤渣门。

（2）关断门打开：严禁任意或全部关断门一次性全开。关断门的打开需要根据底渣情况，由具有丰富经验的工程师操作。严禁普通人员随意打开。

（3）开门流程。

1）将干渣机输送带调至最快（变频器工频）。

2）点动接近干渣机头部（弧段，或者靠近摄像头）的第一对挤渣门（每次打开5～10cm）；延迟一定时间待灰渣落下量至正常出力；干渣机大渣检测装置可能报警；直到大渣检测装置报警消除。

3）关闭本对挤渣门，再打开至上述开度。若仍有灰渣下落，则等待至大渣检测装置报警消除；并再次重复本操作。直到灰渣量不大于正常出力。

4）重复上述2）和3），直至本对门完全打开。

5）按照2）、3）、4）打开第二对门。

6）重复5），直至所有门全部打开。

（4）关断门的打开，干渣机大渣检测出现报警，则灰渣会从输送带溢出，应及时对输送带之间导流板上的灰渣进行处理；并监控清扫系统，保证清扫链不卡渣；直至系统恢复正常运行。

（5）挤渣操作。

1）基本操作流程：发现大渣→启动油泵→关闭挤渣门→打开挤渣门→重复关闭/打开（含停止油泵，预冷）→停止油泵。

2）挤渣时间：液压站设置一运一备两台油泵，单台油泵连续运行不大于规定时间，液压系统连续运行规定时间，否则系统温度过高，影响设备寿命。设有冷却器的液压站，在油温不大于规定值时，可持续运行。

3）通过摄像头发现有大渣落在格栅上，根据需要进行挤压破碎：结焦量多、灰渣量大，应及时挤压，避免阻塞通道；结焦量少，可延迟。

4）挤渣门的关闭和打开，应成对操作；也可关闭单扇门到大渣附近，再关闭另一扇门到大渣附近，再同时关闭；在视觉误差需判断大渣位置时，可单独关闭一扇门。

5）大渣通常需多次挤压才能破碎完毕。在挤压时，发现挤渣门已无法前进，则进行打开操作；待破碎后的小渣落下后，再次关闭挤渣门。

6）若大渣内部呈熔融状态，破碎困难，应在红渣冷却变硬后再进行挤渣。挤压打开后等待3～10min，再次挤压。连续频繁挤渣，油温升高，液压系统磨损加剧。

7）若在挤压中发现挤渣门头部翘起，应停止持续挤压，回撤关断门重新进行挤压，循环此步骤，直到完成破碎。

2. 散装机、布袋除尘器运行

（1）开启渣仓出口手动门。

（2）运载汽车就位后，采用半自动控制，使散装头向下移动。

（3）当散装头到达限定位置，再开启自动控制机构：自动打开风机，再开启上部气动门，开始向车内落料，当料车装满时，料位计发出信号，系统自动依次关闭上部气动门，延时一段时间，自动提升散装头，再延时一段时间，最后自动关闭除尘器，完成卸料过程。

（4）气动门、除尘器在装料和卸料的两个过程中互为闭锁。即前一个动作执行，后一个动作不能开启或关闭，要打乱以上顺序，必须解除联锁。

（5）除尘器差压在正常范围内运行，超过时启动喷吹装置清灰。

（四）湿式除渣系统简介

刮板捞渣机将煤燃烧产生的热渣在充满水的上槽体内收集并冷却，通过输送链条的缓慢移动将炉渣从炉底输送至渣仓。冷却水进入上槽体中以保持安全的水温并且补充由于蒸发和炉渣带走的水。渣槽内的热水由溢流口流出至渣池冷却降温。

捞渣机具有以下功能：锅炉炉底密封、渣冷却、将炉渣输送出炉底。刮板捞渣机安装在锅炉排渣口处，与渣井、关断门、水封板和水槽连接，保证炉体内部与外部的密封。

（五）湿式除渣系统（捞渣机）的启动

1. 投运前的检查和准备

（1）检查除渣系统检修工作已结束，工作票已收回并注销，捞渣机上、下槽体内无杂物，前部传动系统及后部刮板张紧装置无杂物、卡涩，排水口畅通，无堵塞。

（2）检查刮板捞渣机减速箱，液压关断门油站油位正常，油质良好，无渗漏现象。

（3）刮板捞渣机电动机接线及接地线完好，地脚螺栓牢固，联轴器连接完好，防护罩完好，轴承油质油位正常。

（4）检查捞渣机上部测水温的热电阻安装牢固。

（5）检查就地控制箱各开关、按钮齐全，状态指示灯显示正确。

（6）检查刮板捞渣机电动机电源已送好。

（7）开启刮板张紧装置前部、后部轴承密封水门，检查水压正常。

（8）开启捞渣机上水槽补水总门，保证水温不大于 60℃。

（9）投入炉底密封水，调节水压正常，投入链条冲洗水。

2. 液压关断门油系统的启动

（1）检查液压系统各连接键、销牢固，油箱油位正常，电磁换向阀处于原始状态。

（2）电控箱内元器件无松动、线头无脱落，油泵电动机转换开关位置正确。

（3）合上电源开关，电源指示灯亮，按启动油泵按钮，油泵启动运行，油路畅通指示灯亮，空运转 3～5min。

（4）检查油泵电动机转向正确，禁止反方向转动，无漏油。油温在规定范围内。

（5）调节溢流阀设定工作压力：启动电动机先空转 5～10min，再逐渐分档升压，每档时间间隔为 5～10min，直至压力升至 10MPa。

（6）调整溢流阀将系统压力设定在工作压力（一般为 8MPa）将调整螺杆锁紧。

3. 液压关断门的开启

（1）调节油压在规定范围。

（2）依次按住相应渣口的“外侧门放下”“内侧门放下”“端门放下”按钮，每次至表压指示回升至设定工作值，再按住 15s 左右，然后再操作下一个按钮。逐个开启各片关断门，每片关断门开至全开位，方可操作下一片。

（3）开启操作过程中，注意监视油压，若油压不下降，应立即停止操作。

（4）操作结束，停止液压油泵运行。断开电源开关。

4. 液压关断门的关闭

（1）调节油压在规定范围。

（2）依次按住相应渣口的“端门摇起”“内侧门摇起”“外侧门摇起”按钮，每次至表压指示回升至设定工作值，再按住 15s 左右，然后再操作下一个按钮。逐个关闭各片关断门，每片关断门关至全关位，方可操作下一片。

（3）操作过程中，注意监视油压，若油压不下降，应立即停止操作。

（4）操作结束，停止液压油泵运行。断开电源开关。

5. 捞渣机的启动

（1）在锅炉启动之前应先投入除渣系统。

（2）投入炉底水封，进行捞渣机上槽体补水，投入链条冲洗水和刮板冲洗水。

（3）将捞渣机就地控制柜“就地”“远方”开关切置“远方”位置。

（4）检查完毕，液压关断门开启后，按下启动捞渣机按钮，启动运行。

（5）渣量过多，调节捞渣机转速至高速运行。按排渣量调节至合适的刮板速度。

（六）湿式除渣系统的运行

捞渣机安全注意事项及运行维护。

（1）锅炉点火前投入除渣系统。

（2）捞渣机启动前清除上槽体过多杂物，严禁超载启动。

（3）检查捞渣机各转动部分，电动机轴承温度正常。

（4）减速器油位正常，油质合格。

（5）捞渣机上槽体水温不大于 60℃。

（6）运行中转动部位严禁加油、检修、清理杂物。

（7）开关关断门时通知主控主操注意炉膛负电压互感器化，加强燃烧及蒸汽温度调整。

（8）关断门关闭后，门下严禁站人，捞渣机检修时，做好安全措施。

关断门及周围5m范围内为危险区域，严禁站人。

(9) 当捞渣机检修工作结束，需开启关断门放渣时，操作人员应按规定着装，并戴好防护面具。

(10) 液压操作台应与冷灰斗之间设置防护板，以免操作员被炉火炉渣烧伤。

(11) 排渣时应缓慢点动操作，严禁快速开启，以免造成大量灰蒸汽外喷伤人。

(12) 捞渣机运行排渣时，关断门及周围5m内严禁站人，检查时应注意安全。

(七) 湿式除渣系统的停运

(1) 当捞渣机上槽无灰渣时，启动液压油站，将液压关断门关闭后，停止其运行。

(2) 长时间停运将捞渣机上槽间杂物排尽，关闭各水封门，关闭补水总门。

(3) 关闭刮板张紧装置前部、后部轴承密封水门。

八、汽包就地水位计的投入、运行和退出

(一) 汽包水位计简介

锅炉汽包水位是现代发电厂锅炉安全运行的一个非常重要的监控参数，保持汽包水位正常是保证锅炉和汽轮机安全运行的必要条件。监视和调整汽包水位是运行人员的一项重要工作，如果监视调整不及时，就会影响机组安全稳定运行。水位过高、过低都会引起水汽品质的恶化甚至造成事故，不仅影响机组的经济性，更对机组安全运行构成极大威胁。

监视调整汽包水位就必须依靠汽包水位计，因此选用合适的水位计，掌握各种水位计的工作原理，保证各种水位计在不同工况下正确反映汽包实际水位，是保证汽包水位正常的前提和基础。

就地水位计是用连通管的工作原理指示汽包水位的。根据连通管原理，两个形状不同、大小不等的容器在底部连接起来，如果上部压力相同，则液位的高度相等。

汽包和水位计可以看成是两个形状不同、大小不等的容器。下部通过水连通管连接起来，而上部的压力则由汽连通管将汽包蒸汽空间和水位计的上部连接起来，压力都等于汽包的饱和压力，因此，水位计指示的水位就代表了汽包水位。

(二) 汽包就地水位计的投入

1. 汽包就地水位计冷态投入

(1) 开启水位计汽侧一次门。

(2) 开启水位计水侧一次门。

(3) 关闭水位计疏水一、二次门。

（4）开启水位计汽侧二次门。

（5）开启水位计水侧二次门。

（6）开启水位计至下降管排水一、二次门。

（7）水位计随锅炉启动。

2. 汽包就地水位计热态投入

（1）检查水位计汽水侧一、二次门，放水门以及水位计至下降管排水一、二门关闭状态。

（2）开启水位计放水一、二次门。

（3）开启水位计汽侧一次门。

（4）缓慢开启水位计汽侧二次门至1/5圈。

（5）缓慢开启水位计至下降管排水一、二次门至1/5圈。

（6）水位计及至下降管排水管道预热20～30min。

（7）预热结束后，顺序关闭水位计汽侧二次门。

（8）关闭水位计至下降管排水一次门。

（9）关闭水位计放水一、二次门。

（10）开启水位计水侧一次门。

（11）开启水位计水侧二次门至1/5圈。

（12）缓慢开启水位计至下降管排水一次门至全开。

（13）缓慢开启水位计至下降管排水二次门至全开。

（14）开启水位计汽侧二次门至1/5圈。

（15）待水位计中水位稳定后，交替开启汽、水侧二次门至全开。

注意：热态投入水位计必须预热，预热时间在20～30min，时间短则水位计预热不充分，时间过长则云母片易脱层，使用寿命缩短；由于水位计汽水侧二次门内有钢球保险子，在热态投入水位计时，汽、水侧二次门应缓慢交替开启，否则保险子将堵塞通道，导致水位计指示不准。如因操作不当保险子堵塞通道，水位计指示失灵，应立即关闭汽水侧二次门，重新投入即可。

（三）汽包就地水位计的运行

汽包水位计的注意事项：

（1）水位计投入时，操作应谨慎、缓慢进行，避免过大冲击。

（2）水位计冲洗或爆破解列时，应注意人身安全，必要时使用防护罩和手套。

（3）锅炉做超水压试验、酸洗时，水位计应隔离。

（四）汽包就地水位计的退出

1. 汽包水位计的退出

（1）关闭水位计水侧一次门。

（2）关闭水位计汽侧一次门。

（3）关闭水位计至下降管排水一次门。

（4）开启水位计放水一、二次门。

（5）关闭水位计水侧二次门。

（6）关闭水位计汽侧二次门。

（7）关闭水位计至下降管排水二次门。

2. 汽包就地水位计的冲洗

水位计随着运行时间的延长，可能会结垢而变得汽水显示不清晰，此时应进行水位计的冲洗。水位计水冲洗。

（1）首先关闭水位计的汽水侧二次门、汽侧一次门、水位计至下降管排水一次门。

（2）开启水位计的放水门。

（3）待水位计内的水放尽后关闭放水门。

（4）微开水位计水侧二次门。

（5）待水位计充满水后关闭水侧二次门。

（6）开启水位计的放水门。

（7）重复以上（4）～（6），直至水位计清晰。

（8）水位计清晰后，冲洗工作结束，按热态重新投入水位计运行。

九、循环流化床锅炉高压流化风和一次风系统介绍

（一）高压流化风系统

1. 系统简介

高压流化风的用户包括回料器的返料风和流化风、油枪火焰检测器冷却风、氨水喷枪冷却风。

某公司采用多级离心式、单吸入、双支承结构风机，正常两台风机运行，一台备用。风机和电动机全部采用强迫油循环、滑动轴承方式。

2. 高压流化风机启动允许和跳闸逻辑

（1）高压流化风机启动允许条件

1）空气通道建立（A、B、C 返料器调节门开度均大于 20%）。

2）高压流化风机前、后轴承温度正常。

3）高压流化风机电动机前、后轴承温度正常。

4）高压流化风机电动机三相定子绕组温度正常。

5）高压流化风机出口门全关，反馈小于 5%。

6）高压流化风机入口调节门全关，反馈小于 10%。

7）高压流化风机出口电动排气阀全开，反馈大于 95%。

8）高压流化风机润滑油压正常。

9）高压流化风机任一润滑油泵运行。

10）高压流化风机无跳闸条件在。

（2）高压流化风机跳闸条件。

1）风机前、后轴承温度高。

2）电动机前、后轴承温度高。

3）高压流化风机运行60s，出口门全关（指令小于5%）且排空风门全关（指令小于5%）。

4）高压流化风机轴承振动大。

5）两台油泵均停。

6）手动急停按钮按下。

3. 高压流化风系统的运行

（1）高压流化风机启动前的检查。

1）设备标志齐全，保护罩完整，事故按钮完整备用。

2）风机油站油位正常，冷却器冷却水已投入、风机轴承油位正常、油质合格。

3）检查风机入口调节挡板、出口电动碟阀、电动排气门操作灵活。

4）联系热工确认风机所有保护已投入。

（2）高压流化风机启动并列操作。

1）建立高压流化风通路。

2）启动高压流化风机稀油站和高压流化风机电机冷却风机。

3）关闭风机入口电动调节挡板，打开风机出口排气电动门。

4）风机启动后检查风机出口电动门联开、出口排气电动门联关。

5）启动电流返回后，逐渐将入口挡板开度开至30%以上，避免风机发热，振动过大造成跳闸。

6）风机并列时，尽可能使高压流化风母管压力波动最小（小于2kPa），风机测振正常后及时加出力至正常值运行。

7）高压流化风机启动过程中由于系统压力波动干扰，其他运行的风机可能都会受到影响，因此风机启动后所有运行的风机都必须要进行测振。

（3）高压流化风机的正常运行维护。

1）检查风机油站出口油压、温度、滤网差压、轴承油位和回油正常。

2）有爆破工作可能影响锅炉风机振动保护误动的或由于天气原因造成控制回路进水使风机跳闸的，以及可能会造成风机跳闸的外部因素，必须提前采取预控措施。

3）需要在带跳闸保护的测点上进行检修工作的，应由检修负责人执行退测点保护程序，解除该点保护，才能进行相应的检修工作。

4）当在备用油滤网切换完成油压正常后及时联系检修维护人员进行清理，清理完毕后油滤网要先缓慢注油后投运，防止各班在不知情的情况下未注油切换造成油压低风机跳闸或设备损坏事故发生。

（4）高压流化风机停运解列操作。

1）逐渐关小高压流化风机入口电动调节挡板，尽量使高压流化风母管压力波动最小（小于2kPa）。

2）入口挡板开度小于5%后直接停运风机。

3）高压流化风机出口电动调节挡板联关，出口排气电动门联开。

4）解列后，确认停备高压流化风机不倒转，否则应通知检修进行制动，各油站等辅助系统保持运行，确保停备风机具备随时启动的条件。

（二）一次风系统

1. 系统简介

循环流化床锅炉一次风机出来的空气分成三路送入炉膛：第一路，经一次风空气预热器加热后的热风从两侧墙进入炉膛底部的水冷风室，通过布置在布风板上的风帽使床料流化，并形成向上通过炉膛的气固两相流。第二路，热风经给煤增压风机后，用于多点分布式给煤。第三路，一部分未经预热的冷一次风作为给煤皮带的密封用风。

某机组采用两台江苏金通灵风机有限公司生产的RJ29-DW2620F型离心风机，采用电动入口挡板调节+变频器调节，一次风机为并联运行。

2. 一次风机启动、跳闸逻辑

（1）一次风机启动允许条件（以下为“与”）。

1）任一台引风机运行。

2）任一台高压流化风机运行。

3）任一台二次风机运行。

4）一次风机出口挡板关闭。

5）一次风机入口调节挡板反馈小于5%。

6）两侧点火风道调节挡板反馈大于80%。

7）所有播煤风调节门开度大于15%。

8）一次风机前轴承温度（2取2）、后轴承温度（2取2）小于70℃。

9）一次风机电动机前轴承温度（2取2）、后轴承温度（2取2）小于85℃。

10）一次风机定子绕组温度正常，6取6，小于110℃。

11）一次风机润滑油泵1或2运行。

12）一次风机润滑油站油压正常［一次风机润滑油泵出口压力低（≤0.15MPa）取非］。

13）一次风机无跳闸条件。

14）变频方式，一次风机变频器指令小于25Hz。

（2）一次风机跳闸条件（以下为“或”）。

1）BT动作。

2）变频器重故障。

3）一次风机启动后60s出口挡板关且未开（开取非），延时3s。

4）一次风机电动机前轴承（2取2）或后轴承（2取2）大于或等于95℃，延时3s。

5）一次风机电动机润滑油泵全停，延时5s。

3. 一次风系统的运行

（1）一次风机启动前的检查。

1）检查一次风机有关检修工作结束，工作票全部收回，现场清洁，照明充足。

2）按照一次风机系统检查卡已执行完成。

3）油站油位正常，油质合格，冷却器已投入。

4）轴承油位正常、油质合格，轴承冷却水投入。

5）变频器空水冷系统投入，变频器无故障报警。

6）确认一次风机启动允许条件全部满足。

7）确认热工检查相关保护已正常投入。

（2）一次风机启动并列操作。

1）建立一次风通路。

2）启动电动机稀油站。

3）投入变频器空水冷系统。

4）关闭风机入口调节挡板和出口挡板，将变频器指令置 20%。

5）变频器预充电，合高压侧开关，启动变频器，检查风机出口挡板联开。

6）开启风机入口调节挡板，通过变频器调节风机出力。

7）与运行风机并列时，提高待并列风机变频器的出力（必须避开共振区），两台风机的变频器出力偏差不能超过 2Hz，以防倒风造成风量波动和下降。

（3）一次风机运行注意事项。

1）正常运行中二次风机入口调节挡板开度应全开，变频调节出力。

2）严格按照规程要求调整一次风量。

3）严禁停留在共振区间内长时间运行。

4）一次风机出口风压应不允许超过 20kPa。

5）一次风机运行电流不超过 331A。

6）需要在带保护或自动调节的回路上工作的，应先解除相关联的逻辑保护才能进行工作。

7）检修后的油滤网要及时恢复备用。

（4）一次风机停运解列操作。

1）退出一次风机 RB 逻辑。

2）退出烟气再循环系统。

3）单侧一次风机运行导致一次流化风量偏低的，通过提高炉膛负压、降低床压、降低播煤风量、提高下二次风量等措施，间接提高一次流化风量。

4）锅炉运行中，如果单侧运行一次流化风量低于 170km^3/h（标准状态），应停炉处理。

5）逐渐增加运行风机的出力，减小需解列风机的入口调节挡板和出力，两台风机的变频器出力偏差不要超过 2Hz，以防倒风，当待解列风机入口挡板开度关至最小后再停运风机。

6）停运该侧的暖风器。

7）解列后，确认一次风机不倒转。

第五节　汽轮机辅助设备及系统

一、润滑油系统的启动、运行及停止

（一）润滑油系统简介

润滑油系统是汽轮机的重要辅助设备，汽轮机在运行时为了减小转子轴颈与支持轴承的摩擦、减小推力盘与推力轴承的摩擦必须向这些轴承连续不断地供给压力、温度符合要求的润滑油，使轴颈与轴瓦间、推力盘与推力瓦之间形成油膜，以避免金属间的直接摩耗。同时，这些润滑油还冷却了轴承，避免轴承温度过高而发生烧瓦事故。

对于部分机型，润滑油系统还为装于前轴承座内的机械超速脱扣及手动脱扣装置提供控制用压力油，也为发电机提供密封油的备用油、盘车装置提供润滑油。

汽轮机润滑油系统主要包括润滑和冷却系统、顶轴油系统、排油烟系统以及油净化系统。主要功能：一是在轴承中要形成稳定的油膜，以维持转子的良好旋转；二是由于在转子的热传导、表面摩擦以及油涡流会产生相当大的热量，为了始终保持油温合适，就需要一部分油量来进行换热；三是润滑油还为汽轮机盘车系统、顶轴油系统、发电机密封油系统提供稳定可靠的油源。

（二）润滑油系统的启动

1. 润滑油泵投运

（1）启动主油箱排烟风机 A 运行，调整入口碟阀，维持主油箱内负压在规定值，检查排烟风机运行正常。

（2）将主油箱排烟风机 B 联锁投入。

（3）启动交流润滑油泵运行，检查油泵出口压力正常，电流、振动均正常，润滑油母管压力达规定值。

（4）汽轮机各轴承回油正常，系统无泄漏。

（5）润滑油泵启动后，应密切监视主油箱油位和油净化装置油位，及时调节主油箱冷油器冷却水量，待油温上升至 38℃，投入冷油器油温自动控制。油温应控制在 38～42℃之间。

（6）启动高压密封油泵运行，检查油压、电流、振动均正常，系统无泄漏，确认至发电机高压密封油压正常，减压阀前油压应正常，密封瓦无泄漏。

（7）分别做各油泵低油压联动试验正常后，维持 BOP、SOP 运行，将

EOP联锁投入。

2. 顶轴油泵运行

（1）确认汽轮机润滑油压正常，顶轴油泵入口油压正常。确认顶轴油泵至汽轮机的轴承油门全部开启。

（2）确认各顶轴油泵溢流阀和压力控制器调整好。溢流阀调整值为允许范围值。

（3）启动顶轴油泵A运行，检查顶轴油泵出口油压不低于规定值。

（4）检查顶轴油泵运行正常，顶轴油供油母管油压稳定。

（5）将备用泵联锁投入。

3. 盘车装置的运行

（1）盘车装置投运注意事项。

1）汽轮机冲转前盘车应连续运行不少于4h。

2）汽轮机转子偏心度不大于原始基准值±0.02mm方可冲转。

3）新安装或大修后的第一次启动，应采用手动或点动正常后，方可投入连续盘车（注意：盘车投运时严格执行操作票，防止投运盘车装置时发生人身伤害事故），冲转前连续盘车时间不少于24h。

4）盘车装置必须在润滑油、密封油系统投运并启动顶轴油泵正常后方可启动，禁止在解除有关联锁和保护的情况下，强行启动盘车。

5）对于配置电动盘车的机组在汽轮机转速到零后立即投入盘车。

6）当盘车电流较正常值大、摆动或有异音时，应查明原因及时处理。

7）对于配置液压盘车的机组在汽轮机转速降到规定值后检查盘车电磁阀正常开启，就地倾听液压马达运行声音，结合机组转速情况判断盘车是否投入正常。

8）停机后因盘车故障暂时停止盘车时，应监视转子弯曲度的变化，当弯曲度较大时，应采用手动盘车180°，待盘车正常后及时投入连续盘车。

（2）电动盘车手动投入操作。

1）确认润滑油压正常，油温正常。

2）确认发电机密封油系统工作正常。

3）确认顶轴油泵已运行，顶轴油母管油压正常达规定压力。

4）检查盘车装置的喷油电磁阀开启喷油，盘车电动机轴保护盖盖好，盘车装置就地操作盘控制电源指示灯亮，联锁开关投入。

5）将盘车齿轮操作杆扳到“啮合”位置，“啮合”指示灯亮。

6）点动盘车检查转子无卡涩，转向正确后，投入连续盘车，检查盘车电动机电流正常无晃动，转速为2.4r/min。测量转子偏心度不大于原始基准值±0.02mm，倾听机组动静部分应无金属摩擦声。

7）检查轴承金属温度正常，回油温度正常；联系热工做盘车低油压跳机试验正常后，仍维持连续盘车。

（3）液压马达盘车手动投入操作（配液压马达盘车机组）。

1）确认汽轮机顶轴油系统所有相关工作票均已终结或收回。

2）确认顶轴油系统已具备投用条件。

3）确认汽轮机润滑油及密封油系统运行正常。

4）确认盘车进油手动门关闭。

5）确认盘车进油电磁阀开启。

6）启动一台顶轴油泵，就地检查运行情况。检查顶轴油泵出口压力大于15.5MPa左右，电流及振动正常。

7）启动第二台顶轴油泵，就地检查运行情况。检查顶轴油泵出口压力大于15.5MPa左右，电流及振动正常。

8）进行顶轴油泵动态联锁试验，合格后投入备用顶轴油泵联锁。

9）确认汽轮机1瓦顶轴油压正常。

10）联系检修手动盘动汽轮机360°，倾听各瓦油挡和轴封处无动静摩擦声。

11）缓慢开启盘车进油手动门，确认汽轮机转动。

12）逐步调节盘车进油手动门，确认汽轮机转速逐步上升：每上升10r/min停留3min，检查各瓦油挡和轴封处无动静摩擦声。直至汽轮机盘车转速至48～54r/min。

13）检查汽轮机偏心正常，各轴瓦温、振动正常，就地汽轮机听声正常。

4. 润滑油冷油器投入操作

（1）备用冷油器的投入操作。

1）检查备用冷油器水侧投入。

2）开启两台冷油器间的连通门。

3）观察冷油器空气管油窗，当有油流流动时，证明油已注满。

4）将锁定手轮逆转2～3圈，旋转切换手柄180°，再将锁定手轮顺转2～3圈锁定。

5）调整油温正常。

6）注意保持水压小于油压。

（2）润滑油冷油器的切除操作（检修时）。

1）确认备用冷油器已投入，运行正常。

2）关闭两台冷油器间的连通门。

3）关闭冷油器入口水门。

4）关闭冷油器出口水门，油温正常。

5）开启放油门及放水门，油位、油压正常。

（三）润滑油系统的运行

1. 润滑油系统运行中的监视

（1）各油泵及风机运行无摩擦，振动正常。

（2）润滑油泵出口压力、润滑油母管压力正常。

（3）检查冷油器出口油温、进口油温正常。

（4）系统无泄漏。

（5）监视润滑油质，油质不合格时进行油净化处理和分析。

（6）监视主油箱油位，低时进行补油。

2. 润滑油系统的调试和运行

为保证系统清洁，在检修、安装、设备装运和储存等各个环节都有严格的要求，以保证在油系统冲洗前用机械和自然的方法除去污染物。避免损伤轴承，也可以减少冲洗时间。

在润滑油部件到货后对所有的封头和保护元件，如发现损坏就要对其保护的内部表面进行彻底检查，并重新进行保护。润滑油系统元件要脱空存放并适当进行遮盖。在其存放过程中要按要求进行抽检，发现锈蚀要按照要求重新进行修复和保护。

为避免安装过程中形成污染，要求油系统的封头一直到装配前才拆除。轴承箱要用临时封盖封好。对油系统设备的焊接和加工，在工作前后要进行清理，在工作过程中要注意保护。用来覆盖材料用的材料，不能够用纤维类。

在检修过程中，要对检修的局部进行检查、清理，在灌油前要对油箱、冷油器、汽轮机轴承座、套装油管道进行清理。灌油要用油净化设备来灌注。

油系统的冲洗是该系统调试的关键环节，油冲洗应分阶段进行，轴承系统应首先冲洗，冲洗干净后再冲洗其余系统。冲洗直接用润滑油来进行。冲洗过程中，要加热和冷却润滑油使油的黏度变化，提高清洗效果，一般油温变化控制在允许范围之间。在冲洗过程中设法振打焊接部位。为了获得大的流量和流速，用交、直流油泵同时启动冲洗，或者使用大流量冲洗泵。采用拆除孔板、局部短接等方法尽量减少冲洗管路的流动阻力等。

在机组运行中支持和推力轴承的金属温度发生变化，要立刻查明原因，超过规定应当立即停止汽轮机运行。同时要监视轴承回油温度在允许值的范围内。在机组启动过程中油箱油温低于10℃，不得启动交流润滑油泵，油温至少在最低允许温度以上才可以启动汽轮机盘车。汽轮机运行时的油温应正常。

冷油器的切换是油系统比较重大的操作，在切换过程中一定要注意油侧、水侧充分排尽空气。在冷油器备用期间要保证油水侧一直处于充满状态，以避免断油。

（四）汽轮机润滑油系统的停运条件

（1）盘车已停运。

（2）发电机气体置换完毕、密封油系统已停运。

（五）润滑油系统的保护与联锁

1. 汽轮机交流润滑油泵联锁（子环投入）

（1）润滑油母管压力小于规定报警值。

（2）润滑油压力低开关动作达定值报警压力。

（3）汽轮机转速小于2850r/min。

注：以上条件为“或”的关系。

2. 汽轮机直流润滑油泵联锁

（1）子环投入，润滑油母管压力小于规定值。

（2）硬接线联动。

（3）BTG盘硬手操启动、停止。

注：以上条件为“或”的关系。

3. 汽轮机顶轴油泵联锁

（1）当汽轮机转速下降小于规定转速时，满足下列条件顶轴油泵将自启动。

1）顶轴油泵子环投入。

2）顶轴油泵入口压力正常大于最低规定压力值。

3）无电动机事故跳闸指令。

（2）顶轴油母管油压小于联启值，备用油泵联启。

（3）当顶轴油泵入口油压小于最低规定压力值时，顶轴油泵无法启动。

（4）汽轮机挂闸且转速大于规定转速时，顶轴油泵联停。

4. 盘车装置联锁与保护

（1）盘车允许启动条件。

1）汽轮机顶轴油泵任一台在运行。

2）盘车装置在啮合位置。

3）汽轮机润滑油母管压力正常。

4）汽轮机盘车装置喷油压力高开关信号来。

注：以上条件为“与”的关系。

（2）盘车保护停止条件。

1）汽轮机润滑油母管压力小于规定值。

2）汽轮机顶轴油泵A和B都停运。

注：以上条件为“或”的关系。汽轮机转速大于2.4r/min，盘车装置至脱开位时，自行脱扣、停用。

5. 高压备用密封油泵联锁（子环投入）

（1）润滑油母管压力小于规定值。

（2）汽轮机转速小于规定转速。

注：以上条件为“或”的关系。

二、EH油系统的启动、运行及停止

（一）EH油系统简介

EH油系统是汽轮机数字电液系统DEH中的一个重要组成部分，它由供油系统、执行机构和危机遮断系统三大部分构成。

EH油系统的功能是接受DEH输出指令，控制汽轮机进气阀开度，改变进入汽轮机的蒸汽流量，满足汽轮机转速及负荷调节的要求。因此EH油系统实际上就是DEH控制装置的执行机构。

EH供油系统是以高压抗燃油为工质，为各执行机构及安全部套提供动力油源并保证油的品质。EH供油系统由供油装置、抗燃油再生装置及油管路系统组成。EH执行机构接受从DEH送来的电指令信号，以调节汽轮机各阀门开度。EH执行机构包括主汽门油动机2台、高压调节汽门油动机4台、再热主汽门油动机2台和再热调节汽门油动机4台。危机遮断系统是由危机遮断模块、隔膜阀、超速遮断机构等组成。由汽轮机遮断参数控制，当这些参数超过运行限制值时该系统就会关闭汽轮机全部阀门或只关闭调节汽门，以保证汽轮机安全运行。

（二）EH油系统的启动

1. EH油泵启动操作

（1）在CRT画面EH油系统上进行EH油泵启动。

（2）油泵启动运行后，检查出口油压正常，为规定值左右。

（3）检查出口滤网油压差应小于报警值。

（4）检查EH油温正常，将另一台EH油泵联锁投入。

2. 冷却泵启动

（1）确认进、出口门开启，冷油器冷却水进、回水门开启。

（2）正常情况下冷却泵设定为自动状态，当油箱油温超过报警值时，通过测温开关经控制继电器启动冷却泵，特殊情况下也可从CRT上手动启动冷却泵。当油温低于规定值时冷却泵停止。

（3）冷却泵启动后，检查泵无异常响声和振动，系统无泄漏。

3. 滤油泵启动操作

（1）确认滤油泵进、出油门开启。

（2）EH油温高于规定值时，启动滤油泵运行。

（3）滤油泵启动后，检查硅藻土过滤器和纤维素过滤器的空气自动排放正常，泵无异常响声和振动，系统无泄漏。

（4）检查硅藻土过滤器进口油压小于正常值，压差高达报警值，应通知检修更换硅藻土过滤器滤芯。

（5）EH油质合格，停止滤油泵运行。

（三）EH油系统的运行

（1）EH油箱油位、油温正常。

（2）EH系统油压在正常允许范围之间。

（3）EH油泵滤网差压小于报警值。

（4）系统无泄漏，油泵无异常声音和振动。

（5）冷却泵出口压力正常。

（6）滤油泵出口压力正常，滤网差压小于报警值。

（7）定期进行EH油泵低油压联动试验和切换。

（四）EH油系统的停止

1. EH油泵停运

（1）将备用EH油泵联锁解除。

（2）停止冷却泵运行。

（3）停止EH油泵运行。

（4）如EH油系统有维护和检修工作，油泵停止后拉开各油泵和电加热器电源，做好系统和设备的隔离工作。

2. EH油冷却泵停运

（1）当机组停运，停冷却泵，如电加热在投运状态应同时停用电加热器。

（2）当油温低于报警值时通过测温开关经控制继电器停止冷却泵运行。

（五）EH油系统的联锁与保护

1. EH油泵联锁

EH油备用油泵在所有允许条件下，满足任一自启条件将自启动。

（1）EH油泵启动允许条件。

1）油箱油位、油温不低于规定最低值。

2）EH油泵电动机无事故跳闸指令。

（2）EH油泵自启条件。

1）运行EH油泵跳闸。

2）EH油压低至联启值。

2. EH油箱油位保护

（1）油箱油位降低至油位低报警值，发油位低报警。

（2）油箱油位降低至油位低低报警值，发油位低低报警。

（3）油箱油位升高至油位高报警值，发油位高报警。

3. EH油箱油温联锁和保护

（1）油温升高至油温高报警值，冷却水电磁阀开启。

（2）油温降低至油温低报警值，冷却水电磁阀关闭。

（3）油温升高至油温高报警值，启动冷却泵。

（4）油温降低至油温低报警值，停止冷却泵。

（5）油温降低至加热器设定联启值，自动接通加热器。

（6）油温升高至加热器设定断开值，自动断开加热器。

4. EH油压联锁和保护

（1）EH油压升高至高报警值，发EH油压高报警。

（2）EH油压升高至溢流整定值，EH油泵溢流阀自动打开。

（3）EH油压降低至联启值，备用EH油泵联动。

（4）EH油压降低至跳闸值，汽轮机跳闸。

（5）EH油有压回油压力高达设定值，发有压回油压力高报警。

三、给水系统的启动、运行及停止

（一）给水系统简介

给水系统的主要功能是将除氧器水箱中的主凝结水通过给水泵提高压力，经过高压加热器进一步加热之后，输送到锅炉的省煤器入口，作为锅炉的给水。此外，给水系统还向锅炉再热器的减温器、过热器的一、二级减温器以及汽轮机高压旁路装置的减温器提供减温水。

给水系统的核心部件是给水泵，作用是提升给水压力，以便能进入锅炉后克服其中受热面的阻力，在锅炉出口得到额定压力的蒸汽。给水泵是电厂中最大功率的辅机设备，为节约厂用电，一般采用给水泵汽轮机驱动。一般设置两台50%容量的汽动给水泵组或者单台100%容量的汽动给水泵组，也可以设置电动调速给水泵作为机组启动和汽动给水泵故障时的备用泵。汽动给水泵的正常运行汽源为汽轮机的四段抽汽，机组启动和低负荷时由辅助蒸汽系统或再热器冷段供汽。

（二）给水系统的启动

1. 汽动给水泵启动前准备

（1）汽动给水泵组检修工作结束，现场整洁，工作票已终结。

（2）泵组所有电动门、气控门、安全门均已校验合格，相关辅机（给水泵汽轮机主辅润滑油泵、给水泵汽轮机事故直流油泵、顶轴油泵、给水泵汽轮机油箱排烟机）及阀门送上电源和气源。

（3）各种控制系统及就地盘电源、信号电源投入，并进行画面确认。

（4）泵组热控信号、联锁及调节、保护装置校验正常，投入运行。

（5）按阀门操作卡检查泵组及系统阀门处于启动前的正常状态，再循环门开启，给水泵出口门关闭。

（6）汽动给水泵前置泵冷却水系统投入。

（7）凝结水泵已启动，凝结水系统运行正常。

（8）除氧器水位正常。

（9）送上给水泵汽轮机控制系统及就地盘电源，确认给水泵汽轮机转速为0。

（10）检查：给水泵汽轮机“已脱扣”；速关阀关闭；管道调节阀关闭；给水泵汽轮机调节汽门关闭。

2. 给水泵汽轮机油系统投入

（1）系统中所有放油门关闭，油箱、油泵、管道、顶轴油系统、盘车等油系统清扫、冲洗干净，油箱油位注至正常，油位计活动、无卡涩。系统中的各压力表门打开，冷油器、滤网放气阀开启。

（2）检查冷油器一台运行、一台备用。

（3）检查润滑油过滤器一台运行、一台备用；速关油过滤器一台运行、一台备用。

（4）启动油箱排烟风机，启动主油泵，检查油系统投运正常，并做油泵低油压联动试验正常，将辅油泵及直流润滑油泵投入联动备用；用事故按钮进行电气联锁试验正常；润滑油箱油位低于允许启动最低值时，禁启油泵；维持一台油泵运行，检查油泵运行正常后投入联锁；观察冷油器、滤网排气窥视窗流出全部为油时，关闭放气阀。

（5）检查给水泵汽轮机速关油系统蓄能器压力正常，并确认给水泵汽轮机速关油进、出油门均开启，并确认给水泵汽轮机 EH 油进、出油门均开启，调节保安系统正常。

（6）系统中所有速关油滤网清扫干净，系统无泄漏现象。

（7）高、低压蓄能器隔离门打开，放油门关闭。

3. 前置泵、给水泵及系统注水

（1）前置泵注水。

1）给水管路及高压加热器的投入按规程有关规定进行。

2）系统中的压力表门打开，放水门关闭，空气门见连续水流后关闭。

3）前置泵及电动机轴承注油完毕，油质良好，机械找正结束。

4）投入前置泵轴端密封水和密封冷却水。

5）稍开前置泵入口门，对前置泵注水，注满水后关闭放空门。

6）给水泵再循环调节门前、后手动门开，气动调节门开。

7）将前置泵入口门打开。

（2）主给水泵注水。

1）投入主泵密封水。密封冷却水滤网清扫干净，打开准备投入的滤网入口门、出口门，备用滤网的出口门关闭，密封水管空气必须放尽。

2）汽动给水泵再循环调节门前、后手动门打开，调节门打开并投入自动。

3）汽动给水泵至再热器减温水手动门打开。

4）汽动给水泵至过热器减温水手动门打开。

5）系统中放水门关闭，压力表门打开。

6）开启给水泵卸荷水手动门。

4. 启动顶轴装置

启动顶轴油泵，检查顶轴油压正常。

注：无特殊情况要求，不得投入给水泵汽轮机盘车装置运行。

5. 给水泵汽轮机暖管

（1）开启给水泵汽轮机本体疏水和速关阀前疏水、平衡管疏水。

（2）开启四段抽汽至给水泵汽轮机和再热器冷段至给水泵汽轮机蒸汽管道疏水门暖管，暖管结束全开四段抽汽至给水泵汽轮机电动门、再热器冷段至给水泵汽轮机电动门。

（3）投入轴封系统运行。来自汽轮机轴封系统的蒸汽经调节阀降压后维持在允许范围内，温度正常。

（4）开启排汽碟阀前至汽轮机凝汽器疏水门，给水泵汽轮机拉真空，密切监视汽轮机真空变化，待给水泵汽轮机真空与汽轮机相近时，全开排汽碟阀，关碟阀前疏水门。

6. 电动给水泵的启动

（1）电动给水泵启动之前应检查满足以下条件。

1）开启前置泵入口阀。

2）检查关闭给水泵出口阀门（用出口旁路阀上水，待给水系统压力达到规定值后，开启出口阀门）。

3）给水主调节阀关闭，开启旁路调节阀，待给水流量达到规定值后开启主给水调节阀。

4）除氧器水箱水位正常。

5）润滑油压正常，油滤网前后压差正常，油温在规定范围内。

6）泵组冷却水、密封水系统正常投入。

7）电气、热工信号正常，电动给水泵无反转。

8）最小流量阀开，勺管放置在手动位并关至0%。

（2）电动给水泵的启动操作。合上给水泵操作开关。此时，应注意启动电流的返回时间不超过15s。电动给水泵开始阶段的转速约为1500r/min（即液力联轴器的最小输出转速），此时应检查油压及轴承温度、泵的压力、最小流量管路中流体的声音及温度，所有轴承工作是否平稳，轴密封工作情况和注水系统工作情况是否正常。如各部位正常后，停止辅助油泵，给水系统压力、流量符合规定值后，开启出口门及给水系统主调节阀。启动后在开启出口门时，应根据出口压力逐渐调整勺管位置提升转速。当流量达到允许的最小流量时，应检查最小流量阀自动关闭，防止高压水对阀门、节流装置及管道的冲刷。

7. 汽动给水泵的启动

汽动给水泵启动前，应确保超速试验合格，保护装置动作准确、灵活，汽动给水泵启动过程如下。

（1）油系统检查投运。

1）检查油箱油位正常，启动油箱排烟风机，检查油系统阀门状态正确，冷油器、润滑油滤网一组运行。

2）检查油温大于最小规定值，否则应启动电加热装置。

3）启动一台交流油泵，检查润滑油压力、各轴承回油正常，系统无漏油。

4）根据油温情况，及时投入冷却水。

5）试验油泵联锁保护正常后投入油泵联锁。

6）联系热控人员做MEH静态试验、手动跳机及汽动给水泵组联锁保护试验。

（2）给水泵系统检查投运。

1）检查给水泵系统放水关闭。

2）投入前置泵冷却水，检查前置泵轴承油位正常、油质合格；投入给水泵密封水、冷却水。

3）检查给水泵再循环门在自动位且全开，本体放空气门开启。

4）稍开前置泵入口门，系统注水，各处空气门见水后关闭，全开入口门。

（3）启动前置泵暖泵。进行暖泵，即向冷态中的给水泵注入给水，使其均匀受热。暖泵时间取决于泵的尺寸大小、级数、圆筒壁厚度、端盖厚度以及环境温度、泵的初始状态。暖泵过程需要全开泵的吸入口阀门，暖泵的热水必须流到水泵的各个部位，并且连续不断。暖泵时，要注意泵轴端注入式密封装置的注水压力在最大压力以下。

（4）汽动给水泵启动操作。

1）在MEH画面按下"OPEN FAST TRIP VALVE"开速关阀按钮，确认"TRIP"灯灭，给水泵汽轮机挂闸，确认速关阀油压建立且正常，检查速关阀开启。

2）在MEH画面上点击"SPEED AUTO"，点击"TARGET"设定目标转速为600r/min；点击"SPEED RATSE RATE"设定升速率为150～200r/min，点击"RUNNING"按钮，并注意"汽轮机转速"显示窗口转速增加，在升速过程中应注意实际转速上升，转速升到600r/min时，进行摩擦检查（打闸试验），注意调节汽门、管道调节阀、速关阀联关，"汽轮机转速"显示窗口转速减少，给水泵汽轮机实际转速减少，检查给水泵汽轮机一切正常后，按上述步骤升转速至600r/min。

3）按操作画面上"SPEED AUTO"按钮，设定目标转速为1000r/min，设定升速率为150r/min，升速至1000r/min，进行中速暖机。当转速升至600r/min时，停顶轴油泵。当给水泵汽轮机外缸温度为室温时，暖机40min；当给水泵汽轮机停机超过72h（冷态）时，暖机35min；当给水泵汽轮机停机超过36h时，暖机20min；当给水泵汽轮机停机不超过12h时，不需暖机。倾听机内无异声、振动无异常。

4）给水泵汽轮机升速过程中，检查监视仪表，确认推力轴承温度及振动不超限。

5）暖机结束后，提升给水泵汽轮机转速达2350r/min，可作并入系统的操作。

6）开启给水泵出水门，提高给水泵汽轮机转速，使汽动给水泵出水压力接近给水母管压力，汽动给水泵流量增加。当给水泵再循环流量达600t/h时，给水泵再循环阀自动关闭。

7）给水泵汽轮机转速大于2300r/min，且设定转速与实际转速偏差值小于100r/min，点击"BOILER AUTO"，给水泵汽轮机即自动切至DCS遥控方式运行。

8）当汽轮机负荷上升至额定负荷30%以上时，给水泵汽轮机切换成低压汽源运行。

给水泵汽轮机冲转与升速过程中的注意事项：升速过程中，转速在1160～1700r/min附近应避免停留；随时注意前、后轴承处的轴振动峰值：在连续运行范围时不得超过54μm；转速升高时，注意润滑油温度，轴承回油温度应小于规定值，最高不得超过报警值；当汽动给水泵带上10%负荷后，关闭所有疏水。

（三）给水系统的运行

1. 给水泵正常运行中应注意的事项

给水泵运行中，应重点检查出入口压力、泵组温度、电流、平衡室压力、润滑油压、油箱油位、泵组振动情况、冷却水、密封水运行情况，当发现油压降低时，应立即查明原因，除油系统漏油或油泵工作失常外，油滤网堵塞是比较常见的原因。除了做好上述工作外。还应同时做好以下监控工作。

（1）水泵在运行过程中，运行应平稳，噪声和振动在规定范围内。

（2）水泵决不允许干转，在出口阀门关闭的情况下，不应长时间运转。

（3）轴承温度允许比室温高，但要在允许的范围内。

（4）利用轴向位移监控器检查转子位置。

（5）水泵在运行过程中不得关闭入口阀门。

（6）检查轴封的泄漏量和轴承润滑油管及冷却水管的温度。

（7）检查冷却水流量和温度，温差不得超过10℃。

（8）应认真执行定期切换制度，以保证在意外情况下，备用泵能随时正常启动，同时还应监视暖泵系统。

（9）检查轴承和联轴器处的润滑油的质量和流量。

给水泵应尽量避免频繁启停，特别是采用平衡盘平衡轴向推力时，水泵每启动一次，平衡盘就可能有一次碰磨。水泵从开始转动到定速过程中，也即出口压力从零升到额定压力这一过程中，轴向推力不能被平衡，转子会向进水端窜动。

给水泵允许连续启动的次数应严格按照规程规定执行。如果连续启动的次数过多或连续启动时间间隔较短，将可能造成电动机由于频繁启停而烧损。水泵启动跳闸后，应查明原因再进行启动，不允许在故障原因不明的情况下盲目启动。

2. 给水泵的切换操作

电动给水泵与电动给水泵的切换（以1号电动给水泵切换为2号电动给水泵运行为例）。

（1）将2号电动给水泵选择开关置于手动位置，开启2号电动给水泵出口门，注意检查水泵不倒转。

（2）2号给水调速勺管置于最小流量位置。

（3）启动2号电动给水泵的辅助润滑油泵，检查油压及其他参数和系统正常后，启动2号电动给水泵，提升2号电动给水泵转速，使其出口流量及压力达到运行的母管压力。

(4) 在逐渐增加2号电动给水泵转速的同时，缓慢地减小1号电动给水泵的转速，注意给水流量及压力不应有大的变化。

(5) 当1号电动给水泵的负荷全部转移到2号电动给水泵时，停止1号电动给水泵运行，关闭出口门。

(6) 将2号电动给水泵开关置于自动位置。

3. 电动给水泵与汽动给水泵的切换

一般在汽轮机负荷大于40%额定值以上时，进行电动给水泵向汽动给水泵的负荷转移，其操作过程是：在最小流量再循环装置自动投入情况下，手动启动汽动给水泵并逐渐升速。随着转速的上升，汽动给水泵出口压力慢慢增加，到某一转速下，汽动给水泵出口压力达到给水母管压力时，出口止回阀被顶开，此时，汽动给水泵与电动给水泵同时供水。此后，操纵两个泵的再循环装置进行两泵间的流量切换。在两泵完成切换之前，汽动给水泵一直是由运行人员手动控制，来自锅炉的信号只用来控制电动给水泵。

(四) 给水系统的停止

1. 汽动给水泵的停止

(1) 确认机组负荷满足、电动给水泵启动后，根据机组负荷情况可停止一台汽动给水泵。

(2) 接到停泵命令，将给水泵汽轮机转速继续降低转速至2300r/min以下，退出“锅炉自动”。

(3) 当给水量降低至转速对应函数值时，注意汽动给水泵再循环门自动开启，否则应手动开启。

(4) 将停用的汽动给水泵出力降至空载，检查正在运行的汽动给水泵或电动给水泵运行正常，关闭将要停用的汽动给水泵出口门（如电动给水泵置于联动备用状态，则应将电动给水泵联锁解除，待给水泵汽轮机停机正常后根据需要投入电动给水泵联锁）准备停给水泵汽轮机。

(5) 按下“汽轮机脱扣”按钮或就地手动脱扣，检查给水泵汽轮机跳闸灯亮，速关阀、调节阀关闭。

(6) 给水泵汽轮机停机后确认不再启动，且已关闭排汽碟阀，即可停止轴封供汽，如果汽轮机处于运行状态，应提前做好隔离措施，严防影响汽轮机正常运行。

(7) 给水泵汽轮机停止后，润滑油系统必须维持运行不少于4h，只有当前置泵停止、给水泵汽轮机退出备用，方可停止主油泵及油箱排烟机。

(8) 停机后如遇给水泵汽轮机或给水泵在检修，应切断EH油和速关油，并做好汽、水、油、轴封供汽、密封水、真空系统隔离措施，做好前置泵和油泵、阀门等断电措施，放尽余汽、余水，同时应密切注意汽轮机真空系统，如有异常，立即停止隔离工作，找出原因，消除故障后可再进行隔离操作。

2. 电动给水泵的停止

（1）确认电动给水泵停运条件满足后汇报值长，待值长许可停用指令后进行停泵操作。

（2）确认电动给水泵再循环门处于“自动”位置，辅助油泵在“自动”位。

（3）注意调节给水流量，保持锅炉水位正常，将电动给水泵负荷逐步移至汽动给水泵。降低电动给水泵转速，增加汽动给水泵转速。

（4）电动给泵出口流量降至240t/h时，注意再循环门自动开启，在流量稳定的情况下，关闭电动给水泵出水主电动阀门及出口副电动门。

（5）辅助油泵在“自动”位置。当油压低于规定值时，启动辅助油泵自启，否则手动投入，润滑油压应在允许范围内。

（6）停止电动给水泵运行，辅助油泵联动正常，就地观察电动给水泵惰走情况，注意转子应静止不倒转。若倒转应手动关严出口电动门及出口副电动门。

3. 汽动给水泵联锁

（1）给水泵汽轮机保护跳闸时，汽动给水泵出口门自动（联锁）关闭。

（2）汽动给水泵前置泵停止时，汽动给水泵出口门自动（联锁）关闭。

（3）汽动给水泵反转时，汽动给水泵出口门自动（联锁）关闭。

（4）汽动给水泵前置泵运行，汽动给水泵不反转时，汽动给水泵出口电动门允许打开。

（5）汽动给水泵前置泵运行，汽动给水泵不反转时，增压级至过热减温水电动门允许打开。

（6）运行主油泵跳闸时，给水泵汽轮机辅助油泵自启动（热控状态偏差、电气硬联锁）。

（7）给水泵汽轮机润滑油压力小于联启辅助油泵值时，给水泵汽轮机辅助油泵自启动。

（8）给水泵汽轮机润滑油压小于报警值时，给水泵汽轮机事故直流油泵自启动。

（9）润滑油压降至保护值，盘车跳闸。

（10）给水泵汽轮机主辅油泵均停止时，给水泵汽轮机事故直流油泵自启动。

（11）汽动给水泵保护跳闸时，四段抽汽至给水泵汽轮机进汽电动门联锁关闭。

（12）汽动给水泵保护跳闸时，再热器冷段至给水泵汽轮机进汽电动门联锁关闭。

（13）给水泵汽轮机负荷大于或等于10%时，给水泵汽轮机本体疏水气动门（进汽侧、排汽侧）、给水泵汽轮机平衡管疏水门、给水泵汽轮机轴封疏水门、给水泵汽轮机速关阀前疏水门自动关闭。

（14）给水泵汽轮机进汽电动门关闭时，四段抽汽至给水泵汽轮机疏水门自动打开。

四、循环水系统的启动、运行及停止

（一）循环水系统简介

循环水系统主要功能给汽轮机凝汽器提供冷却水，以带走凝汽器内的热量，将汽轮机的排汽（通过热交换）冷却并凝结成凝结水，并向闭式冷却水换热器提供冷却水源。

通常情况下，每台机组配两台或3台50%容量的循环水泵，运行中根据负荷需要有全速并联台数调节、全速单台运行和双速（高速和低速）并联台数调节几种调节方式。循环水系统由取排水系统、循环水泵和凝汽器等主要部分组成。

（二）循环水系统的启动

1. 启动前的准备工作

(1) 检查并清理吸入水池，不得有木块、铁丝、垃圾和其他杂物。在水泵运行中也要经常检查并防止杂物进入吸入水池内。

(2) 确认吸入水池的水面在允许的水位以上，水位低于规定数值时，会卷起旋涡吸入空气，引起水泵产生振动、噪声等问题。

(3) 确认电动机的转向正确。在确定电动机的转向时，一定要拆掉联轴器的螺栓，由电动机单独转动，以免带泵运转情况下，发生反转时，造成水泵有关紧固部件松动。

(4) 向橡胶轴承注水。如果不注入润滑水就启动水泵，橡胶轴承瞬间就会被烧坏，因此需要特别注意在水泵启动前，由外接水源向橡胶轴承注水。第一次注水时，一定要注水10～20min以上，以冲洗橡胶轴承。

(5) 将填料函填料松紧度调整到不断有少量水漏出为止。填料过紧，会损伤泵轴、烧坏填料；填料过松，会造成漏水量过大。

(6) 水泵第一次启动或停运时间较长后再启动时，应先进行盘车，待转子盘动后，再启动水泵，防止启动负荷过大而损坏电动机。

(7) 排气阀处于工作状态（手动阀应打开）。

(8) 检查电动机上下轴承的润滑油油位正常、油质良好，并送上冷却水。

(9) 检查水泵及电动机冷却水系统运行正常，水量充足。

(10) 检查各有关表计齐全、完好。

2. 循环水泵的启动

循环水泵的启动可采用闭阀启动和开阀启动两种方式。

所谓闭阀启动，是指主泵与出口阀门同时启动，主泵启动的同时打开出口阀门，这种启动方式要求出口阀门动作可靠，必须在较短的时间内打开，水泵在出口阀门关闭的情况下运行不得超过1min。一般在几台循环水泵并联运行时，水泵的出口门后存有压力水的情况下，采用闭阀启动。

所谓开阀启动，是指主泵启动前提前将出口阀门开启到一定位置，然后启动主泵，并继续开启出口阀门到全开位置，在水泵出口管路系统没有水倒灌的情况下，可采用开阀启动。

通常情况下，轴流泵和混流泵启动时应开阀启动，一般先将出口液压蝶阀开 30%，动叶装置角放在最小角度情况下合闸启动。待各项指标正常后，逐渐全开出口蝶阀，然后投入蝶阀和动叶角度机构的自动联锁。

水泵启动后，应注意检查电动机电流和泵出口压力符合规定；泵组振动和声音无异常现象；出口阀门顺利打开，电动机轴瓦、绕组、铁芯温度等参数在允许范围内，如振动、声音有明显异常时，应立即停运，查明原因。水泵运行正常后，检查关闭排气阀。

（三）循环水系统的运行

1. 循环水泵在日常运行中应做好的运行维护工作

（1）经常监视泵组的振动、声音及运转情况，如发现异常，应及时找出原因并加以消除。

（2）经常检查填料压盖的压紧程度，如填料压盖处漏水大或没有水漏出，应及时调整填料压盖的松紧度；如填料磨损，应及时更换新填料。

（3）检查电动机轴承的润滑情况，润滑油油位应正常；发现油变质时，应更换新油；轴承温度应在规定范围内。

（4）经常监视电动机电流及铁芯、绕组温度，电流不得超过规定值，也不应有摆动现象；电动机各部位温度不得超过规定值。

（5）经常检查水泵出口压力及橡胶轴承的润滑水压力在正常范围。

（6）经常检查水泵吸水池水位、进水滤网。水位应正常，滤网应保持清洁，避免堵塞，防止滤网前后水位差过大。

（7）有条件时，应做好出口阀门的日常试验工作，确保出口阀门动作可靠。

除上述工作外，还应做好运行日志和按时记录表报（水泵出口压力、电流、电压，轴承电动机油质、油位等参数），并对泵组的振动进行定期测量和记录。

2. 立式混流泵的运行特性

（1）立式混流泵在启动和运行中不能中断润滑水，否则会引起轴承和轴烧坏事故。

（2）叶片可调的立式混流泵在运行中流量调节范围大，能在全性能范围内运行，且在部分负荷运行时，效率仍然较高，对节省电力有利。

（3）运行中可根据汽轮机负荷及循环水温度连续任意地关小或开大叶片开度，以满足流量变化的要求，因此，在低负荷时，水泵很少发生振动和汽蚀。

（4）可调叶片混流泵是在叶片全关的状态下启动，不必迅速开启出口阀门，比固定叶片泵在关闭出口阀门条件下允许运行的时间长。

（四）运行凝汽器半侧隔离与投运

运行中发现凝汽器水管泄漏或凝汽器水侧污脏时，可单独解列、隔绝同一侧循环水凝汽器，根据凝汽器检漏装置检测结果，确定凝汽器泄漏的位置。

1. 运行中凝汽器半侧隔离操作

（1）待停用同一侧循环水凝汽器胶球装置收球结束，胶球泵停止运行，并将该组胶球清洗程控退出。

（2）根据凝汽器真空情况，机组减负荷至60%额定负荷以下；并将真空泵冷却水倒至另一回循环水供水。

（3）关闭停用同一侧凝汽器的抽空气门，观察凝汽器真空变化。

（4）关闭停用同一侧循环水凝汽器进水门，注意凝汽器循环水侧压力不超过0.16MPa，凝汽器真空不低于−85kPa，排汽温度不大于54℃。

（5）关闭停用同一侧循环水凝汽器出水门。

（6）若两台循环水泵运行时，可根据情况停用一台循环水泵。

（7）停用同一侧循环水凝汽器进、出口门关闭后停电。

（8）开启停用同一侧循环水凝汽器水侧放水门及排空门，注意地沟污水水位和排污泵运行情况应正常。

2. 运行中凝汽器半侧隔离注意事项

（1）在操作循环水凝汽器进水门前，必须确认真空泵冷却水源已倒换。

（2）停用的同一回循环水压力到零，放尽存水后，缓慢打开该回循环水人孔门。

（3）在同一回循环水凝汽器隔离、消压、放水过程中，应特别注意凝汽器真空的变化。

（4）在隔绝操作过程中，若发生跌真空，应立即停止操作，增开备用真空泵，进行恢复处理。

3. 运行中凝汽器半侧隔离后的投运操作

（1）检查确认凝汽器工作全部结束，工作人员已撤离，所有工具及垃圾均已取出，方可关闭人孔门和凝汽器水侧放水门，并对循环水进、出水门送电。

（2）开启该回循环水凝汽器循环水出水门。

（3）逐渐开启该同一回循环水凝汽器进水门，直至全开，空气赶尽后，关闭放空气门，注意循环水母管压力，根据需要增开一台循环水泵。监视凝汽器真空变化。

（4）凝汽器水侧投入正常后，缓慢开启停用同一回凝汽器抽空气门直至全开，监视凝汽器真空变化。

（5）凝汽器真空正常后，可恢复机组负荷。

（6）将胶球清洗装置的程序控制投入。

（五）循环水系统的停止

（1）循环水泵正常的停运操作，应该是将出口阀门置于联动位置，在断开水泵电源后，出口阀门连动关闭；也可以先关闭出口阀门，当出口阀门关到某一位置时，断开电动机电源，停止水泵。水泵停运后，出口阀门全部关闭。主要是防止循环水大量倒流，引起水泵倒转而损坏设备。

（2）在事故情况下，也会出现在阀门全开的情况下停运水泵，这时出口管路系统内的压力水向水泵倒灌，水泵发生倒转，此时应立即关闭出口阀门，由于此时出口阀门及管路系统受到很大的力，所以要求出口阀门关闭时间一般不小于45s，以减小出口阀门关闭时的水击现象。

（3）循环水泵的联动、保护。

1）联锁启动试验：当运行循环水泵故障跳闸时，电气互联保护回路将自动启动备用泵，确保冷却水系统正常运行。做互联试验时，应检查备用水泵在良好备用状态，运行水泵运行正常；将备用水泵联动开关置于“联动”位置，然后停止运行泵，这时备用水泵应联动启动，检查该泵运行正常，各电气、热工信号正常，各参数正常。如在试验过程发生问题，应立即停止试验，联系处理。

2）水泵与出口阀门的联动保护：循环水泵一旦发生事故掉闸，水泵出口阀门不能立即关闭时，出口管路系统的压力水将倒灌回循环水泵，使水泵发生倒转。倒转时，水泵的转速比正常运行转速高几倍到几十倍以上，不但影响机组的安全运行，还有可能造成水泵和电动机因倒转而发生损坏，所以大型立式循环水泵采用了主泵与出口阀门之间的联动保护。将出口阀门的联动开关置于“联动”位置，当水泵电源中断停止运行时，出口阀门将自动联动关闭，以确保机组的安全运行。

五、旁路系统的启动、运行及停止

（一）旁路系统作用

1. 加快启动速度，改善启动条件

机组在各种工况下（冷态、温态、热态和极热态）启动时，投入旁路系统，控制锅炉快速提高蒸汽温度使之与汽轮机汽缸金属温度较快地相匹配，从而缩短机组启动时间和减少蒸汽向空排放，减少汽轮机循环寿命损耗，实现机组的最佳启动。

2. 回收工质，减少噪声，可替代安全阀功能

机组正常运行时，高压旁路装置具有超压安全保护的功能。锅炉超压时高压旁路开启，代替锅炉过热器出口安全阀功能，并按照机组主蒸汽压力进行自动调节，直到恢复正常值。从而使系统工质得到回收，同时能够减少噪声。另外，旁路装置在正常状况下处于热备用状态，系统在设计时已考虑阀门本体内的疏水聚积而引起阀门本身及管道系统的振动。也充分考虑了机组极热状态下启动，系统快速暖管升温时旁路阀门及配套减温水

调节阀、隔离阀的最大通流能力，防止阀门组过载振动。

3. 甩负荷时保护再热器

在机组启动和甩负荷时，旁路开启，以便足够的蒸汽进入再热器系统可保护布置在烟温较高区域的再热器安全，避免烧坏。

4. 减少固体颗粒侵蚀

机组启动时，锅炉过热器出口蒸汽中的固体微小颗粒通过几级旁路后最终进入凝汽器，从而防止汽轮机调节汽门、进汽口及叶片的固体颗粒侵蚀。

5. 适应机组定压运行和滑压运行复合方式

当汽轮机负荷低于锅炉最低稳燃负荷时（不投油稳燃负荷），通过旁路装置的调节，使机组允许稳定在低负荷状态下运行。

（二）旁路系统的运行（某厂30%容量高压旁路系统）

1. 旁路系统简介

机组常见配置为高、低压两级串联旁路系统。即由锅炉来的新蒸汽经高压旁路减温减压后进入锅炉再热器，由再热器来的再热蒸汽经低压旁路减温减压后进入凝汽器。低压旁路的容量为高压旁路的蒸汽流量与喷水流量的和即为锅炉最大额定出力（BMCR）的40%。高压旁路喷水减温取自高压给水，低压旁路喷水减温取自凝结水。高压旁路系统装置由高压旁路阀（高压旁路阀含减温器）、喷水调节阀、喷水隔离阀等组成。低压旁路系统装置由低压旁路阀（低压旁路阀含减温器）、喷水调节阀、喷水隔离阀等组成。

2. 旁路投入规定

（1）汽轮机冲转前从DEH画面上切除旁路系统。

（2）汽轮机并网后，再次从DEH画面上切除旁路系统。

（3）锅炉进行水压试验时，从DEH画面上切除旁路系统。

（4）正常运行中旁路不投入运行。

3. 旁路系统投入

采取手动投入旁路方式。机组启动时，一般情况下为减少旁路调节对锅炉汽包水位的影响，点火前手动开启旁路，旁路减温水投自动。一般冷态启动高压旁路开启开度在建立冲转参数前不超过30%左右。

4. 旁路系统运行与监控

当机组在运行中有下列情况之一发生时，高压旁路快开（前提是主蒸汽压力大于规定值且没有快关条件存在）：主蒸汽压力与设定值相差大于规定值且不在开启状态；汽轮机跳闸；发电机跳闸。

当机组在运行中有下列情况之一发生时，低压旁路自动快开（前提是没有快关条件存在）：汽轮机跳闸；发电机跳闸；高压旁路已快开；再热器热端压力与设定值差值大于规定值；DEH 110%超速（A、B低压旁路同时）。

当机组在运行中有下列情况之一发生时，高压旁路自动快关：高压旁路阀后温度高高；高压旁路减温水压力低；DEH 切除旁路；110%超速；任一低压旁路系统快关；高压旁路温度测量元件故障。

低压旁路对再热蒸汽管系的安全保护功能：当再热蒸汽压力超过再热器压力正偏差的设定值时，低压旁路开启向凝汽器分流降压。当压力恢复至正常值后低压旁路将自动关闭。

当机组在启动或运行中有下列情况之一发生时，低压旁路自动快速关闭：凝汽器真空低、凝汽器温度高、减温水压力低、凝汽器液位高。

5. 切除旁路

（1）将高压旁路手动关闭到 0，检查高压旁路阀全关后喷水减温自动关闭，否则手动关闭。

（2）再热蒸汽压力到 0 后，关闭低压旁路 A、B 旁路调节阀，检查喷水减温自动关闭，否则手动关闭。

（3）在 DEH“BYP MODE”画面上点“REQUEST OUT”将旁路切除。

（三）1000MW 二次再热机组旁路系统（100%容量高压旁路）

1. 二次再热机组主、再热蒸汽及旁路系统设计说明

从锅炉过热器出来的主蒸汽为汽轮机超高压缸提供驱动蒸汽，蒸汽做功后经一次再热蒸汽冷段管道进入锅炉一次再热器，再热后的蒸汽经一次再热蒸汽热段管道进入高压缸继续做功，高压缸排汽再经二次再热蒸汽冷段管道进入锅炉二次再热器，二次再热后的蒸汽经二次再热蒸汽热段管道进入中压缸，为汽轮机中低压缸提供驱动蒸汽。旁路控制系统主要实现机组启动、运行、事故、停机时的汽轮机高、中、低压旁路及减温水系统的控制。

二次再热机组通常设置一套高压、中压和低压三级串联液动旁路系统，机组高压旁路容量为 100%BMCR 主蒸汽流量，中压旁路容量按启动工况最大主蒸汽流量加减温水量与凝汽器接受能力反算出流量比较后取大值，低压旁路按启动工况中压旁路最大出口容量加减温水量与凝汽器最大接受能力比较后取大值。每台机组设置 4 个高压旁路阀、2 个中压旁路阀和 2 个低压旁路阀。

2. 旁路系统的运行

（1）高、中、低压旁路液压油站的投运。

1）检查液压油站已经具备投运条件。

2）检查液压油站泄油阀处于关闭位置，过滤油泵阀处于工作位置。

3）检查高、中、低压旁路液压油站液压油至各控制阀进油总门和手动分门处于开启位置。

4）检查高、中、低压旁路液压油站油位正常，油质合格。

5）启动高、中、低压旁路液压油站过滤油泵，检查过滤系统运行正常。

6）启动高、中、低压旁路液压油站油泵，检查油泵出口压力大于16MPa，油系统管路无泄漏。

（2）旁路装置的保护功能。

1）机组启动时，开启高、中、低压旁路阀，控制主蒸汽和再热蒸汽压力满足启动要求。

2）高压旁路装置：当机组在运行中遇到汽轮机跳闸时或锅炉严重超压达到逻辑设定值时，高压旁路阀能自动快速开启，实现锅炉过热器安全阀的功能。高压旁路的安全保护功能独立且优先于其他功能，当主蒸汽压力超过高压旁路压力设定值时阀门自动开启，当压力恢复到设定值及以下时，高压旁路阀自动关闭。

3）有下列情况之一时，自动关闭高压旁路阀。

a. 高压旁路阀出口温度超过设定值。

b. 高压旁路阀减温水压力低于设定值。

c. 一次再热器冷段热蒸汽压力高于设定值。

4）中压旁路装置：当高压旁路阀开启时，联锁中压旁路阀开启。有下列情况之一时，自动关闭中压旁路阀。

a. 中压旁路阀出口温度超过设定值。

b. 中压旁路阀减温水压力低于设定值。

c. 二次再热器冷段热蒸汽压力高于设定值。

d. 高压旁路阀关闭。

5）低压旁路装置：当高、中压旁路阀开启时，联锁低压旁路阀开启。当有下列情况之一时，自动关闭低压旁路阀。

a. 低压旁路阀出口温度超过设定值。

b. 低压旁路阀减温水压力低于设定值。

c. 凝汽器压力高于设定值。

d. 高、中压旁路阀关闭。

3. 高、中、低压压旁路系统的投运

（1）锅炉点火前，检查高、中、低压旁路减压阀和减温水隔离阀及调节阀关闭，将其投入“自动”，投入旁路控制系统自动，选择启动模式。

（2）锅炉点火后，旁路进入“最小阀位”阶段，高、中、低压旁路减压阀阀位置0。

（3）锅炉点火达到一定条件，旁路进入“最小压力”阶段，旁路先开至低限开度10%，高、中、低压旁路按程序最后升至目标压力1.0/0.55/0.2MPa和开度50%，检查旁路出口温度设定在规定值。热态和极热态启动时，如果主蒸汽压力大于1.0MPa，旁路进入“重新启动”方式；当主蒸汽压力大于点火时的压力时，旁路先开至低限开度10%后，再缓慢开至50%，进入“压力爬坡”阶段；如果主蒸汽压力大于冲转压力，当主汽压力大于点火时的压力时，旁路开至低限开度10%直接进入“定压控制”

阶段。

(4) 进入“压力爬坡”阶段，按程序升至各汽缸冲转压力，过程中通过控制锅炉燃烧强度等措施控制冲转温度，过程中检查旁路出口温度控制在规定值。

(5) 进入“定压控制”阶段，保持冲转压力不变，自动控制旁路开度为10%～100%，达到冲转温度时，汽轮机冲转，冲转期间旁路缓慢关小。

(6) 并网及旁路关闭后，进入“滑压跟随”模式，检查减温水联锁关闭。此模式下，旁路设定压力为滑压压力＋偏置。机组压力按滑压曲线控制，谨慎投入机组“汽轮机跟随”模式，根据需要可退出旁路自动运行。

4. 旁路系统正常运行监视

(1) 严格按要求投入旁路控制模式，检查各阶段切换和参数控制情况，检查旁路阀前后压力、温度是否正常，检查旁路阀及减温水开度与旁路出口温度是否对应。

监视循环水、真空、凝结水、给水泵系统的运行正常，防止因减温水压力过低造成旁路快关，减温水投自动时不应大幅波动。

(2) 高、中压旁路出口温度按要求控制，可根据蒸汽温度的要求做适当调整，防止出口温度过低或过高，监视超高压、高压排汽止回门前、后疏水筒的水位报警，保持旁路管道疏水的畅通，旁路及后部管路无振动现象，注意汽轮机汽缸上、下壁金属温度差变化，低压旁路排汽温度应在160℃以下。

(3) 高压旁路快开时，应注意中、低压旁路联锁开启，旁路减温水预开后，要防止旁路阀开启不成功及时联锁关闭。

(4) 旁路系统关闭时，检查旁路调节阀关闭严密，减温水调节阀和隔离阀关闭严密。

(5) 旁路油站主油泵每3天轮换一次，油泵运行时检查振动、声音、温度正常，控制油压在21.6～24MPa，工作油泵自动维持该油压，检查系统无泄漏。检查蓄能器充注循环正常，蓄能器氮压低于12MPa应及时充氮。蓄能器无法充注时，油压小于13.5MPa，应联启备用主油泵，达24MPa时联停备用主油泵，工作主油泵故障3次，备用泵自动切为工作泵，并发出报警。

(6) 旁路油站油位为350～530mm，250mm报警，低于220mm油泵联停，油温维持在35～45℃，油温低于20℃联启加热器，高于30℃联停加热器。

(7) 过滤泵运行时检查振动、声音、温度正常，过滤器压差大于0.1MPa应清理。

(8) 油温高于45℃联启冷却风扇，低于40℃联停冷却风扇。油温达55℃报警，70℃油泵跳闸。

(9) 调节油油压为16～18MPa，低于11MPa将闭锁执行机构，执行机构螺栓无松动，调节油管道无抖动，无压力低报警，检查系统有无泄漏、部件有无故障。

5. 旁路系统的停运

（1）机组减负荷按停机曲线控制压力，达到规定值，投入“停机方式”，旁路设定压力为滑压压力。

（2）当蒸汽压力高于旁路压力设定值时，旁路自动开启。

（3）汽轮机停机、锅炉未 MFT 时，旁路进入“定压控制”，旁路根据汽轮机停机前负荷等情况，自动选择设定值，之后渐变为预设值或手动设定。

（4）锅炉 MFT 后，旁路进入“跳闸控制”，旁路阀自动关闭，减温水调节阀和隔离阀联锁关闭，将旁路控制切手动，旁路阀、减温水调节阀和隔离阀切手动。

（5）机组长期停运，视情况停运旁路油站和相关设备电源，必要时对旁路油站进行泄压、放油。

六、开式水系统的启动、运行及停止

（一）开式水系统简介

开式循环水系统是指从江、河汲取的冷却水经循环水泵升压后进入冷却水用户，冷却水回水再排放到江、河中，冷却水不重复使用的循环水系统。开式水系统主要给水环真空泵及氢冷器提供冷却水。系统主要由开式循环水泵、各设备冷却器及其连接管道、阀门和附件组成。

（二）开式水系统的启动

1. 开式水系统投运前准备

（1）检修工作已结束，工作票已终结，检修措施已恢复。

（2）检查系统联锁试验正常，所有保护、热工仪表已投入。

（3）检查系统所有压力表、压力开关、表计门均已开启。

（4）系统所有阀门已按照阀门检查卡要求执行完毕。

（5）确认循环水系统运行正常。

（6）确认开式水泵轴承及电动滤水器减速装置润滑油脂正常。

（7）确认开式水泵、电动滤水器电动机绝缘合格，电源送上。

（8）关闭开式水系统放水阀，开启氢冷器的进出口阀门、温度调节阀及其隔离阀，利用循环水的压力向开式水系统注水并排气，完毕后关闭所有排空气门。

（9）开启开式水泵进口门和泵体放气门，对泵体注水放气，放气结束关闭泵体放气门。

（10）确认电动滤水器前、后隔离阀已开启，电动滤水器排空结束，旁路阀、底部放水阀及排污电动阀关闭。

（11）开启电动滤水器排污阀，手动启动冲洗 10min，投入冲洗自动。

2. 开式水系统的启动

（1）完成开式水泵注水排空后，将进口阀开启，出口阀关闭。

（2）启动一台开式水泵，注意启动电流及启动时间，检查泵出口阀自动开启。

（3）检查泵组振动、声音、轴承温度、盘根滴水情况、出口压力及电动滤水器前后差压正常，开式水母管压力正常。

（4）将备用泵投“联锁”，检查备用泵出口阀自动开启，注意备用泵不倒转。

（三）开式水系统的运行

1. 开式水系统的正常运行监视

（1）检查电动滤水器和各用户入口压力应在0.2～0.3MPa，冷却水出口温度与用户负荷相匹配，冷却水回水正常，系统无泄漏。

（2）开式循环冷却水泵按规定启停、备用、轮换、试验。运行时监视电流、压力、轴承温度、绕组温度正常，备用泵联锁投入。泵运行时出口压力应维持0.35～0.45MPa，氢气冷却器入口压力应在0.15～0.25MPa。

（3）检查开式循环冷却水泵振动、轴承温度、电动机外壳温度、声音正常，备用泵无倒转现象。

（4）检查电动滤水器压差小于25kPa，无报警，按要求设定运行方式，检查滤水器旋转、排污正常，堵塞严重时，对滤水器进行连续反冲洗或联系检修处理。

2. 开式水电动滤水器冲洗

检查开式水电动滤水器进、出口阀开启，旁路阀关闭，进口压力大于0.05MPa，电动滤水器底部放水阀关闭；电动滤水器控制及动力电源已送电，检查就地控制柜电源、电动滤水器及排污阀状态显示正常。

电动滤水器可采用自动或手动方式进行冲洗。

（1）就地自动冲洗。将就地控制方式选择按钮切至“自动”位置；在就地控制柜将“自动投入/自动切除”把手置于“自动投入”位置；自动冲洗采用差压控制和时间控制联控模式：当差压超过25kPa时，电动滤水器开始自动冲洗。当差压不高时，每隔24h自动冲洗一次；电动滤水器运行后，排污电动阀自动开启。1min后，关闭排污电动阀，停运电动滤水器。

（2）远方自动冲洗。将就地控制方式选择按钮切至“DCS”位置；在就地控制柜将“自动投入/自动切除”把手置于“自动投入”位置；在DCS画面上将电动滤水器程控按钮投入；自动冲洗采用差压控制和时间控制联控模式：当差压超过25kPa时，电动滤水器开始自动冲洗。当差压不高时，每隔24h自动冲洗一次；电动滤水器运行后，同时排污电动阀自动开启。1min后，关闭排污电动阀，停运电动滤水器。

（3）手动冲洗。将就地控制方式选择按钮切至“就地”位置；在就地控制柜将“自动投入/自动切除”把手置于“自动切除”位置；按下“排污阀开启”按钮打开排污阀；按下“滤网转动”按钮，确认电动滤水器运行，1min后，按下“排污阀关闭”按钮关闭排污电动阀；冲洗过程结束按下“滤网停止”按钮，确认滤网停运。

（四）开式水系统的停止

（1）氢气冷却器已不需要开式循环冷却水泵运行，解除备用泵联锁，停止运行泵，检查氢温控制在正常范围内。

（2）检查开式水泵电流指示至零，泵停止不倒转。

（3）将开式水泵进口电动滤水器自动清洗退出运行。

（4）根据需要将设备停电、系统隔离，管路及用户泄压至0，放尽存水。

七、闭式冷却水系统的启动、运行及停止

（一）闭式冷却水系统简介

发电厂各种转动机械的轴承在运行中会因摩擦产生热量，转动机械输送的高温流体也会传递热量至轴承，还有些设备在其工艺过程中也会产生热量。为保证设备的安全运行，避免因温度升高导致轴承金属变形等，必须将这些设备予以冷却，并带走热量；再次，由于该系统设备本身的流体是高品质的给水、凝结水或润滑油，而冷却水在运行中一旦泄漏到这些液体中去，将会使其大大污染，为此相应要求冷却水有相当的品质。本系统的功能就是向这些需要冷却的设备提供水质、水温和水量都合乎要求的冷却水，以确保其安全运行。

一个闭式循环冷却水系统是由两台100%容量的闭式循环冷却水泵、一台高位布置的10m^3膨胀水箱及其连接管道，各辅助设备的供回水母管、支管以及关断阀、控制阀等组成的闭式循环回路。

（二）闭式冷却水系统的投运

1. 闭式冷却水投运前的准备和检查

（1）检修工作已结束，工作票已终结，设备完整良好、现场整洁。

（2）确认闭式冷却水泵和电动阀门的电动机绝缘合格，送上电源。

（3）确认仪用空气压力正常，各气动门灵活，开关良好。

（4）确定热工及电气保护联锁试验良好、报警正常。所有压力表一次门开启，仪表指示如温度、压力、电流及蝶阀阀位指示正确。

（5）确认循环水系统已投运，运行正常。

（6）确认系统有关放水门关闭，放空气门关闭。

（7）确定凝结水补给水箱水位正常、水质合格，启动凝结水补水泵，开启补水门向闭式冷却水系统缓冲水箱上水。

（8）确认闭式冷却水系统阀门按阀门检查卡已处于启动前正常状态。

（9）确认闭式冷却水泵入口阀开启。

（10）确认一台水—水交换器闭式冷却水侧进、出口阀开启。

（11）开启一台发电机定子冷却水冷却器闭式冷却水侧进、出水门，提供闭式冷却水循环回路。

（12）待闭式冷却水系统进水结束，缓冲水箱水位正常，通知化学化验闭式冷却水系统水箱水质合格，可启动闭式冷却水泵。

2. 闭式冷却水系统的投运

（1）开启闭式冷却水系统放空门。

（2）闭式冷却水泵再循环门开启。

（3）启动一台闭式冷却水泵运行，检查电动机和泵组振动、声音、出口压力、轴承温度等均正常。

（4）检查运行泵闭式冷却水泵出水门联动开启，调节闭式冷却水系统再循环门。注意水—水交换器闭式冷却水侧压力不大于规定值。

（5）当闭式冷却水系统放空门有连续水流冒出时，关闭放空门。

（6）检查缓冲水箱水位正常，补水自动调整门动作良好。

（7）根据闭式冷却水系统用户增加情况，应逐渐关小闭式冷却水再循环门，直至关闭，以维持闭式冷却水系统母管压力正常。

（8）将备用闭式冷却水泵联锁投入。

3. 投入闭式冷却水交换器海水侧

（1）开启A、B闭式冷却水交换器海水侧排空门。

（2）开启A、B闭式冷却水交换器海水侧进口电动阀。

（3）A、B闭式冷却水交换器海水侧排空门见连续水流后关闭。

（4）打开A闭式冷却水交换器海水侧出口电动阀，投入运行。

（5）B闭式冷却水交换器海水侧出口电动阀关闭作备用。

4. 闭式冷却水交换器的切换

（1）机组正常运行时，投入一台闭式冷却水交换器运行，另一台作备用。

（2）确认备用闭式冷却水交换器闭式冷却水侧和海水侧电动进水门均开启，电动出水门均已关闭，同时已排尽空气。

（3）慢慢开启备用闭式冷却水交换器海水侧电动出水门，注意循环水母管压力的变化。

（4）确认备用闭式冷却水交换器海水侧切换、投运正常。

（5）慢慢关闭原运行闭式冷却水交换器海水侧电动出水门。

（6）慢慢开启备用闭式冷却水交换器闭式冷却水侧电动出水门，注意闭式冷却水母管出口压力变化和闭式冷却水泵运行正常。

（7）确认备用闭式冷却水交换器闭式冷却水侧切换、停运正常。

（8）慢慢关闭原运行闭式冷却水交换器闭式冷却水侧电动出水门。

（9）确认原运行闭式冷却水交换器切换、停运正常，投作备用。

（10）闭式冷却水交换器切换工作完成后，注意调整闭式冷却水水温。

（三）闭式冷却水系统的运行

运行中闭式冷却水泵A、B切换操作

（1）将备用泵的联锁退出。

（2）启动备用泵，开启出水门，注意电流、出口压力等正常。

（3）关闭运行泵出水门，停止运行泵。

（4）检查停运泵出口门关闭，水泵无倒转，投入闭式冷却水泵联锁。

（四）闭式冷却水系统停止及保护

当闭式冷却水系统需停用时，必须在机组运行已停止，锅水循环泵和汽轮机润滑油泵、密封油泵已停止，压缩空气泵房冷却水源已停用，确认闭式冷却水系统所有用户已停用，接值长指令后，方可停止闭式冷却水系统。

1. 闭式冷却水系统停止

（1）将运行泵和备用泵联锁退出后，停止运行泵。

（2）根据需要断开停运的闭式冷却水泵电源。

2. 保护与联锁

（1）运行闭式水泵跳闸，联启备用泵。

（2）至少有一台泵运行后，闭式冷却水母管压力低于规定值。

八、凝结水系统的启动、运行及停止

（一）凝结水系统简介

凝结水泵将凝汽器热井中的凝结水送入精处理，经过精处理的凝结水通过轴封冷却器、疏水冷却器、低压加热器进入除氧器。主凝结水泵的最大特点是所输送的凝结水在吸入管内几乎处于饱和状态，凝结水泵入口处很容易发生汽化而产生汽蚀。为了防止凝结水泵发生汽化，通常把凝结水泵布置在凝汽器热井以下0.5～1.0m的泵坑内，使水泵入口处形成一定的倒灌高度，利用倒灌水柱的静压提高水泵入口处压力，使水泵进口处水压高于其饱和温度对应的压力。同时，为了提高水泵的抗汽蚀性能，常在第一级叶轮入口加装诱导轮。

凝结水泵的轴封处，需不间断地供有密封水，以防止空气漏入泵内。由于凝结水泵开始抽水时，泵内空气难以从排气阀排出，因此在其上部设有与凝汽器连通的抽气平衡管，以便将空气排至凝汽器由抽气器抽出，并维持凝结水泵入口腔室与凝汽器处于相同的真空度。这样，即使水泵在运行中吸入新的空气，也不会影响到水泵入口的真空度及水泵的正常运行。

（二）凝结水系统的启动

1. 凝结水泵启动前的检查

（1）确认凝结水泵联锁和保护校验良好，凝结水泵绝缘合格，送上凝结水泵电源。

（2）检查电动机轴承油位正常，投入电动机冷却水，确认冷却水流量正常。润滑油已加至正常油位。

（3）凝结水泵轴承冷却水已投入正常。

（4）凝结水泵泵体抽空气门开启。

（5）确认凝结水再循环调节阀开启，热井水位高放水调节阀关闭。

（6）开启补水泵供凝结水泵密封水手动总门，投入凝结水泵密封水且流量合适。

（7）开启凝结水泵A入口电动门和凝结水泵B入口电动门向泵注水，并开启入口滤网放空阀，当放空阀见连续水流后关闭。

2. 凝结水泵的启动条件

（1）热井水位不低于规定值。

（2）凝结水泵进水门开启，密封水压力、流量正常。

（3）无电动机事故跳闸信号。

3. 工频方式启动操作

（1）先稍微开启凝结水泵出口门，启动凝结水泵A，检查电动出口门联锁开启，凝结水走再循环。

（2）检查凝结水泵A出口压力、振动、声音正常，检查电动机电流、轴承、推力瓦温度及绕组温度等正常。

（3）检查凝结水泵密封水正常，且无发热和磨损。

（4）检查各低压加热器、轴封加热器和系统无泄漏，将备用凝结水泵联锁投入。

4. 变频方式启动操作

（1）检查一台凝结水泵在变频方式下具备远方启动条件，变频装置准备就绪，合上其6kV开关，启动凝结水泵变频器，检查凝结水泵A电动出口门联锁开启，凝结水走再循环。

（2）增加变频器的频率，调节凝结水泵出口压力在允许范围值，将凝结水泵出口压力设定为规定值，投入凝结水泵变频器的自动。检查凝结水泵A出口压力、振动、声音正常，检查电动机电流、轴承、推力瓦温度及绕组温度等正常。

（3）检查凝结水各用户水压正常。

（4）检查各低压加热器、轴封加热器和系统无泄漏，将备用凝结水泵联锁投入。

5. 凝结水泵入口滤网检修后的投用

（1）投入的操作。

1）检查滤网放水门、放空门关闭严密。

2）投入电动机和轴承冷却水和凝结水泵盘根密封冷却水。

3）稍开凝结水泵空气门，严密监视运行泵出口压力和凝汽器真空，若发生运行泵出口压力摆动或凝汽器真空下降较快现象，应立即关小，直至关闭空气门；待空气管温度上升后逐渐开大空气门。

4）逐渐开启凝结水泵入口电动门。

（2）注意事项。

1）恢复操作严格按上述步骤进行，严禁先开入口门、后开空气门操作。

2）开启空气门时必须注意观察，而且开启操作要缓慢进行。

3）在整个操作过程中严密监视凝汽器真空，一旦发现凝汽器真空下降较快现象，立即停止操作，倒回原运行方式。

（三）凝结水泵的停止

1. 工频方式凝结水泵停止

（1）检查无凝结水用户。

（2）将备用泵联锁解除。

（3）关闭凝结水泵出口电动门，停止凝结水泵运行。

（4）检查凝结水泵停止，电流至“0”，确认不发生倒转。

（5）根据需要将停运凝结水泵联锁投入。

2. 变频方式凝结水泵停止

（1）检查无凝结水用户。

（2）将备用泵联锁解除。

（3）停止凝结水泵变频器，待变频器频率降至最低时，断开此泵 6kV 开关，检查凝结水泵出口电动门联关。

（4）检查凝结水泵停止，电流至“0”，确认不发生倒转。

九、凝结水精处理系统的启动、运行及停止

（一）凝结水精处理系统简介

凝结水精处理主要是去除凝结水中的金属腐蚀产物、微量溶解盐类及去除随冷却水泄漏入的悬浮物。机组正常运行时，除去系统中微量溶解盐类，可以提高凝结水水质，保证优良的给水品质和蒸汽质量；冷却水泄漏时，除去因泄漏而融入的溶解盐类和悬浮物，为机组按正常程序停机争得时间；机组启动时，除去凝结水中的铜、铁腐蚀产物，缩短启动时间。

（二）凝结水精处理系统的启动

1. 系统启动前的检查

（1）检查压缩空气系统处于良好的备用状态。

（2）各控制电磁阀均已送电、送气，热工信号试验正常。

（3）分析试剂药品齐全，所有在线检测仪表均处于良好备用状态。

（4）凝结水泵压力稳定，水温不应超过 50℃。

（5）再循环泵和电动机处于良好备用状态。

（6）各电动门、气动门启闭灵活可靠，无漏水、漏气现象，并处于关闭状态；排污门处于关闭状态。

（7）混床、再循环泵进出口手动截止门处于开启状态。

2. 凝结水精处理系统的投运

（1）开高速混床升压门，待混床压力与系统内压力平衡后，开混床进水门，关升压门。

（2）开混床再循环门，启动再循环泵，开泵出口门，进行再循环，投入化学分析仪表。

（3）混床出水合格后，开混床出水门，关再循环泵出口门，停再循环泵，关再循环泵进口门和混床再循环门，混床投入运行。

（4）按上面操作投运另一台混床，精处理投入运行。

（5）关闭混床旁路门。

（三）凝结水精处理系统的运行

当运行混床有一台失效时，则需进行混床切换操作：先投入备用混床，待稳定后停止失效混床；当备用混床不能正常投运时，应先汇报值长，待混床旁路门打开后，再停运失效混床。当两台混床同时失效时，待混床旁路门打开后，再停混床。当失效混床停运后，及时将失效树脂输送至阴再生塔，然后把阳再生塔中备用树脂输送回混床，并混合、正洗，合格后备用。

（四）凝结水精处理系统的停运

（1）当混床进出口母管压差大于停运值、凝结水水温大于50℃、电导率、SiO_2、Na^+指标大于相应停运值或累计制水量达到设定值时，混床停运。

（2）关闭混床的在线监测表计，关混床进、出水气动门。

（3）长期停用或准备再生的混床应进行泄压操作：开该床排气门，泄压到零，关排气门；长期停用或检修时应关闭混床进、出水手动门。

（4）当机组正常运行，混床发生事故情况下，应先汇报值长，待混床旁路门打开后，再停混床。

十、定子冷却水系统的启动、运行及停止

（一）定子冷却水系统简介

定子冷却水系统的正常补水由凝结水泵出口母管或凝结水输送泵出口供给，经电磁阀、离子交换器后进入定子冷却水箱。正常运行时，为改善进入发电机定子绕组的水质，将进入发电机总水量的5%～10%的水，不断地经过离子交换器进行处理，然后回到水箱，箱内的软化水通过定子冷却水泵升压后送入冷却器、过滤器，然后再进入发电机定子绕组的汇流管，将发电机定子绕组的热量带出来再回到水箱，完成一个闭式循环。

冷却水控制系统采用闭式循环方式，使连续的高纯水流通过定子绕组空心导线，带走绕组损耗。进入发电机定子的水是从化学车间直接引来的合格化学除盐水。补入水箱的化学除盐水通过电磁阀、过滤器，最后进入水箱。开机前管道、阀门、集装所有元件和设备要多次冲洗排污，直至水

质取样化验合格后方可向发电机定子绕组充化学除盐水。

（二）定子冷却水系统的启动

1. 定子冷却水系统投入前的准备

（1）各种操作电源、信号电源投入，测量 A、B 定子冷却水泵绝缘合格，待机械方面准备好后送电。

（2）压缩空气系统投入运行，表计一次门打开。系统中各压力表、导电度、流量等仪表一次门打开，压力表排放门关闭，水位检测隔离门打开。

（3）热工各种仪表及保护校定完好，投入运行，确认定子冷却水泵有关保护试验正常。

（4）闭式冷却水系统投入运行，密封油系统运行良好。

（5）发电机内氢压不低于规定值。

（6）两台定子冷却水泵入口门打开，A、B 定子冷却水泵的泵体放水门关闭。

（7）准备投运的一台定子冷却水冷却器定子冷却水侧入口门、出口门打开。备用的一台定子冷却水冷却器入口门关闭，出口门打开。两台冷却器的定子冷却水侧放水门关闭。

（8）定子冷却水冷却器、离子交换器出口导电度仪的入口门、出口门打开。

（9）准备投入运行的定子冷却水滤网入口门、出口门打开。备用滤网的入口门关闭，出口门打开。滤网的放水门关闭。

（10）发电机定子冷却水入口手动门打开，放水门关闭。

（11）离子交换器流量计入口门、出口门打开，离子交换器出口门打开，离子交换器放空气门及旁路门关闭。

（12）定子冷却水补水手动门、回水门打开。

（13）定子冷却水补水电磁阀后手动门打开，电磁阀前手动门、旁路门关闭。

（14）定子冷却水箱加热装置入口门、出口门关闭。

（15）定子冷却水箱放水门关闭，液位变送器上隔离门、下隔离门打开。

（16）检查压缩空气至水箱的可卸式连接管处于断开状态。

（17）关闭定子冷却水箱排氢一次隔膜阀、充氮至定子冷却水箱隔膜阀和供氮系统中的氮气汇流排出口压力调节器后手动门和氮气压力调节门，切断发电机的供氮管道。

（18）按阀门卡检查完毕后，进行定子冷却水系统注水。

（19）将定子冷却水箱、冷却器及管路上的对空排气门打开，放尽空气后关闭；发电机定子绕组排汽至定子冷却水箱手动门保持开启状态，机组运行中不得关闭。

（20）定子冷却水系统冲洗后，水质经化学化验合格，方可向发电机定子通水。

2. 发电机定子通水

定子冷却水系统检查完成后，当发电机内氢气压力已达到规定值，启动一台定子冷却水泵并调节再循环门控制发电机定子绕组进水压力至少比氢压低于相应规定值，流量和水温正常。检查水冷系统各部件和液位继电器液位，系统应无泄漏。检查一切正常，将另一台定子冷却水泵投入联动备用。

（三）定子冷却水系统的运行

1. 定子冷却水箱运行方式

定子冷却水系统原则上采用充氮方式，也可以在不充氮方式运行。

2. 水箱充氮运行方式

定子冷却水系统水箱是密闭的，在水箱液位以上的空间应充入一定量的氮气，以隔绝空气对水质的不良影响。氮气来自供氮装置，充入水箱的氮气压力，由氮气减压阀自动整定为整定值。当发电机内充有氮时，此时少量氢气可通过聚四氟乙烯绝缘引水管渗入冷却水并在水箱内释放。为防止水箱内压力过高，水箱上装有设定开启值的安全阀。充氮操作。

（1）检查排气管路安全阀的旁路阀关闭。

（2）打开氢系统上的供氢手动门，并将减压阀的出口压力整定在规定值。

（3）打开排气管道手动门使氮气充入定子冷却水箱。

（4）打开水箱底部防水门排放过量的水，直到水箱的液位计在玻璃管液位计显示高位为止。

（5）启动定子冷却水泵将水箱内的液位调整到正常值。

3. 水箱不充氮的运行方式

当水箱不充氮运行时，关闭供氮装置管路中的氮气汇流排出口压力调节器后手动门及氮气压力调节器，同时关闭充氮至定子冷却水箱隔膜阀。但是，运行中还会有少量氢气可通过聚四氟乙烯绝缘引水管渗入冷却水并在水箱内释放。为防止水箱内压力过高，水箱上装有设定开启值的安全阀。

4. 定子冷却水系统反冲洗

反冲洗必须在停机以后进行；原则上机组大小修或系统检修时进行；冲洗前，先将总进出口水管放水门开启，排出线圈内的积水，并用压缩空气把剩余水全部吹干净，再通入清洁的冷凝水，冲洗到出水口无黄色杂质污水，再接入压缩空气冲出剩水。水及压缩空气每次从总进、出口管轮流交替冲洗，一般情况冲洗 3～4 次即可。反冲洗结束后，要将系统恢复到正常运行方式。

5. 运行注意事项

（1）电动机定子绕组的反冲洗，只能在机组停止时进行。机组启动前，必须将水冷系统调整至正向流通。

（2）发电机运行中，必须维持定子绕组通水运行；否则，不允许并网带负荷。

（3）发电机正常投运前，先对发电机充氢，再向定子绕组通水，并调整定子冷却水压至少比发电机氢压低于规定值。

（4）发电机带负荷时，定子绕组内必须有冷却水循环流通，正常情况下，定子绕组一旦通水，发电机内的氢压都必须维持高于水压，以防止漏水的潜在危险。但在密封油系统出现故障只能维持低氢压运行时，必须保持最低水压不低于允许范围值，即使水压大于氢压，也允许短暂运行但不推荐长期运行。

（5）严禁二氧化碳进入定子冷却水内。

（四）定子冷却水系统的停止

除机组大、小修外，停机时应保持定子冷却水泵连续运行，在需要停止定子冷却水泵时，发电机应降低氢压至规定值后，方可停止定子冷却水泵。发电机解列，发电机水冷系统应继续运行，汽轮发电机组完全停用后，方可停止向发电机定子绕组通水。发电机停运期间，外部环境温度低于5℃时或按要求做发电机定子绕组试验，绝缘电阻达不到试验要求时，必须排尽定子绕组内的存水，其操作如下。

1. 定子冷却水系统排气

（1）检查发电机已排氢完毕，发电机已切换到空气冷却。

（2）关闭供氮装置管路中的氮气汇流排出口压力调节器后手动门，切断供给定子冷却水系统的氮源。

（3）开启定子冷却水系统排气管道安全阀的旁路阀，将定子冷却水箱中的气体排出。

2. 定子冷却水系统排水

（1）关闭定子冷却水系统补充水门，检查补充水回水门关闭。

（2）关闭定子冷却水系统A、B冷却器进出口手动门，关闭A、B滤网进出口手动门，关闭定子冷却水箱水位变送器上、下隔绝门，关闭A、B定子冷却水泵差压开关隔离门，关闭离子水流量变送器隔离门，关闭滤网差压开关隔离门，关闭定子冷却水流量变送器隔离门，关闭发电机氢-水压差开关隔离门。

（3）打开定子冷却水系统管道和定子冷却水箱、冷却器、滤网放水门、放空门。

1）发电机进水汇水管快放水门。

2）发电机进、出水差压表管线隔绝门、排污门。

3）发电机出水汇水管放空气门。

4）定子冷却水泵A、B滤网，冷却器，离子交换器放水门。

5）定子冷却水箱放水门。

（4）上述操作，依靠重力自然排水后再用压缩空气排除残留水。

3. 联锁试验

（1）在下列情况下，应进行此项试验。

1）机组大修后。

2）定子冷却水系统设备检修和维护后。

3）该联锁回路检修后。

（2）试验条件。

1）定子冷却水系统检修工作已全部结束，所有干燥用可拆卸连接管已全部恢复，按阀门检查卡检查处于正常位置。

2）所有热工仪表、发电机工况监视柜已投入且工作正常。

3）检查定子冷却水箱水位正常，水质合格。

4）定子冷却水泵A、B跳闸联锁试验正常。

（3）定子冷却水泵联锁。

定子冷却水备用泵方式为远方且无电动机事故跳闸指令下，满足下列任一条件将自动启动。

1）运行泵出入口差压低至规定值。

2）定子冷却水流量低80%。

3）运行泵跳闸。

十一、轴封、真空系统的启动、运行及停止

（一）轴封、真空系统简介

轴封是在汽轮机动、静部件之间的间隙处安装密封装置，即汽封。轴封分为高压轴封和低压轴封，高压轴封的作用是阻止蒸汽从汽缸内向外泄漏，低压轴封的作用是阻止外界空气漏入汽缸。

轴封蒸汽系统的主要功能是向汽轮机、给水泵汽轮机的轴封和主汽阀、调节阀的阀杆汽封提供密封蒸汽，同时将各汽封的漏汽合理导向或抽出。在汽轮机的高压区段，轴封系统的正常功能是防止蒸汽向外泄漏，以确保汽轮机有较高的效率；在汽轮机的低压区段，则是防止外界的空气进入汽轮机内部，保证汽轮机有尽可能高的真空（也即尽可能低的背参数），也是为了保证汽轮机组的高效率。轴封蒸汽系统主要是由密封装置、轴封蒸汽母管、汽封冷却器等设备及相应的阀门、管路系统构成。

汽轮机真空系统是汽轮发电机的一个重要组成部分，它由循环水冷却系统、蒸汽凝结系统和抽空气系统三大部分构成。抽真空设备常见的有射水抽气器、水环真空泵或罗茨真空泵等。

汽轮机真空系统的功能是：在凝汽器内部持续通过循环冷却水的过程中，将低压缸排汽进行凝结再利用，不凝结的其他气体通过真空泵抽出，降低汽轮机排汽压力，提高循环热效率。

（二）轴封、真空系统的启动

1. 轴封系统恢复前的检查与准备工作

（1）轴封系统所有相关工作票已终结或收回，现场场清、料净。设备、管道完好，标识齐全。

（2）对照阀门传动清单：检查轴封系统所有电动门传动正常，所有电动门电源送上并放遥控位，气动调节阀动作灵活、正确。

（3）对照热工保护、联锁传动清单：确认轴封系统相关设备的保护、联锁传动正常。

（4）系统所有现场表计、开关、变送器、水位计投入正常。

（5）检查各热控表计的一次门开启。

（6）两台轴封加热器风机的绝缘合格、电源送上。

（7）检查机组凝结水系统、循环水系统已投运正常；真空系统具备投用条件。

（8）检查机组盘车、给水泵汽轮机油系统必须处于连续运行状态。

（9）检查轴封加热器水侧运行正常；轴封加热器疏水系统U形水封注水完毕，投运正常。

2. 机组轴封系统暖管

（1）按照轴封系统恢复检查卡，确认轴封系统阀门达启动前状态。

（2）确认轴封系统所有疏水器前后门开启，旁路门微开、低压轴封滤网放水门、中压轴封疏水手动门微开。

（3）确认汽轮机、给水泵汽轮机轴封回汽全部开启，回汽正常。

（4）启动机组轴封加热器风机运行，调整入口负压在允许范围为宜，正常后将另一台轴封加热器风机投入备用。

（5）微开辅助蒸汽母管到轴封供汽系统总门及轴封汽调节阀前电动门及后截止门，进行轴封供汽母管暖管，注意母管无振动，无水击。

（6）在轴封送入后方可启动真空泵，进行机组抽真空工作。

（7）检查轴封供供汽母管压力、温度、调节阀或旁路门是否内漏，高低压段轴封是否外冒汽。

（8）检查轴封加热器水位正常，未建立真空前，回水倒地沟，真空建立后将轴封加热器回水倒凝汽器。

（9）当来汽蒸汽温度上升至正常时，逐渐开大辅助蒸汽至轴封供汽系统总门，直至全开。

3. 机组轴封系统投运

（1）暖管充分后，缓慢开启轴封供汽调整门，逐步提高轴封供汽压力，维持轴封供汽压力以轴封刚好不漏汽、机组真空持续升高为宜。

（2）当低压轴封蒸汽温度达运行温度可投入轴封减温水装置，正常控制在规定值（轴封体温度），并投入减温水自动控制，注意处理减温水波动情况。

（3）投入两台给水泵汽轮机轴封系统，汽轮机、给水泵汽轮机同时建立真空，注意防止给水泵汽轮机油箱进水。

（4）投轴封过程中密切注意盘车运行情况及低压缸排汽温度、上、下缸温差的变化。

（5）检查有无蒸汽从汽轮机轴封漏到大气中，如果发现蒸汽泄漏，增加汽封冷却器的真空或调整轴封供汽调节阀开度，一直到外部泄漏停止。

（6）检查轴封系统状态正常，各路疏水通畅不积水，高压轴封不冒汽，低压轴封不吸气，真空正常，汽轮机、给水泵汽轮机油质合格，机组启动。

（7）轴封系统疏水器旁路、低压轴封滤网防水门保持全开至规定负荷，检查疏水畅通、无异常后，节流开度正常，注意是否影响真空，否则改保持全开为每一小时开启疏水器旁路、低压轴封滤网防水门疏水。

4. 真空系统的投运

（1）水环真空泵系统恢复前的检查与准备工作。

1）系统所有相关工作票均已终结或收回，现场场清、料净。

2）对照阀门传动清单：检查真空泵系统所有电动门和气动门传动正常，所有电动门电源送上并放遥控位、气动门气源送上。

3）确认真空泵系统相关设备的保护、联锁传动正常。

4）确认系统所有现场表计、开关、变送器投入正常。

5）3台真空泵绝缘合格、电源送上。

6）真空泵入口空气管道排水完毕后关闭。

7）凝结水补水系统、闭式冷却水系统运行正常。

8）汽轮机本体及相关工作结束，轴封平台吹扫干净。

9）机组轴封系统投入。

（2）水环真空泵启动。（以C泵为例，A、B泵相同）

1）注水，开启闭式冷却水至真空泵板式换热器入口门。

2）开启凝结水系统至真空泵系统手动门及补水碟阀向真空泵及分离器注水。

3）检查管路是否畅通及有无漏泄之处。

4）当水位升至汽水分离器液位计正常时，关闭补水电磁阀旁路门。

5）稳定5min，观察水位已稳定，结束注水。

6）开启冷却器冷却水侧出口门。

7）启动，就地控制选择开关置“遥控”。

8）在操作员站启动真空泵。

9）观察真空泵空气入口蝶门的前后压差大于规定值时自动开启。

10）运行泵正常后，将备用泵投入自动。

5. 罗茨真空泵启动前检查

（1）按“设备及系统投运通则”对系统进行检查。

（2）确认凝汽器真空运行，原水环式真空泵运行正常。

（3）确认机组真空严密性试验结果小于0.13kPa/min。

（4）检查主罗茨泵、二级罗茨泵轴承箱油位在油窗视镜1/2～2/3高度。

（5）关闭真空泵组水环泵排空门。

（6）关闭真空泵组汽水分离器放水手动门。

（7）关闭真空泵组补水门。

（8）关闭真空泵组补水电磁阀旁路手动门。

（9）开启真空泵组冷却水进回水总门及分门。

（10）开启真空泵组仪用气总门。

（11）开启真空泵组入口气动蝶阀及罗茨泵冷却器放水阀气源阀门。

（12）送上真空泵控制柜电源及控制柜内各负荷电源。

（13）送上真空泵组入口电动闸阀电源。

（14）将真空泵组汽水分离器补水至＋300mm，并放水试验自动补水正常。

6. 罗茨真空泵启动

（1）开启真空泵组入口手动闸阀。

（2）开启真空泵组入口管道排水门，至少排水 10min。

（3）检查确认真空泵组主罗茨泵频率偏置设置为“0”。

（4）盘上顺序控制启动罗茨真空泵组。

启动允许条件：凝汽器真空小于或等于－85kPa；两个凝汽器真空（与）。

1）启动 D 真空泵组液环泵时，汽水分离器液位大于或等于 150mm，如果不满足，先补水。当满足以上条件，下一步。

2）启动 D 真空泵组液环泵 1，等到 D 真空泵组液环泵 1 运行反馈，延时 10s，下一步。

3）启动 D 真空泵组液环泵 2，等到 D 真空泵组液环泵 2 运行反馈，延时 10s，下一步。

4）启动 D 真空泵组二级罗茨泵，延时 5s，下一步。

5）启动 D 真空泵组主罗茨泵，2 台罗茨泵均运行且 D 真空泵组主罗茨泵入口压力小于或等于－98kPa，同时两台罗茨泵频率满足初始设定频率，延时 15s，下一步。

注：本步序中，主罗茨泵运行后，给定主罗茨泵频率为 10Hz（只要反馈≥8Hz）；二级罗茨泵运行后，给定二级罗茨泵频率为 15Hz（只要反馈≥13Hz）；加速速率为 0.2Hz/s，降速速率为 0.5Hz/s。

6）开 D 真空泵组入口气动门；D 罗茨真空泵入口气动门开到位，延时 10s，下一步。

7）二级罗茨泵开始调速，二级罗茨泵频率大于或等于设定运行频率 32Hz；主罗茨泵开始调速，主罗茨泵频率大于或等于设定运行频率 25Hz，步序结束。

7. 轴封系统投运注意事项

（1）轴封系统暖管时，未启动轴封加热器风机，轴封串入油系统，造成汽轮机油中水分超标。

（2）轴封供汽暖管或投运时，上、下缸温差加大，胀差上涨，低压缸排汽温度升高。

（3）暖、送轴封时，盘车未连续运行、给水泵汽轮机油泵未运行，造成大轴弯曲、给水泵汽轮机烧瓦。

（4）热态先抽真空，后送轴封造成大轴弯曲。

（5）停机后，凝汽器真空到零，未停运轴封供汽造成大轴弯曲。

（6）停运轴封后，汽轮机油中水分超标。

（7）热态启动，轴封供汽温度与金属温度不匹配造成轴封收缩。

（8）轴封供汽后，减温水调解门和轴封温度波动。

（9）机组启动，轴封供汽回汽疏水不畅，造成机组真空抽不上来、机组启动时振动增大。

（10）轴封加热器风机运行时积水。

（11）投运汽轮机轴封造成给水泵汽轮机油中进水。

（12）开真空泵入口手动门时，真空泵入口管道积水大量进入泵内，造成分离器满水，真空泵电流超限。

（三）轴封、真空系统的运行

轴封系统正常监视项目包括：

（1）轴封加热器风机电流。

（2）轴封加热器内负压。

（3）轴封蒸汽母管压力。

（4）轴封蒸汽母管温度。

（5）凝结水流量。

（四）轴封、真空系统的停止

1. 水环真空泵停止（以C泵为例，A泵、B泵相同）

（1）启动子组，停运真空泵。

（2）检查真空泵抽空气入口气动门关闭，真空泵电动机停运。

2. 罗茨真空停止

（1）启动C水环式真空泵。

（2）盘上顺序控制停止罗茨真空泵组。

1）关D真空泵组入口气动门，D真空泵组入口气动门关到位且不在开位，下一步。

2）D真空泵组主罗茨泵变频指令直接置为0，当主罗茨泵频率小于或等于2Hz，停主罗茨泵，延时5s，下一步。

3）D真空泵组二级罗茨泵变频指令直接置为0，当二级罗茨泵频率小于或等于2Hz，停二级罗茨泵，延时30s，下一步。

4）停D水环真空泵1、2，等D水环真空泵1、2停止反馈，下一步。

5）等D水环泵1、2停止，步序结束。

注：如遇入口阀关闭故障，禁止停止泵组。

（3）关闭真空泵组入口手动闸阀。

3. 联锁动作条件

（1）凝汽器真空低于联启值。

（2）运行中的任一台真空泵跳闸。

（3）真空泵运行中，凝汽器真空低于联启值，第一备用中真空泵联启。

4. 报警与保护

（1）凝汽器真空低至设定真空报警值以及脱扣报警值，发凝汽器真空低报警。

（2）凝汽器真空低至保护值，汽轮机跳闸。

十二、密封油系统的启动、运行及停止

（一）密封油系统简介

为了防止发电机氢气向外泄漏或漏入空气，发电机氢冷系统应保持密封，特别是发电机两端大轴穿出机壳处必须采用可靠的轴密封装置。一般氢冷发电机多采用油密封装置，即密封瓦，瓦内通有一定压力（高于机内氢压）的密封油，密封油除起密封作用外，还对密封装置起润滑和冷却作用。因此，密封油系统的运行，必须使密封、润滑和冷却三个作用同时实现。

密封油系统主要由密封油供油装置、排油烟风机和密封油贮油箱（空侧回油箱）、中间油箱（氢侧回油箱）、油压调节阀、平衡阀等组成。

（二）密封油系统的启动

1. 密封油系统投运前的检查、准备

（1）密封油系统各安全阀、差压调节阀、减压阀、平衡阀校验正常。

（2）发电机工况监视柜投用，各种控制电源、信号电源投入。热工各种仪表齐全、完整，系统所有热工仪表一次门全开，投入运行。热控设备的数据采集、声光报警等检测正常，显示良好。

（3）发电机两侧消泡箱，氢侧密封油箱浮球动作灵活。

（4）按阀门检查卡，检查发电机密封空侧回油箱油位正常。

（5）完全退出氢侧回油箱上、下 4 个顶针，使补、排油浮球阀处于自由状态。

（6）确认汽轮发电机组润滑油泵，高压备用密封油泵已启动。空、氢侧密封油箱，发电机两侧消泡箱油位正常。

（7）密封油系统完好，空侧交流密封油泵、空侧直流密封油泵、氢侧密封油泵及密封油系统排烟机绝缘良好，电源送上。

（8）密封油提纯装置供回油手动总门关闭。

2. 密封油系统投用操作

（1）启动密封油系统一台排烟机运行正常，另一台排烟机作备用。

（2）启动空侧交流密封油泵运行正常。检查发电机密封瓦空侧油压正常、氢侧回油箱油位正常，将空侧直流密封油泵投入备用。

（3）启动氢侧密封油泵，根据压力调节再循环油门，控制密封瓦空、

氢侧油压差在正常范围内。

（4）对密封油系统进行全面检查，无泄漏，注意各浮子式液位继电器液位、氢侧密封油箱以及消泡箱液位的变化，无异常报警，严禁发电机进油。同时应监视各差压阀、平衡阀的工作情况，差压指示应正常。

（5）密封油油温低于正常值，可分别投入空、氢侧密封油电加热器，待密封油温升高至正常后可停止电加热并切除电源。氢侧电加热器停用后应先开冷油器进油门，再关冷油器旁路门（电加热进油门）。

（6）启动过程中，当空、氢侧密封油温度升高超过正常值时，应投入空、氢侧密封油冷油器，调节密封油温在允许范围内。

（三）密封油系统的运行

1. 运行检查各项目正常

（1）油泵及电动机的轴承油位、温度、振动等。

（2）氢侧、空侧油箱油位。

（3）汽轮机主油源供油压力。

（4）空侧、氢侧密封油供油及回油温度。

（5）排油烟机运行良好。

（6）密封油泵未运行严禁投电加热装置。

2. 密封油系统的注意事项

（1）机组投入连续盘车前及发电机气体置换前，应投入密封油系统。

（2）密封油系统投运前，汽轮发电机润滑油系统必须运行。

（3）在发电机内充有氢气时，必须保持空侧油箱上密封油排烟机连续运行。

（4）在发电机内充有氢气时或转子转动的情况下，必须保持密封油压。

（5）在润滑油主油箱排油前，必须先将发电机内氢气排净。

（四）密封油系统的停止

1. 密封油系统停用条件

（1）在汽轮机发电机组停用后，发电机气体置换工作已结束，并已置换为空气。

（2）汽轮机各部件金属温度已恢复到冷态，且盘车装置已停用。

2. 密封油系统停止操作

（1）关闭密封油备用油源差压调节阀前、后隔离门，确认旁路门关闭。

（2）将氢侧备用泵联锁解除后，停止氢侧密封油泵。

（3）将空侧直流密封油泵联锁解除后，停止空侧交流密封油泵。

（4）停止密封油系统排烟机。

十三、发电机氢气系统的启动、运行及停止

（一）氢气系统简介

发电机由于存在着损耗的原因，会导致发电机本体及绕组发热，如果

不及时将这些热量及时释放掉，将会导致发电机绝缘老化，影响发电机使用寿命，甚至引发其他恶性的电气事故发生。因此，大、小发电机都有自己的一套冷却装置。目前我国发电机至今仍多采用的是氢气冷却，即水-氢-氢冷却方式。

发电机和氢系统的气密试验合格后，且密封油系统也正常运行，则具备了向发电机充氢的条件。为了防止氢气和空气混合成爆炸性的气体，在向发电机充入氢气之前，必须要用惰性气体将发电机内的空气置换干净。同理，在发电机排氢后，要用惰性气体将发电机内的氢气置换干净。在国内，惰性气体普遍采用二氧化碳。

发电机启动前，必须先将发电机内的空气置换为二氧化碳，然后再将二氧化碳置换为氢气，最后对发电机内的氢气加压，以达到其要求的工作压力。

氢气控制系统的组成：氢气控制系统主要由气体控制站、仪表盘、氢干燥器（机）、液位信号器、抽真空管路及定子冷却水系统连接管路组成。

1. 气体控制站

气体控制站的作用是补充或排出机内氢气，进行发电机气体的置换，确保发电机和氢气系统管路不超压等。

（1）补氢管路由氢气滤网、补氢流量计、手动补氢回路、电磁阀自动及远方人工控制补氢回路和机械减压阀补氢回路组成。为运行中补氢提供灵活多样的补氢手段。

（2）中间气体和空气补入管路用于发电机风压检漏试验、空冷试运、发电机检修以及发电机气体置换。其中空气补人管路还装有干燥器，以除去空气中的尘土、水分及油污。

（3）安全阀是在机内及氢管路内氢压过高时起泄压作用的。

（4）发电机底部和顶部排污阀是为了保持机内氢气纯度和气体置换时排气而设置的。

2. 仪表盘

仪表盘主要是用来向运行人员指示机内气体压力、气体纯度等参数，并在气体参数超限时发出报警信号。

3. 氢气干燥器

氢气干燥器是用来除去发电机内氢气中所含的水分而设置的，它利用发电机风扇的压头，使部分氢气通过干燥器（机）进行循环干燥。

4. 液位信号器

液位信号器是为监视发电机机壳内有无油水而设置的。当发电机内油水泄漏时，液位信号器就发出信号报警提醒运行人员。

（二）氢气系统的启动

1. 氢气的置换

氢气的置换是指发电机内从空气状态换成氢气状态（充氢）或从氢气

状态转换成空气状态（排氢），它通常采用两种方法，即中间介质置换法和抽真空置换法。

（1）中间介质置换法。中间介质置换法是先将中间气体（二氧化碳或氮气）从发电机壳下部管路引入，以排除机壳及气体管道内的空气，当机壳内含量达到规定要求时，即可充入氢气排出中间气体，最后置换成氢气。排氢过程与上述充氢过程相似，在使用中间介质法时，应注意气体采样点要正确，化验分析结果要准确。气体的充入和排放顺序及使用管路要正确。

（2）抽真空置换法。抽真空置换法应在发电机静止停运的条件下进行。首先将机内空气抽出，当机内真空度达到90%～95%时，可以开始充入氢气。然后取样分析，当氢气纯度不合格时，可以再次抽真空，再次充入氢气，直到氢气纯度合格为止。采用抽真空法时，应特别注意密封油压的调整，防止发电机进油。

2. 气体切换前的准备工作

（1）发电机投氢前应准备好足够合格氢气。即除了正常供氢外，还应储备发电机气体容积的3倍的氢气和化验合格的二氧化碳瓶。在转子静止状态下置换时，排出原有空气所需的二氧化碳气体的量至少为发电机气体容积的1.5倍（在标准温度和压力下），所需氢气一般为发电机气体容积的2倍。在转动状态下置换时，所需的二氧化碳和氢气的量将接近发电机气体容积的3倍。

（2）在气体切换过程中，对氢气及二氧化碳进行取样分析。

（3）测量氢气纯度应从发电机底部取样，测量二氧化碳纯度应从发电机顶部取样。

（4）测量二氧化碳瓶内压力，压力在允许压力值范围内，并检查均有化验二氧化碳纯度大于99%的合格证。

（5）确定发电机及氢气冷却系统严密性试验合格。

（6）检查确定密封油系统已投入，运行正常，各差压开关，差压调节控制阀及安全阀工作正常，密封油压、油温、油流及排油烟机情况正常。

（7）纯度风机运行正常，且氢油水系统检测柜（内部带发电机风扇差压指示，气体纯度仪、气体密度指示）已开始工作。

3. 二氧化碳置换空气的操作

（1）打开发电机上部至纯度风机手动门、纯度风机出口至发电机上部手动门，关闭纯度风机出口至发电机下部手动门和发电机下部至纯度风机手动门，将发电机纯度风扇取样管路连接到顶部汇集管。

（2）开启发电机排氢手动门，关闭发电机排二氧化碳手动门，将排气管连接到顶部汇集管。

（3）关闭发电机补氢手动门和发电机补氢调节阀后手动门，隔离氢气源，拆开并取下可移动的连接管。

（4）开启发电机充二氧化碳手动门，将二氧化碳气源连接到底部汇集管。

（5）逐渐开启发电机排气管道手动总门，维持发电机内气压在规定值左右。二氧化碳汇流排上的所有阀门应完全开启，以防止阀门结冻。

（6）根据化学化验，发电机内二氧化碳纯度达90%以上时，开启下列阀门排放死角后关闭。

1）各检漏计底部放水门、管道排放门和发电机出线盒排气手动门。

2）发电机工况监视柜排泄门。

3）氢气干燥装置放水门。

（7）当发电机内二氧化碳含量达97%以上时，可停止充二氧化碳。

（8）关闭氢母管排泄门及二氧化碳汇流管上的所有阀门，然后再关闭二氧化碳瓶门及发电机充二氧化碳手动门。

4. 氢气置换二氧化碳操作

（1）开启发电机排二氧化碳手动门，关闭开启发电机排氢手动门，将排气管接通到底部汇集管。

（2）开启纯度风机出口至发电机下部手动门和发电机下部至纯度风机手动门，关闭发电机上部至纯度风机手动门、纯度风机出口至发电机上部手动门，将发电机纯度风扇取样门切至底部。

（3）拆除氢气母管上堵板，接好可移动的连接管（确认一路氢母管供氢）。

（4）开启氢母管至发电机氢压控制站手动门，开启发电机补氢调节阀前手动门。

（5）氢源到压力控制管路的氢压维持在正常之间，开启发电机补氢调节阀后手动门，开启发电机补氢手动门。

（6）开启发电机补氢压力调节阀旁路门或用发电机补氢压力调节阀将氢气充入机内，控制机内气体压力正常。

（7）当发电机内氢纯度大于95%时开启下列阀门排放死角后关闭。

1）各检漏计底部放水门及管道排放门。

2）发电机工况监视柜排泄门。

3）氢气干燥装置放水门。

4）发电机二氧化碳汇流排处排放阀和发电机排二氧化碳手动门。

（8）将发电机出线盒排气手动门打开，对含有二氧化碳的发电机出线盒进行排气约2min，同样开启发电机检漏器排液侧管道排气门进行排气约2min以排出发电机汽励段最低位置可能积聚的二氧化碳气体。

（9）当发电机氢纯度大于97%时，关闭发电机排二氧化碳手动门和发电机排气管道手动总门，然后开始提高发电机内氢压力。

（10）逐渐提高发电机氢压到规定值。

（11）氢压正常后，根据需要投入发电机自动补氢。

（三）氢气系统的运行

氢气控制系统应做好以下主要维护工作。

（1）发电机检修后要进行风压试验，检查发电机氢气系统的严密性合格后才可以充氢。

（2）运行人员应经常检查充氢发电机的内部氢压，发现氢压下降时，应及时补充，以保持正常氢压；若发现氢压过高时，应查明原因，采取相应措施并排氢降压。运行中还应定期分析氢压下降速率，若严密性不合格时，应查明原因处理。

（3）运行人员应监视和记录发电机内氢气纯度，当氢气纯度低于96%，含氧量大于2%时，应进行排污。同时应加强对氢气干燥器（机）的检查，保持其正常运行，以除去氢中水分。当氢中含水量大于25g/m^3时，应查找原因并进行排污。若发现干燥器（机）失效或故障，应及时联系处理。

（4）氢气系统的备用二氧化碳和压缩空气气源要经常保持充足完好，以备事故情况下排氢或倒换冷却方式使用。

（5）运行中对氢气系统的操作要动作轻缓，避免猛烈碰撞，运行人员不得穿带钉子的鞋和能产生强静电的服装，以免产生火花造成氢气爆炸。充、排氢时，应均匀缓慢地打开设备上的阀门使气体缓慢地充入和放出。禁止剧烈的排送，以防因气流高速摩擦而引起的高热点自燃。

（6）发电机内氢气压力任何时候都应不低于大气压力，以免空气漏入氢气系统。

（7）运行中要经常检查发电机油水继电器，若发现水量较大时，要查明原因及时排水，同时还应检查氢气系统周围不得有明火作业，若须动用明火要办理动火工作票，并做好防爆措施。

（四）氢气系统的停止

1. 二氧化碳置换氢气

（1）解除发电机补氢压力调节阀，缓慢降低发电机氢压到规定值运行，同时注意密封油压自动跟踪良好。

（2）打开发电机上部至纯度风机手动门、纯度风机出口至发电机上部手动门，关闭纯度风机出口至发电机下部手动门和发电机下部至纯度风机手动门，将发电机纯度风扇取样管路连接到顶部汇集管。将发电机纯度风扇取样门切至上部。

（3）关闭发电机补氢手动门和发电机补氢调节阀后手动门，并拆除氢气进气管道上可移动的连接管隔断氢气源。

（4）打开发电机充二氧化碳手动门，关闭发电机排二氧化碳手动门，使二氧化碳进气管连接到发电机底部汇流管。

（5）打开发电机排氢手动门，使排气管连接到顶部汇集管。

（6）逐渐开启发电机排气管道手动总门，维持发电机内压力在正常范围，二氧化碳汇流排上的所有阀门必须打开以防止阀门结冻。

（7）在充入二氧化碳气体时，注意观察气体纯度指示仪，当纯度达到95%时，开启下列各门排放死角后关闭二氧化碳气体汇流排上的所有阀门。

1）各检漏计底部放水门及管道排放门。

2）发电机工况监视柜排泄门。

3）氢气干燥装置放水门。

4）发电机氢气母管汇流排处排放阀。

（8）关闭发电机充二氧化碳手动门、关闭二氧化碳瓶门及发电机充二氧化碳汇流排出口手动门，将二氧化碳隔断。

（9）关闭发电机排气管道手动总门。

（10）稳定30min后，在高低位取样点、排污点等各处测二氧化碳纯度均要大于97%，否则继续补排。

2. 用空气置换二氧化碳

（1）如果汽轮机静止可以停止密封油系统运行。

（2）拆除发电机每端的人孔端盖，盖板拆去时，应立即用气体分析仪采样。盖板拆除后至少要等1h，再在发电机的一端放上不会产生火花的风扇，打风来驱出机内的二氧化碳，打开所有的浮子检漏检测器检查门，排尽二氧化碳气体。

（3）拆除人孔盖板，通风数小时后，人方能爬进机内。

（4）当恢复人孔盖板时，要关闭所有的浮子检漏检测器检查门。

3. 气体置换时注意事项

（1）现场严禁吸烟及动火工作。

（2）一般只有在发电机气体置换结束后，再提高氢压或泄压；在排泄氢气时速度不宜过快。

（3）维持机内正压，防止空气入内；发电机建立氢压前应先向密封瓦供油；在投氢或倒氢过程中，应严密监视工况监视柜及发电机消泡箱油位、主油箱油位、氢侧密封油箱油位的变化。如有异常应及时调整。

（4）发电机进行气体置换应在发电机静止或盘车时进行，同时密封油应投入运行。如果出现紧急情况，可在发电机减速的情况下进行气体置换，但转速不得超过1000r/min，且不允许发电机充入二氧化碳气体在高速下运行。

十四、高低压加热器及除氧器系统的启动、运行及停止

（一）高低压加热器及除氧器系统简介

回热加热器简称加热器，是汽轮发电机组热力系统中的重要设备。它利用从汽轮机某些中间级后抽出的蒸汽来加热凝汽器的凝结水和锅炉的给水，其目的是提高锅炉的给水温度，从而提高机组的热经济性。加热器的加热蒸汽是已在汽轮机中做过功后从汽轮机的中间级里抽出来的抽汽。它在汽轮机内已将其部分能量转化为机械功，而在加热器中放出热量并凝结为水，将其过热热量和汽化潜热传给被加热的凝结水或给水。回热加热器一般包括3台高压加热器、4台低压加热器及1台除氧器。

锅炉给水除氧是由除氧器来实现和完成的。除氧器是回热系统中的一个混合式加热器，是用汽轮机的抽汽来加热需除氧的锅炉给水的。其作用有两方面：一是提高给水品质，除去给水中的溶氧和其他气体，防止设备腐蚀；二是提高给水温度，并汇集排汽、余汽、疏水、回水等，以减少汽水损失。

（二）高低压加热器及除氧器系统的启动

1. 除氧器投运前的检查和准备

（1）各种控制电源、信号电源投入，确认有关电动门校验合格，送上电源。

（2）检查除氧器就地水位计、水位控制器及水位报警装置均已投入，水位报警及联锁经检验合格，除氧器及系统放水门均关闭。

（3）确认所有指示、保护、报警等装置完好，气动门动作灵活，仪用空气压力正常，投入运行。

（4）除氧器及水箱压力表门全部打开，系统中所有压缩空气门打开，安全门经校验合格，动作值在规定值，系统按阀门检查卡已处启动前正常状态。

（5）所有水位测量隔离门打开，充氮门关闭。

（6）根据需要，对除氧器进水的同时，进行除氧器冲洗。除氧器冲洗合格，可开启电动给水泵和汽动给水泵的前置泵进水门，同时对给水泵进水。

（7）厂用汽系统已投用，母管压力、温度符合要求，厂用汽至除氧器供汽电动门关闭。

（8）四段抽汽管道各疏水门打开，四段抽汽供除氧器的电动门关闭。

（9）电动给水泵、汽动给水泵前置泵入口门关闭。

（10）3号高压加热器疏水至除氧器调节门前电动门及调节门后手动门关闭。

（11）凝结水泵已启动走再循环，凝结水水质经检验合格，凝汽器及凝结水系统已冲洗合格。

（12）1号、2号、3号高压加热器连续排气至除氧器手动门关闭（投高压加热器前打开），连排至除氧器隔离门关闭。

（13）除氧器排气电动门打开，至5号低压加热器一路截止门关闭。

（14）凝结水补给水箱水位正常，凝补水泵运行良好。

2. 除氧器的投运

（1）除氧器上水，除氧器进水前应确认机组凝结水水质已合格，可启动凝结水泵给除氧器上水。

1）关闭凝结水补水泵至凝结水系统注水调节门。

2）开启单元除盐装置前、后电动隔离门。

3）开启除氧器水位调整站主、副调节阀前、后隔离门。

4）启动凝结水泵，注意凝汽器热井水位和凝结水泵电流变化无异常。

5）当除氧器水位上升至规定值后，可将除氧器水位调整站调节阀投入自动控制，将除氧器上水至正常水位。

（2）如凝结水水质不合格或凝结水管路冲洗，应关闭低压加热器出口电动门，开启低压加热器出口门前排污一、二次门进行排污放水，直至凝结水水质合格。

（3）凝结水水质合格后，开启低压加热器出口电动门，关闭低压加热器出口门前排污一、二次门。

（4）根据除氧器水位情况，调节除氧器上水门维持除氧器正常水位。

3. 除氧器投加热

（1）开启厂用汽蒸汽至除氧器加热管道疏水门。

（2）缓慢开启厂用汽至除氧器电动进汽门，进行暖管，注意管道无汽水撞击和振动，暖管结束后关闭进汽门前后疏水门。

（3）开启除氧器向空排放阀。

（4）缓慢开大厂用汽至除氧器进汽调节阀，除氧器温度应缓慢上升，调节厂用汽蒸汽联箱压力正常。

（5）确认除氧器压力控制在“手动”，开启厂用汽至除氧器进汽调节阀，除氧器温度应缓慢上升。打开除氧器排气电动门，手动调整厂用汽蒸汽至维持除氧器进汽压力正常，进行大气式定压除氧。

（6）根据需要在除氧器上水、加热的同时，可开启电动给水泵和汽动给水泵的前置泵进口门，给水泵注水。

4. 除氧器加热期间检查

（1）除氧器本体及管道在升温过程中无振动。

（2）水箱升温率应在允许值内。

（3）加热过程中注意除氧器水位调节阀动作正常。

（4）除氧器加热水温的要求：冷态启动和锅炉水压试验所需水温应在规定范围内。

（5）当除氧器水溶解氧合格后，可适当关小除氧器向空排放阀。

（6）检查并确认，除氧器的汽、水调节已投入自动控制，运行正常。

（7）根据高压加热器投运情况，开启高压加热器至除氧器疏水隔绝门和连续排汽门。

（8）当机组带负荷大于或等于20%时，开启四段抽汽至除氧器电动门，同时厂用汽蒸汽供除氧器电动门自动关闭，进行压力式除氧，直至满负荷。

（9）四段抽汽投入后，除氧器供汽由四段抽汽供给，除氧器由定压运行改为滑压运行，汽轮机带到额定负荷时，再转为定压运行。

（10）机组启动正常运行后，可将除氧器排氧方式由排大气导至低压加热器一路运行。

5. 除氧器压力的两种运行方式

（1）定压运行：除氧器启动至机组规定负荷间。除氧器采用厂用汽蒸汽加热，压力控制值整定在规定值。

（2）滑压运行：机组负荷大于规定值，四段抽汽压力达规定值，四段抽汽压力高于除氧器内部压力控制值，可投用四段抽汽加热除氧器，开启四段抽汽至除氧器汽门，注意厂用汽蒸汽至除氧器调节阀应自动关闭，处于备用状态。

6. 高压加热器的启动

（1）投入前的准备。

1）各种信号电源、控制电源投入。所有仪表齐全完好，各压力表、水位检测装置一次门开启。

2）确认高压加热器所有的联锁保护试验全部合格，热工各种检测、控制、保护装置投入。

3）各电动门、气动门电源，气源已送上，阀门动作正常。

4）高压加热器汽水侧安全门动作正确。

5）相关的厂用汽系统投入运行。

6）下列设备的电动机测绝缘送电；高压加热器组入口三通阀；高压加热器组出口电动门；1号、2号、3号高压加热器供汽电动门。

7）1号高压加热器供汽止回门、电动门前疏水门及疏水门前手动门打开。

8）1号高压加热器供汽电动门后疏水门手动一、二次门打开。

9）3号高压加热器供汽止回门前、后疏水门及疏水门前手动门打开。

10）2、3号高压加热器供汽电动门后疏水一、二次门打开。

11）2号高压加热器供汽管入口放空气手动门关闭。

（2）高压加热器系统按阀门检查卡检查完毕。

（3）高压加热器在机组并网后投运原则。

1）先投水侧，后投汽侧。

2）投运汽侧按3号、2号、1号顺序由低到高逐个投运。

3）投运单台高压加热器运行时的出水温升不得大于控制温度变化率。

（4）高压加热器在机组并网后投运操作。

1）3号、2号、1号高压加热器水室及管道放水门关闭。

2）开启3号、2号、1号高压加热器水室及管道放空气门。

3）缓慢开启入口三通阀旁路门（注水门）向水侧注水，待水侧放空门均见水后，关闭放空门。

4）注意3号、2号、1号高压加热器水位变化，待高压加热器水侧压力与旁路压力相等时，关闭注水门，检查高压加热器内部水压不下降。

5）缓慢开启高压加热器出口门，关闭旁路门，注意给水压力及流量变化。

6）开启3号高压加热器汽侧启动放气门。

7）开启三段抽汽止回门。

8）微开3号高压加热器进汽门暖管，待3号高压加热器汽侧起压后，关闭汽侧启动放气门，全开3号高压加热器至除氧器连续排汽一、二次门。

9）开启3号高压加热器疏水至疏水扩容器电动门。

10）逐渐开大3号高压加热器进汽门，直至全开。确认3号高压加热器进汽门前、后疏水门关闭。

11）检查3号高压加热器水位，疏水调整门动作良好，调整水位在正常范围内，投入水位自动。

12）开启3号高压加热器至除氧器疏水调节门后手动及电动门。

13）按上述方法，分别投入2号高压加热器和1号高压加热器。

14）疏水合格和三段抽汽压力高于除氧器压力后，将高压加热器疏水切换到除氧器。

15）投运初期，各高压加热器疏水由事故疏水排至疏水扩容器。

16）按压力从高到低投入高压加热器疏水自动和保护。

（5）高压加热器随机启动。汽轮机负荷大于10%时，1、2号高压加热器的抽汽管道疏水门关闭，3号高压加热器的抽汽管道疏水门在汽轮机负荷大于20%时关闭。

7. 低压加热器的启动

（1）投运前的检查。

1）所有仪表齐全完好，各压力表、水位表一次门开启，水位、温度、压力等检测装置投入，指示正确。

2）各种信号电源、控制电源投入。各电动门、气动门的电源、气源已送上，阀门动作正常。

3）低压加热器联锁保护试验合格。

4）低压加热器系统按阀门检查卡检查完毕。

（2）低压加热器投运。

1）关闭水侧放水门，开启低压加热器本体水侧放空门，稍开低压加热器进水门，待水侧放尽空气后，关闭本体水侧放空气门，检查低压加热器水位变化。

2）低压加热器内部水压达全压后，全开低压加热器进水门、出水门。

3）关闭低压加热器凝结水旁路门，注意凝结水流量无变化。

4）开启抽汽电动门相应疏水门。

5）开启抽汽止回门。

6）微开低压加热器进汽门暖管，注意控制加热器出口水温升速度。

7）逐渐开大低压加热器进汽门直至全开。

8）当汽轮机负荷达20%时，抽汽疏水门自动关闭。

9）注意凝汽器真空，开启低压加热器连续排汽门。

10）检查低压加热器水位正常，疏水调整门动作良好。

（三）高低压加热器及除氧器系统的正常运行

（1）除氧器运行中应注意监视压力、温度要与机组运行工况相对应，温度变化率不能太大，压力不能超过额定值。

（2）正常运行时，水位应投入自动，控制在正常范围之内。

（3）除氧器正常运行中应对就地水位计和远方水位计进行校核。对水位保护进行试验，保证其动作正常。

（4）正常运行时应对各阀门、管道经常检查，不应有漏水、漏汽、汽水冲击振动等现象。

（5）监视高压加热器水位的变化，高压加热器的允许水位应在规定值内，防止低水位或高水位运行。

（6）正常水位运行时，疏水端差在允许范围内，若疏水端差到超过允许范围，则疏水冷却段可能部分进汽，应及时调整水位。

（7）注意负荷和疏水调整门的关系，当负荷不变而调整门开度明显增大时，表明管束可能发生泄漏。

（8）运行中给水的 pH 值、给水溶氧不得超限。

（9）运行中应连续地将不凝结气体排到除氧器。

（10）当主汽门关闭后，检查抽汽止回门应正常联关。

（11）高压加热器保护试验为半年一次，一般配合机组启停时进行。

（四）高低压加热器及除氧器系统的停止

1. 除氧器的停止

（1）除氧器随机组停止而滑停，减负荷过程中，应注意除氧器压力、温度、进水流量与负荷相适应，除氧器水箱水位维持在正常范围内，除氧器压力、温度随汽轮机负荷滑降。

（2）负荷降至规定值，将除氧器加热汽源切换到备用厂用汽蒸汽供给，关闭四段抽汽到除氧器汽门，注意厂用汽蒸汽至除氧器调节阀自动开启，维持除氧器压力在允许范围内运行。

（3）机组打闸后，锅炉不需要进水时，关闭除氧器进汽门，将除氧器水位控制“自动”切到“手动”，停止向除氧器进水。

（4）高压加热器停用，关闭高压加热器至除氧器疏水隔绝门，关闭1号、2号、3号高压加热器到除氧器的连续放气门。

（5）根据机组运行情况，关闭炉连排疏扩汽侧至除氧器隔绝门。

（6）若汽轮机紧急停机应立即关闭除氧器进汽门。

（7）机组正常停用，给水泵全部停运后，汇报值长，通知化学，除氧器停运，关闭所有进汽和进水隔绝门。

（8）除氧器停运一周以上，采用充氮保护，切断一切汽源、水源，放尽水箱余水后，关闭放水门，关闭排气门，打开充氮隔离门，对除氧器充氮并维持允许范围内的氮气压力。

（9）机组在停运前，除氧器排氧方式由排低压加热器导至排大气一路运行。机组发生事故跳闸或低压加热器故障时，应立即停用除氧器排氧至低压加热器一路截止门。

2. 高压加热器的停运

（1）高压加热器在机组正常运行中的停运原则。

1）高压加热器停止应按由高到低的顺序进行。

2）先停汽侧，后停水侧。

3）停运汽侧按1号、2号、3号顺序由高到低逐个停止。

4）停用水侧时先开高压加热器旁路门（进水门关闭），后关出水门。

5）高压加热器停运，汽轮机负荷最大不得超过机组设计最大负荷。

6）高压加热器停运过程中的给水温度下降速度不得大于规定值。

（2）高压加热器在机组正常运行中的停运操作。

1）汇报值长适当调整负荷，注意给水温度变化。

2）检查高压加热器疏水自动投入。

3）依据压力由高到低逐个逐渐关闭高压加热器进汽电动门，控制给水温度变化不应大于规定值。

4）当3号高压加热器内部压力低于一定值后，将正常疏水由除氧器切换至凝汽器。

5）当3台高压加热器进汽门全部关闭后，关闭抽汽止回门，关闭连续排气至除氧器手动门。

6）关闭3台高压加热器正常、危急疏水调整门后隔离门。

7）开启3台高压加热器汽侧放水门及放空气门，注意汽轮机真空变化。

8）打开高压加热器旁路门（进水门关闭），注意给水流量变化，关闭高压加热器出水电动门。

9）打开水侧放水门、放空气门。

（3）高压加热器随机停运。

随机滑停的高压加热器，当3号高压加热器抽汽压力下降到一定值后，关闭至除氧器疏水电动门，打开至凝汽器的疏水调整门，机组停机后，打开汽、水侧放水门、放空气门，排尽给水。

3. 低压加热器停运

（1）适当调整机组负荷，注意除氧器运行工况。

（2）缓慢关闭低压加热器进汽门，注意低压加热器出口凝结水温降速率控制在正常范围，并且检查抽汽疏水阀应开启。

（3）开启低压加热器凝结水旁路门。

（4）关闭低压加热器进水门、出水门，注意凝结水流量变化。

（5）关闭低压加热器正常疏水调整门后隔离门和危急疏水调整门后隔离门。

（6）关闭低压加热器连续排汽门。

（7）关闭抽汽电动门相应疏水门。

（8）打开汽侧放气门及放水门，注意凝汽器真空不应下降。

（9）打开水侧放气门及放水门，系统消压。

4. 低压加热器投、停注意事项

（1）低压加热器原则上采用随机滑启、滑停方式。

（2）当不具备随机滑启、滑停条件时，低压加热器投入，依压力由低到高逐台投入加热器，每台加热器投入时，投入间隔不少于10min。由高到低逐台停运加热器，每台加热器停运时，停运间隔不少于10min。

（3）低压投入时先投入水侧，后投入汽侧。停运时先停汽侧，后停水侧。

（4）机组运行中，7号、8号低压加热器必须随机投运，当汽轮机防进水保护动作时，7号、8号低压加热器A组或B组解除，旁路门开启。

（5）低压加热器投停时温升率应控制在允许范围内。

（6）在正常运行中，加热器投入时，应保证除盐装置100％投入。

5. 联锁保护

（1）1号高压加热器水位升至高Ⅱ值水位时，自动打开危急疏水门。

（2）2号高压加热器水位升至高Ⅱ值水位时，自动打开危急疏水门。

（3）3号高压加热器水位升至高Ⅱ值水位时，自动打开危急疏水门。

十五、厂用汽系统的启动、运行及停止

（一）厂用汽（辅助蒸汽）系统简介

辅助蒸汽系统的主要功能有两方面，当该机组处于启动阶段而需要蒸汽时，它可以将正在运行的相邻机组（首台机组启动则是辅助锅炉）的蒸汽引送到该机组的蒸汽用户，如除氧器水箱预热、暖风器及燃油加热、厂用热交换器、汽轮机轴封、燃油加热及雾化、水处理室等；当该机组正在运行时，也可将该机组的蒸汽引送到相邻（正在启动）机组的蒸汽用户，或将该机组再热器冷段的蒸汽引送到该机组各个需要辅助蒸汽的用户。辅助蒸汽系统为全厂提供公用汽源。辅助蒸汽系统的供汽能力按一台机组启动和另一台机组正常运行的用汽量之和考虑。

在整个辅助蒸汽系统中，温度、压力是有严格限制和规定的。它保证了整个辅助蒸汽系统的安全工作和较高的整机经济效益。因此，在主管道上设置了许多温度、压力表来随时监视辅助蒸汽的压力、温度。另外，为了确保安全，系统中设置了一些止回阀和对空排汽阀，同时为防止辅助蒸汽刚进入各管道暖管时产生积水，设置了许多疏水门和疏水器。

辅助蒸汽系统的所有疏水全部送至清洁水疏水扩容器。疏水扩容器出口分两路，当水质合格时排入凝汽器以回收工质，不合格时排入机组排

水槽。

（二）厂用汽系统的启动

1. 系统投运前检查和准备

（1）确认厂用汽系统的电动门完好，送上电动门电源。各种控制电源、信号电源送上。

（2）压缩空气系统投入运行。确认仪用空气压力正常，气动阀动作灵活、正确。

（3）检查凝结水系统投运、压力正常。

（4）厂用汽母管安全门校验合格。

（5）检查系统中所有热工仪表齐全、完好、指示正确且投入运行。厂用汽系统各压力表门、水位检测隔离门打开，压缩空气供气门打开，热工各种表计齐全、完整。

（6）启动锅炉供汽时，检查启动锅炉供汽压力正常，温度正常。

（7）确认厂用汽系统阀门按阀门检查卡检查完毕，检查机组厂用汽母管联络门关闭，再热器冷段供厂用汽电动隔离门关闭，四段抽汽供厂用汽电动隔离门关闭，检查公用厂用汽母管疏水器旁路门关闭，开启公用厂用汽母管疏水器前手动门和疏水器后手动门。

（8）检查公用厂用汽母管疏水器旁路门关闭，开启公用厂用汽母管疏水器前手动门和疏水器后手动门。

（9）检查厂用汽母管疏水器旁路门关闭，开启厂用汽母管疏水器前手动门和疏水器后手动门。

2. 厂用汽系统暖管投运

（1）厂用汽系统准备完毕后，经值长同意可由启动汽源或邻机组公用厂用汽源向厂用汽母管供汽。

（2）微开启动锅炉供公用厂用汽母管电动门进行暖管，时间不少于20min。

（3）确认各疏水器动作正常，各疏水点疏水畅通。

（4）暖管应缓慢进行，注意厂用汽母管无振动。

（5）缓慢全开启动锅炉供厂用汽母管隔离门。

（6）暖管结束后，关闭公用厂用汽母管疏水器旁路手动门。

（7）关闭公用厂用汽母管疏水器旁路手动门。

（8）关闭厂用汽母管疏水器旁路手动门。

（9）厂用汽母管正常投运后，检查厂用汽母管压力、温度正常。可根据机组启动和厂用汽用户需求，投入各厂用汽用户。

3. 由再热器冷段热蒸汽向厂用汽母管供汽

（1）在启动阶段，根据需要可切换由冷段向厂用汽母管供汽。

（2）检查再热器冷段至厂用汽管道节流孔板旁路电动门已开启，开启再热器冷段至厂用汽电动门前疏水手动门，开启再热器冷段至厂用汽管道疏水节流孔板前手动门和疏水节流孔板后手动门。

（3）开启冷段至厂用汽供汽管道疏水调整阀前电动门，确认疏水畅通。

（4）开启冷段至厂用汽调节阀后隔离门。

（5）缓慢开启冷段至厂用汽压力调节阀暖管，注意厂用汽管道无振动，暖管结束后将压力调节阀投入自动，维持厂用汽母管压力正常。

（6）根据运行工况和值长命令，逐渐关闭启动锅炉至机组厂用汽联络电动门。检查厂用汽母管已至全压，可根据机组启动和厂用汽用户需求，投入各厂用汽用户。

4. 由四段抽汽向厂用汽母管供汽

（1）当四段抽汽参数正常，达到规定值时可投入四段抽汽向厂用汽母管供汽。

（2）开启四段抽汽至厂用汽止回门前疏水手动门、止回门后疏水器前手动门和疏水器手动门。

（3）逐渐开启四段抽汽至厂用汽母管电动门。

（4）暖管结束后，关闭四段抽汽至厂用汽止回门前疏水手动门，检查厂用汽母管压力正常。

（5）根据运行工况和值长命令关闭启动锅炉供机组厂用汽联络电动门或再热器冷段至厂用汽母管调节阀。

（三）厂用汽系统的运行

（1）在机组启动、停止过程中，应保持厂用汽参数运行稳定，蒸汽压力、蒸汽温度维持在规定值内。

（2）当机组负荷及再热器冷段压力高于规定值时，可由厂用汽汽源切为再热器冷段供给。

（3）机组正常运行时，机组与邻机组厂用汽联络门开启，各台机组厂用汽由冷段供汽。

（四）厂用汽系统的停运

（1）厂用蒸汽系统的停止必须经值长同意，并检查机组厂用汽母管上所有用户均已停止用汽、进汽门均已关闭，方可停用厂用汽母管。

（2）确认再热器冷段热蒸汽至厂用汽调节阀及调节阀前电动门已关闭。

（3）确认四段抽汽至厂用汽电动门已关闭。

（4）确认厂用汽母管疏水旁路门关闭，厂用汽母管疏水器前手动门和疏水器后手动门关闭。

（5）关闭启动锅炉供公用厂用汽母管电动门。

（6）开启公用厂用汽母管疏水器前手动门和疏水器后手动门。

如机组停运检修，则应关闭至各用户手动门，拉去机组厂用汽电动进汽总门电源并挂牌、上锁，开启厂用汽系统上有关疏水门放尽疏水后关闭，开启四段抽汽至厂用汽母管止回门后排空门。

第六节　电气辅助设备及系统

一、继电保护系统的运行

（一）继电保护简介

电力系统运行中，因设备的绝缘老化或损坏、雷击、鸟害、设备缺陷或误操作等原因，可能发生各种故障和不正常运行状态，短路是最常见和最危险的故障之一。这些故障和不正常运行状态严重危及电力系统的安全可靠运行。除采用提高设计水平、提高设备制造质量、加强设备维护检修、提高运行管理质量、严格执行规章制度等措施，尽可能消除和减小事故发生的可能性外，还须做到一旦发生故障，能够迅速、准确、有选择性地切除故障，防止事故的扩大，迅速恢复非故障部分的正常运行，以减少对用户的影响。这项任务只能借助继电保护装置才能完成。

继电保护装置是指能反应电力系统中电气设备所发生的故障或不正常运行状态，并动作于断路器跳闸或发出信号的一种自动装置。其作用是：

（1）发生故障时，能自动地、迅速地、有选择性地将故障切除，迅速恢复非故障部分的正常运行，并使故障设备不再继续受损。

（2）发生不正常工作状况时，能自动地、及时地、有选择性地发出信号通知运行人员处理或切除继续运行会导致故障的设备。

（二）继电保护装置的基本要求

继电保护装置应满足选择性、快速性、灵敏性和可靠性四项基本要求。

（1）选择性：指电力系统发生故障时，继电保护仅将故障部分切除，保障其他无故障部分继续运行，以尽量缩小停电范围。继电保护装置的选择性主要依靠采用适当类型的继电保护装置和正确选择整定值，使各级保护相互配合来实现。

（2）快速性：指为了保证电力系统运行的稳定性和可靠性，避免和减轻事故对电气设备的损害，要求继电保护装置尽快动作，尽快地切除故障部分。并非所有都要求如此，因为提高快速性会增加投资，且可能影响选择性，因此应根据在系统中的地位和作用，来确定其速度。

（3）灵敏性：是指继电保护装置对其保护范围内发生的故障和不正常工作状态的反应能力，一般以灵敏系数来表示。

（4）可靠性：是指当保护范围内发生故障和不正常工作状态时，保护装置能够可靠动作而不致拒动。而在电气设备无故障或在保护范围以外发生故障时，保护装置不发生误动。可靠性主要取决于接线的合理性、继电器的制造质量、安装维护水平、保护的整定计算和调整试验的准确度等。

以上四项基本要求紧密联系，有时是相互矛盾的（如为满足选择性，就要求延时而不能满足快速性。为保证灵敏度，要求无选择地切除故障。

为保证快速和灵敏性，需要采用复杂而可靠性稍差的保护等），应根据具体情况，分清主次、统筹兼顾，力求相对最优。

（三）继电保护装置运行原则和规定

（1）正常情况下，电气设备不允许无保护运行。

（2）投入、退出运行设备的继电保护、自动装置或调整继电保护的定值，必须经调度或值长下令后方可进行。

（3）计算机型保护投跳闸前必须确认保护装置面板无异常信号或报警。

（4）投入“保护功能连接片”与连接片前，须用高阻抗直流电压挡测量连接片两端电压正常。

（5）电气设备的主保护原则上不得同时退出运行。

（6）涉网保护装置中的“远方操作投入”连接片正常时退出，当调度需远方修改保护定值或切换定值区时，投入该连接片。

（7）保护装置的“检修状态投入”连接片正常时退出，当保护装置检修校验时，投入该连接片。

（8）新投产机组或大修中电流、电压回路有过变更或改动的保护装置，未经检验不得投入运行。

（9）当保护装置出现异常、有误动风险时，应将保护装置停用。

（10）在进行电压互感器停电时，除拉开一次隔离开关外，还必须拉开二次空气开关或熔断器，防止二次回路试验加压时向一次侧反充电。

（11）运行中严禁在保护屏附近使用无线通信设备。

（12）保护室、电子间、通信机房等湿度不大于75%，控制温度在5～30℃范围之间。

（四）500kV系统相关保护及投退

1. 500kV系统保护配置的要求

（1）220kV及以上电压等级线路、母线、变压器、高压电抗器等设备保护应按双重化配置。大型发电机组和重要发电厂的启动变压器保护宜采用双重化配置。当运行中的一套保护因异常需退出或检修时，不影响另一套保护的正常运行。

（2）每套保护均应含有完整的主、后备保护，能反应被保护设备的各种故障及异常状态，并能作用于跳闸或给出信号。采用主、后一体的保护装置。

（3）线路纵联保护的通道（含光纤、微波、载波）及相关设备和供电电源等应遵循相互独立的原则，按双重化配置。

（4）两套保护装置的交流电流应分别取自电流互感器互相独立的绕组；交流电压宜分别取自电压互感器互相独立的绕组。其保护范围应交叉重叠，避免死区。

（5）两套保护装置的直流电源应取自不同蓄电池组供电的直流母线段。

（6）断路器的选型应与保护双重化配置相适应，220kV及以上断路器必须具备双跳闸线圈机构。两套保护装置的跳闸回路应与断路器的两个跳闸线圈分别一一对应。

(7) 双重化配置的两套保护装置之间不应有电气联系。与其他保护、设备（如通道、失灵保护等）配合的回路应遵循相互独立且相互对应的原则，防止因交叉停用导致保护功能的缺失。

(8) 采用双重化配置的两套保护装置应安装在各自保护柜内，并应充分考虑运行和检修时的安全性。

2. 500kV 线路保护

(1) 分相电流差动保护：线路 A、B、C 相各自一套独立差动保护，单相故障跳单相并启动重合闸，相间故障跳三相不重合闸，作为线路的主保护。

(2) 距离保护：距离保护是反映故障点至保护安装地点之间的距离（或阻抗），并根据距离的远近而确定动作时间的一种保护，作为线路的后备保护。

(3) 方向零序电流保护：在零序电流保护中增加一个零序电流方向继电器，保证保护的选择性和灵敏性，作为线路的后备保护。

(4) 短引线保护：采用 3/2 断路器接线方式的一串断路器，当一串断路器中一条线路停用，则该线路侧的隔离开关将断开，此时保护用电压互感器也停用，线路主保护停用，因此在短引线范围故障，将没有快速保护切除故障。为此需设置短引线保护，即短引线纵联差动保护。

3. 500kV 线路保护投退

(1) 线路保护装置的投入原则性操作。

1) 合上保护装置电源开关。

2) 合上交流电压开关。

3) 投入保护功能连接片。

4) 投入保护出口连接片。

(2) 线路保护装置的退出原则性操作。

1) 退出保护出口连接片。

2) 退出保护功能连接片。

3) 拉开交流电压开关。

4) 拉开保护装置电源开关。

(3) 线路保护装置的运行注意事项。

1) 纵联差动保护投入前必须检查通道正常，线路两侧的纵联差动保护应同时投退。

2) 线路差动保护通道投退应一致，否则保护装置发“两侧差动投退不一致”信号。

3) 线路由检修转冷备用时（拉开线路接地开关前），投入线路保护。

4) 线路由冷备用转检修时（合上线路接地开关后），退出线路保护。

5) 线路保护退出，应同时退出线路过电压及远方跳闸保护。

6）各装置、连接片与运行状态对应一致。

7）当线路正常运行边开关检修或冷备用时，将开关检修切换把手切至边开关检修位置。当线路正常运行中开关检修或冷备用时，将开关检修切换把手切至中开关检修位置。

4. 500kV 母线保护

母线差动保护：任一母线故障时，只切除运行在该母线上的元件，另一母线可以继续运行，从而缩小了停电范围，提高了供电可靠性，此时需要母线差动保护具有选择故障母线的能力。

5. 500kV 母线保护投退

（1）母线保护装置的投入原则性操作。

1）合上保护装置电源开关。

2）投入保护功能连接片。

3）投入保护出口连接片。

（2）母线保护装置的退出原则性操作。

1）退出保护出口连接片。

2）退出保护功能连接片。

3）拉开保护装置电源开关。

（3）母线保护装置的运行注意事项。

1）母线转冷备用，投入母线保护。

2）母线冷备用转检修前，退出母线保护。

3）TA 断线故障消除后，需复归报警信号，母差保护才能恢复正常运行。

4）硬件故障和异常报警可能会闭锁保护装置，若运行灯熄灭、闭锁信号灯亮，必须退出保护装置运行，不能只复归按钮或重启装置。

5）装置运行正常，无异常报警信号。

6）各装置、连接片与运行状态对应一致。

6. 500kV 断路器保护

（1）自动重合闸：当线路出现故障，继电保护使断路器跳闸后，自动重合闸装置经短时间间隔后使断路器重新合上。线路变电站侧断路器一般采用无压监测、单相一次重合闸方式。电厂侧断路器采用有压检测、单相一次重合闸方式，取消重合闸优先回路。为防止两次重合于永久性故障，造成对系统的再次冲击，重合时应有先后次序，通常选择母线断路器先合，待其重合成功后，中间断路器再重合。

1）重合闸装置有下列重合闸方式。

a. 单相重合闸方式：单相接地故障时，断路器单相跳闸，单相重合，如果断路器重合之前又收到保护装置的跳闸脉冲，或者一开始即发生相间故障，则断路器进行三相跳闸不重合。在单相重合方式下，不应发生任何多相重合的情况。对于线路单相故障，若一个断路器的重合闸因故不能重合，在线路保护发出单跳命令时，则此断路器立即三跳，而另一个断路器仍单跳单重。

b. 三相重合闸方式：不论发生何种故障，断路器皆进行三相跳闸、三相重合闸。

c. 综合重合闸方式：单相接地故障时，断路器进行单相跳闸、单相重合闸。相间故障时，断路器进行三相跳闸、三相重合闸。

d. 重合闸停用方式：任何故障皆由保护装置直接进行三相跳闸，不进行重合闸。

500kV线路断路器一般采用单项重合闸方式，变压器的断路器一般不设置自动重合闸，保护动作直接跳开变压器的断路器。

2）重合闸闭锁条件。

a. 开关 SF_6 压力低，延时400ms发闭锁。

b. 重合闸方式为禁止重合闸或停止重合闸。

c. 单相重合闸方式，两相或三相跳闸。

d. 手动分闸。

e. 失灵保护、死区保护、三相不一致保护、充电保护动作。

（2）非全相保护：当分相电流保护动作断路器单相跳闸或断路器机构故障导致一相、两相断开，断路器三相不一致，断路器三相电流不平衡，发电机可能失步，负序电流使发电机转子表面发热损坏，产生振动。

线路断路器发生非全相时，为了提高供电的可靠性，一般在0.5～1.5s重合一次，重合闸不成功则三相跳闸。线路断路器三相不一致动作时间要躲过重合闸动作时间。

发电机-变压器组并网断路器非全相时，发电机三相负荷不平衡，对发电机的危害较大，且发电机-变压器组瞬时故障的概率很小，故发电机-变压器组并网断路器不设重合闸。当发电机-变压器组并网断路器的辅助触点三相位置不一致时，发电机负序电流判据满足条件，则直接启动发电机-变压器组全停1保护出口：再跳发电机-变压器组并网断路器并启动断路器失灵保护，关闭主汽门，逆变灭磁，启动厂用电快切。

（3）失灵保护：预定在相应的断路器跳闸失败的情况下通过启动其他断路器跳闸来切除系统故障的一种保护。失灵保护由电压闭锁元件、保护动作与电流判别构成的启动回路、时间元件及跳闸出口回路组成。设备的保护动作后启动失灵保护，直接启动本站的母差及变压器（发电机-变压器组）保护经电流判别后跳闸，同时通过保护通道启动远方跳闸回路，断路器收到远方跳闸指令后，经过就地判别确认有设备故障则跳开相应断路器。

断路器失灵保护按断路器装设，即每一断路器装设一套。

失灵保护应采用单相和三相的电气量保护启动。非电量保护及动作后不能随故障消失而立即返回的保护（只能靠手动复位或延时返回）不应启动失灵保护。

保护动作顺序：

1）瞬时按相启动本断路器故障相的两个跳闸线圈，进行“再跳闸”。

2）经失灵保护的延时，线路、发电机-变压器组故障，开关失灵则启动母差保护，跳开失灵开关所在母线上的所有开关。母线故障，开关失灵则启动远方跳闸和发电机-变压器组全停。

7. 500kV 断路器保护投退

（1）断路器保护装置的投入原则性操作。

1）合上保护装置电源开关。

2）合上操作电源开关。

3）合上交流电压开关。

4）投入保护功能连接片。

5）投入保护出口连接片。

（2）断路器保护装置的退出原则性操作。

1）退出保护出口连接片。

2）退出保护功能连接片。

3）拉开交流电压开关。

4）拉开操作电源开关。

5）拉开保护装置电源开关。

（3）断路器保护装置的运行注意事项。

1）硬件故障和异常报警可能会闭锁保护装置，若运行指示灯熄灭、闭锁信号灯亮，必须退出保护装置，不能只复归按钮或重启装置。

2）正常运行退出充电保护。

3）开关冷备用转热备用前，投入断路器保护。

4）开关热备用转冷备用后，退出断路器保护。

5）开关的三相不一致保护采用开关本体三相不一致保护，断路器保护中的三相不一致保护退出不用。

6）三相不一致保护退出不用。

7）装置运行正常，无异常报警信号。

8）各装置、连接片与运行状态对应一致。

（五）厂用电的保护

1. 6kV 厂用电的保护

6kV 厂用电开关保护主要包括低压厂用变压器的三段式过流保护、过负荷保护、二段负序过流保护、高低压侧零序保护、FC 回路闭锁保护、差动保护保护等。6kV 电动机的电流速断保护、二段负序过流保护、接地保护、过热保护、堵转保护、长启动保护、正序过流保护、过负荷保护、欠压保护、差动保护等。馈线开关的三段过流保护、接地保护、过负荷保护、后加速保护、速断保护等。

2. 380V 厂用电的保护

380V 低压线路及配电设备保护控制器通过整定可实现以下保护功能：

短路保护、过载保护、过负荷保护、过热保护及闭锁、两段定时限负序过电流保护、堵转保护、欠载保护、缺相保护、过电压保护、欠电压保护、失压重启动、上电自启动（选配）、零序保护、启动时间过长保护、频繁启动保护、TV断线及断线闭锁等。

其中电流、电压、零序的整定值均采用输入装置的实际值。各种保护启动出口可以任意整定。

二、厂用电系统的运行

（一）厂用电系统的概述

现代大容量火力发电厂要求其生产过程自动化和采用计算机控制，为了实现这一要求，需要有许多厂用机械和自动化监控设备为主要设备（汽轮机、锅炉、发电机等）和辅助设备服务，而其中绝大多数厂用机械采用电动机拖动，因此，需要向这些电动机、自动化监控设备和计算机供电，这种电厂自用的供电系统称为厂用电系统。

厂用电系统分为6kV和380V两个电压等级。

以某单元制1、2号机组为例，每台机组的6kV厂用电系统由A、B、C、D段和两个脱硫段组成，两台机组公用两个空气压缩机段、两个输煤段。每台主变压器低压侧接两台高压厂用变压器给6kV A、B、C、D供电，两台机组设一台高压备用变压器作为6kV系统的备用电源。

厂用电互联系统：为了减少机组停运期间外购电量，某厂6kV厂用电设置有厂用电互联装置，目的是在机组停运后，用邻机串带停运机组的厂用电。由于改变了机组单元厂用电接线方式，增加机组跳闸、人员触电、单元厂用电停电的风险。另外，互联电源为了节省投资，互联电缆及开关按带停备机组负荷设计，较高备用变压器备用电源容量小，为了保运行机组厂用电安全，互联速断短延时保护整定时间短、级差小，越级跳闸概率大，并且互联快切装置设计时主从电源反接，互联电源失电，备用电源无法自投，无法通过快切装置自动判断母线是否故障，需运行人员确认保护动作情况后，手动处置。

每台机组的380V厂用电系统由两个汽轮机段、两个锅炉段、两个保安段和三个电除尘段、一个脱硫段组成，在汽轮机段、锅炉段、电除尘段、脱硫段上还接有若干电动机控制中心（Motor Control Center，MCC）和专用盘。380V公用系统由两个照明段、两个检修段、两个化学水处理段、两个循环水泵房段、两个气化风机段等组成。每台机组设一台柴油发电机作为全厂停电时保证机组安全停运的事故保安电源。

（二）厂用电系统的运行

1．6kV厂用电系统运行方式（以某单元机组1、2号机为例）

（1）6kV厂用1A、1B段由1A高压厂用变压器供电，6kV厂用1C、1D段由1B高压厂用变压器供电，6kV厂用2A、2B段由2A高压厂用变压器供电，6kV 厂用 2C、2D 段由 2B 高压厂用变压器供电。6kV 备用电源段进线带电运行，作为 6kV 厂用 1A、1B、1C、1D、2A、2B、2C、2D 段的备用电源，各段备用进线开关在热备用状态，一台机组互联电源开关带互联电缆充电运行，对侧另一台机组互联电源开关均在热备用位置备用。互联电源快切装置连接片和工作电源快切装置连接片不得同时投入运行。

（2）6kV 输煤 A 段由 6kV 厂用 1C 段供电，6kV 输煤 B 段由 6kV 厂用 2C 段供电，输煤段联络开关在试验位置备用。

（3）6kV 空气压缩机 A 段由 6kV 厂用 1A 段供电，6kV 空气压缩机 B 段由 6kV 厂用 2A 段供电，空气压缩机段联络开关在试验位置备用。

（4）6kV 两个脱硫段的工作和备用电源分别取自该机组 6kV A 段和 6kV C 段，任一路电源都可作为工作或备用电源。规定正常运行时脱硫 6kV A 段由机组 6kV 厂用 A 段带，脱硫 6kV B 段由机组 6kV 厂用 C 段带，将备用电源开关放试验位，工作电源跳闸查无异常后再送电，避免影响汽轮机运行。

（5）禁止将 6kV 段的两电源长期并列运行。

（6）厂用电互联系统运行方式要求。对于两台机组 6kV 厂用电系统设置有互联开关时应注意以下事项。

1）机组运行中，严禁通过互联开关将两台机组 6kV 厂用电互联。

2）停备机组用邻机互联 6kV 厂用电时，遇停备机组 6kV 厂用电故障失电，无论何种原因，绝对禁止抢合互联开关给故障母线送电。必须查明原因处理后，用高压备用变压器或高压厂用变压器给故障母线试送电。待正常后再将停备机组 6kV 厂用电切至互联开关带。

3）停备机组用邻机互联 6kV 厂用电时，因运行机组故障造成停备机组 6kV 厂用电全失，应及时断开互联开关，将停备机组的 6kV 厂用电转为高压厂用变压器或高压备用变压器带，及时恢复闭式冷却水系统和空气压缩机系统。

4）机组厂用电互联不投入的情况下，6kV 厂用电互联开关及互联分支 TV 运行方式：一侧机组互联开关带互联电缆充电运行，对侧组互联开关均在试验位置，所有互联开关分支 TV 均在工作位置，二次插头及空气开关合上。

5）6kV 互联快切装置及互联快切连接片运行方式：互联快切装置带电运行，只投手动并联切换，互联快切连接片正常在退出状态，只在进行互联切换时投入，切换完毕及时退出快切连接片。

6）6kV 厂用电互联运行方式下，停运机组对应母线的正常电源快切装置连接片退出，运行机组对应母线的互联电源快切装置连接片退出。

7）邻机厂用电互联期间严禁停运机组启动 6kV 大容量电动机（炉侧六大风机、机侧循环水泵、电动给水泵、凝结水泵工频启动，脱硫侧浆液循环泵工频启动），如必须启动，则需提前将本段 6kV 厂用电切回高压备用变压器带，电机启动结束后，确认互联开关和运行机组高压厂用变压器电流未超限，可继续将停运机组厂用电切至邻机带。

8）机组厂用电互联运行期间运行机组启动6kV设备时，要关注本段及互联段电压，启动前要将6kV母线电压调至6.4kV以上，再进行启动。

2. 380V厂用电系统运行方式（以某单元机组1、2号机为例）

（1）正常情况下，机组的380V动力段由相应机组的6kV厂用段供电，母联开关在断。机组保安A段由每台机组的汽轮机段A供电，汽轮机段B热备用，机组保安B段由每台机组的锅炉B段供电，锅炉A段热备用，柴油发电机热备用。

（2）机组380V动力段（锅炉段）汽轮机段母联开关放工作位置热备用，其余（除电除尘、照明、检修段外）各380V动力段母线联络开关放试验位置冷备用。

（3）机组电除尘A段母线由A除尘变压器带，机组电除尘B段母线由B除尘变压器带，机组C除尘变压器带机组电除尘C段母线充电备用，电除尘C段母线去机组电除尘A段母线联络开关放工作位置热备用，去机组电除尘B段母线联络开关放工作位置热备用，两段母线BZT（备自投）功能投入运行。

（4）2号机照明段由1号机照明段串带，2号机照明变压器停运冷备用。1号机检修段由2号机检修段串带，1号机检修变压器停运冷备用。停运的变压器冷备用，变压器高低压侧开关置试验位置，控制电源送好。照明段自动调压补偿装置放在“手动”调压状态运行。遇到机组大、小修，将检修机组照明及检修电源恢复正常运行方式。备用变压器在停运时间超过15天时，投运前应测量变压器绝缘合格。遇照明变压器、检修变压器跳闸，将跳闸变压器高低压开关至隔离位置后，断开各负荷开关，用另一台备用变压器充电。

（5）380V动力段所带的双电源MCC站和专用盘，按照负荷平衡和开环运行的原则，机侧选电源（一）作为工作电源，电源（二）送电备用。炉侧选电源（二）作为工作电源，电源（一）送电备用。

（6）正常情况下，公用系统的各380V动力段由按照负荷平衡的原则，由1、2号机组平均分配。

（7）在380V动力段的工作进线开关因某种原因跳闸使母线失电时，分段开关不自投，值班人员在检查母线无故障象征时，手动合上分段开关，用未跳闸的一路电源串带失电母线。

（8）在全厂失电时，柴油发电机自动启动，给机组保安段供电，保证机组安全停运。机组保安段电源恢复时，柴油发电机组来保安段电源开关K1或K2自动分闸，按下柴油发电机组停运按钮，柴油发电机组出口开关自动跳闸，柴油发电机组自动延时停运。

（9）双路供电的380V MCC站和专用盘，当工作电源失电时，就地检查备用电源自动投运正常，不能自动倒为备用电源供电的或无自动切换开关的，须手动倒为备用电源供电。

（10）双路供电的380V负荷，如双路全部送电可能引起两段380V母线合环，应在适当的位置设置开环点。绝对禁止在380V MCC段将380V系统并列。

（11）电除尘母线功能注意事项。

1）电除尘A、B段母线TV空气小开关参与BZT逻辑，运行中严禁拉开母线TV二次空气开关及母线TV，如有工作，必须先退出本段BZT功能。

2）运行中两段BZT功能应投入，如发生切换后。必须检查另一段BZT功能自动退出，同时手动退出本段BZT功能。

3）运行中进行并列合环倒换时，需将两段BZT功能先行退出。

4）电除尘A或B母线停电前应手动退出该段BZT功能。

5）C除尘变压器未充电运行，退出两段母线BZT功能。

3. 保安电源系统接线及运行方式

（1）每台机组设有保安A、B段和脱硫保安段母线。机组保安段母线有三路电源，即工作电源、备用电源及柴油发电机组保安电源。正常运行时，机组保安A、B段母线工作电源分别由机组380V汽轮机A段、380V锅炉B段供给，备用电源分别由机组380V汽轮机B段、380V锅炉A段供电。机组脱硫保安段工作电源由机组保安A供电，备用电源由机组脱硫工作段供电。机组每段保安段母线事故保安电源均由该机组柴油发电机组供电。

（2）机组保安A、B段的工作电源及备用电源电源侧馈线开关（K3、K4、K5、K6）长期处于合闸状态，保安段母线由工作电源供电。保安段柴油发电机组进线开关（K1、K2）及柴油发电机组出口开关（K0）处于热备用状态。

4. 保安系统非正常运行方式

（1）当因工作电源故障而某一段保安段失电时，自动切换至备用电源供电。若切换至备用电源供电后该保安段仍无压，则发启动柴油发电机组命令。

（2）当因工作电源故障而某一段保安段失电，备用电源无电压时，且工作电源进线开关无保护动作，则跳开该保安段工作电源及备用电源电源开关（K3、K5或K4、K6），发启动柴油发电机组命令。

（3）保安段工作电源和备用电源均无电压，保安段失电，则跳开该保安段工作电源及备用电源电源开关（K3、K5或K4、K6），发启动柴油发电机组命令。

（4）紧急启动柴油机由机组CRT台硬手操按钮实现，按下此按钮，将立即跳开K3、K4、K5、K6，发启动柴油发电机组命令，柴油发电机组启动成功后自动合K0，然后自动合K1、K2。

（5）保安系统的操作闭锁功能。

1）在正常情况下，保安A段的工作电源一（K3）、工作电源二（K5）与柴油发电机组来保安A段电源开关（K1）存在硬接线或PLC内逻辑闭锁，只有在K3、K5全部断开后，K1才能合闸。K3、K5合闸必须确认K1断开后，投入解锁连接片才能合闸。

2）在正常情况下，保安B段的工作电源一（K6）、工作电源二（K4）与柴油发电机组来保安B段电源开关（K2）存在硬接线和PLC内逻辑闭锁，K2只有在K4、K6全部断开后，K2才能合闸。K4、K6合闸必须确认K2断开后，投入解锁连接片才能合闸。

3）在柴油发电机组启动成功后，才能合柴油发电机组出口开关K0。

5. 厂用电系统运行规定（以某1000MW机组为例）

（1）厂用电系统因故改为非正常运行方式时，应事先制定安全措施，并在工作结束后尽快恢复正常运行方式。

（2）机组的每一个6kV厂用段配置两套独立快切装置，一套用于高压厂用变压器与高压备用变压器之间的切换，正常手动切换为双向，事故自动切换为单向，只能从工作切向备用。另外一套用于机组停运时，高压备用变压器与邻机互联电源的切换，正常手动切换为双向，不设置事故切换。

（3）机组发电机出口设置有出口开关，正常发电机组的启停电源是经过主变压器倒送电至厂用工作变压器获得，从机组启动一直到发电机并网发电乃至停机，整个过程都无须厂用电源切换。

（4）机组事故切换：当厂用工作变压器发生故障或主变压器故障时，才需要厂用电源切换。事故切换方式采用快速切换。当1台机组的主变压器或高压厂用变压器保护动作跳闸，且不闭锁厂用电快速切换装置时，对应的6kV母线厂用电快速切换装置动作，将该段母线切至高压备用变压器供电。

（5）高压厂用变压器转检修或者其保护装置上有工作时，或者母线转检修前，均要退出相应母线的快切装置出口连接片。

（6）6kV厂用电在高压厂用变压器与高压备用变压器之间正常倒换电源时，调整发电机无功使待并开关两侧压差小于5%，如机组停运时可调整高压备用变压器分接头达到压差要求。同时检查频差小于0.2Hz，角差小于15°。6kV厂用电在高压备用变压器与邻机6kV互联电源之间切换电源时，优先调整发电机无功使待并开关两侧压差小于5%，如不满足可调整高压备用变压器分接头达到压差要求。同时检查频差小于0.2Hz，角差小于15°。

（7）两台机组的发电机-变压器组与相应的高压备用变压器分别接至500kV和220kV，故在进行380V母线的电源倒换时应查明两路电源的6kV侧是否在同一同期系统，如不属同一同期系统，则必须采用停电方式进行切换，即先断开要停电的低压厂用变压器低压侧开关，然后合上相应的分段开关。

（8）断路器、隔离开关等配电装置在运行中不应该超过其铭牌值。

（9）任何情况下运行中的电压互感器的二次侧禁止短路，电流互感器的二次侧禁止开路。

（10）下列设备禁止投入运行。

1）无保护的设备。

2）绝缘电阻不合格的设备。

3）开关操动机构有问题。

4）开关事故遮断次数超过规定。

5）保护动作后，未查明原因和排除故障。

（三）厂用电系统的操作

1. 厂用电系统操作的一般原则

（1）设备检修完毕后，应按《电力安全工作规程（变电部分）》要求交回并终结工作票，由检修人员书面通知交底该设备可以复役。恢复送电时，应对准备恢复送电的设备所属回路进行认真详细的检查，检查回路的完整性，设备清洁、无杂物，无遗留的工具，无接地短路线，测量绝缘正常等，并符合运行条件。

（2）正常运行中，凡改变电气设备状态的操作，必须要有书面或口头命令，并得到值长或主值的同意，然后根据值长或主值的操作命令，才能进行操作。

（3）设备送电前，应将仪表及保护回路电源、变送器的辅助电源送上。

（4）设备送电，应根据现场有关规定投入保护装置，设备禁止无保护运行。公司管辖设备的主保护停用，必须由生产副总经理（总工程师）批准，后备保护短时停用，则应有当班值长的批准。

（5）带同期装置闭锁的开关，应在投入同期鉴定装置后方可进行合闸（对无电压母线充电除外）。

（6）变压器充电前应检查电源电压是否正常，使充电后变压器各侧电压不应超过相应分接头电压的105%。

（7）变压器投入运行时，应先合电源侧开关，后合负荷侧开关。变压器停运时，应先断开负荷侧开关，后断开电源侧开关。禁止由低压侧对厂用变压器反充电。

（8）厂用系统送电时，应先合上电源侧开关，后合上负荷侧开关，逐级操作。停电时，应先断开负荷侧开关，后断开电源侧开关。

（9）拉合隔离开关前，必须检查所属开关在断开位置，拉合隔离开关后，检查隔离开关的位置。

（10）厂用母线送电前，各出线回路的开关和隔离开关应在断开位置，母线电压互感器在运行状态。厂用母线受电后，须检查母线电压正常后，再投入母线快切装置，方可对各供电回路送电。

（11）厂用母线停电之前，首先停用该母线的各供电回路，再停用该母线快切装置，然后断开母线电源进线开关，检查母线电压表确无电压后，断开电压互感器低压交直流小开关，将母线电压互感器停至隔离位置。

（12）当6kV、380V母线TV由运行改停用时，应先联系检修人员停用低电压保护，再将母线TV停用。反之，应先投运母线TV正常后，再将低电压保护投入。防止低电压保护误动，造成有关辅机跳闸。

2. 厂用电设备和系统投运前、运行中的检查

（1）6kV母线投运前的检查。

1）查所属一、二次系统工作是否结束，工作票全部收回，拆除全部安全措施。

2）检查主接地母线和柜外接地网的连接是否可靠。

3）清除柜内剩余材料、物件和工具。

4）检查所有手车开关在试验/隔离位置。

5）打开并锁住活动门板。

6）用2500V绝缘电阻表测量母线绝缘应大于50MΩ。

7）用2500V绝缘电阻表测量高压厂用变压器（高压备用变压器）低压侧及离相封闭母线绝缘合格，无进水受潮现象。

8）解锁活动门板。

9）新安装和大修后的母线，应有耐压试验报告。

10）互感器的变比和极性正确。

11）关闭并锁紧各开关柜门。

12）提前48h投入加热器。

13）检查高压厂用变压器或启动变压器分支保护及进线保护具备投运条件。

14）检查母线TV、工作和备用电源开关及测量设备具备投运条件。

（2）6kV手车开关投运前的检查。

1）检查接地开关已断开。

2）检查开关柜和开关本体的二次回路元件完好。

3）检查开关本体各梅花触头完好，测量开关各触头间及对地绝缘良好。

4）测量所带负荷及电缆的绝缘良好。

5）手动储能及分合闸操作指示正常。

6）检查开关本体上的防尘盖，对电源开关应拆除防尘盖，对负荷开关应装上防尘盖。

7）将手车开关放至开关柜内（隔离/试验位置），关上并锁好柜门。

（3）380V母线投运前的检查。

1）查所属一、二次系统工作是否结束，工作票全部收回，拆除全部安全措施。

2）检查主接地母线和柜外接地网的连接是否可靠。

3）清除柜内剩余材料、物件和工具。

4）将电压表、电度表、信号灯、加热器、继电器的零线甩开，用1000V绝缘电阻表测量母线绝缘应大于1MΩ。

5）检查母线TV一次侧熔断器是否完好。

6）检查继电器的定值正确，动作可靠。

7）将各柜门关好。

（4）380V开关投运前的检查。

1）检查各束状夹头完好，无铜痕迹。

2）检查各夹头间及对地的绝缘电阻合格。

3）检查控制单元的继电器定值正确。

4）手动储能及分合闸操作指示正常。

5）将手车开关放至开关柜内。

6）检查机械闭锁。

7）复位开关，关好柜门。

（5）厂用电设备和系统运行中的检查。

1）最高空气温度不超过40℃，最大相对湿度不超过90%。

2）配电室无漏雨，无积水，无墙皮脱落，照明充足。

3）开关、隔离开关、接触器等设备的运行状态与DCS指示一致。

4）开关柜上就地/遥控选择把手放至遥控位置。

5）开关、接触器等设备的电流电压不超过额定值。

6）各部清洁，无放电闪络现象。

7）各开关、隔离开关、母线、TV、TA无振动和异声。

8）小离相封闭母线接地良好，外壳无过热和放电现象。

9）各导电部分接头温度不超过70℃，封闭母线不超过65℃。

10）任何情况下TV二次侧不准短路，TA二次侧不准开路。

11）母线相间及相对地电压正常。6kV母线电压维持在6.3kV，380V母线电压维持在400V。

12）各段负荷分配合理，无过负荷现象。

13）继电保护装置及自动装置定值正确，无积尘。

14）检查运行的6kV开关柜带电显示装置指示正确。

15）电气及机械闭锁装置良好。

16）柜门关好。

17）每月进行一次带电测温工作，尤其是对套管及其引线接头、隔离开关触头，对电缆引线接头的温度进行检测，发现异常及时通知检修处理。

（6）6kV厂用电快切装置运行中的检查。

1）运行状态指示灯“工作电源”和“备用电源”正常只应亮一个，“运行”灯指示正常。“就地”灯灭，“动作”和“闭锁”灯灭。

2）显示出的电压、电流、频率、频差、相位差、开关位置等均应与实际状态一致。

3）各种方式设置与整定情况一致。

4）无异常事件发生。

5）无异常报告。

（7）干式变压器检查项目。

1）检查测温装置及高压带电显示器运行正常，温度指示正常；

2）无异声、焦臭、变色和异常振动情况；

3）变压器周围无漏水，外表清洁完好；

4）变压器柜门关闭严密，并在柜门上挂“止步，高压危险”警示牌；

5）变压器周围环境温度无过高现象。

6）干式变冷却系统运行规定。

干式变冷却方式为空气自冷（AN）/强迫风冷（AF），空气自冷系统有自动温控、温显功能，当干式变压器任一线圈温度达到100℃时，冷却风扇自动启动，当三相线圈温度均降至80℃以下时，冷却风扇自动停运。

（8）干式变压器绝缘电阻的确定。

1）新安装、检修后或停运超过7天的变压器投运前应测量绝缘电阻合格，并做好记录，如与上次测量结果有较大差异，应查找原因。

2）当变压器绕组与电缆（或母线）之间无隔离开关可隔离时，可一起测量，若以隔离开关隔离，应分别进行测量。

3）测量绝缘电阻必须在变压器冷备用状态下进行，应使用500V绝缘电阻表。

4）变压器绝缘电阻吸收比$R60''/R15''\geqslant1.3$。

5）干式变压器高压侧对低压侧绝缘电阻大于或等于300MΩ，高压侧对地绝缘电阻大于或等于300MΩ，低压侧对地绝缘电阻大于或等于100MΩ，铁芯对地绝缘大于或等于5MΩ。

6）测量内容为高压侧绕组对地、低压侧绕组对地、高压侧绕组对低压侧绕组。

3. 厂用电系统的常见操作和相关要求

（1）防误闭锁装置的运行管理规定。

1）两台机组相同设备及配电室，应采用不同的机械锁和钥匙，防止误入配电室或走错间隔发生误操作。

2）防误装置所用的电源应与继电保护、控制回路的电源分开。

3）防误装置应做到防尘、防异物、防锈、不卡涩。

4）倒闸操作中防误装置发生异常时，应及时报告值长，查明原因，确认未走错间隔、操作无误，经值长同意后方可进行解锁操作。并将防误装置的缺陷、解锁时间和原因登记。

5）防误装置的停用应履行审批手续，不得随意退出。短时间退出防误闭锁装置时，应经值长批准，并尽快投入运行。

6）防误装置应有专用工具（钥匙）进行解锁。

7）万能钥匙要封存在信封内，并严格执行启封取钥匙的规定。

（2）6kV 开关状态规定。

1）运行状态：开关小车在工作位，开关合闸，二次插头插上，控制电源送上。

2）热备用状态：开关小车在工作位，开关分闸，二次插头插上，控制电源送上。

3）冷备用状态：开关小车在试验位，开关分闸，二次插头插上，控制电源断开。

4）检修状态：开关断开，开关小车锁定在试验位置或拉出仓外，二次插头拔下，控制电源断开。只有开关本体检修时，才将开关拉出仓外。其他设备检修时开关应在试验位置。在开关仓门上挂“禁止合闸，有人工作”牌一块。如保护装置有工作，在开关保护室仓门上挂“在此工作”牌一块，如一次设备有工作，还须合上该开关间隔接地开关，在一次设备上挂“在此工作”牌一块。对有加热器的电动机检修时应将其加热器电源停电。

（3）6kV 开关由检修转热备用原则性步骤。

1）检查开关在分闸位。

2）检查开关小车在试验位。

3）拉开开关柜接地开关。

4）测量设备绝缘合格。

5）给上开关二次插头。

6）将开关小车解锁。

7）检查开关保护连接片投入正常。

8）合上控制电源开关、装置开关、储能电源开关、测量 TV 开关、保护 TV 开关、加热电源开关及照明电源开关。

9）确认开关在分闸。

10）将开关小车由试验位摇至工作位。

11）将“远方/就地”切换开关切至远方。

（4）6kV 开关由热备用转检修原则性步骤。

1）确认 6kV 开关在分闸位。

2）将“远方/就地”切换开关切至就地。

3）将开关小车由工作位摇至试验位。

4）拉开控制电源开关、装置电源开关、储能电源开关，测量 TV 开关、保护 TV 开关、加热电源开关及照明电源开关。

5）将开关小车机械锁锁住。

6）合上开关柜接地开关。

（5）6kV 母线 TV 的投运原则性步骤。

1）测量母线 TV 一、二次绝缘电阻合格。

2）确认母线 TV 一次熔断器导通良好并与触头接触良好。

3）将母线 TV 小车推入试验位置。

4）给上母线 TV 的二次插头。

5）合上母线 TV 加热电源开关。

6）将母线 TV 小车由试验位摇至工作位。

7）合上母线 TV 二次交流开关。

8）合上装置电源开关。

9）合上母线 TV 柜内的照明电源开关。

10）复归母线 TV 保护装置及计算机消谐装置上的报警。

（6）6kV 母线 TV 退出原则性步骤。

1）退出快切装置运行。

2）退出本段母线所带电动机低电压保护。

3）拉开母线 TV 柜内的照明电源开关。

4）拉开保护电源开关。

5）拉开母线 TV 二次交流开关。

6）将母线 TV 小车由工作位摇至试验位。

7）拉开母线 TV 加热电源开关。

（7）6kV 母线由检修转运行原则性步骤。（以 6kV 工作 1A 段由高备变供电的送电操作为例）

1）确认 6kV 工作 1A 段上所有负荷开关均在试验位。

2）检查 6kV 母线工作电源开关在试验位。

3）检查 6kV 母线备用电源开关在试验位。

4）拉出 6kV 工作 1A 段母线接地小车。

5）测量母线绝缘合格。

6）将 6kV 工作 1A 段母线 TV 转运行。

7）确认 6kV 工作 1A 段备用电源 TV 带电运行正常。

8）给上 6kV 工作 1A 段工作电源开关二次插头。

9）确认 6kV 工作 1A 段快切装置退出。

10）投入高压备用变压器保护跳 6kV 工作 1A 段备用电源开关连接片。

11）投入 6kV 工作 1A 段弧光保护。

12）将 6kV 工作 1A 段备用电源开关转热备用。

13）合上 6kV 工作 1A 段备用电源开关。

14）查母线充电运行正常。

（8）6kV 母线由运行转检修原则性步骤。（以 6kV 工作 1A 段母线由高压备用变压器供电时的停电操作为例）

1）退出 6kV 工作 1A 段快切。

2）确认 6kV 工作 1A 段所有负荷开关均在试验位。

3）拉开 6kV 工作 1A 段备用电源开关。

4）将 6kV 工作 1A 段备用电源开关转冷备用。

5）退出 6kV 工作 1A 段母线 TV。

6）验明 6kV 工作 1A 段母线三相确无电压。

7）将 6kV 工作 1A 段母线接地小车推入间隔。

(9）厂用电互联系统的投退。

1）厂用电互联系统投入条件。

a. 机组停运后。

b. 送风机、引风机停运。

c. 电动给水泵停运。

d. 6kV 母线电流小于互联开关额定电流。

2）厂用电互联退出条件。

a. 停备机组 6kV 母线电流超限。

b. 停运机组检修后期进行 6kV 电动机试运阶段。

c. 运行机组高压厂用变压器电流超限。

3）厂用电互联投入原则性操作。

a. 停运机组满足厂用电互联投入条件。

b. 将 6kV 母线通过快切方式切换至备用变压器带。

c. 退出厂用电快切装置，投入厂用电互联快切装置。

d. 通过厂用电互联快切装置切换至邻机带。

4）厂用电互联退出原则性操作。

a. 停运机组满足厂用电互联退出条件。

b. 厂用电互联快切装置投入。

c. 将 6kV 母线通过厂用电互联快切方式切换至备用变压器带。

d. 退出厂用电互联快切装置，投入厂用电快切装置。

e. 将通过厂用变压器、备用变压器快切装置切换至厂用变压器带。

(10）380V MT 型开关的送电操作程序。

1）按释放片，拉出滑轨。

2）将开关放在滑轨上。

3）断开开关。

4）将开关推入抽架。

5）按释放片，推进滑轨。

6）按确认钮，将开关从退出位置摇至试验位置，然后摇至工作位置。

7）合上控制小开关。

8）合上照明及加热小开关。

注：停电操作程序与此相反。

(11）380V 母线 TV 送电操作程序。

1）给上 TV 一次熔断器。

2）合上 TV 一次隔离开关。

3）给上 TV 二次熔断器。

4）合上低电压保护及 TV 断线直流电源开关。

注：停电操作程序与此相反。

（12）380V 开关的机械闭锁。

1）失配保护：保证只有一种开关可装在相匹配的抽架上。

2）门联锁：开关在连接或试验位置时，门打不开；开关在退出位置时门可以打开。

3）进退联锁：如果柜门开着，禁止插入手柄。

4）摇动手柄时，必须按下方的确认按钮。

（13）380V 母线检修转运行原则性操作。

1）查干式变压器、母线检修结束，短接线已拆除，母线接地线已拆除。

2）测变压器高低压测绝缘、测母线绝缘。

3）干式变压器充电运行。

4）查母线各负荷开关退出。

5）投入母线 TV，将母线进线开关送电。

6）根据运行负荷需求，将相关负荷开关送电。

（14）380V 母线运行转检修原则性操作。

1）将母线各负荷停电或切换至其他母线带。

2）将母线进线开关分闸，查母线电压到零。

3）退出母线 TV。

4）将干式变电源分闸停电。

5）母线挂地线，干式变压器根据检修需要切检修。

（15）380V 母线由正常运行转串带原则性操作。

1）查待并侧母线联络开关在合闸位，并列侧母线联络开关在热备用。

2）查两段母线电压、相序等满足并列要求。

3）将并列侧母线联络开关合闸，查合环后母线参数、各负荷运行正常。

4）将并列侧母线进线开关分闸，查并列母线参数、各负荷运行正常。

5）根据需要选择干式变压器空载运行或退出备用。

（16）380V 母线由串带转正常运行原则性操作。

1）干式变压器送电运行。

2）查两段母线电压、相序等满足并列要求。

3）将并列侧母线进线开关合闸，查合环后母线参数、各负荷运行正常。

4）将并列侧母线联络开关分闸，查并列母线参数、各负荷运行正常。

5）查干式变压器带载后运行正常。

（四）厂用电快速切换装置的运行

厂用电系统的安全可靠性对整个机组乃至整个电厂运行的安全、可靠性有着相当重要的影响，而厂用电的切换则是整个厂用电系统的一个重要环节。

高压厂用电系统采用快切装置，可避免备用电源与母线残压在相角、频率相差过大时合闸而对电动机造成的冲击。如失去快速切换的机会，则装置自动转为同期判别或残压及长延时的慢速切换。同时在电压跌落过程中，可按延时甩去部分非重要负荷，以利于重要辅机自启动，提高厂用电切换的成功率。

1. 厂用电快速切换装置工作原理

厂用电系统在多种场合下，需要进行工作电源与备用电源之间相互切换。当工作电源侧发生故障时跳开工作电源开关，备用电源还未合上的过程中，厂用母线将失去电源，作为厂用母线主要负荷的异步电动机，此时将进入“异步发电机”工况，机端电压并不会完全消失，而厂用母线电压为各异步电动机机端电压的合成，一般称为残压。在备用电源合上之前，残压的频率和幅值都在衰减，当到一定低值时，就可以合上备用电源开关，恢复厂用电。手动方式下，工作电源和备用电源可以双向切换。

2. 厂用电快速切换装置的主要功能

（1）正常情况下实现工作电源与备用电源之间的双向切换。

（2）事故、母线低电压、工作电源开关偷跳情况下实现工作电源至备用电源的单向切换。

（3）快速切换、同期判别切换、残压切换、长延时切换四种切换条件。

（4）串联、并联、事故同时三种切换方式可供选择。

（5）两段式定时限低压减载。

（6）自带独立的备用分支后加速、过流保护功能也提供一副触点以启动备用分支保护。

（7）支持备用电源高压侧开关冷态（不带电）运行或热态（带电）运行。

（8）母线 TV 小车检修闭锁母线低电压切换功能。

（9）TV 断线报警。

（10）多种闭锁功能。

（11）事故追忆、打印及完善的录波功能。

（12）支持多种通信方式。

3. 厂用电快速切换装置启动方式

（1）保护启动：指反映工作电源侧故障的发电机-变压器组保护或高压厂用变压器保护动作时，跳开工作电源开关，同时启动厂用电切换装置。

（2）低电压启动：厂用母线三相电压持续低于定值时启动厂用电切换装置。

（3）工作开关误跳启动：厂用母线由工作电源供电时，工作开关误跳时启动厂用电切换装置。

4. 厂用电切换方式

（1）正常（手动）切换：均可以双向切换，分为并联自动、并联半自动、同时切换。

1）选择并联自动时，手动启动，若并联切换条件满足，装置将自动合上备用（工作）开关，经过一定延时后自动跳开工作（备用）开关，如在这段延时内，刚合上的备用（工作）开关被跳开，则装置不再自动跳工作（备用）开关。如启动后并联切换条件不满足，装置将闭锁发信，并进入等待复归状态。

2）选择并联半自动时，手动启动，若并联切换条件满足，装置将自动合上备用开关，而跳开工作开关的操作由人工完成。如在规定的时间内，操作人员仍未跳开工作（备用）开关，装置将报警。如启动后并联切换条件不满足，装置将闭锁发信，并进入等待复归状态。

3）当选择同时切换时，手动启动，先发跳工作（备用）命令，在切换条件满足时，发合备用（工作）开关命令。如要保证先分后合，可在合闸命令前加一定延时。同时切换时有三种切换条件（任意一个条件满足即可）快速、同期捕捉、残压，当快速条件不满足转入同期捕捉或残压方式。

（2）事故切换：事故切换由保护出口启动，单向，只能由工作电源切向备用电源。

1）事故串联切换。保护启动，先跳工作电源开关，在确认工作电源开关已跳开，且切换条件满足时，合上备用电源开关。切换条件与同时切换的条件相同。

2）事故同时切换。保护启动，先发跳工作电源开关命令，切换条件满足时即（或经用户延时）即发合备用电源开关命令。切换条件与同时切换的条件相同。

（3）不正常情况切换：不正常情况切换由装置检测到不正常情况后自行启动，单向，只能由工作电源切向备用电源。

1）厂用母线失电启动。当厂用母线三相电压均低于整定值时，时间超过整定延时，装置将根据选择方式进行串联或同时切换。切换条件与同时切换的条件相同。

2）工作电源开关误跳启动。因各种原因（包括人为误操作）造成工作电源开关误跳，装置将在切换条件满足时合上备用电源开关。切换条件与同时切换的条件相同。

5. 快切装置注意事项

（1）当工作电源（备用电源）在运行中进行备用电源（工作电源）开关的试验合分后，在“手动切换”或投入“保护启动”前应手动复归闭锁，否则装置将不能进行任何操作。

（2）除后备失电闭锁外，所有装置自行闭锁情况发生时，必须待异常情况消除，且经人工复归告警信号后，方能解除闭锁。

6. 快切装置闭锁条件

（1）装置动作一次后。

（2）TV小车摇出。

（3）工作和备用电源开关全合。

（4）工作和备用电源开关全分。

（5）装置自检异常。

（6）分支过流保护动作。

（7）母线TV断线。

（8）后备失电。

（9）外部出口闭锁。

（10）方式设置中出口退出。

（11）装置的快切、残压切换、越前时间、越前相角切换方式均退出。

（五）变压器的运行

1. 概述

以某1000MW机组为例，机组主变压器由3台单相变压器组成，变压器的型号是DFP-380000/500单相双绕组变压器。高压侧额定电压为525/3kV，低压侧额定电压为27kV；冷却方式为强迫油循环风冷；采用无载调压，调压范围为525/3±2×2.5%kV。

高压备用变压器采用型号为SFFZ10-52MVA/220kV的三相三绕组变压器；高压侧额定电压为230kV，低压侧额定电压为6.3kV；冷却方式为户外油浸风冷式；采用有载调压。

机组两台高压厂用变压器采用型号SFFZ-52MVA/27kV三相三绕组变压器，高压侧额定电压为27kV，低压侧额定电压为6.3kV；冷却方式为户外油浸风冷式；采用有载调压方式。

低压厂用变压器均采用三相树脂浇注绝缘干式低压变压器，冷却方式为风冷，冷却风扇可以手动控制启停，也可以根据变压器温度自动控制。

主变压器500kV侧、备用变压器220kV侧、干式变压器380V侧中性点接地方式为直接接地，高压备用变压器、高压厂用变压器6.3kV侧中性点接地方式为中电阻接地。

2. 变压器的运行规定

（1）变压器的一般运行规定。

1）变压器的运行电压一般不应高于额定电压的105%。在某些特殊情况下，允许在不超过110%的额定电压下运行，并按$U(\%)=110-5K^2$对变压器电压进行限制（K为负载电流与额定电流的比值）。

2）主变压器在额定电压±5%范围内改换分接位置运行时，其额定容量不变。

3）高压厂用变压器在额定电压±10%范围内改换分接位置运行时，其额定容量不变；高压厂用变压器两组低压侧输出容量之和不得超过其额定容量，单侧的低压输出为额定值的50%。

（2）变压器的允许温度与温升。变压器运行中允许温度应按上层油温、绕组温度同时进行监视，不得超过额定温升。

（3）变压器过负荷运行的规定。

1）变压器可以在正常过负荷和事故过负荷的情况下运行。正常过负荷的允许值由变压器的负荷曲线、冷却介质温度以及过负荷前变压器所带负荷等条件确定。事故过负荷只允许在事故情况下使用。

2）变压器过负荷运行时，应投入全部冷却装置，并加强对上层油温和绕组温度监视检查，做好记录；并严格控制上层油温不得超过允许值。

3）主变压器、高压厂用变压器的事故过载能力按制造厂规定执行。

注：变压器过载运行时，绕组最高温度不得超过140℃。

4）当变压器过负荷时，汇报值长尽快转移负荷，使变压器负荷恢复到额定值以内，尽量缩短过负荷的时间，及时记录过负荷的大小及运行时间。

（4）变压器冷却系统的运行规定。变压器运行时其冷却器均应按设计规定投用或处于备用；当所有的冷却器均故障停运时，变压器继续运行允许的时间和负载，应严格按制造厂的规定执行。

1）主变压器冷却系统运行规定。以某1000MW机组主变压器为例，主变压器的三台单相变压器采用ODAF（强迫油循环风冷）冷却方式。每相变压器有三组冷却器，每组冷却器配置一台油泵、3台风扇。正常运行时一组冷却器投入运行，一组辅助，另一组备用。主变压器冷却器启停逻辑为运行冷却器故障联启备用冷却器，油温高于60℃或主变压器高压侧电流大于600A联启辅助冷却器，油温低于50℃停辅助冷却器，温度高于60℃并且主变压器高压侧电流大于750A联启备用冷却器，当主变压器高压侧电流低于750A时停备用冷却器。冷却器系统有两路独立电源，任选其中一路为工作电源，另一路为备用。当工作电源发生故障时，自动投入备用电源，而当工作电源恢复时，备用电源自动退出。当冷却器自动控制开关投“WORK”位时，冷却器能根据主变压器500kV断路器动断辅助触点来判断主变压器状态的改变自动投、退；当冷却器自动控制开关投“TEST”位时，冷却器自动控制回路退出。冷却器设有功能切换开关，来选择工作状态：手动、自动、停止。

辅助冷却器在主变压器顶层油温为60℃或主变压器负荷电流达到75%时自动启动，负荷电流低于75%或油温低于55℃时自动停运。当运行中的冷却器发生故障时，能自动启动备用冷却器。为防止油流静电对变压器绝缘的损害，冷却器启用时，不应同时启动所有冷却器组，而应逐组启动，尤其对停运一段时间后再投入的冷却器。投入冷却器组的台数根据负荷和温度来确定。主变压器低载或空载期间不允许将备用冷却器组和工作冷却器组一起全部投入运行。在主变压器停运后，应确认冷却油泵自动停运，否则应手动停运。主变压器当冷却系统故障切除全部冷却器时，允许带额定负载运行 20min。如 20min 后顶层油温尚未达到 75℃，则允许上升到 75℃，但在这种状态下运行的最长时间不得超过 1h。主变压器冷却器全停时，发“冷却器全停故障”信号，延时 20min 且油面温度达到 75℃时启动主变压器跳闸回路，如油面温度未达 75℃则延时 60min 启动主变压器跳闸回路。

2）高压厂用变压器、高压备用变压器冷却系统运行规定。高压厂用变压器冷却方式为 ONAN/ONAF（自然循环自冷/风冷），有 4 组风扇，ONAN 容量为 67%额定值。整个冷却器系统有两个独立电源，两个电源可任选一个为工作，另一个为备用。当工作电源发生故障时，自动投入备用电源，而当工作电源恢复时，备用电源自动退出。高压厂用变压器运行中当负荷达到 75%或上层油温达到 65℃时，第一组风扇自动启动，上层油温达到 75℃时，第二组风扇自动启动，当负荷小于 75%及上层油温小于 55℃时，风扇自动停止运行。高压备用变压器当负荷达到 75%或上层油温达到 50℃时风扇自动启动，负荷电流低于 75%或油温低于 40℃时自动停运。

3）干式变冷却方式为 AN（空气自冷），系统有温显功能。

（5）变压器的并列运行规定。

1）变压器并列运行的条件。（以下条件需同时满足）

a. 绕组接线组别相同；

b. 电压比相同；

c. 阻抗电压相等，若阻抗电压不同，则在确保任何一台变压器都不过负荷的情况下，可并列运行。

2）阻抗电压不同的变压器并列运行时，应适当提高阻抗电压大的变压器二次侧电压，以使并列运行的变压器容量能充分利用。

3）新安装或大修后的变压器以及进行过有可能变动相位的工作后，必须先经过核相正确后，方可并列运行。

4）厂用 6kV 母线的正常电源与备用电源的切换操作必须经厂用快切装置进行。

3. 变压器投运前的工作

（1）变压器投运前的检查。

1）收回并终结有关检修工作票，拆除临时接地线、短路线等所有临时安全措施，恢复常设遮栏和标识牌，新安装或变动过内外连接线的变压器还必须核定相位，并有检修人员的书面交底。

2）变压器本体、套管、引出线、绝缘子清洁无损坏，现场清洁、无杂物，所有放油阀门关闭。

3）变压器油枕及充油套管的油色透明、油位正常，无渗油。

4）变压器气体继电器内充满油，无气体。

5）变压器压力释放阀完好，主油箱及有载分接开关油室呼吸器内硅胶无变色。

6）冷却系统、油枕及气体继电器与油箱的连接油门应全开，滤油机出、入口管道阀门应全开，滤油机系统运行正常。

7）变压器分接头在运行规定位置。

8）冷却器外观无损伤、无杂物，无渗、漏油现象，冷却器控制回路无异常，潜油泵、风扇启停正常，转向正确，控制箱内无杂物，电加热器正常，各操作开关位置正确，备用电源自投试验正常。

9）变压器中性点接地、外壳接地及铁芯接地完好，符合运行条件。

10）变压器测温装置良好，接线完整，温度计指示与DCS上指示一致。

11）变压器各侧避雷器、TV完好。

12）变压器消防装置齐全、完好，照明良好。

13）变压器各继电保护及自动装置投入正确，测量变压器及所属回路绝缘电阻合格。

（2）绝缘电阻的规定。

1）新安装或检修后及停运的变压器投运前均应测量其绝缘电阻，并将测量结果记入绝缘电阻记录簿内，并与上次测量结果比较，如有较大差异时，应汇报有关部门。

2）测量绝缘电阻必须在变压器改冷备用后进行，对线圈电压在6kV及以上者，应使用2500V的绝缘电阻表；对线圈电压在380V及以下者，应使用500V绝缘电阻表，测量完毕后应对地放电。

3）当变压器线圈与电缆（或母线）之间无隔离开关可隔离时，可一起测量；若能以隔离开关隔离，应分别进行测量。

4）主变压器绕组的绝缘电阻$R60''$不小于出厂值（待定）的85%，吸收比$R60''/R15''$不小于出厂值（待定）的85%（同温度），极化指数（K600/K60）不小于1.5；铁芯叠片及夹件接地套管对地绝缘电阻应不小于2000MΩ，测完后将接地引线重新接好。

5）高压厂用变压器的绝缘电阻值，按系统电压计算，绝缘电阻$R60''$应不低于1MΩ/kV，极化指数（K600/K60）不小于1.5，吸收比（$R60''/R15''$）不小于1.3。

6）干式变压器的绝缘等级为F级，绝缘电阻值：高压侧对低压侧及地大于或等于300MΩ；低压侧对地大于或等于100MΩ，吸收比（$R60''/R15''$）不小于1.3。

（3）变压器投运前的试验及投运条件。

1）变压器投运前的试验。

a. 变压器各侧开关的跳、合闸试验。

b. 变压器各侧开关的联锁试验。

c. 新安装或二次回路工作过的变压器，应做保护传动试验及核相试验。

d. 冷却器电源切换试验及风扇启动试验，试验后各操作开关置于正确位置。

e. 滤油机试验。

f. 有载调压装置调整试验，试验正常后分接头调至适当位置。

2）新安装或大修后的变压器，投运前应具备下列条件。

a. 有变压器和充油套管的绝缘试验合格结论。

b. 有油质分析合格结论。

c. 变压器换油后，在施加电压前，主变压器静置时间不应少于 72h，4 号高度备用变压器不少于 48h，高压厂用变压器不应少于 24h。若有特殊情况，应由总工程师批准后方可投运。

d. 套管安装就位后，带电前必须静放。500kV 套管静放时间不得少于 36h，110～220kV 套管不得少于 24h。

e. 设备标志齐全。

（4）变压器投运与停用操作规定。

1）变压器的投入与退出运行，应根据值长的命令执行。

2）变压器第一次投入时，应进行 5 次空载全电压冲击合闸，第一次受电后持续时间不应少于 10min，应无异常情况，如有条件时应从零起升压。更换绕组后的变压器参照执行，其冲击合闸次数为 3 次。

3）变压器应由高压侧向低压侧充电，严禁变压器由低压侧向高压侧全电压充电。

4）投运时应观察励磁涌流的冲击情况，若发生异常，应立即拉闸，使变压器脱离电源。

5）变压器充电时，充电开关应有完备的继电保护，重瓦斯保护必须投入跳闸位置，投运后，可根据有关的命令和规定，投入相应的位置。

6）变压器的投入与停用必须用断路器操作，严禁用隔离开关向变压器充电或切断变压器的负荷电流和空载电流。

7）变压器停电时，必须先断低压侧开关，后断高压侧开关。

（5）变压器投运的原则性操作步骤。

1）对变压器进行投运前检查，符合投运条件。

2）根据规定，将变压器各保护投用。

3）分别将变压器各侧开关由冷备改热备。

4）将变压器高压侧开关由热备改运行，对变压器送电。

5）检查变压器本体运行正常，变压器低压侧电压指示在合适范围内（与分接头位置相对应）。

6）根据实际运行要求，将负荷侧开关改运行或将变压器保留在空载充电方式。

（6）变压器停运的原则性操作步骤。

1）将要停运变压器的各负荷停运或转移。

2）断开变压器低压侧开关。

3）检查变压器已处于空载运行。

4）断开变压器高压侧开关。

5）将变压器低压侧和高压侧开关由热备改冷备。

6）根据有关具体规定将变压器某些保护退出。

7）若变压器有检修工作，还应根据要求将变压器改检修，并做好相关安全措施。

（7）变压器分接开关的运行。

1）主变压器为无载调压变压器，其分接头位置调整应得到调度许可。

2）对于无载调压变压器，其分接头变换必须在变压器改检修状态后由检修人员进行，并对分接头改变情况做好记录。

3）每台机组的干式变都为无载调压变压器。

4）高压备用变压器、高压厂用变压器为有载调压变压器，可在额定容量范围内带负荷调节。正常情况下采用远方电动操作，当远方操作失灵后，也可就地电动操作，电动操作时不允许插入操作手柄，只有在停运或特殊情况时，方可使用手动操作。手动操作时，断开电动机动力和操作电源，将操作手柄插入传动孔内，摇动手柄，顺时针摇可使数字上升（1→17），逆时针摇可使数字下降（17→1）。数字上升（1→17）可提高 6kV 母线电压，数字下降（17→1）可降低 6kV 母线电压。

5）正常运行时，根据厂用电电压情况决定备用变压器、高压厂用变压器分接位置，但分接位置不能在高低极限位置。运行人员调节分接开关时，应注意加强联系，注意监视高压厂用变压器分接开关位置指示与 6kV 电压是否匹配。

6）有载调压开关每次只能操作一档，同时监视分接位置及电流、电压的变化，隔 1min 后再进行下一档的调节；若换位时，计数器及分接位置指示正常，而电压表和电流表又无相应变化，应立即切断操作电源，中止操作。

7）在调节有载调压分接头时，如果出现分接头连续动作时，应在指示盘上出现第二个分接位置时立即按紧急制动按钮，使切换电动机电源开关跳闸，然后断开控制电源用手动方式将分接头调至合适的位置。

8）分接开关发生拒动、误动；电压表和电流表变化异常；电动机构或传动机械故障；分接位置指示不一致；内部切换异声；过压力的保护装置动作；看不见油位或大量喷漏油及危及分接开关和变压器安全运行的其他异常情况时，应禁止或中止操作。

9）当变压器过载时，禁止进行变压器的有载调压分接头切换。有载调压变压器宜安排在其空载或轻负荷的情况下进行分接头的切换。

10）运行中分接开关油室内绝缘油，每 6 个月至 1 年或分接变换 2000～

4000次，至少采样1次，若低于标准时应换油或过滤。

11）有载调压分接头新投运或经吊出检查、检修投运前，至少进行一轮升降压循环的操作，正常后方可正式带负荷运行。

12）有载调压装置的切换开关油室配备了一个压力（保护）继电器，当切换开关油室内压力过大时，继电器迅速动作，使变压器主回路断路器跳闸。对于备用变压器、高压厂用变压器，按下保护继电器的试验按钮“OFF”时，断路器就跳闸，把变压器切除，只有按下保护继电器的“IN SERVICE”按钮之后，变压器才能通电。投运后的变压器发生压力（保护）继电器跳闸，必须从切换开关油室内吊出切换开关，检查原因并修复故障，否则可能会造成有载分接开关和变压器的损坏。

13）电动机构的挡位显示应与有载开关的实际挡位一致且处于正确位置，如不一致将会导致变压器损坏。

14）油室与变压器主体油隔开，油室内的油需要定期进行检查和过滤，以保证其适当的电气强度，同时防止机械磨损。

15）有载分接头允许在85%变压器额定负荷电流下进行分接头的变换操作，不得在单台变压器上连续进行2个分接头的变换操作。不得同时在两台及以上有载变压器上进行分接头的变换操作。

16）运行中的分接开关，变压器检修后，操作3个循环分接变换。

（8）高压厂用变压器有载分接开关室在线油过滤装置运行。

1）高压厂用变压器有载调压分接开关室在线油过滤装置圆柱形容器内安装着油泵、油泵电机和过滤器。

2）高压厂用变压器有载调压分接开关室在线油过滤装置自动运行：在有载调压分接开关就地控制柜上手动操作滤油机测试开关，实现油泵的手动启、停操作。

3）每当有载调压分接开关操作之后，有载调压分接开关在线油过滤装置油泵自动启动运行。

4）在线油过滤装置运行期间，过滤器上部压力表压力应小于0.35MPa。

5）在线油过滤装置过滤器压力大于或等于0.4MPa时，压力开关闭合发出报警信号，应及时更换过滤器滤芯。

（9）变压器瓦斯保护装置运行。

1）变压器正常运行时，其主保护如差动保护、重瓦斯保护原则上均不得退出运行。重瓦斯保护投跳闸位置，高压厂用变压器的重瓦斯保护投跳闸位置，轻瓦斯保护投信号位置。重瓦斯保护停用应经公司生产副总经理或总工程师批准，对于主变压器重瓦斯保护操作还应调度许可。

2）运行中变压器出现下列情况时，应先将重瓦斯保护由“跳闸”改接至“信号”位置。

a. 运行中滤油和加油。

b. 更换热虹吸（油再生）硅胶。

c. 强迫油循环风冷变压器油路系统有工作。

d. 气体继电器及其二次回路发生直流接地。

e. 运行中打开气体继电器与油枕之间的油门。

f. 检查处理防爆管挡板。上述前两项工作结束后，须将重瓦斯保护投“信号”继续运行 2h，若无异常现象，方可恢复“跳闸”位置。其他几项工作完毕后，瓦斯保护未发出信号，即可将重瓦斯保护投“跳闸”位置。

3）变压器在大量漏油而使油位迅速下降时，禁止将重瓦斯保护改投信号位置。

4）当油位计的油面异常升高或呼吸系统有异常现象，需要打开放气或放油阀门时，应先将重瓦斯改接“信号”。

5）在地震预报期间，应根据变压器的具体情况和气体继电器的抗震性能，确定重瓦斯保护的运行方式。地震引起重瓦斯动作停运的变压器，在投运前应对变压器及瓦斯保护进行检查试验，确认无异常后方可投入。

6）变压器的重瓦斯保护与差动保护不能同时退出运行。

7）变压器投运前应检查气体继电器通向储油柜（油枕）的阀门全开，气体继电器内充满油，二次接线端子良好，端子箱柜门关闭严密。

4. 变压器的运行监视

(1) 值班人员应根据 OM 及表计指示经常监视变压器运行情况，并按规定定时抄录表计，如变压器在过负荷情况下运行，更应严密监视变压器负荷及上层油温、绕组温升等数值，每小时抄录表计一次。

(2) 变压器分接头在额定挡位运行时额定电压、电流限额值见“变压器设备规范说明书”。

(3) 油浸式变压器检查项目。

1）绕组温度、变压器上层油温正常，就地温度计与遥测温度显示指示相同；当现场温度计与监控系统温度显示值偏差超过 4°C 时，通知专业人员处理。

2）油位正常，各油位表、温度表不应当有积污和破损，内部无结露。

3）变压器油色正常，本体各部位不应有漏油、渗油现象。

4）变压器声音正常，无异声发出，本体及附件不应有振动，各部温度正常。

5）呼吸器硅胶颜色正常（硅胶变色失效达 2/3 时，联系检修更换硅胶），外壳清洁完好，净油器检查完好。

6）冷却器无异常振动和声音，潜油泵和风扇运行正常。

7）主变压器油流指示表正常。

8）变压器外壳接地、铁芯接地（若引出）及中性点接地装置完好。

9）变压器一次回路各接头接触良好，不应有发热现象。

10）变压器冷却器各控制箱内各开关在运行规定位置。

11）变压器消防水回路完好，压力正常。

12）套管瓷瓶无破损、裂纹，无放电痕迹，充油套管油位指示正常。

13）压力释放器或安全气道及防爆膜应完好无损。

14）有载或无载调压分接开关的分接位置及电源指示应正常。

15）备用变压器、高压厂用变压器有载调压分接开关室滤油装置正常，滤油机运行期间，触点式气压表压力不低于0.35MPa。

16）气体继电器集气盒内应无气体。

17）主变压器、备用变压器及高压厂用变压器在线气体检测装置工作正常。

18）各控制箱和二次端子箱应关严，无受潮。

（4）干式变压器运行中的检查项目。

1）检查测温装置及高压带电显示器运行正常，温度指示正常。

2）无异声、焦臭、变色和异常振动情况。

3）变压器周围无漏水，外表清洁、完好。

4）变压器柜门关闭严密，并在柜门上挂“止步，高压危险”牌。

5）变压器周围环境温度无过高现象。

（5）在下列情况下应对变压器进行特殊检查，增加检查次数。

1）过负荷或冷却器不正常运行及高温季节时，应加强检查变压器油温和油位的变化、接头有无过热的现象。

2）雷雨或大雾天气，应检查变压器瓷瓶、套管有无放电、闪络现象。

3）大风天气，应检查户外变压器各部分引线有无剧烈摆动和松动现象，导电体及绝缘瓶有无搭挂杂物。

4）下雪天气，应检查瓷瓶，引线的积雪情况、接头的发热情况和冰溜的挂接情况。

5）变压器在经受短路故障后，须对外部进行详细检查，检查各绝缘子和套管有无裂纹，变压器本体有无变形、焦煳味及喷油现象。

6）新设备或经过检修、改造后的变压器在投运72h内或变压器有缺陷运行时应加强检查，增加检查次数。

5. 变压器的正常维护

（1）有关人员应定期做好变压器绝缘油的色谱检查，并核对主变压器、高压厂用变压器在线气体监测装置的指示，以便及时发现变压器可能存在的异常情况。

（2）变压器正常运行时，按规定定时抄录各变压器的温度、电流。

（3）按“设备定期切换试验制度”的规定，每一个月对主变压器、高压厂用变压器的备用冷却器进行启动试验或切换运行，并应按规定对备用冷却器风扇及潜油泵测绝缘是否合格。

（4）按“设备定期巡回检查制度”的规定，每班至少对主变压器、高压厂用变压器进行两次检查，低压压厂用变压器在厂用电系统检查时进行。

(5) 对于长期不进行调节的有载调节装置，应在停电时进行分接头全程升降遥控检验。

(6) 滤油机的维护可以在有载调节装置年检或其他正常维护时进行，必要时更换滤芯。

(7) 当 2/3 以上硅胶的颜色变为粉红色时，应通知检修更换。

(8) 变压器油应严格控制含水量（≤20μg/L）、含气量（≤2%）、油耐压强度（主变压器>50kV/2.5mm，高压厂用变压器和高压备用变压器>40kV/2.5mm）和介损［主变压器≤1.2 倍出厂值，高压厂用变压器和高压备用变压器≤0.5%（90℃）］四大指标。

(9) 对主变压器、高压厂用变压器、高压备用变压器和线路电容式电压互感器，每年至少进行一次红外成像。

6. 干式变压器的运行规定

(1) 干式变压器的操作原则。

1) 新安装投入运行的变压器，应在额定电压下空载冲击合闸 5 次。

2) 应由高压侧向低压侧充电，严禁变压器由低压侧向高压侧全电压充电。

3) 停电时，必须先断低压侧开关，后断高压侧开关。

4) 变压器投运时应观察励磁涌流情况，发生异常应立即切断电源开关。

5) 变压器充电时，充电开关应有完备的继电保护，差动保护必须投入跳闸位置，投运后，可根据有关的命令和规定，投入相应的位置。

6) 变压器的投入与停用必须用断路器操作，严禁用隔离开关向变压器充电或切断变压器的负荷电流和空载电流。

(2) 干式变投运前试验。

1) 变压器各侧开关的跳、合闸试验。

2) 变压器各侧开关的联锁试验。

3) 新安装或二次回路工作过的变压器，应做保护传动及核相试验。

(3) 干式变压器投入运行前准备。

1) 工作票已终结，安全措施已拆除。

2) 变压器本体、引出线、绝缘子清洁无损坏，现场清洁、无杂物。

3) 冷却器外观完好、无杂物，风扇启停正常、转向正确，电加热器正常。

4) 冷却器控制回路正常，各操作开关位置正确。

5) 变压器中性点接地、外壳接地及铁芯接地完好。

6) 变压器测温装置良好，温度计指示与 DCS 指示一致。

7) 变压器相关保护投入正确。

8) 测量变压器绝缘电阻合格。

(4) 干式变压器投运的原则性操作步骤。

1）检查变压器具备投运条件。

2）按要求投入变压器保护。

3）分别将变压器各侧开关转热备用。

4）将变压器高压侧开关由热备改运行，对变压器充电。

5）检查变压器本体运行正常，变压器低压侧电压指示在规定范围内。

6）根据实际运行要求，将负荷侧开关转运行或将变压器保持在空载运行方式。

（5）干式变压器停运的原则性操作步骤。

1）将要停运变压器的各负荷停运或转移。

2）拉开变压器低压侧开关。

3）检查变压器已处于空载运行。

4）拉开变压器高压侧开关。

5）将变压器低压侧和高压侧开关由热备改冷备。

6）若变压器有检修工作，还应根据要求将变压器改检修，并做好相关安全措施。

7. 主变压器中性点隔直装置

（1）主变压器中性点隔直装置概述。主变压器中性点隔直装置是采用在变压器中性点串联隔直电容的解决方案，有效地隔离中性点直流电流。利用大容量开关实现中性点的金属性接地与串联电容器接地的状态转换。当串联电容器接地状态过电压时，利用晶闸管快速旁路，使状态转换开关闭合进入直接接地运行状态。主变压器中性点隔直装置内嵌测控单元，根据不同的运行状态检测中性点电流或电压，实现自动或手动运行状态转换。当进入电容接地运行状态时，装置自动对晶闸管快速旁路，进行一次电压试验，试验失败时闭锁进入电容接地状态。在电容接地运行状态下，当中性点产生过电压时，快速旁路系统不需要外部电源即可完成从电容接地到直接接地的状态转换。

（2）主变压器中性点隔直装置运行方式。变压器中性点电流抑制装置有两种运行状态，即中性点直接接地和中性点电容接地运行状态。两种运行状态可通过手动或自动进行。正常运行方式是在自动状态下运行，运行人员不得干预。

（3）主变压器中性点隔直装置控制操作模式。变压器中性点电流抑制装置有两种控制操作模式即就地控制模式和远方监控终端控制。就地装置控制柜上“远方/就地”旋转按钮实现两种方式间的转换。正常运行时，装置在远方监控终端控制模式。

（4）主变压器中性点隔直装置运行规定。

1）正常运行时，主变压器中性点必须接地运行，主变压器中性点隔直装置一般要求同时投入，直接接地开关断开，隔直装置接地开关合上。

2）主变压器隔直接地开关与直接接地开关设有机械闭锁，只有在两把开关均在合闸位置时，才能够断开另一把开关。

3）主变压器停送电前，需检查主变压器运行在直接接地或者隔直装置运行在经快速接地开关接地状态，如果经隔直装置经电容接地状态，应手动切至经接地开关状态或者合上主变压器中性点直接接地开关。

（5）主变压器中性点隔直装置运行中的检查。

1）检查发电厂升压站网络监控系统（NCS）画面无装置异常报警，远程监控终端装置运行正常，无异常报警。

2）就地控制柜上供电电源开关已合好，远方就地控制开关在“远方”，运行状态转换开关在“自动”，电容接地指示灯、直接接地指示灯与运行状态相符。

3）因装置室内隔直设备直接与主变压器中性点相连接，运行中严禁任何人进入。检查时只允许在就地控制柜间内进行外观检查。

4）主变压器中性点隔直装置电抗器的正常巡视检查。

a. 电抗器接头良好，无松动、发热现象。

b. 绝缘子清洁、完整，无裂纹及放电现象。

c. 绕组绝缘无损坏、流胶。

d. 接地良好、无松动。

5）主变压器中性点隔直装置电容器的正常巡视检查。

a. 电容器有无鼓肚、喷油、渗漏油现象。

b. 电容器是否有过热现象。

c. 套管的瓷质部分有无松动和发热破损及闪络的痕迹。

d. 有无异常声音和火花。

（6）隔直装置的投退。

1）隔直装置的投入原则性步骤。

a. 检查主变压器运行正常或主变压器退出运行。

b. 联系电气二次专业确认隔直装置正常，具备投入条件。

c. 检查 DCS 画面、NCS 画面隔直装置无异常报警。

d. 检查隔直装置就地控制柜监视画面无异常报警。

e. 联系电气二次专业投入隔直装置，将主变压器直接接地开关运行切换至主变压器隔直接地开关运行。

f. 回检正常。

2）隔直装置的退出原则性步骤。

a. 检查 DCS 画面、NCS 画面隔直装置无异常报警。

b. 检查隔直装置就地控制柜监视画面无异常报警。

c. 检查主变压器隔直装置接地开关运行，非经电容接地。

d. 联系电气二次专业退出隔直装置，将主变压器隔直接地开关运行切换至主变压器直接接地开关运行。

三、厂用电动机的运行

（一）电动机简介

电动机是一种旋转式电动机器，它主要包括一个用以产生磁场的电磁铁绕组或定子绕组和一个旋转电枢或转子，在定子绕组旋转磁场的作用下使转子转动，拖动机械设备做功，将电能转换机械能。

（二）电动机运行的一般规定

1. 电动机正常运行的条件

（1）正常情况下，电动机应按铭牌规范运行。

（2）电动机应运行在额定电压的95%～110%的范围内，可保持电动机的出力不变，长期运行。

（3）当运行中的电动机，其电源电压超出上述范围时应立即汇报值长，并采取措施，将电压恢复到允许范围内。

（4）电压变化会引起电流的变化，电源电压变化对电动机电流变化的影响见表5-13。

表5-13　电源电压变化对电动机电流变化的影响

额定电压U_e变化（%）	110	105	100	95
额定电流I_e变化（%）	90	95	100	105

1）当电源电压降低时，定子电流升高，但最高不得超过额定电流的105%。

2）电动机在额定出力下运行，相间电压不平衡度应小于或等于5%U_e，三相电流不平衡度应小于或等于10%I_e，且最大一相电流不超过额定值。

（5）电动机运行中，在每个轴承上测量振动值不应超过表5-14。

表5-14　电动机运行中轴承振动值标准参考值

额定转速（r/min）	3000	1500	1000	750及以下
振动值（mm）	0.05	0.085	0.10	0.12

（6）运行中的电动机，滚动轴承一般不允许串轴，滑动轴承串轴最大不应超过0.4mm。

（7）运行中的电动机各部的温度及温升，在任何情况下，不得超出铭牌的规范，如无规范时，各部温度按表5-15监视（35℃环境下）。

表5-15　运行中的电动机的温度及温升控制参考值

部位名称	绝缘等级	允许温度（℃）	允许温升（℃）
定子绕组	A	95	60
	E	110	75
	B	115	80
	F	130	85

续表

部位名称	绝缘等级	允许温度（℃）	允许温升（℃）
定子铁芯		100	65
滑环		105	70
滑动轴承		80	45
滚动轴承		95	60

如未标示绝缘等级时，按 A 级绝缘监视。

（8）运行中“A 级绝缘”电动机外壳温度不得大于 75℃，“E 级绝缘”电动机外壳温度不得大于 80℃，“B 级绝缘”电动机外壳温度不得大于 85℃“F 级绝缘”电动机外壳温度不得大于 90℃，超过时应采取措施或降低出力。

2. 电动机的投运

（1）电气或机械回路上工作过的电动机，送电前的检查。

1）检修工作结束，所属设备工作票全部收回，安全措施拆除。

2）设备的名称及编号正确，开关编号与间隔相对应。

3）电动机周围清洁，无妨碍运行和维护的物件。

4）电动机接线良好，接线盒、电缆护套完好。

5）电动机外壳接地良好。

6）事故按钮正常，保护罩完好。

7）电动机 A 修后，预防性试验合格。

8）开关及二次回路传动良好。

9）电动机、开关、电缆绝缘合格。

（2）电动机启动前的检查。

1）电动机周围清洁，无妨碍运行和维护的物件。

2）电动机接线绝缘无损伤，接线盒、安全罩完好，外壳接地线牢固。

3）电动机润滑油系统正常，冷却水系统正常。

4）一次回路元件及所带机械设备完好，开关机构完好。

5）信号回路正常，保护投入运行，无任何异常报警。

6）仪表齐全，指示正常。

7）有滑环或整流子的电动机，其滑环表面清洁、光滑，电刷无过短或卡涩现象，刷辫正常。

（3）电动机测绝缘的规定。

1）新安装或检修后的电动机，投运前应测量电动机绝缘。

2）电动机停运超过 15 天。

3）处于恶劣环境下的电动机启动前。

4）电动机有明显的进汽、进水受潮现象或其他原因可能使绝缘下降时，应测量绝缘合格后方可启动。

5）电动机事故跳闸后，应测量绝缘合格后方可送电启动。

（4）电动机测绝缘的注意事项。

1）测量电动机的绝缘应在停电的状态下进行，测量前必须验明无电压。

2）测量电动机绝缘前后均应进行放电。

3）额定电压为6kV的电动机应使用2500V绝缘电阻表测量，绝缘电阻值大于或等于6MΩ。

4）额定电压为400V及以下的电动机应使用500V绝缘电阻表测量，绝缘电阻值大于或等于0.5MΩ。

5）直流或同步电动机的转子绕组绝缘，使用500V绝缘电阻表，测得其绝缘电阻应大于或等于0.5MΩ。

6）带有变频器的电动机测量绝缘必须将变频器隔离后才能测量电缆、电动机绝缘。

7）电动机的吸收比（$R60''/R15''$）不小于1.3。

8）在相同环境及温度下测量的绝缘值比上次测量值低1/3时，应检查原因，并测量吸收比应大于规定值。

3. 电动机的启动

（1）启动大容量电动机前应调整好母线电压。控制6kV母线电压不低于6.1kV，380V母线电压不低于390V，220V直流母线电压不低于230V。

（2）禁止在转子反转的情况下启动电动机。

（3）操作人员应监视整个启动过程，观察电流变化，若启动电流超过启动时间仍不返回或启动不正常，应立即断开电动机的开关，进行检查。

（4）启动后，检查电动机的转速和声音正常，无异常的振动。

（5）电动机试转向时，应脱开与机械的连接。

（6）正常情况下，电动机允许在冷态下启动二次，启动间隔时间如下。

1）启动时间小于10s，不少于5min。

2）启动时间大于10s，不少于10min。

在热态下允许启动一次，只有在事故处理时或启动时间不超过2～3s的电动机可以多启动一次，以后再启动时应间隔2h以上（电动机绕组温度在60℃以上为热态）。

（7）当进行平衡校验时，电动机启动时间间隔应遵循如下规定。

1）200kW以下的电动机大于30min。

2）200～500kW的电动机大于60min。

3）500kW以上的电动机大于120min。

4. 电动机运行的监视和检查

（1）电动机正常运行期间，应监视电流、各部件温升、温度等参数在正常范围内。

（2）就地做好如下检查。

1）电动机外壳温度、轴承温度、振动、轴向窜动值在规定范围内。

2）检查轴承的润滑油位，对强制润滑的轴承，检查其油系统和冷却水系统运行正常。

3）检查电动机的电缆接头无过热及放电现象。电动机外壳接地良好，接地线牢固，标识牌、遮拦及防护罩完整，地脚螺栓无松动。

（3）装有加热器的运行电动机，检查加热器在退出状态。

（4）直流电动机应注意检查的项目。

1）电刷无过短、火花、跳动或卡涩现象。

2）电刷软铜辫完整，无碰触外壳及过热现象。

（三）电动机的异常及事故处理

1. 遇有下列情况之一者，应立即停止电动机的运行

（1）发生直接威胁人身安全的紧急情况。

（2）电动机冒烟、着火。

（3）电动机所带机械严重损坏。

（4）电动机强烈振动、窜轴或内部发生静转子摩擦、碰撞。

（5）电动机各部温度剧烈升高，超过规定值。

（6）电动机被水淹或附近着火危及电动机安全。

2. 遇有下列情况之一者，可以先启动备用设备后，再停止异常电动机运行

（1）各部温度有异常的升高处理无效者。

（2）电动机内部有异常的声音或绝缘有焦味。

（3）定子电流异常增大，超过额定值且调整无效。

（4）电动机的电缆引线发热严重。

（5）定子电流发生周期性的摆动。

（6）有滑环的电动机，整流子发生严重的环火。

（7）电动机缺相运行。

（8）电动机的开关或控制回路发生故障，需停电排除的。

3. 电动机启动不良

（1）现象：接通电源后，电动机不转或达不到正常转速，并发出异声，电流表指示不正常，指向最大不返回或为零。

（2）处理。

1）立即断开电动机电源开关，检查电动机及电源：检查电源是否缺相，熔丝是否熔断；开关、隔离开关是否接触不良；机械部分是否卡涩或过载；测量定子绕组是否断相。

2）经上述检查无问题后联系检修处理。

4. 运行中的电动机跳闸

（1）现象：开关黄闪，定子电流到零。

（2）处理。

1）电动机开关自动跳闸后，应立即检查备用泵联启情况、系统运行是否正常。对高压电动机跳闸，应检查保护的动作情况，低压电动机跳闸后，应检查开关跳闸原因，热电偶是否动作。

2）检查电动机回路是否存在接地或短路现象，开关机构是否良好，电动机及所带的机械有无卡涩、电源有无缺相。

3）如未发现异常，测量绝缘合格后，可试启动一次。如试启动不成功，联系检修处理。

5. 电动机轴承温度高

（1）现象：电动机轴承温度显著升高，轴承声音异常，转子转动可能不均匀。

（2）处理。

1）检查轴承润滑油是否正常、冷却系统是否运转良好。

2）检查轴承是否过紧或中心不对称、轴承是否损坏。

3）经上述检查后，若无明显故障，温度接近允许值时，应倒换运行方式后停运，联系检修处理。如果温度超过允许值，则应紧急停运电动机。

6. 电动机过热

（1）现象：电动机本体发热，可能会有绝缘烧焦的气味或冒烟。

（2）处理。

1）检查电动机是否过负荷。

2）检查电源电压是否过低。

3）检查电动机有无内部故障。

4）检查电动机冷却装置运行正常。

5）经上述检查未发现异常时，应加强监视，温度接近允许值时，应倒换运行方式后停运，联系检修处理。如温度超过允许值或冒烟，则应紧急停运电动机。

7. 电动机着火

（1）现象：电动机冒烟着火，可能伴随有放电声，电动机周围有绝缘烧焦的气味。

（2）处理：立即断开电动机电源开关，迅速组织灭火，用二氧化碳、CCL4 干粉灭火器灭火，不可用砂子、水和泡沫灭火器灭火。

四、直流系统的运行

（一）直流系统的概述（以某单元机组 1、2 号机为例）

（1）直流系统采用动力、控制相互独立的供电方式。每台机组及继电器室各设两组 110V 控制直流系统，另设一套 220V 动力直流系统。

（2）直流系统均采用单母线接线方式，两段直流母线之间设有联络开关，供两段母线的并列运行。

（3）每段直流母线均有自己的充电机和蓄电池。

（4）直流系统的供电负荷。

1）直流供电网络采用辐射式的供电方式。

2）控制负荷主要包括电气设备的控制、测量、保护、信号等，还包括热工专业的控制、保护等。

3）动力负荷主要包括直流油泵、交流不停电电源装置、事故照明系统等。

（二）直流系统运行方式

1. 单元机组直流系统正常运行方式（以某厂单元机组 1、2 号机为例）

（1）正常情况下，工作充电装置带直流母线运行，并为蓄电池组浮充电，充电装置一般投自动稳压方式，蓄电池组正常处于浮充运行方式，备用充电装置在备用状态，联络开关在开位。

（2）机组 220V 直流系统正常运行方式：1 号机组 220V 直流母线由 1 号充电装置供电，220V 蓄电池组浮充电运行。2 号机组 220V 直流母线由 2 号充电装置供电，220V 蓄电池组浮充电运行。3 号充电装置在备用状态，联络开关在开位。

（3）机组 110V 直流系统正常运行方式：1 号机组 110V 直流 A 段母线由 1 号充电装置供电，1 号机组 110V 蓄电池组浮充电运行。机组 110V 直流 B 段母线由 2 号充电装置供电，2 号机组 110V 蓄电池组浮充电运行。联络开关在开位。

（4）500kV 升压站 110V 直流系统正常运行方式：110V 直流 A 段母线由 1 号充电装置供电，1 号蓄电池组浮充电运行。110V 直流 B 段母线由 2 号充电装置供电，2 号蓄电池组浮充电运行。3 号充电装置在备用状态，联络开关在开位。

（5）直流 110V 母线电压应维持在 117V，直流 220V 母线电压应维持在 237V，以确保单体蓄电池的浮充电压在 2.23～2.25V 为原则。

（6）各段母线上安装的直流系统接地检测仪均应投入运行，以监视系统的绝缘情况。

（7）110V 直流负荷电源分别取自直流 A、B 段。按机组厂用电系统 A、B 列划分，正常运行 A 列厂用电源系统直流控制电源采用电源（一），电源（二）备用。B 列厂用电源系统直流控制电源采用电源（二），电源（一）备用。为检查、操作、测量方便，直流系统环形供电网络的分断点设在就地直流总电源进线开关上，直流母线上所有负荷开关均合上。

（8）该机组公共系统或机组间公共系统直流控制电源的分断点设在中间。就地分断点设明确标志。

（9）运行及维护人员注意事项。

1）运行值班员巡检时，对 110V 直流馈线柜内的直流分路开关位置及指示灯要仔细检查，发现问题及时汇报。

2）机组两段 110V 直流段如果同时出现接地现象，说明有合环点，要检查分析可能的合环点并立即将其断开。

3）机组运行中用瞬停法选择直流接地应慎重，只有在发生直流接地现象且直流接地监测仪未报出接地支路时才用瞬停法选，此时应做好相关辅机停运或保护误动的事故预想。

4）两台机 110V 直流系统内所有合环点悬挂“直流系统合环开关，未经允许不准操作”警示牌，运行方式未经运行部电气专业同意不得变更。

5）110V 直流正负极对地电压偏差小于 25V，220V 直流正负极对地电压偏差小于 50V，不要进行直流接地选择。

2. 单元机组直流系统特殊运行方式

（1）当某一直流段工作充电装置故障或检修时，启动备用充电装置带该段直流母线及蓄电池组，两段母线仍分段运行。

（2）当某一直流段工作充电装置故障或检修且备用充电装置又不能启动时，由另一段直流母线充电装置和蓄电池组通过联络开关带该段直流母线负荷，需停运该段蓄电池组并加强监视总直流负荷，防止另一段工作充电装置超载。

（3）当某一直流段蓄电池因故退出运行时，由另一段直流母线充电装置和蓄电池组通过联络开关带该段直流母线负荷，并列后需停运该段工作充电装置，并加强监视总直流负荷，防止另一段工作充电装置超载。

（4）充电装置均因故不能使用时，由蓄电池组带正常负荷运行，此时应注意其容量及负荷电流，110V 直流母线电压不能低于 99V，220V 直流母线电压不能低于 198V，以防蓄电池组过放电。

3. 直流系统运行规定

（1）直流系统的并列原则。

1）直流系统两电源的并列原则：待并列的两电源的极性相同，待并列的两电源电压相等。

2）两组直流母线上的负荷分支需并列合环时必须在两组直流母线并列后方可将负荷分支并列合环。

3）直流母线发生接地时，不允许与其他直流母线并列运行。

4）禁止将连于不同段母线上的控制母线并列合环运行。

（2）正常情况下，直流母线不允许脱离蓄电池组以充电装置单独运行。

（3）当运行中工作充电装置故障时，可由蓄电池组短时供负载用电，但应尽快恢复充电装置运行，故障充电装置无法投入运行时，应投入备用充电装置与蓄电池并列运行。备用充电装置带负荷前应由检修人员调整好输出状态。

（4）直流母线正常投运时，其监控器、计算机绝缘监测仪、蓄电池巡检仪必须投入。

（5）当机组正常运行时，直流系统的任何倒闸操作均不应使直流母线停电。

（6）蓄电池欠压报警时，表明蓄电池放电已经达到它最小设计电压，发出这种警报时，应切断负荷，避免蓄电池处于危险放电状态。

（7）允许两台充电装置或两台蓄电池短时并列运行，但不允许长期并列运行。

（三）直流系统的常见操作

1. 直流系统投入前检查

（1）检查直流系统所有工作已结束，安全措施已全部拆除，检修后的设备应有检修人员设备可以投运的书面交代。

（2）检查监控器、计算机绝缘监测仪、蓄电池巡检仪已由检修人员正确设置，具备投运条件。

（3）用1000V绝缘电阻表测量直流母线及各支路绝缘电阻不小于10MΩ。用500V绝缘电阻表测量充电装置交流进线电缆绝缘电阻不小于10MΩ。

（4）检查各开关进出接线完好，开关机构灵活，无卡涩现象，全部开关在断开位置。

（5）各仪表、控制、信号及保护的二次回路正确，接线良好，无松动现象。

（6）检查充电装置输出极性与蓄电池极性相同。

（7）检查蓄电池无破损、无漏液、无短路现象。

（8）检查充电器交流输入电源正常。

（9）检查充电器盘内各元件完好，无异味、杂物，外壳接地牢固。

（10）各熔断器完好，熔丝无熔断。

2. 充电装置的操作

（1）充电装置投入运行的原则性操作。

1）检查监控器装置电源开关在合位，装置工作正常。

2）检查充电装置交流电源输入总开关、充电模块交流输入开关、充电装置直流输出开关在断开位置。

3）合上充电装置交流电源输入总开关。

4）合上充电模块交流输入开关。

5）观察充电装置直流电压升至额定电压值。

6）合上充电装置直流输出开关。

（2）充电装置停用的原则性操作

1）拉开充电装置直流输出开关。

2）拉开充电装置交流输入开关。

3）拉开充电装置交流电源输入总开关。

3. 蓄电池组的操作

（1）蓄电池组投入运行的原则性操作。

1）检查蓄电池组直流输出开关在开位。

2）装上蓄电池组出口熔断器。

3）合上蓄电池组输出直流开关。

（2）蓄电池组停用的原则性操作。

1）拉开蓄电池组直流输出开关。

2）根据检修需要取下蓄电池组出口熔断器。

4. 直流母线送电原则性步骤

（1）检查直流母线上所有负荷开关均拉开。

（2）检查直流母线上所有熔断器均取下。

（3）测量直流母线绝缘电阻合格。

（4）合上监控器、蓄电池巡检仪电源开关，给上计算机绝缘监测仪、母线电压表、TV电源熔断器。

（5）给上蓄电池组出口熔断器。

（6）合上蓄电池组输出直流开关。

（7）检查母线电压正常，监控器、计算机绝缘监测仪工作正常。

（8）合上充电机交流电源开关。

（9）合上工作充电机各充电模块交流输入开关。

（10）观察充电机直流电压升至额定电压值。

（11）合上工作充电机直流输出开关，检查直流母线电压正常。

5. 直流母线停电原则性步骤

（1）拉开直流馈线所有负荷开关（不能停电的负荷切至备用电源供电）。

（2）检查公用充电机在备用状态。

（3）拉开公用充电机各充电模块交流输入开关。

（4）拉开工作充电机直流输出开关，检查充电机电流指示为0A。

（5）拉开工作充电机各充电模块交流输入开关。

（6）拉开蓄电池组输出开关，检查直流母线电压确无指示。

（7）拉开监控器、计算机绝缘监测仪、蓄电池巡检仪电源开关。

6. 直流母线由工作充电机切换至公用充电机供电原则性步骤

（1）检查公用充电机具备投运条件。

（2）检查公用充电机交流电源控制熔断器已给上。

（3）合上公用充电机各充电模块交流输入开关。

（4）观察公用充电机直流电压升至额定电压值。

（5）检查公用充电机输出与母线电压偏差小于3V。

（6）合上公用充电机直流输出开关。

（7）检查公用充电机输出电流正常。

（8）拉开工作充电机直流输出开关。

（9）拉开工作充电机各模块交流输入开关。

（10）检查工作充电机电压确无电压指示。

7. 直流母线由公用充电机切换至工作充电机供电原则性步骤

（1）合上工作充电机各充电模块交流输入开关。

（2）观察充电机直流电压升至额定电压值。

（3）检查工作充电机输出与母线电压偏差小于3V。

（4）合上工作充电机直流输出开关。
（5）检查直流母线电压及工作充电机输出电流正常。
（6）拉开公用充电机输出开关。
（7）检查直流母线电压正常。
（8）拉开公用充电机各模块交流输入开关。
（9）检查公用充电机电压确无电压指示。
8. 直流母线由工作充电机供电切换至经母联开关供电的原则性步骤
（1）检查待并列两直流母线无异常。
（2）检查两组蓄电池均处于浮充状态。
（3）检查待并两母线电压差小于3V。
（4）合上待并直流母线母联开关。
（5）拉开本段蓄电池输出开关。
（6）拉开本段母线工作充电机直流输出开关。
（7）检查本段直流电压正常。
（8）检查邻段充电机输出电流正常。
（9）停用本段母线工作充电机运行。
（10）停用本段母线绝缘监察装置。
9. 直流母线由母联开关供电切换至由工作充电机供电的原则性步骤
（1）投入本段母线工作充电机运行，检查输出电压正常。
（2）检查本段母线工作充电机直流输出与母线电压压差小于3V。
（3）合上本段母线工作充电机直流输出开关。
（4）检查充电机输出电流正常。
（5）检查本段蓄电池组电压正常。
（6）检查本段蓄电池组直流输出与母线电压压差小于3V。
（7）合上本段蓄电池组输出开关。
（8）拉开本段母线母联开关。
（9）检查直流母线电压正常。
（10）检查蓄电池浮充电流正常。
（11）投入本段母线绝缘监察装置。
10. 双路电源供电的直流分电屏并列切换的原则性步骤
（1）先进行直流分屏双电源上级直流母线合环操作。
（2）合上工作电源二（一）开关，拉开工作电源一（二）开关。
（3）最后将直流分屏双电源上级直流母线解环运行。

（四）直流系统运行监视与维护

1. 直流母线电压控制要求

正常运行时，控制直流母线电压应保持在115V，允许在110～120V范围内变化。动力直流母线电压应保持在230V，允许在225～235V范围内变化。

2. 环境温度要求

各配电室环境温度控制在5～35℃，相对湿度不大于90%。

3. 直流屏的运行检查项目

（1）运行充电装置输入、输出电压、电流，蓄电池电压、电流指示正常。

（2）监控器液晶显示屏各显示值正确，无光字报警。

（3）充电单元工作状态指示灯指示正确，即“正常”指示灯亮、“通信”指示灯闪烁，“故障”指示灯不亮。

（4）盘面各开关位置正确，接触良好，无发热。

（5）充电装置柜各元件运行良好，不发热，无异常声响。

（6）母线绝缘良好，计算机绝缘监测仪运行正常，无接地报警信号。

（7）室内应保持清洁，温度正常，无焦臭味，干燥、通风良好，各柜门关好。

4. 蓄电池组的检查及维护

（1）检查蓄电池电解液液面保持在上下刻度线之间。

（2）蓄电池容器应完整、无漏液、无破损、无发热。

（3）绝缘材料良好、隔板无脱落、极板无弯曲、无膨胀、无硫化、无局部过热和短路现象。

（4）蓄电池的各接头及连接线牢固，无松动、无腐蚀和发热现象。

（5）蓄电池周围无酸雾溢出。

（6）蓄电池室内禁止明火、吸烟，以及可能产生火花的作业。

（7）室内应清洁，温度正常，干燥、通风良好，无强烈气味，照明、消防设施完好。

5. 计算机绝缘监测装置的运行

（1）当直流系统单极接地或系统绝缘降低时，装置发出预警和报警，绝缘预警值为50kΩ，报警值为25kΩ。

（2）当直流母线电压大于标称电压的110%，发出过压报警，低于90%标称电压，发出欠压报警。

（3）当直流系统发生有效值大于或等于10V的交流窜电故障时，装置在3s内发出交流窜电故障报警信息，并显示窜入交流电压的幅值及支路。

（4）当参数设置异常、支路漏电流采样回路异常及通信故障时发自检报警。

五、UPS系统的运行

（一）UPS系统概述（以某单元机组1、2号机为例）

（1）每台机组配置两套UPS装置，两套UPS装置采用分列运行，重要负荷互为备用，正常时两套UPS同时投入运行。此外，两台机组配置1套公用UPS装置，带部分公用负荷运行。

（2）机组每套UPS由整流器、逆变器和静态开关三部分组成，主要为DCS、DEH、热控设备及其他不允许停电的设备等重要负荷供电。公用UPS由2个主机柜和1个旁路柜组成，主要为公用DCS系统、网控系统、工程师站、NCS系统、远动装置等公用设备负荷供电。

（3）正常运行时：机组UPS负荷由主电源经整流器、逆变器供电（直流电源和旁路电源处于备用状态），逆变器控制单元保证电压输出波形和频率精确、稳定。公用UPS系统由两面UPS主机柜、一面旁路柜和一面馈线柜组成。

（4）机组UPS共有三路电源：主电源、直流电源和旁路电源。主电源和旁路电源分别来自400V保安A、B段，直流电源来自机组220V直流馈线屏。当来自400V保安段的主电源因故障失去时，逆变器将自动、无延时地切至由主厂房220V直流系统供电。旁路电源经隔离变压器、调压变压器输入，当逆变器故障或过载时，UPS的静态开关将自动切至旁路电源供电。公用UPS系统共有五路电源：主电源1（来自1号机保安B段）、主电源2（来自2号机保安B段）、直流电源1（来自1号机220V直流馈线屏）、直流电源2（来自2号机220V直流馈线屏）和旁路电源（来自1号机保安B段）。在公用UPS系统的相互切换中，一个UPS交流失电，负荷自动加载至另一个UPS运行，两路UPS交流电源全部失去，装置自动切至直流电源运行，只有当交直流电源全失或者逆变器故障时UPS才会切至旁路电源运行。

（5）UPS旁路电源上串接有补偿式变压器，调压变压器由接触调压器与补偿变压器组成。当输入电压变化时，经传动机构带动接触调压器的电刷滑动，改变补偿电压，实现自动保持输出电压稳定。

（二）UPS系统运行方式

1. 正常运行方式

（1）正常时机组每套UPS装置由主电源供电，整流器、逆变器运行，静态开关工作回路自动接通而旁路自动断开，输出开关在“合闸”位置。主厂房220V直流电源送上，在备用状态。旁路柜带电运行，静态旁路开关在“合闸”位置，手动维修旁路开关在“断开”位置。

（2）正常时两套UPS同时投入运行。

（3）公用UPS装置两面UPS主机柜接成并联接线，正常均投入运行，各带50%负荷，可互为备用。两台UPS装置共用一套旁路系统，作UPS检修时的备用电源。

2. 特殊运行方式

（1）UPS系统由主厂房220V直流电源供电：逆变器运行，整流器停用，静态开关工作回路自动接通而旁路自动断开，输出开关在“合闸”位置。旁路柜带电运行，静态旁路开关在“合闸”位置，手动维修旁路开关在“断开”位置。

（2）UPS系统由静态旁路供电：整流器、逆变器均停用，主厂房220V直流电源断开（或送上），静态开关旁路自动接通而工作回路自动断开，输出开关在“合闸”位置。旁路柜带电运行，静态旁路开关在“合闸”位置，手动维修旁路开关在“断开”位置。

（3）UPS系统由手动旁路供电：整流器、逆变器均停用，主电源、主厂房220V直流电源均断开，输出开关在“断开”位置。旁路柜带电运行，静态旁路开关在“断开”位置，手动维修旁路开关在“合闸”位置。

3. UPS运行注意事项

（1）整流器无输出或电压下降，主厂房220V直流电源将会自动无干扰地为逆变器供电，逆变器不再由整流器供电。

（2）当逆变器出现过流、负载冲击过大或性能故障等不能满足负载所需的情况时，静态开关就会将输出转为旁路供电模式。

（3）当UPS因检修原因需要停用时，必须首先确认UPS已经切为手动维修旁路运行且正常后方可停运。

（三）UPS系统运行监视、检查与维护

1. UPS投运前的检查

（1）检查并确认保安段上的UPS主路电源开关和旁路电源开关及主厂房220V直流馈线屏上的直流电源开关均已断开。

（2）检查并确认UPS工作进线主输入开关、静态旁路输入开关、主输出开关、直流进线开关均在断开位置，手动维修旁路开关在“断开”位置。

（3）检查并确认所有接线都牢固、可靠。

（4）检查所有机柜接地牢固。

（5）检查所有负荷开关均已断开。

（6）检查柜内各设备干燥、清洁，无杂物。

2. UPS系统的运行监视和维护

（1）UPS系统的运行监视参数见表5-16。

表5-16 UPS系统的运行监视参数

参数	数值
UPS输出电压	220V±1%
旁路输入电压	380V±10%
UPS输出频率	50Hz±1%
运行环境温度	5～40℃

（2）检查整流器、逆变器柜风扇运行正常，通风良好。

（3）检查室内空调运行正常，门窗关闭，环境温度满足要求。

（4）检查控制面板上各指示信号正常，无异常报警，运行参数在正常范围内。

（5）检查各开关无过热、熔断器无熔断现象。

（6）检查各表计指示正常。

（7）检查UPS装置各设备无异声、无特殊气味、无油污结垢，外壳接地良好。

（8）检查UPS装置各开关、接地开关位置正确。

（四）UPS系统的常见操作

1. UPS系统投运的原则性步骤

（1）确认UPS系统具备投运条件，检查UPS主机柜、馈线柜、旁路柜各开关均在断开“OFF”位置。

（2）将旁路柜上“手动/自动”转换开关置于“自动”位置，合上旁路总电源开关，接通稳压器，检查旁路柜输出电压正常。

（3）UPS主机开机。

1）将整流器开关和静态旁路开关打到“ON”位置。

2）等待约1min后将电池开关打到“ON”位置。

3）UPS会进行一系列自检，确认在自检完毕后LCD面板上将显示“UPS OFF”。

4）按“ON/OFF”按钮一次。

5）等待约40s后LCD上会显示输出电压。

6）确认逆变器指示灯亮起。

7）如果没有主输入或旁路输入，LCD会显示“输入电压低”。在旁路输入正常的情况下，控制面板上的绿色旁路指示灯亮起，这时可以通过操作电源切换按钮将负载手动地转为旁路供电或者转回逆变器供电。

8）将输出开关打到“ON”，UPS可以带负载运行。

注意：公用UPS装置中每台UPS的开机步骤同单机一致，逐一开启各台UPS即可。

（4）确认UPS输出正常，根据需要合上馈线柜各负荷开关。

2. UPS系统停运的原则性步骤

（1）停用UPS所接的所有负载，拉开馈线柜各负荷开关。

（2）UPS主机关机。

1）检查UPS所接的所有负载已停用。

2）在控制面板上连按两次“ON/OFF”按钮。

3）将UPS上的所有开关打到“OFF”状态。

4）待DC母线电容电量放完毕（约3min），前面板指示灯才会熄灭。

（3）拉开旁路总电源开关，检查旁路柜电压表确无指示。

3. UPS由主电源切至静态旁路供电运行原则性步骤

（1）检查UPS运行正常，无异常报警信号。

（2）检查面板上“同步跟踪”指示绿灯亮。

（3）检查“旁路”指示绿灯亮。

（4）连按两次电源切换按钮将UPS切至旁路供电。

（5）检查“旁路”指示灯显示红色。

（6）检查UPS输出电压正常。

（7）检查“报警”指示灯亮，并存在报警声。

4. UPS由静态旁路切至主电源供电原则性步骤

（1）检查UPS由旁路供电正常。

（2）检查面板上“同步跟踪”指示绿灯亮。

（3）按一次电源切换按钮将UPS切至主电源供电。

（4）检查“逆变器”指示灯亮。

（5）检查“旁路”指示灯显示灭。

（6）检查UPS输出电压正常。

5. 进入维修旁路模式的操作步骤

（1）确认前面板上的“同步跟踪”和“旁路”指示灯是绿色的。如果不是绿色，UPS就不能进入旁路供电模式。

（2）连按两次电源切换按钮将UPS转到旁路供电模式。

（3）确认“旁路”灯点亮（红色）。

（4）将手动维修旁路开关打到“ON”位置。

（5）将输出开关打到“OFF”位置。

（6）连按两次“ON/OFF”按钮将UPS关闭。

（7）将静态旁路开关、整流器开关和电池开关打到“OFF”位置。

（8）当前面板上的所有指示灯都熄灭后，方可对UPS内部进行维修。

6. 退出维修旁路模式并重新开机的操作步骤

（1）确认输出开关在“OFF”状态。

（2）合上整流器开关、静态旁路开关和电池开关。

（3）确认LCD上显“自检正常”的信息，接着会自动显示“UPS OFF”。

（4）按一次“ON/OFF”按钮后等待约40s，直到LCD上显示“UPS OK”的信息。

（5）连按两次电源切换按钮将UPS转到旁路供电模式。

（6）确认“旁路”指示灯点亮（红色）。

（7）合上输出开关。

（8）将手动维修旁路开关打到“OFF”位置。

（9）通过按电源切换按钮将UPS转回到逆变器供电模式。

（10）确认前面板上的“逆变器”指示灯点亮（绿色）。

7. 使用紧急关机开关后的开机操作步骤

（1）将紧急关机开关复位到初始状态（常闭）。

（2）将UPS上的电池开关、整流器开关、静态旁路开关、输出开关打到“OFF”位置。

（3）等待30～60s。

（4）按正常的开机操作步骤操作开机。

（五）UPS系统运行注意事项

（1）UPS系统的投入和停止必须在全部负载开关断开状态下进行。

（2）进入旁路供电模式之前，确认旁路正常、逆变器跟踪正常，“同步跟踪”和“旁路”指示绿灯亮。

（3）UPS启动进入稳定工作后，方可打开负载设备电源开关，先启动大功率设备，后启动小功率设备。

（4）UPS进行倒闸操作，应以馈线柜不中断供电为原则。

（5）严禁在UPS非旁路供电模式下操作手动维修旁路开关。

（6）禁止将UPS面板开关当作负载设备的电源开关来使用。

（7）禁止将UPS逆变器与手动旁路电源并联运行。

（8）连续两次点击“OFF”按钮，UPS将关机，并终止供电，当心误碰“OFF”按钮。

（9）UPS手动切至静态旁路供电，当旁路电源故障，无法回切至逆变器供电时，禁止长期运行在静态旁路工况。

（10）脱硫UPS主电源消失，蓄电池组无浮充电源，禁止长期运行在直流供电工况。

六、柴油发电机组的运行

（一）柴油发电机组概述

火力发电厂运行中因设备或系统异常有可能发生全厂停电事故，因此必须设置机组事故保安电源，在异常发生时能够向事故保安负荷继续供电，保证机组和主要辅机的安全停运。火力发电厂一般采用快速自启动的柴油发电机组作为紧急情况下单元机组的交流事故保安电源，由柴油发电机和交流同步发电机组成，它不受电力系统运行状态的影响，可靠性高。

（二）柴油发电机组的功能（以某型号的柴油发电机组为例）

1. 自启动功能

柴油发电机组保证在火力发电厂全厂停电事故中，快速自启动带负载运行。在无人值守的情况下，接启动指令后在10s内自启动成功，柴油发电机组自启动成功的定义是柴油发电机组在额定转速、发电机在额定电压下稳定运行2～3s，并具备首次加载条件。

2. 带负载稳定运行功能

（1）柴油发电机组自启动成功后，保安负荷分两级投入。柴油发电机组接到启动指令后10s内发出首次加载指令，允许首次加载不小于50%额定容量的负载（感性）。在首次加载后的5s内再次发出加载指令，允许加载至满负载（感性）运行。

（2）柴油发电机组能在功率因数为0.8的额定负载下，稳定运行12h中，允许有1h 1.1倍的过载运行，并在24h内，允许出现上述过载运行两次。柴油发电机组允许20s的2倍过载运行。柴油发电机组在全电压下直接启动容量不小于200kW的鼠笼式异步电动机。在负载容量不低于20%时，允许长期稳定运行。

3. 自动调节功能

（1）柴油发电机组的空载电压整定范围为95%～105%U_e。柴油发电机组在带功率因数为0.8～1.0的负载、负载功率在0～100%内渐变时能达到：

1）稳态电压调整率：≤±0.5%。

2）稳态频率调整率：≤±0.2%（固态电子调速器）。

3）电压波动率：≤±0.15%（负载功率在25%～100%内渐变时）。

4）频率波动率：≤0.25%（负载功率在0～25%内渐变时）。

柴油发电机组在空载状态，突加功率因数≤0.4（滞后）、稳定容量为0.2的三相对称负载或在已带80%的稳定负载再突加上述负载时，发电机的母线电压0.2s后不低于85%。发电机瞬态电压调整率在－15%～＋20%，电压恢复到最后稳定电压的3%以内所需时间不超过1s，瞬态频率调整率小于或等于5%（固态电子调速器），频率稳定时间小于或等于3s。突减额定容量为0.2的负载时，柴油发电机组升速不超过额定转速的10%。

（2）柴油发电机组在空载额定电压时，其正弦电压波形畸变率不大于3%，柴油发电机组在一定的三相对称负载下，在其中任一相加上25%的额定相功率的电阻性负载，能正常工作。发电机线电压的最大值（或最小值）与三相线电压平均值相差不超过三相线电压平均值的5%，柴油发电机组各部分温升不超过额定运行工况下的水平。

4. 自动控制功能

柴油发电机组属于无人值守电站，控制系统具有下列功能。

（1）保安段母线电压自动连续监测。

（2）自动程序启动，远方启动，就地手动启动。

（3）柴油发电机组与保安段正常电源同期闭锁功能。

（4）运行状态的柴油发电机组自动检测、监视、报警、保护。

（5）主电源恢复后远方控制、就地手动、机房紧急手动停机。

（6）蓄电池自动充电。

（7）冷却水预热。

（8）发电机空间加热器自动投入。

5. 模拟试验功能

柴油发电机组在备用状态时，模拟保安段母线电压低至25%或失压状态，能够按设定时间快速自启动运行试验，试验中不切换负荷。但在试验过程中保安段实际电压降低至25%时能够快速切换带负荷。

（三）柴油发电机组的保护

1. 动作于跳闸的保护

（1）发电机过电流保护。

（2）发电机逆功率保护。

（3）发电机失磁保护。

（4）差动保护。

（5）过电压保护。

（6）单相接地保护。

（7）润滑油压低保护。

（8）超速保护。

（9）柴油机冷却水温高保护。

2. 动作于信号的保护

（1）柴油机冷却水温度异常。

（2）柴油机润滑油油压低保护。

（3）蓄电池电压异常保护。

（4）日用油箱油位低保护。

（5）水箱水位低保护。

（6）润滑油温高保护。

（7）自启动失败保护。

（8）发电机过负荷保护。

（四）柴油发电机组的启动和停止

1. 柴油发电机组启动前检查

（1）有关柴油发电机组的各类工作票已终结，柴油发电机组本体清洁完整，无其他影响运行的障碍物。

（2）就地控制盘内外清洁，无遗留杂物，电气回路及保护投入正常，控制开关位置符合启动要求，无异常报警信号。

（3）检查润滑油油位应在正常位置。

（4）检查冷却液液位和温度正常（>21℃）。

（5）检查燃油箱放油阀门应在开启位置，燃油油量充足。

（6）检查启动用蓄电池在正常自动充电状态，电池电压和充电电流正常。

（7）检查柴油发电机组的油、水回路无渗漏现象。

（8）检查柴油机组各阀门位置是否正确。

（9）检查排气系统密封良好，附近无易燃材料，且气体可从通风口排放出去。

2. 柴油发电机组启动

（1）柴油发电机组的启动分为自动和手动两种方式。

（2）柴油发电机组的手动启动分为远方紧急启动、就地空载启动、就地试验启动三种。

（3）柴油发电机组收到启动指令后，启动引擎控制系统和启动系统。启动电动机先转动，几秒钟后，引擎就会启动并使启动电动机脱离。如果引擎无法启动，启动电动机也会一定时间后脱离并在控制盘上亮起启动超时停车指示灯。

（4）要清除一次启动失败停机，可将“0/Manual/Auto”（停机/手动/自动）开关切至“0”位置，并按下“Fault Acknowledge”（故障确认）按钮。

（5）若再次启动，需等待2min，让启动电动机冷却，然后重复启动程序。

3. 柴油发电机组停用

（1）正常情况下，柴油发电机组的停用必须在400V保安段母线的工作或备用电源恢复后进行。

（2）柴油发电机组的停用分为DCS恢复工作或备用电源停机（自动停机）、就地控制盘停机、紧急停机、保护动作停机四种。

（3）紧急停机按钮位于柴油发电机组机头控制盘的右上方，在紧急停机时按下此按钮，此时红色停机灯会亮起。要复归时，拔出紧急停机按钮后，再将“0/Manual/Auto”（停机/手动/自动）开关切至“0”位置，并按下“Fault Acknowledge”（故障确认）按钮，再根据需要将“0/Manual/Auto”（停机/手动/自动）开关切至“Manual”（手动）或“Auto”（自动）位置。

（4）如果机组由就地空载启动时，可由“0/Manual/Auto”（停机/手动/自动）开关切至“0”位置后机组立即停机。

4. 柴油发电机组启停注意事项

（1）柴油发电机组带负荷试验规定在机组停运后进行，试验前应做好保安段的事故预想。

（2）柴油发电机组应避免长时间空载运行，一般为5～10min。

（3）柴油发电机组带载运行停机后，需空载运行3～5min。

（4）恢复正常电源供电时，恢复工作和备用电源指令只允许选择一个指令发出。

（5）恢复保安段正常电源供电时，两保安段的恢复指令不能同时进行，只有在其中一保安段恢复正常后，方可进行另一保安段恢复工作。

5. 柴油发电机组的定期试验

（1）柴油发电机组应每半个月进行一次空载启动试验。

（2）柴油发电机组应每半年进行一次带负荷试验（配合机组启停进行）。

6. 柴油发电机组空载启动试验

柴油发电机组空载启动试验可分为两种方式就地启动和远方启动。正常情况下采用远方启动，只有在机组大小修时，进行柴油发电机组系统试验时，进行就地启动。

（1）就地启动。

1）检查柴油发电机组具备启动条件。

2）检查“0/Manual/Auto”（停机/手动/自动）开关切至“Manual”（手动）。

3）按下“Manual Run/Stop”（手动运行/停机）按钮，几秒钟后发电机成功启动。

4）待柴油发电机组正常运行约5min后，再次按下“Manual Run/Stop”（手动运行/停机）按钮，经3～5min柴油发电机组程序停机。

5）停机后将“0/Manual/Auto”（停机/手动/自动）开关切至“Auto”（自动）位置并复归相关报警。

（2）远方启动。

1）检查柴油发电机组具备启动条件。

2）在DCS画面按下柴油发电机组启动按钮，几秒钟后发电机成功启动。

3）待柴油发电机组正常运行约5min后，在DCS画面按下柴油发电机组停止按钮，经3～5min柴油发电机组程序停机。

7. 柴油发电机组就地手动带负荷并网试验（以某厂1号机保安A段为例）

（1）检查柴油发电机组具备启动条件。

（2）将“0/Manual/Auto”（停机/手动/自动）开关切至Auto（自动）。

（3）将柴油发电机组控制柜上“保安A段自动/试验/检修”切换开关切至“试验”位置。

（4）将输出方式切至保安A段试验位置。

（5）柴油发电机组出口开关K0自动合闸，检查柴油发电机组至保安A段进线开关K1检同期自动合闸。

（6）检查柴油发电机组输出电压、电流、频率正常。

（7）2min后柴油发电机组至保安A段进线开关K1自动分闸。

（8）再5min后柴油发电机组停运柴油发电机组出口开关K0自动分闸。

（9）将柴油发电机组控制柜上“保安A段自动/试验/检修”切换开关切至“自动”位置。

8. 保安段失电（模拟）后柴油发电机组带载启动试验（以某厂1号机保安A段为例）

（1）检查柴油发电机组在热备用状态。

（2）将保安A段TV柜盘后2个电压变送器电源开关断开。

（3）检查保安A段上级开关K3、K5开关自动跳开，柴油发电机组启动，柴油发电机组出口开关K0合闸，柴油发电机组至保安A段进线开关K1合闸。

（4）送上保安A段TV柜盘后2个电压变送器电源开关，检查保安A段母线电压正常。

（5）柴油发电机组带载运行1h。

（6）检查400V汽轮机A、B段母线电压正常。

（7）检查保安A段上级开关K3、K5开关在热备用状态。

（8）投入保安A段上级开关K3、K5联锁解除连接片。

（9）在DCS画面上按下保安A段市电恢复按钮。

（10）检查柴油发电机组至保安A段进线开关K1自动分闸，保安A段上级开关K3、K5自动合闸。

（11）检查保安A段母线电压正常，退出保安A段上级开关K3、K5联锁解除连接片。

（12）在DCS画面上按下柴油发电机组停止按钮。

（13）柴油发电机组出口开关K0自动分闸，柴油发电机组按程序停机。

（14）检查柴油发电机组系统正常，在热备用状态。

9. 柴油发电机组的运行监视与检查

（1）柴油发电机组允许在额定工况下连续运行。在运行中应连续监视，且每30min抄录表计和检查一次。

（2）柴油发电机组运行中主要监视参数：机油压力、温度，冷却水温度，蓄电池电压、电流，转速，发电机电压、电流，发电机功率、功率因数，发电机频率，柴油箱油位。

（3）直流电瓶电压应在正常范围内。

（4）柴油发电机组在运行中不得触及机组的排气管附近，以免烫伤。

（5）检查柴油发电机组的油、水回路是否有渗漏现象。

（6）检查燃油箱油位，保证柴油发电机组不中断燃油。

（7）检查柴油发电机组的润滑油油位（停机时），当接近最低刻度线时，应补充润滑油。

（8）检查冷却液液面，当发现低于散热器顶部时，即需添加冷却液。

（9）检查柴油发电机组的振动，机内有无金属摩擦等异常声响。

（10）检查柴油发电机组开关接触是否良好、有无过热现象。

（11）检查柴油发电机组控制回路及保护装置有无异常报警，接线有无松动、发热及冒烟。

（12）检查柴油发电机组各阀门位置是否正确。

（13）柴油发电机组处于热备用状态或启动后，蓄电池充电开关、燃油泵开关均应合上，电加热开关处于自动状态，柴油发电机组的程控（PLC）电源不得断开，否则将影响保安段的电源自切，危及汽轮发电机组的安全。

（14）检查柴油机房的环境温度应不高于40℃。

（15）为保证8h满负荷运行时间，油箱油位计的指示应保持2/3左右，当油位指示低于1/3时应进行加油，至2/3左右。

（16）冷却液的配制一般情况下按水70%和冷冻液30%比例添加。

（17）柴油发电机组在初次运行时间达到250h或6个月，应更换润滑油和过滤器，以后运行时间达到500h，更换润滑油和过滤器。

（18）当空气过滤器的警报指示器发出红色信号时，需要更换过滤元件。

（五）保安段失电常见事故处理（以某厂1号机为例）

注：K0：柴油发电机组出口开关；

K1：柴油发电机组至保安A段进线开关；

K2：柴油发电机组至保安B段进线开关；

K3：保安A段上级电源一；

K4：保安B段上级电源二；

K5：保安A段上级电源二；

K6：保安B段上级电源一。

1. 柴油发电机组保安电源常见异常现象

（1）保安电源失电后，柴油发电机组未启动。

（2）保安电源失电后，柴油发电机组启动，但K1、K2未合闸，K3、K4、K5、K6未分闸。

（3）保安电源失电后，柴油发电机组启动，但K1未合闸，K3、K5未分闸。

（4）保安电源失电后，柴油发电机组启动，但K2未合闸，K4、K6未分闸。

（5）保安电源失电，柴油发电机组启动又跳闸。

（6）正常运行中，保安单段母线故障，K3、K5或K4、K6跳闸。

2. 保安段失电的处理原则

（1）保安段上级开关K3、K5或K4、K6未断开，禁止强合K1或K2。

（2）保安电源全部失电后，柴油发电机组未启动，不管有无报警，第一时间按下手操盘（锅炉-汽轮机-发电机常规仪表盘柜，BTG）柴油发电机组紧急启动按钮。

（3）柴油发电机组启动后带单段保安段运行，禁止盲目强合另一段柴油发电机组进线开关K1或K2

（4）保安段单段母线故障，严禁盲目强送故障母线，严禁在BTG盘柴发紧急启动按钮。

（5）全厂停电情况下，只要柴油发电机组带起其中一段保安段运行，对另外一段保安电源恢复要慎重，必须确认母线无故障或故障已隔离且开关K3、K5或K4、K6已断开，否则绝对禁止强合K1或K2。

3. 保安段失电后的处理步骤

（1）保安电源失电后，柴油发电机组未启动的处理。

1）盘操立即在BTG盘按下“紧急启动柴油发电机组”按钮，调出保安电源画面监视柴油发电机组启动，K0自动合闸，自动跳开K3、K4、K5、K6开关，自动合上K1、K2开关，使保安段恢复。

2）如果柴油发电机组未启动：同时派2人去柴油发电机组就地，随时准备就地强启柴油发电机组，派2人去保安段、汽轮机段，并在直流室将本单元两台机组 220V 直流系统手动合环。

3）盘上检查 K3、K4、K5、K6 开关状态，如未断开立即断开 K3、K4、K5、K6 开关。如断不开，联系在汽轮机段的 1 人断 K3、K5 开关，保安、锅炉段的 1 人断 K4、K6 开关。

4）联系柴油发电机组就地人员，就地在柴油发电机组就地控制面板处将“0/Manual/Auto（停机/手动/自动）”转换开关置于“0（停机）”，长时间按住“Fault Acknowledge”故障复位按钮，直至将故障信号复位。

5）在柴油发电机组控制面板处将“0/Manual/Auto（停机/手动/自动）”转换开关置于“Manual（手动）”位置，按动“Manual Run/Stop”按钮一次，启动机开始转动曲轴带动发电机运转，数秒之后，发电机将启动成功，同时启动机脱离。

6）如果柴油发电机组未启动，连续重复进行上述操作步骤，直至柴油发电机组启动。

7）柴油发电机组启动后，另一人立即在柴油发电机组并网柜强合 K0 开关。

8）K0 开关合闸后，联系盘上合上 K1、K2 开关，如果 K1、K2 开关合不上，立即联系保安段 1 人确认 K4、K6 断开后，合上 K2 开关，待确认汽轮机段 K3、K5 开关断开后，合上 K1 开关。

9）启动重要设备，停运直流油泵。

（2）保安电源失电后，柴油发电机组启动但 K1、K2 开关未合闸，K3、K4、K5、K6 开关未分闸的处理。

1）盘操立即在 BTG 盘按下“紧急启动柴油发电机组”按钮，自动跳开 K3、K4、K5、K6 开关，自动合上 K1、K2 开关使保安段恢复。

2）同时派 2 人去保安段、汽轮机段（1 人断开 K3、K5 开关，1 人断开 K4、K6 开关），在保安段 1 人先合上 K2 开关，待确认汽轮机段 K3、K5 开关断开后合上 K1 开关。

（3）保安电源失电后，柴油发电机组启动但 K1 开关未合闸，K3、K5 开关未分闸的处理。

1）盘操立即检查保安 B 段设备联启正常，否则手动强启保底线设备。

2）盘操在 BTG 盘按下“紧急启动柴油发电机组”按钮，检查 K3、K5 开关，自动跳闸，K1 开关自动合闸。

3）如果切换不成功，禁止盲目强合 K1 开关，必须确认 K3、K5 开关手动断开后，方可合 K1 开关。

（4）保安电源失电后，柴油发电机组启动但 K2 开关未合闸，K4、K6 开关未分闸的处理。

1）盘操立即检查保安 A 段设备联启正常，否则手动强启保底线设备。

2）盘操在 BTG 盘按下“紧急启动柴油发电机组”按钮，检查 K4、K6 开关，自动跳闸，K2 开关自动合闸。

3）如果切换不成功，禁止盲目强合 K2 开关，必须确认 K4、K6 开关断开后，方可合 K2 开关。

（5）保安电源失电，柴油发电机组启动后又跳闸的处理。

1）同时派去 2 人去柴油发电机组就地，就地强启柴油发电机组，派 2 人去汽轮机段和保安段（1 人断 K3、K5 开关，1 人断 K4、K6 开关），并在直流室将本单元两台机组 220V 直流系统手动合环。

2）盘上检查 K3、K4、K5、K6 开关状态，如未断开则立即断开 K3、K4、K5、K6 开关。如断不开，立即同时派 2 人去保安段、汽轮机段（1 人断 K3、K5 开关，1 人断 K4、K6 开关）。检查 K3、K4、K5、K6 开关保护告警状态，确认保安段母线故障情况，确认故障母线，并将该母线段 K1（或 K2）开关隔离。

3）检查柴油发电机组故障信息，就地将柴油发电机组就地控制面板处将“0/Manual/Auto（停机/手动/自动）”转换开关置于“0（停机）”长时间按住“Fault Acknowledge”故障复位按钮，直至将故障信号复位。

4）在柴油发电机组控制面板处将“0/Manual/Auto（停机/手动/自动）”转换开关置于“Manual（手动）”位置，按动“Manual Run/Stop”按钮一次，启动机开始转动曲轴带动发动机运转，数秒之后，发电机将启动成功，同时启动机脱离。

5）如果柴油发电机组未启动，连续重复进行上述步骤，直至柴油发电机组启动。

6）柴油发电机组启动后，另一人立即在柴油发电机组并网柜强合 K0。

7）K0 开关合闸后，联系盘上合上无故障保安段柴油发电机组电源进线 K1（或 K2）开关。

（6）正常运行中，保安单段母线故障，K3、K5 开关或 K4、K6 开关跳闸的处理。

1）此时柴油发电机组不启动。

2）迅速检查另一段保安电源正常，设备联启正常，否则手动强启设备。

3）若设备未联启，造成机组 RB 工况，RB 动作后，应监视蒸汽温度、蒸汽压力、水位是否正常，油枪是否自动投入，炉膛燃烧是否稳定。如自动调整失灵，应立即改为手动调节。

4）检查直流系统、UPS 电源是否正常。

5）远方 DCS 启动柴油发电机组，将柴油发电机组旋转备用，否则就地启动柴油发电机组。（此时注意：严禁在 BTG 盘按柴油发电机组紧急启动按钮）

6）检查母线有关设备，如系某分路故障越级跳闸，则应立即将该分路拉开，恢复保安电源。

7）如检查不出故障点，则拉开母线上所有分路，测量母线绝缘合格后，选用备用电源对空母线试送一次，成功，逐一测量各分路绝缘合格后试送。失败，停用检修。

七、励磁系统的运行

（一）发电机励磁系统工作原理简介

同步发电机是电力系统的主要电源设备，它是将旋转形式的机械功率转换成电磁功率形式的设备，为完成这一转换，它本身需要一个直流磁场，产生这个磁场的直流电流称为同步发电机的励磁电流。

同步发电机的励磁系统主要由励磁功率单元和励磁调节器（装置）两大部分组成。励磁功率单元是指向同步发电机转子绕组提供直流励磁电流的励磁电源部分，而励磁调节器则是根据控制要求的输入信号和给定的调节准则控制励磁功率单元输出的装置。由励磁调节器、励磁功率单元和发电机本身一起组成的整个系统称为励磁控制系统。

（二）励磁系统的主要作用

（1）根据发电机负荷变化相应地调节励磁电流，以维持机端电压为给定值。

（2）控制并列运行发电机间无功功率分配。

（3）提高发电机并列运行的静态稳定性。

（4）提高发电机并列运行的暂态稳定性。

（5）在发电机内部出现故障时，进行灭磁，以减小故障损失程度。

（6）根据运行要求对发电机实行最大励磁限制及最小励磁限制。

（三）发电机励磁系统的分类

1. 他励系统

经可控硅进行整流供给励磁。这类励磁系统由于交流励磁电来自主机之外的其他独立电源，称为他励系统。用作励磁电源的同轴交流发电机称为交流励磁机。当交流励磁机电枢和可控硅整流器一起同主轴旋转时，直接给发电机转子提供励磁电流，不需要滑环和电刷，故称为无刷励磁。当交流励磁机磁场旋转，可控硅整流器处于静止状态的，称为他励静态励磁。

2. 自励系统

交流励磁变压器接在发电机出口或者厂用母线上。因励磁电源取自发电机自身或发电机所在的系统，故称为自励整流励磁系统。因为励磁变压器与硅整流都是静止的，所以称为全静态励磁系统（又称自并励励磁系统）。

（四）无刷励磁系统结构及特点

以某1000MW机组为例，无刷励磁励磁系统是主要由旋转整流装置、三相主励磁机、三相副励磁机、冷却器、计量和监控装置等组成的无刷励磁系统。正常运行时，旋转整流盘、主励磁机电枢绕组、副励磁机永磁钢与发电机转子绕组同轴并随转子一同旋转。全套励磁系统有4个盘柜，分别为励磁调节器柜、可控硅整流柜、灭磁开关柜、转子接地保护柜。三相主励磁机是一个6极旋转电枢电动机，输出频率为150Hz，在两个磁极中间装有感应测量励磁电流用的交轴线圈。三相副励磁机是一个16极旋转磁场电动机，每个极有6个分开的永磁钢，输出频率为400Hz。旋转整流装置的主要元件是硅二极管，每两个二极管并联安装并与一个熔断器相连，共120个硅二极管、60个熔断器，组成6个臂，安装在两个整流盘上接成一个三相整流桥电路，两个整流盘分别接至发电机转子正、负极。为了抑制过电压，每个盘还有6个RC回路，每个回路由一个电容和一个阻尼电阻组成。

励磁机采用空气冷却。冷却空气在一个密闭回路里循环，并通过装在励磁机旁边的两个冷却器冷却。主励磁机的冷却空气经过副励磁机由风扇打入，空气从两端进入主励磁机，然后经过在转子本体下面的风道，通过在转子铁心中的径向槽排出，经过导风罩进入底板下的风道，热空气通过冷却器冷却后再返回到主励磁机外罩。为了避免在发电机停机或盘车时在励磁机内形成湿气结露，使用干燥器去除励磁机外罩内空气的湿气。

励磁调节器采用双通道数字式AVR，每个通道完全独立，并独立运行实现所有的控制功能；两个自动控制通道之间相互通信、相互热跟踪。

AVR具有微调节和提高发电机暂态稳定的特性。具有双自动和双手动通道，各通道之间相互独立。各备用通道可相互跟踪，保证无扰动切换。AVR与DCS接口实现控制室内对AVR的远方操作。

（五）自并励励磁系统的特点

1. 自并励励磁系统的优点

（1）因该系统无旋转励磁机，励磁系统接线简单，可靠性高，且造价低。

（2）由于取消交流励磁机，使轴系缩短，提高了轴系的稳定性。

（3）对于静态稳定性而言，静态励磁系统顶值励磁的反应速度快，可以有较大的电压放大倍数，能够使发电机达到更大的极限功率角，从而可以提高电力系统的稳定性。

（4）发电机出口短路时短路电流衰减很快，会影响继电保护的动作，因采用封闭母线结构，短路率很小，不需要考虑此点。

2. 自并励励磁系统的缺点

（1）整流输出的直流顶值电压受发电机端或电力系统短路故障形式（三相、两相或单相短路）和故障点远近等因素的影响。

（2）需要起励电源。

（3）存在滑环和电刷。

（六）自动电压调节器（AVR）

1. 概述

自动电压调节器（AVR）为2套独立的数字式AVR（DAVR），每套容量均为100%，当其中一套AVR退出运行或检修时，另一套可以独立完成所有功能，并与检修的AVR隔离。2套AVR互为备用，可实现相互无扰切换。每套AVR采用独立的输入/输出，并分别提供各自的手动通道和自动通道，要求性能可靠。每套AVR均接受来自不同的TV和TA二次侧的信号量，输出信号分别经脉冲放大器放大后形成触发脉冲去控制可控硅整流器。当工作系统故障时，将自动切换至备用系统，通道的切换不应造成发电机无功功率的明显波动。每一个AVR都包含手动励磁控制功能。

2. 自动电压调节器（AVR）的主要功能

（1）AVR具有在线参数整定功能。

（2）AVR具有用于硬件和软件的自诊断功能和检验调试各功能的软件和接口，能及时地检测出异常情况并提供处理步骤。

（3）AVR的过励限制单元具有与发电机转子绕组发热特性匹配的反时限特性，在达到允许强励时间时将励磁电流限制在不大于额定值。

（4）AVR的低励限制特性应由系统静稳定极限和发电机端部发热限制条件确定。

（5）AVR具有电压互感器回路失压时防止误强励的功能。

（6）AVR具有录波功能，以提供故障分析和试验分析之用；还具有周期性地循环记录控制参数的功能，且记录的项目可以予以修改。

（7）AVR能检测励磁调节器各控制单元中的输出量。

（8）AVR自带显示屏可以方便地显示试验参数和动态特性，也可通过通信接口把所记录的参数送到专用的维护工具以图形方式显示趋势。

（七）励磁系统的启动、运行和停止操作

1. 励磁系统启动前的检查

（1）对系统的维护工作已停止。

（2）控制柜和功率柜已准备就绪并已锁上。

（3）励磁变压器和励磁柜系统检查正常。

（4）合上励磁开关控制电源和调节器电源。

（5）没有报警或故障信息。

（6）励磁系统切至远方控制。

（7）励磁系统切至自动方式运行。

（8）发电机达到额定转速。

2. 励磁系统启动步骤

（1）确认发电机处于额定转速。

（2）合上励磁开关。

（3）检查励磁开关合好。

（4）在励磁系统CRT画面上励磁投入/退出操作端中点击“投入”，“确认”。

（5）检查起励达到整定电压值后自动退出。

（6）发电机电压自动升至额定电压。

（7）使用升高/降低键调节发电机电压。

（8）启动完毕。

3. 励磁系统运行中的检查

（1）控制室内检查。

1）发电机电压、电流及励磁电压、电流指示正常且稳定。

2）无报警和限制器动作信号。

3）备用跟踪正常。

4）励磁机风温（或环境温度）显示正常。

（2）励磁系统电子间检查。

1）电子间空调运行正常，室内温度控制在25℃左右。

2）“自动”和“手动”通道的设定值都不在其限制位置。

3）自动/手动跟踪显示正常。

4）励磁调节器柜无报警动作，各仪表指示正常。

5）整流柜各冷却系统工作正常，整流桥温度正常，空气进出风口无杂物堵塞。

6）调节器无异常声音。

7）调节器各柜门均在关闭状态，冷却风机运行正常。

8）检查整流柜输出正常。

（3）励磁机室检查。

1）检查旋转整流盘熔断器无熔断。

2）励磁机冷却器无渗漏现象。

3）励磁机冷风温度不超过40℃。

4）检测用电刷无打火、无过短现象。

5）励磁机干燥器状态正常。

6）励磁机室门窗密封严密。

4. 励磁系统运行规定

（1）当发电机强励时，允许以不小于1.8倍的转子额定电压强励10s时间。

（2）正常情况下，调节器应选择“远方控制”方式，由远方进行控制，运行人员不允许在就地控制屏操作。

（3）正常情况下，调节器应选择自动控制，自动控制故障后自动切换为手动控制，手动控制方式需要操作员对励磁进行监视与调整。在自动方式恢复正常后，应手动切回到自动方式。

（4）在通道无故障时，非工作通道自动跟踪工作通道，这时可从任一通道切换至另一通道。切换时应检查通道间跟踪正常。如果备用通道有故障则不允许切换。

（5）手动/自动切换，必须在手动/自动跟踪正常时才允许切换。

（6）在手动方式运行时，及时汇报调度，应有专门运行人员对发电机励磁进行连续监视和调节，不允许在手动方式下长期运行。

（7）励磁系统投入前，发电机达到额定转速。

（8）副励磁机定子回路有工作，必须保证发电机转子停转后方可进行。

（9）励磁小间内禁止使用移动电话及对讲机等无线收发设备。

（10）励磁机室门、励磁系统柜门在正常运行中不允许打开。

5. 励磁系统典型故障报警及处理

励磁系统典型故障报警及处理见表5-17。

表5-17 励磁系统典型故障报警及处理

序号	自检报警元件	指示灯		是否闭锁装置	含义	处理意见
		运行	报警			
1	装置闭锁	○	×	是	装置闭锁总信号	查看其他详细自检信息
2	板卡配置错误	○	×	是	装置板卡配置和具体工程的设计图纸不匹配	通过“装置信息”—“板卡信息”菜单，检查板卡异常信息；检查板卡是否安装到位和工作正常
3	定值超范围	○	×	是	定值超出可整定的范围	根据说明书的定值范围重新整定定值
4	定值项变化报警	○	×	是	当前版本的定值项与装置保存的定值单不一致	通过“定值设置”—“定值确认”菜单确认；通知厂家处理
5	装置报警	×	●	否	装置报警总信号	查看其他详细报警信息
6	版本错误报警	×	×	否	装置的程序版本校验出错	工程调试阶段下载打包程序文件消除报警；投运时报警通知厂家处理
7	定子电压不平衡	×	●	否	定子电压三相不平衡	检查定子TV二次侧电压和回路是否正常，TV熔丝是否正常
8	定子电流不平衡	×	●	否	定子电流三相不平衡	检查定子TA二次侧电流和回路是否正常
9	有功不平衡	×	●	否	有功功率三相不平衡	检查发电机电压和电流是否存在不对称，检查电压和电流相位关系是否一致
10	无功不平衡	×	●	否	无功功率三相不平衡	检查发电机电压和电流是否存在不对称，检查电压和电流相位关系是否一致
11	同步电压不平衡	×	●	否	同步电压三相不平衡	检查同步TV二次侧电压和回路是否正常
12	励磁电流不平衡	×	●	否	励磁电流三相不平衡	检查励磁TA二次侧电流和回路是否正常
13	仪用TV断线	×	●	否	仪用TV电压低于测量TV电压	检查仪用TV二次侧电压和回路是否正常，TV熔丝是否正常

续表

序号	自检报警元件	指示灯		是否闭锁装置	含义	处理意见
		运行	报警			
14	光耦失电	×	●	否	24V光耦开入电源消失	检查本装置24V开入电源是否正常，必要时更换电源插件
15	调节器双主	×	●	否	双通道配置的2套调节器均处于主状态	检查NR1525插件的输入、输出回路是否正常，通过主从强制切换将其中一套装置置为从
16	硬负反馈自动退出	×	●	否	硬负反馈自动退出运行	励磁电流硬反馈时，检查励磁电流测量是否正确；励磁电压硬反馈时，检查励磁电压测量是否正确
17	定子电压频率异常	×	●	否	定子电压频率超出上下限	检查发电机电压当前频率是否正常，定值设置是否正确
18	定子电压相位异常	×	●	否	定子电压三相相位不满足120ω（电角度）	检查定子TV二次侧电压幅值、相序、相位是否正常
19	同步电压频率异常	×	●	否	同步电压频率超出上下限	检查同步电压当前频率是否正常，定值设置是否正确
20	同步电压相位异常	×	●	否	同步电压三相相位不满足120°电角度	检查可控硅整流桥交流电压，同步TV二次侧电压幅值、相序、相位是否正常
21	出口开关异常	×	●	否	装置判断的出口开关状态与定值不一致	检查出口开关触点类型和参数“其他定值”—“出口开关类型”是否一致
22	主从通信中断	×	●	否	主从通信异常时从通道发出此报警	检查光纤连接线是否完好，两端的接口是否连接完好
23	电源故障	×	●	否	交流输入掉电或直流输入掉电时，发出此报警	检查交直流双路输入电源是否正常
24	定值校验出错	×	●	否	管理程序校验定值出错	通知厂家处理
25	变送器异常	×	●	否	接入NR1410的变送器异常	检查变送器供电是否正常，检查变送器输入、输出是否正常，必要时更换变送器
26	主从通信中断	×	●	否	主从通信异常时从通道发出此报警	检查光纤连接线是否完好，两端的接口是否连接完好
27	电源故障	×	●	否	交流输入掉电或直流输入掉电时，发出此报警	检查交直流双路输入电源是否正常
28	定值校验出错	×	●	否	管理程序校验定值出错	通知厂家处理
29	变送器异常	×	●	否	接入NR1410的变送器异常	检查变送器供电是否正常，检查变送器输入、输出是否正常，必要时更换变送器

注　“●”表示点亮；“○”表示熄灭；“×”表示无影响。

6. 励磁系统停止步骤

（1）降低发电机有功、无功功率（使用升高/降低键）。

（2）断开发电机主断路器。

（3）降低发电机电压（使用升高/降低键）。

（4）在励磁系统CRT画面上励磁投入/退出操作端中点击“退出”，“确认”。

（5）拉开励磁开关。

（6）检查励磁开关断开。

励磁系统紧急停止：当外围设备的故障导致励磁系统既不能使用远方控制也不能使用就地控制，此时，使用励磁柜上的“紧急停机”按钮，可以紧急停机。

（八）电力系统静态稳定器（PSS）装置

1. 概述

电力系统稳定器（Power System Stabilizer，PSS）是励磁系统的一种功能，是用来抑制有功振荡的，励磁系统正常工作以机端电压为反馈量，PSS是在这个基础上加入了有功的反馈，也就是在有功发生振荡时为系统增加一个阻尼，使振荡尽快平稳。单独一个电厂投入PSS是没有效果的，只有大部分电源点都投入PSS，电网的抗振荡能力才能提高。电网要求电厂投入PSS主要是为了电网运行的稳定。

发电机自动电压调节器是一种附加励磁控制装置，主要作用是给电压调节器提供一个附加控制信号，产生正的附加阻尼转矩，来补偿以端电压为输入的电压调节器可能产生的负阻尼转矩，从而提高发电机和整个电力系统的阻尼能力，抑制自发低频振荡的发生，加速功率振荡的衰减。

2. PSS装置投入条件

（1）发电机励磁系统试验良好。

（2）励磁调节器工作通道自动调节正常，备用通道跟踪正常。

（3）PSS的投退操作在调节柜内操作PSS投退操作把手，远方、就地模式下均可操作。

八、电压自动调节（AVC）装置的运行

（一）电压自动调节（AVC）装置的简介

电网AVC系统由设在中调的AVC主站及电厂、变电站侧的AVC装置构成。发电厂AVC装置既可以接收主站的电压无功目标，实施全网的闭环控制，又可以实施以电厂为单位的电压控制，从而将本厂母线电压保持在合理的范围内。AVC电压自动调节装置由AVC中控单元、AVC无功电压自动调控装置（终端）两个部分组成。调度中心AVC主站每隔一段时间（根据实际要求，数分钟不等）对网内具备条件的发电机组或电厂下发母线电压指令，发电厂侧通信数据处理平台同时接受主站的母线电压指令和远

动终端采集的实时数据，将数据通过现场通信网络发送至 AVC 无功自动调控装置，AVC 装置控制机组的无功出力。

（二）电压自动调节（AVC）装置的投入

1. AVC 装置投入运行前的检查

（1）确认该机组 AVC 装置上位机控制屏电源小开关确在合闸位置。

（2）确认该机组 AVC 装置后台机控制屏电源小开关确在合闸位置。检查 AVC 装置专用的 UPS 装置工作正常，处于良好的备用状态。

（3）确认 AVC 装置上位机投入“全厂”“远方”运行模式，无异常报警信号。

（4）确认该号机组 AVC 装置各下位机控制屏电源小开关确在合闸位置，无异常报警信号。

（5）确认该机组各 AVR 装置在远方自动控制方式。

（6）确认“励磁系统”画面中 AVC 控制目标无功的设定值上限、下限设置正确。

（7）确认后台机上“单元闭锁状态图”上显示的信息正确（相应方块为红色表示没有闭锁信号，绿色表示有相应的闭锁信号）。

（8）确认后台机上主接线图上显示的各发电机组运行参数正常。

（9）AVC 装置 RTU 系统和 AVC 装置之间通信正常。中调和电厂 AVC 装置之间通信正常。

2. 机组 AVC 控制方式的投、退规定

（1）机组 AVC 控制的正常投、退应按中调调度员的指令进行。

（2）投入 AVC 功能的机组因设备缺陷退出 AVC 闭环控制的，应及时向中调提交检修申请。

（3）出现 AVC 装置故障、通信故障等异常时，汇报中调同意后，可将 AVC 子站退出。紧急情况下，现场可人工将机组 AVC 控制紧急退出运行，并及时汇报中调。AVC 装置退出运行期间，按中调下发的当月电压曲线进行电压控制。

（4）AVC 装置因某一安全约束条件越限自动退出运行时，也应及时汇报中调。

（5）AVC 定值由中调下发执行，未经调度许可任何人不得修改。

（6）机组正常降负荷至 30%负荷以下运行时，应联系中调调度员先退出机组 AVC 控制方式运行。

3. 机组 AVC 装置的投退

（1）机组 AVC 装置的投入原则性步骤。

1）联系电气二次专业确认 AVC 装置上位机投运正常，AVC 装置参数定值已设置完毕，具备下位机投入条件。

2）检查机组 AVC 装置监控画面无异常信号报警。

3）检查机组 AVC 装置显示屏上位机投退控制方式“投入”。

4）检查机组AVC装置显示屏远方就地控制切换开关在“远方”。

5）检查机组NCS画面无AVC装置异常信号报警。

6）检查机组DCS画面无功及励磁电压电流参数正常。

7）在机组DCS画面投入AVC装置“自动调节”方式。

8）测量机组AVC装置增励连接片两端无电压。

9）投入机组AVC装置增励连接片。

10）测量机组AVC装置减励连接片两端无电压。

11）投入机组AVC装置减励连接片。

12）将机组AVC装置下位机投退控制开关切至“投入”。

13）监视机组DCS画面无功及励磁电压电流参数无异常变化。

（2）机组AVC装置的退出原则性步骤。

1）检查机组AVC装置监控画面无异常信号报警。

2）检查机组DCS画面无功及励磁电压电流参数正常。

3）检查机组NCS画面无AVC装置异常信号报警。

4）联系电气二次专业配合退出机组AVC装置。

5）将机组AVC装置下位机投退控制开关切至“退出”。

6）退出机组AVC装置增励连接片。

7）退出机组AVC装置减励连接片。

8）联系电气二次专业退出机组AVC装置上位机。

（三）电压自动调节（AVC）装置运行注意事项

（1）整个AVC系统是一个闭环的控制系统，正常情况下，运行人员不需要干预。当AVC系统正常运行时，AVC装置自动跟踪调度下发的母线电压或机组无功目标值，自动根据系统情况调整和分配无功负荷，或闭锁不具备调节条件的发电机调节，并将AVC系统情况送到NCS网络。

（2）运行人员应做好装置的日常巡视工作。运行人员可以通过NCS网络监视AVC系统的运行状况（包括AVC系统投退情况、调节情况、某台机组的调节情况等）。紧急情况下，直接退出AVC子站系统或某台机组AVC功能。

（3）AVC系统是一个全网协调控制系统，主站对AVC子站具备监视和控制功能，运行人员发现AVC子站执行异常后，应及时向中调报告。

（4）机组并网后，负荷到30%以上时，如装置无异常告警，运行人员应把相应机组AVC执行终端投入运行，并按调度要求及时投入AVC运行。

（5）当系统只出现增磁闭锁或减磁闭锁信号表示机组实时数据越AVC系统参数限制值，属于正常情况。如同时出现增减闭锁信号，表示系统异常机组已经不可控，机组AVC功能应自动退出。

（6）运行人员如发现AVC调节行为异常，如持续大幅度增磁或减磁，导致机组无功持续增加或下降，应立即退出该机组AVC运行，退出对应机组AVC装置面板的增、减磁出口连接片。紧急情况下，直接退出AVC系统运行。

(7) 运行人员应监视无功运行范围。发现超限立即手动切除装置。

(8) 在DCS画面上操作AVC投入、退出时，每一步操作应间隔0.5min。

(9) 如在NCS监视画面上出现“AVC投入返回”信号消失，运行人员应判断本机AVC退出运行，应当立即查找原因，汇报调度，同时加强电压的监视和调整。如出现“AVC自检正常”信号消失，立即到公用二次设备间检查上位机和下位机，同时通知电气自动专业检查原因。

(10) 当机组启机并网后，负荷在30%以下时，运行人员应根据机组实际情况调整无功，保证机组无功不超上下限，投入AVC后，不再调整无功。

(11) 当机组停机时，解列前应先降低机组无功到较小值，防止对其他投入AVC机组产生影响。

(12) 当线路发生接地或重合闸动作等情况使母线电压波动大时，机组AVC可能退出，当故障消除，母线电压稳定后，按调度要求投入AVC。

九、高压变频装置的运行

(一) 凝结水泵变频装置简介

随着高压变频调速装置技术的日益成熟和可靠性的大幅提高，考虑当前机组参与调峰和低负荷运行的现状，采用变频技术改造凝结水泵等耗电较大的辅机设备已经成为发电厂实现节能降耗、降低厂用电率的重要手段之一。

(二) 凝结水泵变频装置运行方式

配备3台凝结水泵的机组，通常采用两套变频装置，变频装置采取一拖一的方式运行，通过切换旁路柜内的隔离开关进行工频和变频方式的切换。正常运行凝结水泵采取两台变频运行、一台工频备用的方式，可实现事故状态下的联锁启停。变频装置由上位机柜、旁路柜、变压器柜和功率柜及控制柜组成。

凝结水泵有变频和工频两种运行方式，可通过旁路柜内的隔离开关进行运行方式的切换。正常运行只允许全部变频运行或全部工频运行。

变频装置的启停有就地和远方两种控制方式。就地控制方式下，可通过就地功率控制柜上的启、停来操作，遇故障时可实现就地事故急停按钮急停及故障消声操作。在远方控制方式下，遇故障时可实现就地事故急停按钮急停。

(三) 凝结水泵变频装置的投退

1. 变频转工频原则性操作步骤

(1) 执行变频装置停机操作。

(2) 断开凝结水泵6kV开关。

（3）将变频装置旁路柜内的变频输入隔离开关分闸，将变频输出隔离开关分闸，将工频隔离开关合闸。

（4）将凝结水泵6kV开关合闸，检查凝结水泵工频启动。

2. 工频转变频原则性操作步骤

（1）断开凝结水泵6kV开关，凝结水泵停运。

（2）将变频装置旁路柜内的工频隔离开关分闸，将变频输入隔离开关合闸，将变频输出隔离开关合闸。

（3）合上凝结水泵6kV开关，启动变频装置。

3. 凝结水泵工频方式测绝缘送电原则性操作步骤

（1）检查凝结水泵6kV开关在分闸，开关小车在试验位。

（2）检查变频装置旁路柜内的变频输入隔离开关分闸，变频输出隔离开关分闸，工频隔离开关合闸。

（3）在变频装置旁路柜至凝结水泵电动机出线处测电动机绝缘。

（4）在凝结水泵6kV开关至变频装置旁路柜处测电缆绝缘。

（5）在变频装置旁路柜测测变频器绝缘。

（6）将变频装置旁路柜内的工频隔离开关合闸，变频装置工频方式运行。

（7）凝结水泵6kV开关送电。

（8）将凝结水泵6kV开关合闸，检查凝结水泵工频启动。

4. 凝结水泵变频方式测绝缘送电原则性操作步骤

（1）检查凝结水泵6kV开关在分闸，开关小车在试验位。

（2）检查变频装置旁路柜内的变频输入隔离开关分闸，变频输出隔离开关分闸，工频隔离开关合闸。

（3）在变频装置旁路柜至凝结水泵电动机出线处测电动机绝缘。

（4）在凝结水泵6kV开关至在变频装置旁路柜处测电缆绝缘。

（5）在变频装置旁路柜测变频器绝缘。

（6）将变频装置旁路柜内的工频隔离开关分闸，将变频装置旁路柜内的变频输入隔离开关合闸，将变频装置旁路柜内的变频输出隔离开关合闸，变频装置变频方式运行。

（7）将凝结水泵6kV开关送电。

（8）将凝结水泵6kV开关合闸，检查凝结水泵变频启动。

5. 凝结水泵变频（或工频）方式停电检修原则性操作步骤

（1）将凝结水泵6kV开关分闸，检查凝结水泵停运。

（2）将凝结水泵6kV开关转检修。

（四）凝结水泵变频装置的日常巡视检查

（1）认真监视并记录变频器触摸屏上的各显示参数，发现异常应即时反映。

（2）认真监视并记录变频室的环境温度，环境温度不能超过40℃。

（3）变频器柜门上的过滤网通常每周应清扫一次。如工作环境灰尘较多，清扫间隔还应根据实际情况缩短。

（4）变频器运行过程中，一张标准厚度的笔记本纸应能吸附在柜门进风口滤网上。

（5）变频室必须保持干净。

（6）变频室的通风、照明必须良好，通风设备能够正常运转。

（7）变频器功率模块柜出风口温度不能超过 50℃。

（8）检查变频器系统冷却风机的运转情况，一旦发现变频器或输入变压器风扇停转，通知专业人员进行维修。

（9）检查整流变压器的温升情况，一旦发现整流变压器温度超过 120℃时，通知专业人员进行维修。

（10）检查装置整体是否有异常振动、异常声音和异常气味。

十、火力发电厂 FCB 功能开发及应用

（一）火力发电厂 FCB 项目介绍

1. 项目背景

沿海电厂容易遭到台风袭击，跨区域直流输电系统在一定程度上也存在安全稳定性问题，加之其他不确定性因素的存在，电网大面积停电事故发生的可能性仍然不容忽视，此类事故一旦出现，对经济发展和社会秩序稳定都会带来很大的影响，因此开展大型火电机组 FCB 功能试验研究，使其具备 FCB 功能，对电网及发电企业安全稳定运行和抵御风险都具有十分重要的意义。

2. FCB 功能介绍

FCB（FAST CUT BACK）有两种含义，一是指电网故障时发电机、锅炉和汽轮机不跳闸，带厂用电小（孤）岛运行方式；二是指停机不停炉运行方式，即汽轮机和发电机跳闸，锅炉仍以最低稳燃负荷运行，便于机组快速恢复并网。本小节介绍的 FCB 功能主要指一，也是实现难度更大的一种运行方式。

3. 某电厂 1000MW 机组主设备概况

某电厂 6 号机组三大主机设备全部采用上汽产品，汽轮机为 1000MW 超超临界凝汽式汽轮机，配置了 100%容量高压旁路和 65%容量低压旁路，锅炉为超超临界变压运行直流炉。该机组的热力系统配备大容量的高低压旁路，为机组 FCB 动作过程中的能量平衡提供了比较好的设备基础，另外，该机组为超超临界机组，只需通过维持凝汽器、除氧器水位达到工质平衡。发电机为三相同步水-氢-氢冷汽轮发电机，发电机出口及主变压器出口均装设有断路器，每台机组设两台高压厂用变压器，其电源从主变压器和发电机出口断路器之间引接。机组正常解列及并网通过发电机出口开关实现，因主变压器高压侧开关没有同期并网功能，需进行设备改造具备同期功能。控制系统采用和利时公司生产的分散控制系统，有一定 FCB 逻辑改造控制

基础。

4. FCB 技术难点

（1）FCB 动作后，汽轮机转速能否快速稳定。

（2）FCB 动作后，机组热力系统工质能量是否能够维持平衡。

（3）FCB 动作后，机组自带厂用电运行，电压、频率波动对电气设备的影响是否可控。

（二）技术方案分析

1. 总体方案

（1）正常方式（即非 FCB 动作情况下）：发电机正常并网、保护动作依然以发电机出口断路器作为控制对象。

（2）FCB 触发动作：安全稳定控制装置触发动作跳开主变压器高压侧断路器 5041 和 5042（发电机出口开关 806 保持合闸状态），机组带厂用电（孤岛）运行。

（3）过程控制：DEH 转入负荷转速控制器起作用下的转速控制方式；DCS 系统触发 RB 回路动作、锅炉目标负荷为 50%；旁路系统进入压力控制模式；系统协调控制实现工质、能量平衡。

（4）FCB 动作后并网恢复：若电网要求该机组作为提供黑启动源点时，则直接合闸主变压器高压侧 5041 或 5042 开关给线路充电。若电网已恢复带电时，该机组可采用 5042 实现同期并网（该断路器需改造增加同期装置）。

2. 电气方案

（1）FCB 电气断开点。

受发电机出口开关安装位置影响，选择主变压器高压侧 5041 或 5042 开关作为 FCB 动作断开点，参照图 5-1。

（2）FCB 切机方案。

1）电网故障时，安全稳定控制装置动作跳开主变压器高压侧 5041 和 5042 断路器，发电机带厂用变压器运行。

2）电网调整 6 号机安全稳定控制装置切机顺序，最后切 6 号机。

3）安全稳定控制装置作为判断电网故障手段，触发电气 FCB 动作信号，逻辑如下（以下条件与）。

a. 安全稳定控制装置切机信号（3 取 2）。

b. 主变压器 500kV 侧边开关 5041 开关跳闸。

c. 主变压器 500kV 侧中开关 5042 开关跳闸。

电气 FCB 动作信号经三取二后分别送入机组热工 DCS 和 DEH 系统。

4）FCB 动作后系统恢复方案。

根据电网故障情况，主要有以下三种恢复方案。

a. 电网故障后，电网首先恢复带电，可利用该机组主变压器高压侧开关 5042 同期并网。

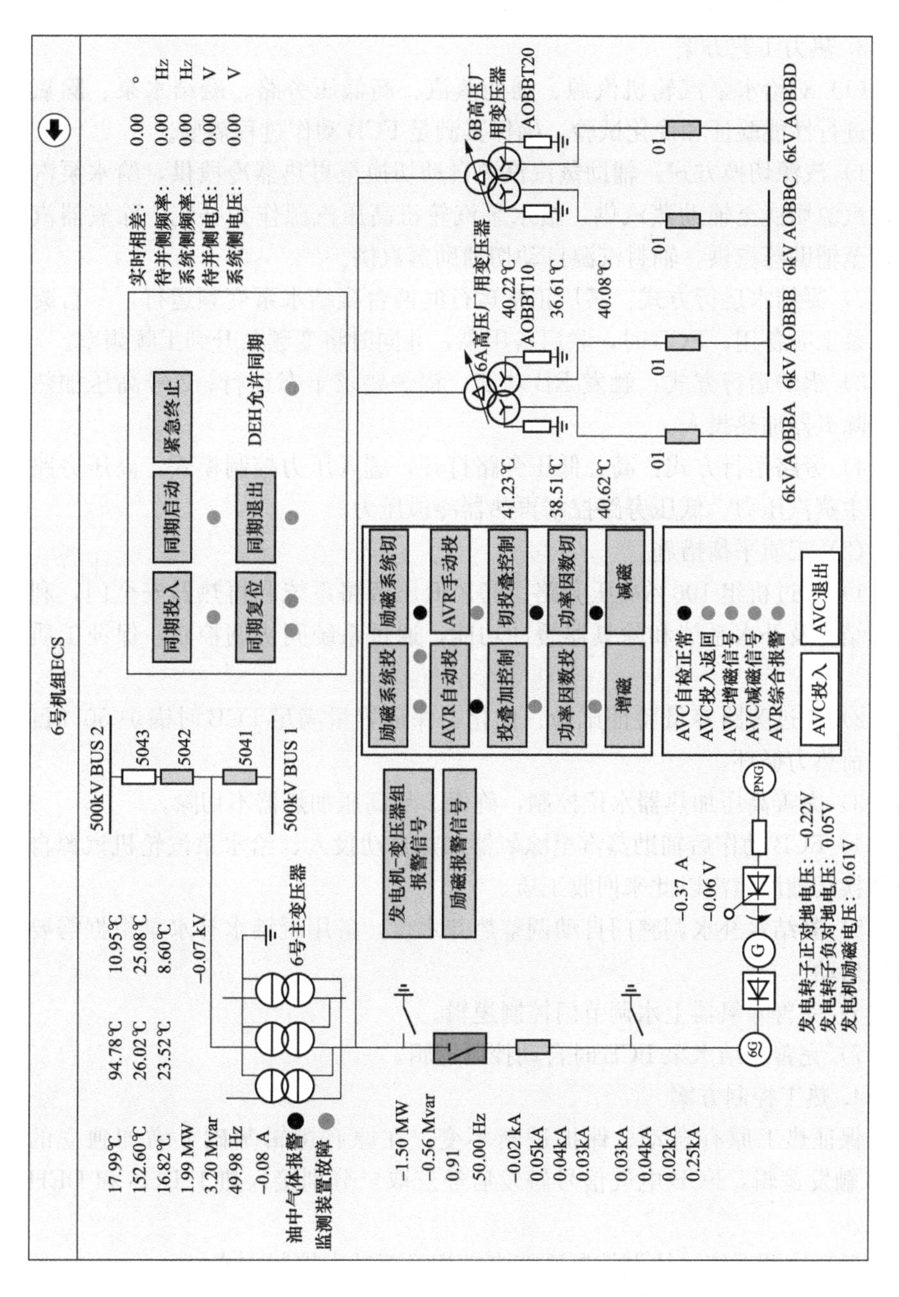

图 5-1 主变压器高压侧 5041 或 5042 开关作为 FCB 动作断开点

b. 电网故障后，作为黑启动电源点，可直接合该机组主变压器高压侧开关 5042 对线路充电。

c. 电网故障后，作为黑启动电源点，可直接合该机组主变压器高压侧开关 5041 对线路充电。

3. 热力工艺方案

（1）对给水泵汽轮机汽源、辅助蒸汽、高低压旁路、凝结水泵、除氧器等进行性能验证和优化试验，确保其满足 FCB 动作过程需要。

1）汽源切换方式：辅助蒸汽汽源自动切换至再热器冷段供，给水泵汽轮机汽源切换至辅助蒸汽供，给水泵汽轮机高压汽源作为补充。除氧器汽源切至辅助蒸汽供。轴封汽源自动切辅助蒸汽供。

2）凝结水运行方式：某厂正常运行时两台凝结水泵变频运行，一台凝结水泵工频备用；FCB 时，联启备用泵，并同时将变频泵升到工频频率。

3）锅炉运行方式：触发 RB 功能；锅炉要求干态运行；2 号高压加热器和除氧器加热投入。

4）旁路运行方式：高、低压旁路打开，进入压力控制模式，高压旁路控制主蒸汽压力、低压旁路控制再热器冷段压力。

（2）工质平衡措施。

1）通过机组 100%高压旁路、65%低压旁路系统和再热器安全门，利用凝结水及补水系统和除氧器缓冲功能，通过系统间协调控制，保证工质平衡。

2）通过旁路容量验证试验、优化，保证容量满足 FCB 时锅炉 50%目标负荷热力循环。

3）完善高压加热器水位控制，确保 2 号高压加热器不切除。

4）FCB 动作后辅助蒸汽至除氧器加热自动投入、给水泵汽轮机汽源自动切换至辅助蒸汽以此来回收工质。

5）凝结水补水调整门自动调整热井水位，备用凝结水补水泵根据需要联锁启动。

6）完善除氧器上水调节门控制逻辑。

7）完善凝结水泵 FCB 时自动控制逻辑。

4. 热工控制方案

保证热工原有自动、保护逻辑不变，在原有逻辑基础上增加独立的 FCB 触发逻辑，FCB 电气信号触发后经三取二分别接入热工 DCS 和 DEH 系统。

（1）协调系统：协调控制系统自动切换至基本控制方式。

（2）DEH 汽轮机控制：FCB 回路动作，汽轮机转入负荷转速控制器起作用下的转速控制方式，定速目标为 3000r/min，带自身厂用电运行。

（3）DCS 锅炉控制：触发 RB 回路，目标负荷为 50%，按 RB 程序跳闸磨煤机保留 3 台运行，负荷小于 50%时锅炉主控切手动。发电机跳闸或汽轮机跳闸时，触发 FCB 动作信号进入停机、不停炉运行方式。

（4）旁路系统：转入压力控制模式，按设定压力曲线打开高、低压旁路，调整主蒸汽和再热蒸汽压力。

（5）主要逻辑变更。

1）FCB 动作后，25s 内燃料主控输出闭锁增加。

2）FCB 动作后，旁路控制进入 C 模式。

3）FCB 动作后，机组负荷大于 600MW，联锁快开汽轮机高、低压旁路 5s，5s 后高、低压旁路进入压力、温度自动调节。

4）FCB 动作后，再热器冷段至辅助蒸汽联箱气动门自动打开；再热器冷段至辅助蒸汽联箱气动调节阀预开一定开度投自动（通过试验确定）。

5）FCB 动作后，联锁启动备用凝结水泵。FCB 触发后，各高、低压加热器危急疏水调节门联锁打开一定开度。

6）FCB 动作后，投入辅助蒸汽供轴封压力自动调节。

7）把焓值调节器的比例、积分参数（PID），增加焓值偏差进行修正。

8）辅助蒸汽至除氧器加热调节阀预设开度后投自动。

9）FCB 动作后，若安装有微油枪的制粉系统运行，自动投入微油枪运行。

10）针对甩负荷试验时 2 号高压加热器切除问题，完善 2 号高压加热器逻辑。

（三）FCB 试验过程

按照“稳步推进”原则，分 3 个阶段进行相关试验。编制 FCB 项目试验调试大纲，每个试验制定试验方案，明确记录参数和边界条件。

1. 系统验证试验（第一阶段）

（1）进行给水泵汽轮机汽源、低压旁路容量、除氧器容量等性能验证试验，进行减温水、煤水比和高加热器水位等热工控制优化试验，验证设备性能是否真正具备 FCB 工况需要。系统验证试验（第一阶段）试验项目及条件见表 5-18。

表 5-18 系统验证试验（第一阶段）试验项目及条件

序号	试验项目	试验条件
1	低压旁路容量验证试验	机组负荷在 400～650MW 范围内
2	凝结水出力验证试验	机组负荷在 400～650MW 范围内
3	凝汽器系统补水容量测试	机组负荷在 400～650MW 范围内
4	煤水比控制优化	机组负荷在 400～800MW 范围内
5	减温水控制优化	机组负荷在 400～800MW 范围内
6	辅助蒸汽系统容量试验	机组负荷在 400～650MW 范围内
7	除氧器容量测试和压力、水位优化试验	机组负荷在 400～900MW 范围内
8	高压加热器水位优化调整试验	机组负荷在 400～900MW 范围内
9	给水泵汽轮机汽源切换试验	机组负荷在 400～800MW 范围内

（2）机组空充线路试验情况。2013 年 7 月 4 日，某电厂 6 号机组在国内首次一次成功分别完成发电机带主变压器及 75km 输电线路零启升压试验、发电机带主变压器对长距离 75km 输电线路空充试验，整个试验过程发电机、主变压器、线路侧暂态过电压满足电气设备及国家标准要求，为百万机组在电网故障 FCB 动作后，作为其电网电源黑启动支撑点提供应用依据。

1）发电机带主变压器、线路零启升压试验情况。发电机励磁电压逐渐升高时，其他各电压也平稳升高，发电机电流、有功、无功也平稳增大且满足安全运行的要求，发电机未发生自励磁，试验数据见表 5-19。

表 5-19　发电机带主变压器、线路零启升压试验数据

测量项目	50%额定电压	100%额定电压
主变压器高压侧线电压	252.33kV	526.87kV
线路对侧线电压	—	529.4kV
发电机机端线电压	12.76kV	26.76kV
发电机机端线电流	953.06A	1920.5A
发电机有功功率	3.18MW	6.12MW
发电机无功功率	−21.15Mvar	−86.89Mvar
6kV 进线电压	2.78kV	5.88kV

2）发电机带主变压器对线路空充试验。采用发电机 90%额定电压空充线路，各参数与仿真数据基本相符，暂态过电压情况：主变压器高压侧 1.81 倍、发电机为 1.4 倍、6kV 段 1.39 倍，满足国家标准和设备参数要求，试验数据见表 5-20。

表 5-20　发电机带主变压器对线路空充试验试验数据

测量项目	空充前稳态相电压峰值	空充线路电压				国家标准要求	是否符合国家标准要求
		暂态电压正峰值	暂态电压负峰值	暂态过电压倍数	稳态相电压峰值		
主变压器高压侧	384.79kV	551.75kV	−697.85kV	1.81	382.5kV	2.0p.u. 898kV	是
发电机机端	19.72kV	27.01kV	−21.71kV	1.4	19.58kV	4.0p.u. 88.17kV	是
6kV A 段进线	4.36kV	5.24kV	−6.09kV	1.40	4.28kV	3.2p.u. 18.8kV	是
6kV B 段进线	4.36V	5.24kV	−6.06kV	1.39	4.33kV		是
线路对侧	0	596.64kV	−725.99kV	—	391.69kV	2.0p.u. 898kV	是

2. 机组甩负荷试验（第二阶段）

在无任何人工干预情况下，进行机组甩 50%负荷试验和机组甩 100%

负荷试验，验证机组工质平衡、能量平衡能力，检验热工系统控制品质。

3. 机组100%负荷FCB试验（第三阶段）

2013年11月7日，某电厂6号机组首次完成国产百万千瓦机组100%负荷FCB试验，并一次获得成功，FCB动作后机组负荷、转速、电压、频率等重要参数迅速平稳过渡，大约在3s内稳定在正常值范围之内，其他热力系统也快速平衡。

电气系统试验情况：FCB动作后，电气设备各暂态过电压最大值均在1.23倍范围内，满足电气绝缘的国家标准要求，试验数据见表5-21。

表5-21　机组100%负荷FCB试验（第三阶段）电气系统试验数据

测量项目	FCB前稳态相电压峰值	FCB后				国家标准要求	是否符合国家标准要求
		暂态电压正峰值	暂态电压负峰值	暂态过电压倍数	稳态相电压峰值		
主变压器高压侧	437.09kV	538.95kV	−462.29kV	1.23	422.81kV	2.0p.u. 898kV	是
发电机机端	22.85kV	25.64kV	−24.19kV	1.12	22.74kV	4.0p.u. 88.17kV	是
6kV A段进线	5.27kV	5.93kV	−5.43kV	1.12	5.27kV	3.2p.u. 18.8kV	是
6kV B段进线	5.13kV	5.53kV	−5.26kV	1.07	5.13kV		是
380VA段母线	558.14V	578.7V	−574.6V	1.04	541.04V	3.2p.u. 1719.4V	是

热力系统试验情况：FCB动作后DEH自动转为负荷转速控制器起作用下的转速控制方式，机组负荷变化：996.2MW→40MW→32.5MW（共用时3s）；汽轮机转速变化：3000r/min→3150r/min→2953r/min→2995r/min；高压缸排汽温度变化：403℃→472℃；锅炉RB保留保持B、C、D磨煤机运行，旁路转入压力控制模式，热力系统快速平衡，试验数据见表5-22。

表5-22　机组100%负荷FCB试验（第三阶段）热力系统试验数据

序号	系统	试验结果
1	汽轮机	负荷从996MW快速稳定至40MW/稳定在32MW； 汽轮机转速：3000→3150→2953→2995r/min
2	锅炉	制粉系统：B/C/D/E/F磨煤机→B/C/D磨煤机； 煤量：378.5→196.5t/h； 炉膛压力：−113→−853→−287（Pa） 中间点温度：448.5→379.5℃
3	锅炉	主蒸汽流量：2822→1715→2781→2092t/h； 主汽压力：25.82→27.52→16.71→11.36MPa； 主蒸汽温度：589.0→532.4→513.2℃

续表

序号	系统	试验结果
4	锅炉	再热器压力：5.3→6.2→1.8MPa； 再热器温度：601.1→509.4℃
5	汽轮机	汽动给水泵： A泵转速 5059→4883→4371r/min； B泵转速 5055→4822→4360r/min； 给水流量：2920→2342→3135→2097t/h
6	汽轮机	高压加热器：保持2A号高压加热器运行， 1A出口温度：293.8→218.4→133.8℃； 1B出口温度：292.1→219.6→130.3℃
7	汽轮机	凝结水：母管压力为2.95MPa，FCB触发后，经过2.4sC泵出口压力开始上升，3.2s母管压力最低为2.85MPa，7.8s母管压力最高为3.25MPa，最终很快稳定在2.95MPa
8	汽轮机	凝汽器：水位33→591mm； 凝汽器真空A：−92.3→−88.2→−92.7kPa； 凝汽器真空B：−92.7→−89.8→−93.6kPa
9	汽轮机	除氧器水位：1.3→−383mm； 除氧器压力：0.99→0.19→0MPa； 除氧器温度：177℃

（四）FCB试验项目研究成果及应用

通过某电厂6号机组相关试验工作的开展，项目研究获得了以下应用成果。

整套安全的改造实施机组FCB功能的技术和工作方法，得到了一套FCB工况控制逻辑，实现了首台未设计FCB功能的1000MW机组通过改造一次成功完成FCB功能试验。在国内首次成功进行了FCB机组空充75km高压线路的现场试验，证明了FCB机组可以在电网恢复过程中发挥重要作用。

1. 社会效益

当电网出现故障大面积停电时，能够帮助电网快速恢复运行，减少用户经济损失，利于社会安定和谐，带来较大的社会效益。

国产百万机组FCB功能的成功运用，探索出一套科学的试验方法，为更大范围地推广机组FCB技术提供了范例，给电网安全稳定运行带来显著的经济效益和社会效益。

2. 经济效益

按照电网两个细则规定，FCB机组每月按照标准补偿给发电企业一定的容量电费，并且按照一定数额补偿每台次机组黑启动的使用费，此外，电网还会政策性每年为投入FCB功能的机组补偿一定的发电量，这些都将会给发电企业带来较大的经济效益。

（五）FCB功能的运行控制要求

1. 机组FCB动作条件

（1）二期500kV安全稳定控制装置正常投入。

（2）二期500kV安全稳定控制装置切机及FCB动作继电器出口连接片投退方式正确。

（3）3.500kV安全稳定控制装置切机动作信号触发。

（4）4.6号机组协调控制画面中FCB功能按钮投入。

2. 机组FCB动作成功后的处理

（1）机组FCB动作结果。

1）500kV安全稳定控制装置切机动作，主变压器高压侧断路器××××和××××跳闸、闭锁发电机出口开关合闸状态，机组带自身厂用电（孤岛）运行。

2）DEH收到FCB动作信号后转入负荷转速控制器起作用下的转速控制方式。

3）DCS收到FCB动作信号后系统触发RB回路动作，目标负荷为50%，机组旁路系统进入C运行模式，机组主要辅机协调控制，实现工质和能量平衡。

（2）机组FCB动作成功后值班员应进行的检查及处理操作。

1）汽轮机侧。

a. 确认汽轮机转速自动调整维持到3000r/min。

b. 确认高压缸排汽温度低于495℃。

c. 确认第三台凝结水泵或第二台凝结水泵（FCB前单台凝结水泵运行时）联锁启动，并自动提升运行变频泵频率至50Hz。

d. 确认两台凝结水补泵启动运行正常；凝汽器水位设定值提高到100mm（正常约0mm）；联锁开启凝汽器水幕喷水气动阀；当凝结水母管压力低于2.9MPa时，除氧器上水调节阀在FCB动作后关小一定开度，保证低压旁路减温水喷水压力。

e. 确认精处理及前置过滤器旁路电动门自动打开至30%。

f. 确认第三台真空泵联锁启动。

g. 确认高压旁路快开，快开结束后进入C模式。

h. 确认5、6号低压加热器抽汽止回门关闭，5、6号低压加热器的危急疏水调节门自动开启15%并投入自动；四段抽汽抽汽止回门关闭，辅助蒸汽到除氧器加热电动门自动打开，延时30s后，判断辅助母管压力大于除氧器压力0.1MPa以上时，辅助蒸汽到除氧器加热调节门自动开启到30%后自动切至手动状态。

i. 确认1、3抽汽止回门关闭，1、3号高压加热器切除，1、2、3号高压加热器危急疏水调节门自动开到15%位置并投入自动，2A/2B高压加热器抽汽电动门自动关闭到10%的位置，高压加热器水侧未解列。

j. 确认汽轮机、给水泵汽轮机轴封压力正常，辅助蒸汽供轴封调节门自动开启至35%并投自动。

k. 确认再热器冷段至辅助蒸汽供汽调节门自动开启至30%，并自动将压力设定到1.1MPa，保持自动方式。

l. 确认两台给水泵汽轮机汽源由四段抽汽自动切到辅助蒸汽。

2）锅炉侧。

a. 燃烧系统：机组负荷高于50%负荷时FCB动作后触发RB动作，燃料主控自动减到48%，若B制粉系统运行，跳磨煤机顺序为A-F-E，最后保留3套制粉系统运行；若B制粉系统未运行，跳磨煤机顺序为A-B-C，最后保留3套制粉系统运行，跳磨间隔时间为10s。另外，将CD、EF燃烧器摆角上摆至80%。

b. 风烟系统：如一次风机出现抢风或喘振情况时值班员需将故障风机切至手动控制，降低其出力，直至故障现象消失。

c. 主、再热蒸汽温度控制：FCB动作后CD、EF燃烧器摆角上摆至80%，主、再热器减温水调节门自动关闭。

3）电气侧。

a. FCB动作后，发电机单带厂用电孤网运行，值班员应严密监视发电机有功和无功负荷，立即退出AVC、PSS装置，检查主变压器高压侧开关在热备用状态。

b. 值班员立即启动柴油发电机组旋转备用，严密监视厂用母线电压水平，尽量不要频繁启停设备。

c. 确认线路及其他机组运行情况，如果线路有电，尽早联系调度，利用主变压器高压侧开关并网。

d. 如果线路已失电，全厂除该机组外，其他机组均已停运，此时应及时关注500kV电网恢复情况，等待调度命令，做好随时并网的准备。

3. 机组FCB动作不成功的处理

（1）需要人工干预的条件。

1）主变压器高压侧两个断路器都跳闸后FCB功能未正常触发。

2）汽轮机转速达到3250r/min，手动打闸停机。

3）FCB动作后，2.5min内汽轮机转速没有稳定到3000r/min，手动打闸停机。

4）FCB动作后，汽轮机跳闸，应按照停机程序处理。

5）主、再热蒸汽温度10min内下降超过50℃，手动打闸停机。

6）2号高压加热器温升超过80℃，需人工调整2号高压加热器抽汽进口电动门。

7）辅助蒸汽压力低于0.8MPa，或者升高超过安全门动作值，需人工调整辅助蒸汽压力。

8）汽轮机轴封温度超过340℃或低于260℃，需人工调整轴封温度。

9）如果旁路不能正常工作，导致锅炉过热器压力达到29.1MPa或再热器压力达到7.5MPa，应立即停炉，汽轮机打闸。

10）蒸汽温度异常变化，高于610℃或低于550℃，给水可切手动，维持合适的煤水比，但要确保给水流量大于最低启动流量。

11）FCB动作后机组参数超过机组跳闸值，若保护拒动应手动打闸。

（2）机组FCB动作不成功后的处理。立即执行全厂厂用电全失应急预案，值班员需进行以下操作。

1）FCB动作不成功后，运行人员立即在BTG盘上按发电机出口开关紧急按钮，将发电机出口开关分掉，加快厂用电快切启动。

2）运行人员立即检查汽轮机交流润滑油泵和交流密封油泵是否运行正常，如正常，说明保安段正常，直接检查机组轴封系统运行是否正常。如汽轮机交流润滑油泵和交流密封油泵没有运行，手动启动汽轮机直流油泵及密封油泵，检查保安段是否失电，如失电，在BTG盘手动启动柴油发电机组，尽快恢复保安段供电正常。如在此期间机组TSI参数异常，达到破坏真空停机边界条件，需破坏真空紧急停机，并对发电机紧急排氢。

3）检查高低压旁路是否正确动作，如低压旁路减温水压力不够，低压旁路应自动关闭；否则，手动按BTG盘上低压旁路手动快关按钮关闭低压旁路。确认备用凝结水泵已启动运行，确认凝结水泵再循环调节门打开，调整除氧器水位。确认一台循环水泵在运行，跳闸的循环水泵出口蝶阀均正常关闭。

（3）机组FCB动作过程中的主要风险及控制措施。机组FCB动作过程中的主要风险及控制措施见表5-23。

表5-23 机组FCB动作过程中的主要风险及控制措施

序号	主要风险点	控制措施
1	凝汽器水位低导致凝结水泵全部跳闸，给水泵汽轮机密封水及低压旁路减温水中断	凝结水泵运行时及时打开凝结水泵再循环调节门，防止凝结水流量低跳凝结水泵；手动调整除氧器水位，防止凝汽器水位低跳凝结水泵
2	循环水泵跳闸后，循环水泵出口蝶阀不关闭，循环水倒流	如果有一台循环水泵在运行，另一台跳闸，应检查跳闸循环水泵出口蝶阀是否关闭，如未关闭，应手动关闭；如两台循环水泵均跳闸，检查循环水泵出口蝶阀均正常关闭
3	轴封温度及压力波动，轴封供汽中断，轴封电加热器跳闸，轴封温低，大轴抱死	重点关注轴封压力及温度，手动调节轴封压力，并根据情况，投运轴封电加热器
4	厂用电失去，柴油发电机组启动不成功	尽快将柴油发电机组旋转备用，并安排人员就地值守；对运行人员进行柴油发电机组紧急启动专项培训及厂用电失去应急演练
5	FCB动作不成功，厂用电转入慢切，重要辅机跳闸	确认高压备用变压器带电，FCB动作后，运行人员立即在BTG盘上按发电机出口开关紧急按钮，将出口开关分掉，加快厂用电快切启动
6	FCB动作不成功，柴油发电机组启动不成功，汽轮机直流油泵及直流密封油泵启动不成功	如柴油发电机组启动不成功，运行人员确认汽轮机直流密封油泵及直流润滑油泵启动是否正常，如不正常，应手动在BTG盘上尝试启动

续表

序号	主要风险点	控制措施
7	FCB 动作不成功，在低压旁路减水失去后低压旁路不关闭	运行人员手动在 BTG 旁上按地盘低压旁路机械快关按钮，使低压旁路快关
8	FCB 动作不成功，A/B 空气预热器停转	如空气预热器停转，应手动尝试再次启动高低速电动机或气动马达
9	FCB 动作不成功，汽动给水泵出现抱死	A/B 汽动给水泵跳闸后立即停止 A/B 汽动给水泵前置泵运行